普通高等教育系列教材

Web数据库技术与MySQL应用教程

李国红　编著

机 械 工 业 出 版 社

本书在介绍 Web 数据库基本理论与知识的基础上，详细分析和论述了利用 HTML、PHP、ASP 对 MySQL 数据库进行开发的方法，介绍了 Web 数据库系统的开发与应用技术，并提供了完整的网页及应用程序代码。全书共 7 章，第 1 章介绍 Web 数据库的基本知识与 AppServ 软件包的使用，第 2 章介绍 MySQL 数据库的基本操作与批量执行命令的基本方法，第 3 章对 HTML、CSS、PHP 进行了概述，并对 PHP 验证 HTML 表单数据的方法进行了说明，第 4 章介绍了使用 PHP 进行 MySQL 数据库编程，重点介绍 PHP 维护 MySQL 数据表数据的技术和方法，第 5 章介绍 ASP 及使用 ASP 访问 MySQL 数据库的基本知识与技术，第 6 章以读者借阅系统设计与实现为例，详细分析基于 PHP+MySQL 的 Web 数据库的设计过程与实现技术，第 7 章介绍了基于 ASP+MySQL 的通讯录系统的设计与实现。

全书以理论叙述为基础，以案例分析为依托，以 MySQL 数据库的 Web 访问与系统实现为主线，系统阐述和全面揭示了 Web 数据库技术的基本理论与知识体系，从深层次剖析了 Web 数据库系统的设计与实现方法。本书所有网页及应用程序代码均在计算机上运行通过。

本书每章均附有适量的思考题，可作为高等院校管理类专业学生的数据库教材，也可作为网站开发人员的参考书。

图书在版编目（CIP）数据

Web 数据库技术与 MySQL 应用教程 / 李国红编著．—北京：机械工业出版社，2020.6（2025.1 重印）

普通高等教育系列教材

ISBN 978-7-111-65391-2

Ⅰ. ①W… Ⅱ. ①李… Ⅲ. ①数据库管理系统-高等学校-教材 ②SQL 语言-程序设计-高等学校-教材 Ⅳ. ①TP311.131 ②TP311.132.3

中国版本图书馆 CIP 数据核字（2020）第 064344 号

机械工业出版社（北京市百万庄大街 22 号 邮政编码 100037）

策划编辑：王 斌 责任编辑：王 斌

责任校对：张艳霞 责任印制：郜 敏

北京富资园科技发展有限公司印刷

2025 年 1 月・第 1 版・第 5 次印刷

184mm×260mm・18.5 印张・456 千字

标准书号：ISBN 978-7-111-65391-2

定价：59.90 元

电话服务

客服电话：010-88361066

010-88379833

010-68326294

网络服务

机 工 官 网：www.cmpbook.com

机 工 官 博：weibo.com/cmp1952

金 书 网：www.golden-book.com

机工教育服务网：www.cmpedu.com

前 言

20 世纪数据库的发明使数据管理技术提升到一个新的高度，万维网（World Wide Web）的出现使人们的生活进入了一个新的时代，万维网与数据库的结合使世界的面貌焕然一新。当我们畅游在信息的海洋，享受着在线购物、网络办公、网上信息查询等诸多的生活便利时，Web 数据库技术正以不可阻挡之势日益爆发出它的巨大威力，MySQL 作为得到广泛应用的 Web 数据库管理系统也在发挥着越来越重要的作用。正因如此，高等院校不少专业都要求学生掌握这些知识和技能，开设了相关课程。

本书是郑州大学 2018 年校级教材建设项目。本书在介绍 Web 数据库技术的基本理论和知识的基础上，以 MySQL 及其 Web 访问为主线，以特定数据库系统的设计与实现为案例，完整、详细地论述了 Web 数据库的各种实现方法和技术。作为教材，本书具有以下特色。

1）内容新颖完整。本书围绕 Web 数据库技术和 MySQL 数据库的 Web 应用展开分析和论述，基本内容涉及 Web 数据库的基本知识、MySQL 数据库、HTML（含 CSS 与 JavaScript）、PHP、ASP、基于 PHP+MySQL 的读者借阅系统、基于 ASP+MySQL 的通讯录系统，有理论论述，有分析说明，有应用代码，系统完整地介绍了 Web 数据库技术的理论知识和应用体系，体现了网络时代数据库理论的新思想、新知识、新方法。

2）叙述详略得当。本书立足 Web 数据库技术，侧重 MySQL 数据库的 Web 访问，对以下核心内容进行了详细的阐述和分析：关系数据库基本理论、Web 数据库基本知识、AppServ 软件包的安装与使用、HTML 表单数据的校验、PHP 维护 MySQL 数据库（建库、显示库信息、删库）的设计与实现、PHP 维护 MySQL 数据表（建表、显示表结构、修改表结构、删表）的设计与实现、基于 PHP+MySQL 的读者借阅系统的设计与实现、基于 ASP+MySQL 的通讯录系统的设计与实现。对其他内容，如 Dreamweaver 的使用，以及 MySQL、HTML、CSS、PHP、ASP 等的基本知识、语句、语法等，仅进行了必要的介绍和阐述，以达到补充说明核心内容的目的。这些内容的详略程度恰到好处。

3）结构严谨合理。本书首先阐述 Web 数据库基础知识和相关软件的使用，然后对 MySQL 数据库和 HTML、PHP 等的网页设计技术进行高度概括，在此基础上又对使用 PHP、ASP 进行 MySQL 数据库编程的技术进行了必要分析和论述，最后分别以实例进一步阐明 PHP+MySQL、ASP+MySQL 设计 Web 数据库系统的技术和方法。每一部分的内容都在前述内容的基础上展开，同时为后续的内容奠定了坚实的基础，各部分之间联系紧密、环环相扣，既突出重点又兼顾知识的系统性，既重视理论的阐述又注重功能的实现，内容结构严谨、合理。

4）便于自学。书中对于比较抽象难懂的理论知识，都配有简明易懂的案例进行诠释；对于 MySQL 以及 HTML、PHP、ASP 的语句和语法格式，均以恰当的示例加以展示；对于实现各个功能模块的网页和应用程序代码，都附有必要的解释说明。因此，读者可以很容易理解和掌握书中的知识内容，便于自学。

本书在撰写过程中，参考了大量相关书籍和互联网上的文献资料，有关 MySQL、PHP、ASP 的语句格式、语法结构的阐述都是在对这些资料进行分析、综合的基础上整理而成，在此对这些资料的作者表示感谢！写书的过程更像是一个学习的过程，甚至是比常规学习效率强百倍的学习过程，通过写书，使自己的知识体系更加完整、新颖、合理，也能使自己的教学研究和学术思想得以广泛传播。非常感谢机械工业出版社的编辑为本书出版付出的辛勤劳动，感谢校教材建设项目的支持，感谢家人的理解！

本书叙述由浅入深，坚持技术先进性、内容新颖性、知识实用性、理论完整性和结构合理性相结合的原则，一环紧扣一环，将抽象的数据库理论用精选的案例巧妙地描述成通俗易懂的内容，将强大的 Web 数据库系统功能的实现过程转化为在计算机上运行通过的、实用的网页和程序代码，读者仿照书中的示例就可以容易地设计、开发出具有一定功能的、实用的 Web 数据库系统。本书可作为高等院校管理类专业学生的数据库教材，也可作为网站开发人员的参考书。

作　者

2019 年 10 月

目录

第 1 章　Web 数据库技术概述

本章主要讲述 Web 数据库技术的基础知识和应用系统的开发环境。首先，阐述数据管理技术与数据库系统的基本理论和知识，包括数据管理技术的发展历程、数据库的概念、数据库系统的组成和特点、关系数据库基本理论、数据模型和数据模式；然后介绍 Web 数据库技术的应用基础、原理和方法，包括网络体系结构与网站资源构成、Web 客户端技术和 Web 服务端技术、Web 数据库基本原理、Web 数据库应用系统的开发；最后，介绍用于系统开发的 AppServ 软件包的安装与使用。

本章重点：

- 数据库的概念和数据库系统的组成；
- 关系数据库的概念和数据存储的规范化；
- 数据库概念结构和逻辑结构设计；
- 数据表的基本操作；
- 数据库的完整性与安全性；
- 数据库三级数据模式结构与二级映像功能；
- Web 数据库概念和 Web 数据库访问技术；
- Web 数据库应用系统的开发过程；
- AppServ 软件运行环境的个性化设置（设置网站主目录、数据库的存储路径、网站时钟参数、文件上传和下载的默认路径等）。

1.1　数据管理技术与数据库系统

1.1.1　数据管理技术

数据库技术源于对数据的管理技术。数据管理就是指人们对数据进行收集、组织、存储、定位、加工、传播和利用等的一系列活动，它是数据处理的中心问题。数据管理技术大致经历了人工管理、文件系统、数据库管理系统三个发展阶段。

20 世纪 50 年代中期以前，计算机主要用于科学计算，用户需要针对不同的问题编制不同的应用程序，并提供各自所需的数据，程序和数据是一个不可分割的整体。这一时期，程序的数据不能单独保存，也不能被别的程序所共享，数据完全由用户负责管理，这就是数据的人工管理阶段。

20 世纪 50 年代后期至 60 年代中期，出现了以操作系统为核心的系统软件，操作系统提供了文件系统的管理功能。在文件系统中，数据以文件形式组织和保存，不同内容、不同结构和不同用途的数据分别保存在不同的文件中。所谓文件，就是以一个具体的名称保存在一定存储介质上的一组具有相同结构的记录的集合，而相同结构的记录是指各条记录都具有相同的相关数据项，且相同的数据项具有相同的数据类型、宽度、取值范围等。文件系统提供了文件的建立、打开、读/写和关闭等操作或功能，用户可通过文件系统提供的操作命令建立和使用相应的数据文件，而不必关心数据的物理存储的具体实现细节，数据可以与处理它的程序相分离而单独存在。文件系统的缺点是：独立文件中的数据往往只表示客观世界中单一事物的相关数据，没有提供数据的查询和修改功能，不能反映各种相关事物之间的联系，容易导致数据的冗余和不一致性。

20世纪60年代后期，出现了数据库管理系统（Data Base Management System，DBMS）。DBMS是一种大型的数据处理软件，支持对大量或超大量数据的存储、管理和控制，为用户或应用程序提供了良好的数据库语言。数据库语言包括数据定义语言和数据操纵语言，数据定义语言用于定义数据模式、建立新的数据库，而数据操纵语言用于实现数据的查询、插入、删除和修改等功能。数据库是为了满足某些应用的需要，而在计算机系统中建立起来的相互关联的数据的集合，这些数据按照一定的数据模型组织与存储，并能为所有的应用业务所共享。DBMS使数据真正独立于应用程序，把数据作为一种共享资源为各种应用系统提供服务，从而将数据管理水平提高到一个崭新高度。DBMS是当前数据管理的主要形式。

数据库是20世纪60年代末发展起来的一项重要技术，它的出现使数据的处理进入一个崭新的时代。20世纪60年代末出现了被称为第一代数据库的网状数据库和层次数据库，20世纪70年代则出现了被誉为第二代数据库的关系数据库。自20世纪70年代提出关系数据库模型和关系数据库后，数据库技术便得到蓬勃发展。同时，由于关系数据库结构简单且易于在计算机上实现，已逐渐淘汰第一代数据库，成为当今最流行的商用数据库系统。SQL Server、MySQL、Oracle等关系数据库是当前数据库市场的主流。

进入21世纪以来，人们对数据库技术的研究一刻也没有放松，面向对象的数据库、分布式数据库、多媒体数据库、工程数据库、并行数据库、Web数据库等大量的新型数据库系统不断涌现，数据库技术已成为计算机信息处理以及管理信息系统的核心技术。

1.1.2 数据库与数据库系统

1．数据库的概念

数据库是为满足某一组织中许多用户的不同应用的需要，而在计算机系统中建立起来的相互关联的数据的集合，这些数据按照一定的数据模型组织、描述与存储，具有较小的冗余度、较高的数据独立性和可扩展性，并能为各用户或所有的应用业务所共享。这里的组织是指一个独立存在的单位，可以是学校、公司、银行、工厂、部门或机关等；数据的集合是指组织运行的各种相关数据，如订单数据、库存数据、经营决策数据、计划数据、生产数据、销售数据、成本核算数据等，这些数据的集合以相应的名称进行分类组织和存储，就构成该组织的一个庞大的数据库。

因此，也可以认为，数据库是指长期存储在计算机硬件平台上的、有组织的、可共享的相关数据集合。

2．数据库系统的组成

数据库系统是指一个完整的、能为用户提供信息服务的系统，由计算机系统和计算机网络、数据库和数据库管理系统、数据库应用软件系统、数据库开发管理人员和用户四大部分组成。

（1）计算机系统和计算机网络

数据库是针对各种应用需要而在计算机系统中建立起来的相关数据的集合，数据的组织、查询和管理都离不开计算机系统的支持，加之现代数据库系统要实现网络环境下的远程数据共享、传递和利用，计算机网络也成为现代数据库系统的必备要素。计算机系统和计算机网络中相关的硬件设施和系统软件，构成了数据库系统的基本物质基础。

（2）数据库和数据库管理系统

数据库由数据库管理系统（DBMS）统一管理和控制。DBMS 是数据库建立、使用、维护和配置的软件系统，是一种由专业计算机公司提供的、介于数据库与用户应用系统之间的、通用的管理软件，是数据库系统的核心。市场上流行的 DBMS 包括 Oracle、Sybase、SQL Server、MySQL、Informix、Access、Visual FoxPro 等。

DBMS 通常由三部分组成，即数据描述语言（Data Description Language，DDL）、数据操纵语言（Data Manipulation Language，DML）、数据库管理例行程序。DDL 是提供给数据库管理员和应用程序员使用的，如 SQL 语言的 create、alter、drop 等语句，用于对数据库中的数据对象进行定义和管理，包括建立数据库、定义或修改数据模式（模式或全局逻辑数据结构、子模式或局部逻辑数据结构、存储模式或物理存储结构）、定义数据保密码以及有关安全性、完整性的规定。DML 也称为数据子语言 DSL，是提供给用户或应用程序员使用的，如 SQL 语言的 insert、delete、update、select 等语句，用于完成对数据库中数据的插入、删除、修改或查询等操作。数据库管理例行程序随系统而异，一般包括系统运行控制程序、语言翻译处理程序及 DBMS 的公用程序，其中，系统运行控制程序包括系统控制、数据存取、并发控制、数据更新、合法性检验、完整性控制、通信控制等程序；语言翻译处理程序包括 DDL 翻译、DML 处理、终端查询语言解释、数据库控制语言解释等程序；公用程序包括定义公用程序（模式定义、子模式定义、保密定义、信息格式定义等公用程序）和维护公用程序（如数据库重构、故障恢复、统计分析、信息格式维护、日志管理、转存编辑打印等公用程序）。

由此可见，DBMS 主要实现数据库定义功能、数据操纵功能、数据库运行管理功能、数据库的建立和维护功能。一般来说，大型 DBMS 功能较强、较全，小型 DBMS 功能较弱。

（3）数据库应用软件系统

数据库应用软件系统是一种基于数据库的应用软件系统，它是针对广大用户的某种特殊应用需要，利用某种 DBMS 建立和开发的数据库应用软件，如读者借阅系统、学生信息系统、通讯录系统等。

（4）数据库开发管理人员和数据库用户

数据库应用系统开发人员是对数据库应用系统进行设计与开发的高级专业软件人员，包括系统分析员、系统程序员，系统分析员负责系统的需求分析和规范说明，而系统程序员负责设计系统程序和编码。

数据库管理员（即 DBA）是专业的数据库设计与维护人员，其职责是负责全面管理和控制数据库系统，具体包括定义和存储数据库数据、定义数据的安全性要求和完整性约束条件、监督和控制数据库的使用和运行、数据库的维护和系统性能的改进。

数据库用户则是指通过计算机终端查询和使用数据库中数据的人，其职责就是在规定的权限内安全地使用系统的数据资源，并允许向 DBA 提出改进和完善数据库系统的合理化建议，通过使用系统更好地发挥数据库的作用。

3．数据库系统的特点

（1）数据结构化

数据库系统实现整体数据的结构化，这是数据库的主要特征之一，也是数据库系统与文件系统的本质区别。

（2）数据的共享性高，冗余度低，易扩充

数据库的数据不再面向某个应用而是面向整个系统，因此可以被多个用户、多个应用以多种不同的编程语言共享使用。由于数据面向整个系统，是有结构的数据，不仅可以被多个应用共享使用，而且容易增加新的应用，这就使得数据库系统弹性大，易于扩充。

（3）数据独立性高

数据独立性包括数据的物理独立性和数据的逻辑独立性。DBMS 具有三级模式结构和二级映象功能，使得内模式改变时概念模式不变、概念模式改变时外模式不变，保证了数据库中的数据具有很高的物理独立性和逻辑独立性。

（4）数据由 DBMS 统一管理和控制

数据库的共享是并发的共享，即多个用户可以同时存取数据库中的数据，甚至可以同时存取数据库中同一个数据。为此，DBMS 必须提供统一的数据控制功能，包括数据的安全性保护、数据的完整性检查、并发控制和数据库恢复。

1.1.3 关系数据库

1．关系数据库的基本概念

关系数据库是以二维表的形式来描述实体及实体间联系的数据库，一个关系就是一张二维表，所以又被称为关系表。作为二维表，不允许出现表中套表的情况。作为关系表，表中不允许出现完全相同的行，也不能出现完全相同的列，但行的顺序或列的顺序无关紧要。表的行称为元组或记录，列称为属性或字段。

在关系表中能唯一标识元组的属性集称为超键。在一个表的全部属性中至少存在一个这样的属性或最小属性集，元组在该属性或最小属性集上取特定的值可以唯一标识一个特定的元组，具有这种特征的属性或最小属性集称为候选键，也称候选关键字或候选码，可以说是不含有多余属性的超键。需要选择某个候选键作为主键，主键也称为主关键字或主码，是被选作元组标识的一个候选键。如果候选键只有一个，那么候选键就是主键。包含在候选键和主键中的属性称为主属性，不包含在任何候选键和主键中的属性称为非主属性。

在有的数据表中存在这样的属性集，该属性集内的属性是由另外两个或多个数据表的全部主键组成的，像这样在数据表中由来自其他数据表的主键构成的属性集称为外键。外键也称为外码，用于描述不同表之间元组的联系。

例如，读者借阅数据库中存在 4 个二维表，分别是读者表、图书表、借阅表、留言表，如表 1-1 至表 1-4 所示，其中，“读者编号”、“图书编号”分别是读者表、图书表的主键，它们都是借阅表的外键，而“读者编号，姓名”可以当作读者表的超键，“图书编号，图书名称”则是图书表的超键；“留言标题，留言内容，留言时间”可作为留言表的主键，“留言人读者编号”则是留言表的外键。这些二维表中，没有完全相同的行和列，也不存在表中套表的情况，各表中列的顺序不影响对各记录的理解，行的顺序也不影响各表对相关信息的表达。因此，该读者借阅数据库属于关系数据库的范畴，数据库中的 4 个表对应于 4 个关系。

表 1-1 读者表（读者编号为主键）

读者编号	姓名	性别	出生日期	单位	是否学生	会员类别	电话号码	E-mail	密码
D0001	张三	男	1991-1-1	管理工程学院	N	01	0371-67780001	zhangsan@163.com	111111
D0003	杨八妹	女	2003-1-1	信息管理学院	Y	02	13837121001	y8m@163.com	333333
D0002	欧阳一一	女	2001-1-1	管理工程学院	Y	02	13511112222	oy11@zzu.edu.cn	123456

表 1-2 图书表（图书编号为主键）

图书编号	图书名称	内容提要	作者	出版社	定价	类别	ISBN	版次	库存数	在库数	在架位置
T0001	Web 数据库技术及应用	本书在介绍……	李国红	清华大学出版社	39	计算机	978-7-302-46903-2	2017 年 7 月第 2 版	20	10	02-A-01-0001
T0002	管理信息系统	管理信息系统是一个由……	李国红	郑州大学出版社	39.8	管理	978-7-5645-3797-3	2017 年 1 月第 1 版	10	6	02-B-01-0001
T0003	会计信息系统	本书依托……	徐晓鹏	清华大学出版社	39	会计	978-7-302-35784-1	2014 年 5 月第 1 版	5	3	02-C-01-0101

表 1-3 借阅表（读者编号、图书编号为外键）

读者编号	图书编号	借阅日期	归还日期	还书标记
D0001	T0001	2019-5-15		0
D0003	T0001	2019-6-5	2019-6-14	1
D0001	T0002	2019-6-13		0
D0002	T0001	2019-6-18	2019-6-28	1

表 1-4 留言表

留言人读者编号	留言标题	留言内容	留言时间	留言状态	回复人读者编号	回复内容	回复时间
D0002	《数据库》到了没？	请问我预定的《Web 数据库技术及应用》到了没？	2019-9-6 15:38:25	保密	D0001	到了	2019-9-6 16:17:58
D0003	借书多久必须归还？	请问，学生所借图书在多长时间内必须归还？	2019-9-9 10:36:52	公开			

2．关系数据库设计

（1）数据存储的规范化

规范化是指在一个数据结构中没有重复出现的组项，第一范式是数据存储规范化的最基本的要求，而范式表示的是关系模式的规范化程度。数据存储的逻辑结构一般按第三范式的要求进行设计，通常要将第一范式和第二范式的关系转换为第三范式。

第一范式（First Normal Form，1NF）是指关系中元组的每一个分量（或每一列）都是不可分割的数据项。不符合 1NF 的关系如表 1-5 所示，符合 1NF 的关系如表 1-6 所示。

表 1-5 不符合 1NF 的关系

学号	姓名	成绩	
		英语成绩	数据库成绩
20180701001	张三	80	92

（续）

学号	姓名	成绩	
		英语成绩	数据库成绩
20180701002	李四	65	80
20180701003	王五	91	70

表 1-6　符合 1NF 的关系

学号	姓名	英语成绩	数据库成绩
20180701001	张三	80	92
20180701002	李四	65	80
20180701003	王五	91	70

第二范式（2NF）是指满足第一范式，且所有非主属性完全依赖于其主键的关系。如果在一个关系 R（A，B，C）中，数据元素 B 的取值依赖于数据元素 A 的取值，则称 B 函数依赖于 A（简称 B 依赖于 A），或称 A 决定 B，用 A→B 表示。假如 A 是由若干属性组成的属性集，且 A→B，但 B 不依赖于 A 的任何一个真子集，则称 B 完全函数依赖于 A。主键是关系中能唯一标识每个元组（或记录）的最小属性集。2NF 同时满足如下两个条件：一是元组中的每一个分量都必须是不可分割的数据项（满足 1NF）；二是所有非主属性完全依赖于其主键。在表 1-7 所示的关系中，主键为“读者编号，图书编号”，但由于“图书编号”→“图书名称”，存在非主属性“图书名称”部分依赖于主键的情况，因而不符合 2NF。可将该关系分解为表 1-8 至表 1-10 所示的 3 个符合 2NF 的关系。如果一个规范化的数据结构，其主键仅由一个数据项组成，那么它必然属于第二范式。

表 1-7　不符合 2NF 的关系

读者编号	姓名	图书编号	图书名称	借阅日期	归还日期
20180701001	张三	B0001	Web 数据库	2019-5-10	2019-5-20
20180701002	李四	B0002	管理信息系统	2019-5-15	2019-5-20
20180701003	王五	B0003	大学英语	2019-5-20	2019-6-6
20180701003	王五	B0001	Web 数据库	2019-5-21	

表 1-8　符合 2NF 的“读者”关系

读者编号	姓名
20180701001	张三
20180701002	李四
20180701003	王五

表 1-9　符合 2NF 的“图书”关系

图书编号	图书名称
B0001	Web 数据库
B0002	管理信息系统
B0003	大学英语

表 1-10　符合 2NF 的“读者借阅”关系

读者编号	图书编号	借阅日期	归还日期
20180701001	B0001	2019-5-10	2019-5-20
20180701002	B0002	2019-5-15	2019-5-20
20180701003	B0003	2019-5-20	2019-6-6
20180701003	B0001	2019-5-21	

第三范式（3NF）是指满足第二范式，且任何一个非主属性都不传递依赖于候选键或主键的关系。假设 A，B，C 分别是同一个关系 R 中的 3 个数据元素，或分别是 R 中若干数据元素的集合，如果 C 函数依赖于 B，B 又函数依赖于 A，则 C 也函数依赖于 A，称 C 传递依赖于 A，说明关系 R 中存在传递依赖。3NF 同时满足如下 3 个条件：一是元组中的每一个分量都必须是不可分割的数据项（满足 1NF）；二是所有非主属性完全函数依赖于其主键（满足 2NF）；三是任何一个非主属性都不传递依赖于主键或候选键。表 1-11 所示的关系中，“图书编号”是主键，满足 2NF，由于存在函数依赖关系“图书编号”→“出版社”和“出版社”→“出版社地址”，所以存在非主属性对主键的传递依赖，不符合 3NF。可将其分解为表 1-12 和表 1-13 所示的消除了传递依赖关系的两个 3NF 关系。

表 1-11　不符合 3NF 的关系

图书编号	图书名称	作者	出版社	出版社地址
B0001	Web 数据库	赵六	郑州大学出版社	郑州市大学路 aa 号
B0002	管理信息系统	赵六	经济科学出版社	北京市阜成路 bb 号
B0003	大学英语	吴七	郑州大学出版社	郑州市大学路 aa 号

表 1-12　符合 3NF 的“图书”关系

图书编号	图书名称	作者	出版社
B0001	Web 数据库	赵六	郑州大学出版社
B0002	管理信息系统	赵六	经济科学出版社
B0003	大学英语	吴七	郑州大学出版社

表 1-13　符合 3NF 的“出版社”关系

出版社	出版社地址
郑州大学出版社	郑州市大学路 aa 号
经济科学出版社	北京市阜成路 bb 号

除 1NF、2NF、3NF 外，还有 BCNF（Boyce-Codd Normal Form，即鲍依斯-科得范式）、4NF、5NF。但从应用的角度看，建立 3NF 的数据存储结构（或关系）就可以基本满足应用要求，因此一般按 3NF 的要求对数据存储的逻辑结构进行设计。与 1NF、2NF 及非规范化的数据存储结构相比，3NF 由于实现按“一事一地”的原则存储，提高了访问及修改的效率，提高了数据组织的逻辑性、完整性和安全性。

若要将非规范化的数据结构转换为 3NF 形式的数据结构（或关系），可采用以下步骤：首先，去掉重复的组项，转换成 1NF，将原数据结构转换为符合 1NF 的关系；其次，去掉部分函数依赖，转换成 2NF，将非主属性部分依赖于主键的关系分解为若干符合 2NF 的关系；然后，去掉传递依赖，转换成 3NF，将具有传递依赖的关系转换成若干符合 3NF 的关系。

数据存储规范化具有以下作用：首先，使数据冗余度减小，节约数据的存储空间；其次，3NF 的数据结构（或关系）能保证数据的一致性，避免出现数据插入异常、更新异常、删除异常等问题，提高数据组织的逻辑性、完整性和安全性，便于数据的修改和维护；再次，按照 3NF 的要求以尽可能简单的形式表达数据项之间的关系，将有助于对数据及其关系的理解，有助于系统设计阶段的物理设计。

（2）数据库概念结构设计

概念结构设计的任务是根据用户需求，并结合有关数据存储的规范化理论，设计出数据库的概念数据模型（简称概念模型）。概念模型是一个面向问题的数据模型，它明确表达了用户的数据需求，反映了用户的现实环境，与数据库的具体实现技术无关。

概念模型最常用的表示方法是实体-联系方法（Entity-Relationship Approach，E-R 方法），E-R 方法用 E-R 图（Entity-Relationship Diagram，ERD）描述某一组织的信息模型（即概念数据模型）。用 E-R 图表示的概念数据模型称为 E-R 模型，或称为实体-联系模型。E-R 模型中涉及以下几个极为重要的概念。

1）实体。实体是观念世界中描述客观事物的概念。实体可以是人，也可以是物或抽象的概念；可以指事物本身，也可以指事物之间的联系。如读者借阅系统中，一个读者、一本图书、一本期刊等都可以是实体。

2）属性。实体是由若干属性组成的，属性是指实体具有的某种特性。如读者实体可由读者编号、姓名、性别、出生日期、单位、是否学生、会员类别、电话号码、E-mail、密码等属性来刻画，图书实体可以有图书编号、图书名称、内容提要、作者、出版社、定价、类别、ISBN、版次、库存数、在库数、在架位置等属性。

3）联系。现实世界的事物总是存在这样或那样的联系，这种联系必然在信息世界中得到反映。信息世界中，事物之间的联系可分为两类，即实体内部的联系（如组成实体的各属性之间的联系）和实体之间的联系。如读者和图书之间的“借阅”联系就属于实体之间的联系。

4）关键字。关键字也称为键，是实体集中能唯一标识每个实体的属性或属性集合的最小集，如果只有一个这样的属性或属性集合，则称为主关键字或主键；如果存在几个这样的属性或属性集合，则应选择其中一个属性或属性集合为主键，其他能够唯一标识每个实体的属性或最小属性集称为候选关键字或候选键。如“读者编号”“图书编号”属性分别是“读者”“图书”实体的主键。

E-R 图是描述实体与实体间联系的图，使用的基本图形符号包括矩形、椭圆、菱形、线段。其中，矩形代表实体，矩形框内标注实体名称；椭圆代表属性，椭圆内标明属性名；菱形代表实体间的联系，菱形内标注联系名；线段用于将属性与实体相连、属性与联系相连或实体与联系相连，实体与联系相连的线段上还要标明联系的类型，即一对一联系（1:1）、一对多联系（1:n）或多对多联系（m:n）。

例如，班级管理系统中，学生、班级、班长为实体，一个班级有多名学生，一名学生只能属于一个班级，班级与学生之间是一对多联系；另外，一个班级仅有一个班长，一个班长只能是一个班的班长，班级与班长之间又构成一对一联系，如图 1-1 所示。

又如，读者借阅系统中，“读者”“图书”“留言”分别为实体，“借阅”和“发布”为联系，一个读者可以借多本图书，一本图书可以被不同的读者所借阅，“借阅”联系为多对多联系；同样，一个读者可以发布多条留言，一条留言只能由一个读者发布，“发布”联系是 1 对多联系，其 E-R 图如图 1-2 所示。这里为了节省空间和减少图的复杂性，改用椭圆表示属性集，椭圆内标明实体或联系的所有相关属性，标有*号的属性表示实体的主键，即“读者编号”“图书编号”分别是“读者”“图书”实体的主键，而“留言标题，留言内容，留言时间”则可作为“留言”关系的主键。

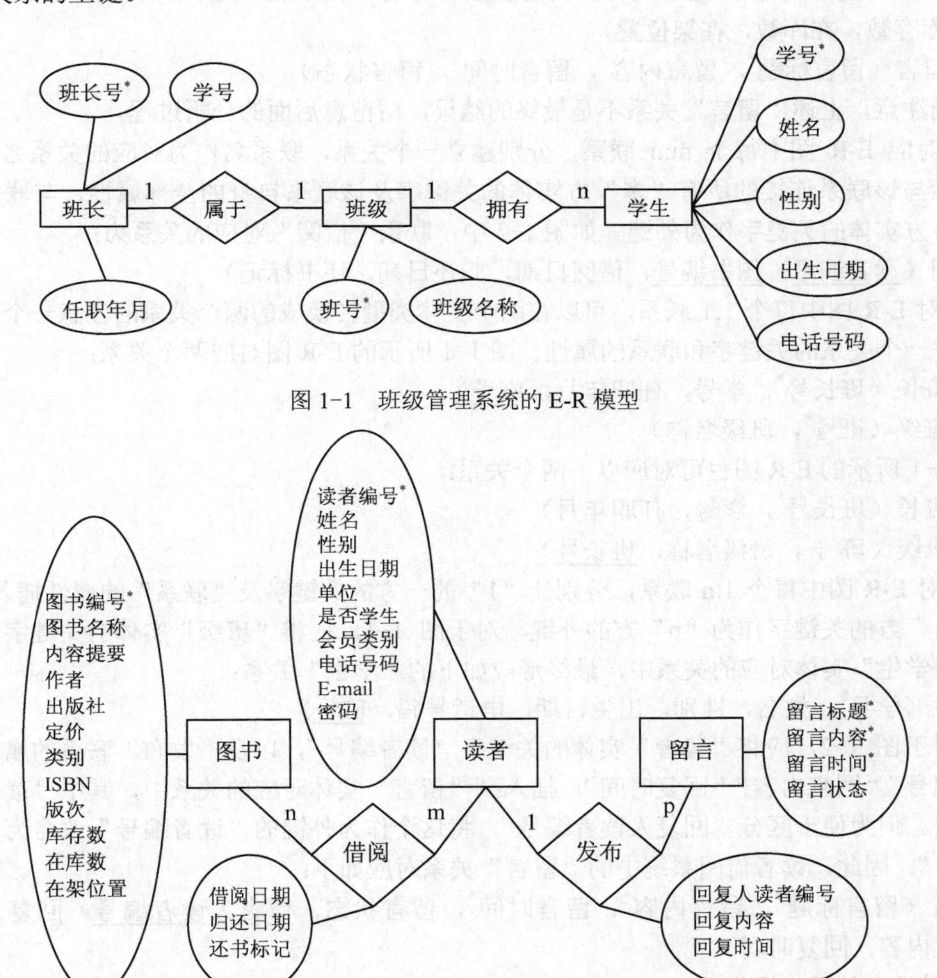

图 1-1　班级管理系统的 E-R 模型

图 1-2　读者借阅系统的 E-R 模型

（3）数据库逻辑结构设计

逻辑结构设计的任务是把 E-R 图表达的概念数据模型按一定的方法转换为某个具体的 DBMS 所能接受的形式，或者说把 E-R 图表达的概念数据模型转换为由若干个对应的“关系”所构成的关系模型（或称逻辑数据模型）。

为便于描述，这里把关系表示为“关系名（主键*，非主属性 1，非主属性 2，…，非主属性 n，外键）”的形式。其中，主键在关系模型中也称为主码、主关键字等，是能够唯一标识每个元组或每条记录的属性或属性集合的最小集；外键也称为外码、外部关键字，用于将两个或多个实体联系起来。如果一个关系 R 的某个属性集，是由另外两个或多个关系的所有主键的属性组成的，则这个属性集称为关系 R 的外键。将 E-R 图转换为关系模型的基本方法如下。

1）对应 E-R 图中的每一个实体，分别建立一个关系，实体名作为关系名，实体的属性作为对应关系的属性，实体的主键作为关系的主键。图 1-2 中 3 个实体分别对应 3 个关系：

- 读者（读者编号*，姓名，性别，出生日期，单位，是否学生，会员类别，电话号码，E-mail，密码）
- 图书（图书编号*，图书名称，内容提要，作者，出版社，定价，类别，ISBN，版次，库存数，在库数，在架位置）
- 留言（留言标题*，留言内容*，留言时间*，留言状态）

应当注意，上述“留言”关系不是最终的结果，请留意后面的分析过程。

2）对应 E-R 图中每个 m:n 联系，分别建立一个关系，联系名作为对应的关系名，关系的属性包括与该联系连接的所有“多”方实体的关键字及该联系自身的全部属性，与联系有关的各“多”方实体的关键字作为外键。如图 1-2 中，联系“借阅”对应的关系为：

借阅（读者编号，图书编号，借阅日期，归还日期，还书标记）

3）对 E-R 图中每个 1:1 联系，可以在两个实体类型转换成的两个关系的任意一个关系中，加入另外一个关系的关键字和联系的属性。图 1-1 所示的 E-R 图对应两个关系：

- 班长（班长号*，学号，任职年月，班号）
- 班级（班号*，班级名称）

图 1-1 所示的 E-R 图也可对应以下两个关系：

- 班长（班长号*，学号，任职年月）
- 班级（班号*，班级名称，班长号）

4）对 E-R 图中每个 1:n 联系，分别让“1”的一方的关键字及“联系”的属性插入“n”的一方，“1”方的关键字作为“n”方的外键。对于图 1-1，应将“班级”实体的关键字“班号”插入到“学生”实体对应的关系中，最终形成如下的“学生”关系：

学生（学号*，姓名，性别，出生日期，电话号码，班号）

而对于图 1-2，应将“读者”实体的关键字“读者编号”，以及“发布”联系的属性“回复人读者编号”“回复内容”“回复时间”，插入到“留言”实体对应的关系中，其中“读者编号”作为外键。但为便于区分“回复人读者编号”，将这个作为外键的“读者编号”改名为“留言人读者编号”。因此，读者借阅系统中的“留言”关系对应如下：

留言（留言标题*，留言内容*，留言时间*，留言状态，留言人读者编号，回复人读者编号，回复内容，回复时间）

3. 数据表的基本操作

对于关系数据库，有 3 种最基本的数据操作，即选择、投影和连接。从表中选择若干行或元组的操作称为选择，选择若干列的操作称为投影，而从多个表中按照主键与外键的值相等来选择相关列并生成一组新的元组的操作称为连接。例如，从读者表（表 1-1）中选择女性读者的元组如表 1-14 所示，从读者表（表 1-1）中选择读者编号、姓名、性别、电话号码、E-mail 的投影操作如表 1-15 所示，将读者表（表 1-1）、图书表（表 1-2）、借阅表（表 1-3）进行连接和投影操作生成的新表如表 1-16 所示。

表 1-14 选择操作

读者编号	姓名	性别	出生日期	单位	是否学生	会员类别	电话号码	E-mail	密码
D0003	杨八妹	女	2003-1-1	信息管理学院	Y	02	13837121001	y8m@163.com	333333
D0002	欧阳一一	女	2001-1-1	管理工程学院	Y	02	13511112222	oy11@zzu.edu.cn	123456

表 1-15　投影操作

读者编号	姓名	性别	电话号码	E-mail
D0001	张三	男	0371-67780001	zhangsan@163.com
D0003	杨八妹	女	13837121001	y8m@163.com
D0002	欧阳一一	女	13511112222	oy11@zzu.edu.cn

表 1-16　连接和投影操作

读者编号	姓名	单位	图书名称	作者	出版社	借阅日期	归还日期	还书标记
D0001	张三	管理工程学院	Web 数据库技术及应用	李国红	清华大学出版社	2019-5-15		0
D0003	杨八妹	信息管理学院	Web 数据库技术及应用	李国红	清华大学出版社	2019-6-5	2019-6-14	1
D0001	张三	管理工程学院	管理信息系统	李国红	郑州大学出版社	2019-6-13		0
D0002	欧阳一一	管理工程学院	Web 数据库技术及应用	李国红	清华大学出版社	2019-6-18	2019-6-28	1

4．数据库的完整性和安全性

（1）数据库的完整性

数据库中的数据应该是完整、正确和彼此相容的，这称为数据库的完整性，完整性靠定义数据的约束规则来实现。数据的约束规则包括属性、元组和数据库（表间）约束。

属性约束就是指定字段的数据类型、宽度、小数位数、字段有效性规则等，例如，性别属性的数据类型为字符型、宽度为 1，字段有效性规则为：性别="男" .OR. 性别="女"。

元组约束就是指定表中各元组都应遵循的记录有效性规则，这种记录有效性规则就是由于元组的各属性之间相互制约关系使得元组应满足的限制条件，例如，借阅表中，各元组应满足以下记录有效性规则：归还日期>=借阅日期。

数据库（表间）约束就是指定在一个数据库表中插入、修改或删除数据时由于受其他表中数据的影响而使数据库遵循的参照完整性约束规则，这种规则包括级联更新、级联删除、限制更新、限制删除和限制插入规则，一般在建立表间永久关系时设置。建立永久关系时，将包含主键（不含外键）、用于描述实体信息的表称为父表或主表，而含有外键、与父表建立关联的表称为子表或相关表。级联更新（或删除）规则规定了在父表中更新关键字值（或删除记录）时，子表中会自动更新相关联记录的相应外键的值（或自动删除相关记录）；限制更新（或删除）规则规定了子表中有相关记录存在时不能修改父表中相关记录的关键字值（或删除父表的相关记录）；限制插入规则规定了子表中增加记录或修改外键的值时必须保证父表中存在相关记录（即主键值与外键值相等的记录）。例如，对于读者借阅数据库，在借阅表（子表）中插入记录时，读者编号必须存在于读者表（父表）中，表明读者是合法读者，同样，图书编号必须存在于图书表（父表）中，表明图书已登记，否则，读者不能借书（可设置为限制插入）；又如，在读者表中删除记录时，要求在借阅表中不能有该读者编号的记录存在，否则不允许删除（设置为限制删除即可）。

（2）数据库的安全性

数据库中的数据应该是安全的，应保护数据库以防止不合法使用，这称为数据库的安全性。安全性靠系统提供的访问控制机制来保证。

访问控制机制一般包括登录验证及规定数据访问权限。登录验证机制是指用户使用系统前必须先注册为合法用户，主要确定用户名、密码及其他身份信息；注册成功后，用户便可通过用户名和密码登录并使用系统，未注册的用户不能正常登录和使用系统。规定数据访问权限是指数据库系统对各用户赋予数据浏览或更新权限；用户对数据只能进行权限内的操作，一切越权操作将被系统拒绝。

（3）数据恢复

1）事务恢复。事务是一组不可分割的操作，这组操作要么全执行，要么一个也不执行，向数据库表中添加一个新的元组就可以理解为一个事务。事务具有原子性（Atomicity）、一致性（Consistency）、隔离性（Isolation）、持续性/永久性（Durability）。原子性指事务中包括的各操作要么全做，要么全不做；一致性指事务的执行结果必须使数据库从一个一致性状态变到另一个一致性状态；隔离性指一个事务的执行不被其他事务干扰；持续性指事务一旦提交，它对数据库中数据的改变就是永久性的。当一个作用于数据库的事务已经开始，但因某种原因尚未完成时，就应撤销该事务，使数据库恢复到事务开始前的状态，这称为事务恢复。事务恢复的主要目的是防止未完成的事务对数据库的数据进行不完整的修改，保证事务的原子特性。一般来说，事务通常以 BEGIN TRANSACTION 开始，如果要修改数据库中的数据，可先把修改的所有操作存储在一个临时表中，然后作为一个事务提交（COMMIT）到正式的数据库中，当事务未能完成时，发布回滚（ROLLBACK）命令，完成回滚操作，从而使数据库恢复到事务开始前的数据状态。事务恢复有两种方式：一是显式方式，采用系统和用户的交互作用来进行，由用户负责发布提交命令和回滚命令；二是隐含方式，事务恢复的一切过程都是由数据库系统自动完成的。

2）介质恢复。当数据库遇到不能被恢复的故障时，需要用备份系统来恢复当前系统。这就要求经常（或定期）进行系统备份，将相关数据备份到相关的存储介质上，以便恢复系统时使用。这种利用存储介质上备份的数据来恢复当前系统的方式称为介质恢复。介质恢复的基本思想就是进行系统备份。

3）日志文件恢复。日志文件是用来记录对数据库每一次更新活动的文件，文件中一般包含执行更新操作的事务标识、更新前数据的旧值、更新后数据的新值等内容。建立日志文件，并结合使用备份的系统副本才能有效恢复数据库。当数据库发生故障或遭到破坏后，可利用备份的系统副本把数据库恢复到系统数据被备份时的正确状态，然后利用日志文件把已完成的事务重做处理，对故障发生时尚未完成的事务进行撤销处理，即可把数据库恢复到故障发生前某一时刻的正确状态。

（4）并发操作与并发控制

并发操作是指两个或多个事务同时作用于一个数据库。这里的“同时”是一个相对的概念，表示自一个事务从开始操作数据库到该事务终止期间，其他事务也在这个时间段的某个时刻操作该数据库。并发操作可能会发生以下问题：丢失更新、未提交依赖、不能重复读、不一致性分析。

1）丢失更新。丢失更新指两个事务同时对一个数据库表的同一个元组进行有条件修改，其中一个事务对元组的修改被另一事务对元组的修改所覆盖。例如，读者编号为 D0002 的读者借图书编号为 T0001 的图书，对于表 1-1 至表 1-3 所示的数据库表，以下操作序列构成第一个事务：将图书表中 T0001 号图书的在库数减 1；在借阅表中增加一条读者编号为 D0002、图书编号为 T0001、借阅日期为当前日期、还书标记为 0 的借阅记录。同样，读者编号为 D0003 的读者借图书编号为 T0001 的图书，以下操作序列构成第二个事务：将图书表中 T0001 号图书的在库数减 1；在借阅表中增加一条读者编号为 D0003、图书编号为 T0001、借阅日期为当前日期、还书标记为 0 的借阅记录。假设 t1 时刻，D0002 号读者借书，读出图书表中 T0001 号图书的在库数为 10，第一个事务还未完成；在 t2 时刻，D0003 号读者通过另一终端借书，读出图书表中 T0001 号图书的在库数为 10，第二个事务也未完成；在 t3 时刻，第一个事务修改图书表，将 D0002 号读者借书的数据反映到图书表中，即 T0001 号图书在库数改为 9；在 t4 时刻，第二个事务修改图书表，由于 t2 时刻读出的 T0001 号图书的在库数为 10，所以第二个事务将 D0003 号读者借书后的 T0001 号图书的在库数改为 9；在其他时刻，第一个事务、第二个事务分别将 D0002、D0003 号读者的借阅数据添加到借阅表中。按理说，两人借书后，图书表中 T0001 号图书的在库数应为 8，但由于并发操作，使第二个事务获得的实施修改前的数据（10）和实际数据（9）不一致，而第一个事务在 t3 时刻对数据库的修改被第二个事务在 t4 时刻的修改所覆盖，从而造成更新丢失。这样，图书表中最终 T0001 号图书的在库数为 9 也就不足为怪了。如表 1-17 所示。

2）未提交依赖。未提交依赖也称读“脏”数据，即两个事务同时作用于一个数据库表，第一个事务进行数据更新时，第二个事务正好检索到此数据，但紧接着又撤销了第一个事务的更新操作，使第二个事务检索到一个数据库中不存在的数据（“脏”数据）。对于表 1-2 所示的图书表，未提交依赖举例如表 1-18 所示。

3）不能重复读。不能重复读是指第一个事务读取某一数据，第二个事务读取并修改了同一数据，第一个事务为了校对目的再读此数据，得到不一致的结果，即不能重复读原数据。对于表 1-2 所示的图书表，不能重复读举例如表 1-19 所示。

表 1-17　丢失更新

时刻	第一个事务（更新数据）	第二个事务（更新数据）
t1	读出图书表中 T0001 号图书的在库数为 10	
t2		读出图书表中 T0001 号图书的在库数为 10
t3	T0001 号图书在库数改为 9	
t4		图书表中 T0001 号图书在库数改为 9
t5	D0002 号读者的借书数据添加到借阅表	
t6		D0003 号读者的借书数据添加到借阅表
最终	t3 时刻所做的修改被覆盖	修改前读取的在库数为 10 与实际值 9 不一致

表 1-18　未提交依赖

时刻	第一个事务（撤销更新）	第二个事务（数据检索）
t1	修改 T0001 号图书的在库数为 9	
t2		查出 T0001 号图书的在库数为 9
t3	撤销修改操作，T0001 号图书的在库数恢复为 10	
最终		检索到在库数为 9，实际应为 10

表 1-19　不能重复读

时刻	第一个事务（校对数据）	第二个事务（数据更新）
t1	读出 T0001 号图书的在库数为 10	
t2		修改 T0001 号图书的在库数为 9

（续）

时刻	第一个事务（校对数据）	第二个事务（数据更新）
t3	为校对再读出 T0001 号图书的在库数为 9	
最终	两次读取数据不同，不能重复读第一次的数据	

4）不一致性分析。不一致性分析是指两个事务同时作用于一个数据库表，第一个事务对数据库进行求和统计后，第二个事务对该数据库进行了更新，造成第一个事务的统计结果和实际情况不符。对于表 1-2 所示的图书表，不一致性分析举例如表 1-20 所示。

表 1-20　不一致分析

时刻	第一个事务（统计求和）	第二个事务（数据更新）
t1	统计图书表中所有图书的在库数为 19	
t2		修改 T0001 号图书的在库数为 9
最终	在库数统计结果为 19，实际为 18	

要解决上述并发操作所引发的问题，就必须进行并发控制。并发控制就是用正确的方式调度并发操作，避免造成数据的不一致性，使一个事务的执行不受其他事务的干扰。并发控制的基本策略就是数据封锁，即在正式更新数据前，先封锁记录或整个数据表，使数据更新期间其他事务暂时无法访问该记录或数据表，数据更新完成后再撤销数据封锁。这样，便可保证并发操作结果的正确性。

1.1.4　数据模型与数据模式

1．数据模型

数据模型是描述现实世界中客观对象及其相互联系的工具，是一组严格定义的概念的集合。它强调数据库的框架、数据结构的格式，但不关心具体对象的数据。

数据模型由数据结构、数据操作和数据的完整性约束规则三部分组成，这三个组成部分称为数据模型的三要素。数据结构主要描述系统中客观对象的数据组织形式（如各对象的数据项组成、数据类型、关键字等）及数据之间的相互联系，是对系统静态特性的描述；数据操作描述对各种对象的实例允许进行的操作（数据的查询、插入、删除、修改等）及有关的操作规则，是对系统动态特性的描述；完整性约束规则主要描述数据及其联系应满足的约束条件和依存规则。

针对不同的数据对象和应用目的，将数据模型分为概念（数据）模型、逻辑（数据）模型和物理（数据）模型三类。概念模型描述一个单位的概念化结构，将现实世界抽象为信息世界，如实体-联系模型（E-R 模型）、面向对象模型（OO 模型）等，这类模型与 DBMS 无关，不依赖于具体的计算机系统，仅用于数据库的设计。逻辑模型反映数据的逻辑结构，包括字段、记录、文件等，如关系数据模型、层次数据模型、网状数据模型，这类模型与 DBMS 有关，通常需要严格的形式化定义，以便在计算机上实现。物理模型反映数据的存储结构，包括存储介质的物理块、指针、索引等，它不仅与 DBMS 有关，而且与计算机系统的硬件和操作系统有关。

2．数据模式

数据模式是指以选定的某种数据模型为工具，对一个具体系统被处理的具体数据进行描述，反映了一个系统内各种事务的结构、属性、联系和约束。数据模式的取值称为实例，反映数据库在特定时刻的状态。

数据模式按层次级别由低到高划分为内模式、概念模式和外模式，称为三级数据模式结构，如图 1-3 所示。数据库中描述数据物理结构的为内模式（或存储模式），描述全局逻辑数据结构的为概念模式（或模式），描述局部逻辑数据结构的为外模式（或子模式）。内模式是用物理数据模型对数据进行的描述，规定了数据项、记录、数据集、指引元、索引和存取路径等一切数据的物理组织，以及记录的位置、虚拟数据、块的大小与溢出区等，一个数据库只有一个内模式。概念模式是数据库中全部数据的逻辑表示和特性描述，是数据库的框架和结构，主要定义记录、数据项、数据完整性约束及记录之间的联系，整个数据库只有一个概念模式。外模式是用逻辑数据模型对用户用到的那部分数据进行的描述，是数据库用户看到的数据视图，用户的不同应用需求对应有不同的外模式，每个外模式中的记录型都是概念模式中的记录型的子集。这三种数据模式均由 DBMS 实现。

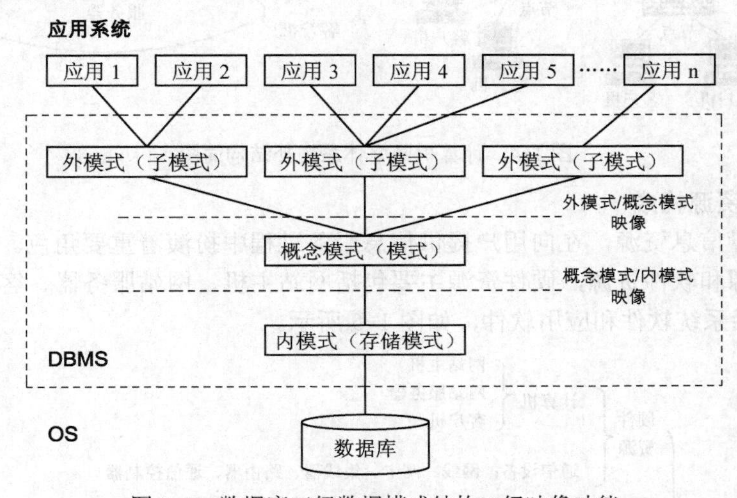

图 1-3　数据库三级数据模式结构二级映像功能

DBMS 提供了这三级数据模式结构的二级映像功能，保证了程序与数据的独立性。首先，概念模式与内模式之间有概念模式/内模式映像，如果内模式或存储模式改变，可通过修改此映像使概念模式保持不变，从而不必修改程序，这称为程序与数据的物理独立性。其次，外模式与概念模式之间有外模式/概念模式映像，如果概念模式改变，可通过修改此映像使外模式保持不变，从而不必修改程序，这称为程序与数据的逻辑独立性。

1.2　Web 数据库

1.2.1　网络体系结构与网站资源构成

1．计算机网络体系结构

计算机网络是指将地理位置不同的具有独立功能的多台计算机及其外部设备，通过通信线路连接起来，在网络操作系统、网络管理软件及网络通信协议的管理和协调下，实现资源共享和信息传递的计算机系统。由大量独立的，但相互连接起来的计算机、工作站、服务器、终端设备、网络设备等组成的系统称为计算机网络系统，其中每一个拥有自己唯一网络地址的设备都是网络节点。可以认为，节点就是拥有独立通信 IP 地址且具有传送和接收数据功能的计算机，相关节点的集合构成了网站，网站与网站之间相互连通便构成了互联网络，计算机网络体系拓扑结构如图 1-4 所示。

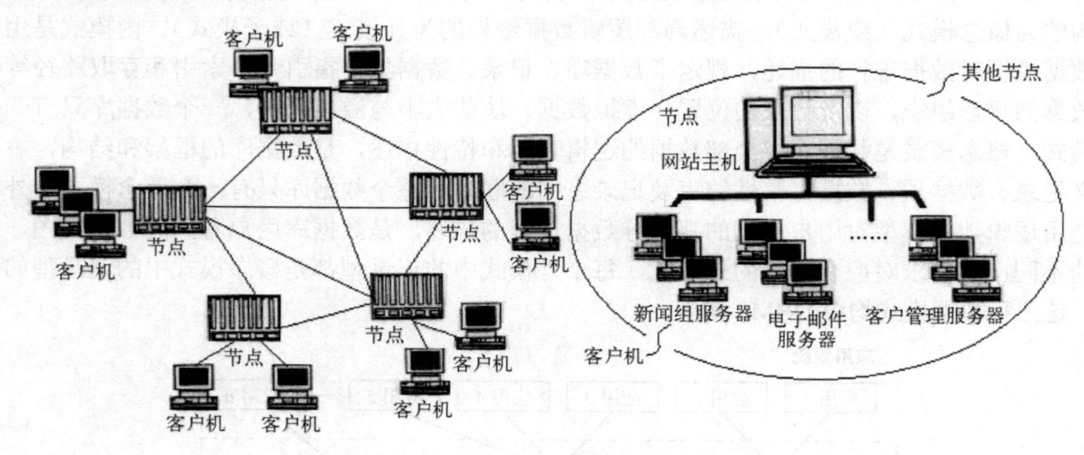

图 1-4　计算机网络体系拓扑结构简图

2．网站信息资源构成

网站拥有大量信息资源，在向用户提供信息服务过程中扮演着重要角色。网站信息资源包括计算机硬件资源和软件资源，硬件资源主要包括网站主机、网站服务器、客户机和通信设备等，软件资源包括系统软件和应用软件，如图 1-5 所示。

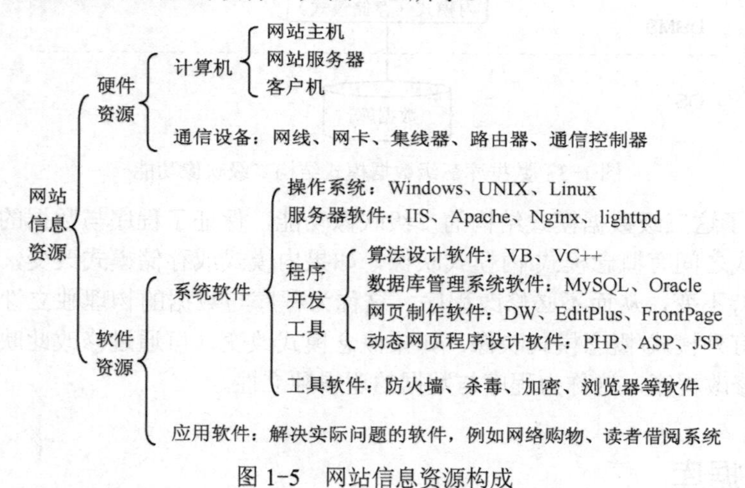

图 1-5　网站信息资源构成

（1）硬件资源

1）网站主机。有两大重要职能：一是负责管理本站服务器及服务器中保存的信息；二是负责连接其他网站主机（节点）以实现网络互联。网站主机需要安装网络通信软件。

2）网站服务器。主要完成保存信息和网页程序文件的职能。服务器在互联网中由网站主机负责管理，用户登录到网站后能够浏览服务器中保存的信息；在局域网内起到主机作用，负责管理客户机，保证局域网正常运行。网站服务器分为新闻组服务器、电子邮件服务器、客户管理服务器、数据库服务器等不同类型。网站服务器安装有 IIS 或 Apache 服务器软件，网站的信息通过网页程序的处理，以网页页面的形式提供给用户。

3）客户机。是指能够登录网站浏览信息的计算机。客户机登录互联网连接到网站后能够浏览到网站保存的信息。客户机需要安装的软件包括登录互联网的软件（如 TCP/IP）、浏览器软件（如 IE）、媒体播放器软件（如 Windows Media Player）、上传/下载文件的软件（如“迅雷”）、开发工具软件（如 AppServ）。

4）通信设备。一般包括网线、网卡、集线器、路由器和通信控制器等，起连接网络和设备的作用。

（2）软件资源

1）系统软件。是指控制和协调计算机及外部设备，支持应用软件开发和运行的系统，是无须用户干预的各种程序的集合，其主要功能是调度、监控和维护计算机系统，负责管理计算机系统中各种独立的硬件，使得它们可以协调工作。系统软件由操作系统、服务器软件、程序开发工具、工具软件等组成。其中，操作系统是最重要的系统软件，是计算机必备的软件；服务器软件是网站服务器中用于通信管理的软件，比较常用和优秀的服务器软件包括 IIS、Apache、Nginx、lighttpd、Tomcat 等；软件开发工具是指系统开发所必需的，用于应用程序管理、网页维护和数据处理的软件；工具软件是指包括硬盘分区、杀毒、文件下载、文件格式转换、文件压缩和加密、多媒体播放、翻译、系统诊断和优化在内的广泛用于日常办公、系统维护等诸多方面的系统软件。

2）应用软件。是针对某种应用需要，利用程序设计语言编制的应用程序的集合，是用于解决实际应用问题的软件。网络购物系统、网络票务系统、读者借阅系统、学生选课系统、通讯录系统都是根据特定的应用需要开发的应用软件。

（3）IP 地址

互联网依靠 TCP/IP 在全球范围内实现不同硬件结构、不同操作系统和不同网络系统的互联，每台互联的主机都有一个唯一的用于标识自己身份的 IP 地址，主机与主机之间通过 IP 地址进行互通互联。可见，IP 地址是一种重要的网站信息资源。

目前的 IP 地址分为 IPv4 地址和 IPv6 地址。IPv4 地址用 32 位二进制数表示，分为 4 段，每段由 8 位二进制数组成，用十进制数表示，每段数字范围为 0～255，段与段之间用小数点分开，例如 192.168.0.105。由于 IPv4 表示的 32 位地址资源是有限的（理论上有 2^{32} 个可能的地址组合），因此，IETF（Internet Engineering Task Force）小组设计了用来替代 IPv4 协议的下一代互联网协议，这就是 IPv6 协议。IPv6 地址用 128 位二进制数表示，分为 16 段，每段由 8 位二进制数组成。IPv6 的 128 位地址通常写成 8 组，每组由 4 个十六进数表示，由冒号分开，例如 CDCD:910A:2222:5498:8475:1111:3900:2020；如果几个连续段位的值都是 0，那么这些 0 就可以简单地用::来表示，但只能简化连续的段位的 0，其前后的 0 都要保留，例如 AD80::ABAA:0000:00C2:0002。IPv6 地址有 2^{128} 个可能的地址组合，提供的 IP 地址的数量足够多，为物联网的应用提供了技术保障。

要查看登录上网后本机的 IP 地址，在 Windows 系统桌面，依次选择“开始”→“所有程序”→“附件”→“命令提示符”，在出现的命令提示符窗口输入和执行“ipconfig”命令即可。

1.2.2 Web 技术基础

Web 即万维网，是一种典型的分布式应用结构。Web 可以描述为在 Internet 上运行的、全球的、交互的、动态的、跨平台的、分布式的、图形化的超文本信息系统。Web 应用中的每一次信息交换都要涉及客户端和服务端。因此，Web 技术大体上也可以被分为客户端技术和服务端技术两大类。

1. Web 客户端技术

Web 客户端的主要任务是展现信息内容。Web 客户端设计技术主要包括 HTML 语言、Java Applets、脚本程序、CSS、DHTML、插件技术以及 VRML 技术。

1）HTML。HTML 即超文本标记语言（Hypertext Markup Language），是构成 Web 页面的主要工具。

2）Java Applets。即 Java 小应用程序，是用Java 语言编写的小应用程序，可以直接嵌入到网页中，并能够产生特殊的效果。浏览器可以将 Java Applets 从服务器下载到浏览器，并在浏览器所在的机器上运行。Java Applets 可提供动画、音频和音乐等多媒体服务。

3）脚本程序。是嵌入在 HTML 文档中的程序。用于编写脚本程序的语言主要有 JavaScript 和 VBScript。JavaScript 由 Netscape 公司开发，具有易于使用、变量类型灵活和无须编译等特点；VBScript 由 Microsoft 公司开发，与 JavaScript 一样可用于设计交互的 Web 页面。JavaScript 和 VBScript 语言最初都是为创建客户端动态页面设计的，但它们都可以用于服务端脚本程序的编写。客户端脚本在客户机执行，服务端脚本则是在 Web 服务器执行。

4）CSS。即层叠样式表（Cascading Style Sheets），是一种用来表现HTML或XML等文件样式的计算机语言。在 HTML 文档中设立样式表，可以统一控制 HTML 中各标志的显示属性。CSS 不仅可以静态地修饰网页，还可以配合各种脚本语言动态地对网页各元素进行格式化。CSS 大大提高了开发者对信息展现格式的控制能力。

5）DHTML。即动态 HTML（Dynamic HTML），是一种使 HTML 页面具有动态特性的艺术，是在一个页面中包括 HTML+CSS+JavaScript（或其他客户端脚本），其中 CSS 和客户端脚本是直接写在页面上而不是链接到相关文件，它是 HTML、CSS 和客户端脚本的一种集成。同样是实现 HTML 页面的动态效果，DHTML 技术无须启动 Java 虚拟机或其他脚本环境，可以在浏览器的支持下，获得更好的展现效果和更高的执行效率。

6）插件技术。插件技术极大地丰富了浏览器的多媒体信息展示功能，常见的插件包括 QuickTime、Realplayer、Media Player 和 Flash 等。为了在 HTML 页面中实现音频、视频等更为复杂的多媒体应用，1996 年的 Netscape 2.0 成功地引入了对 QuickTime 插件的支持。同年，在 Windows 平台上，Microsoft 将 COM 和 ActiveX 技术应用于 IE 浏览器中，其推出的 IE 3.0 正式支持在 HTML 页面中插入 ActiveX 控件，为其他厂商扩展 Web 客户端的信息展现方式提供了方便的途径。1999 年，Realplayer 插件先后在 Netscape 和 IE 浏览器中取得成功，同时，Microsoft 自己的媒体播放插件 Media Player 也被预装到各种 Windows 版本之中。20 世纪 90 年代初期，Jonathan Gay 在 FutureWave 公司开发了一种名为 Future Splash Animator 的二维矢量动画展示工具，1996 年，Macromedia 公司收购 FutureWave，并将 Jonathan Gay 的发明改名为 Flash。从此，Flash 动画成为 Web 开发者表现自我、展示个性的最佳方式。

7）VRML 技术。VRML 即虚拟现实建模语言（Virtual Reality Modeling Language），是一种用于建立真实世界的场景模型或人们虚构的三维世界的场景建模语言。VRML 的对象称为结点，子结点的集合可以构成复杂的景物；结点可以通过实例得到复用，对它们赋以名字，进行定义后，即可建立动态的虚拟世界。VRML 是一种可以发布 3D 网页的跨平台语言，是目前创建三维对象最重要的工具。

2. Web 服务端技术

与 Web 客户端技术从静态向动态的演进过程类似，Web 服务端的开发技术也是由静态向动态逐渐发展、完善起来的。Web 服务端技术主要包括服务器、CGI、PHP、ASP、ASP.NET、Servlet 和 JSP 技术。

1）服务器技术。主要指有关 Web 服务器构建的基本技术，包括服务器策略与结构设计、服务器软硬件的选择及其他有关服务器构建的问题。

2）CGI 技术。即通用网关接口技术（Common Gateway Interface）。最早的 Web 服务器只是简单地响应浏览器发来的HTTP 请求，并将存储在服务器上的 HTML 文件返回给浏览器。CGI 是第一种使服务器能根据运行时的具体情况，动态生成 HTML 页面的技术。CGI 允许服务应用程序根据客户端请求来动态生成 HTML 页面，使客户端和服务端的动态信息交换成为可能。随着 CGI 技术的普及，聊天室、论坛、信息查询、全文检索、电子商务等各式各样的 Web 应用风生水起。

3）PHP技术。即超文本预处理器技术（PHP: Hypertext Preprocessor）。1994 年，Rasmus Lerdorf 发明了专用于 Web服务端编程的 PHP 语言。与 CGI 程序不同，PHP 语言将 HTML 代码和 PHP 指令合成为完整的服务端动态页面，Web 应用的开发者可以用一种更加简便、快捷的方式实现动态 Web 功能。

4）ASP技术。即动态服务器页面技术（Active Server Pages）。1996 年，Microsoft 借鉴 PHP 的思想，在其 Web 服务器 IIS 3.0 中引入了 ASP 技术。ASP 使用的脚本语言是人们熟悉的 VBScript 和 JScript。借助 Microsoft Visual Studio 等开发工具在市场上的成功，ASP 迅速成为 Windows 系统下 Web 服务端的主流开发技术。

5）ASP.NET 技术。ASP.NET 是微软公司开发的一种建立在 .NET 之上的 Web 运行环境，是对传统 ASP 技术的重大升级和更新。ASP.NET 是建立 .NET Framework 的公共语言运行库上的编程框架，可用于在服务器上生成功能强大的 Web 应用程序。借助于 ASP.NET，可以创造出内容丰富的、动态的、个性化的 Web 站点。ASP.NET 简单易学、功能强大、应用灵活、扩展性好，可以使用任何.NET 兼容语言。

6）Servlet、JSP技术。以 Sun 公司为首的 Java 阵营于 1997 和 1998 年分别推出了 Servlet 和 JSP 技术。Servlet 是在服务器上运行的小程序，JSP（Java Server Pages，Java服务器页面）则是一个简化的Servlet设计。JSP 技术有点类似 ASP 技术，它是在传统的网页HTML 文件（*.htm、*.html）中插入 Java程序段（Scriptlet）和 JSP 标记（tag），从而形成 JSP 文件，扩展名为（*.jsp）。用 JSP 开发的 Web 应用是跨平台的，既能在 Linux 下运行，也能在其他操作系统上运行。Servlet 和 JSP 被后来的 J2EE（Java 2 Platform Enterprise Edition）平台吸纳为核心技术。

1.2.3 Web 数据库基本原理

1. Web 数据库的基本结构

Web 数据库一般指基于 B/S（浏览器/服务器）的网络数据库，它是以后台数据库为基础，结合相应的前台程序，通过浏览器完成数据存储、查询等操作的系统。简单地说，Web 数据库就是跨越计算机在网络上创建、运行的数据库，它由数据库服务器（Database Server）、中间件（Middle Ware）、Web 服务器（Web Server）、浏览器（Browser）等四部分组成，如图 1-6 所示。其中，数据库服务器一般指安装了数据库软件的服务器，常用的数据库软件主要包括 MySQL、Access、SQL Server、Oracle 等。

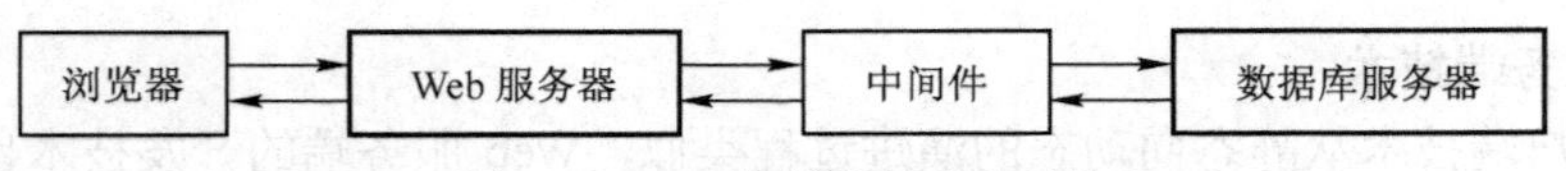

图 1-6　Web 数据库的基本结构

2．Web 数据库的基本工作步骤

Web 数据库的工作原理可简单地概述为：用户通过浏览器端的操作界面以交互的方式经由 Web 服务器来访问数据库，用户向数据库提交的信息以及数据库返回给用户的信息都是以网页的形式显示。其基本工作步骤是：

1）用户打开客户端计算机中的浏览器软件。

2）用户输入要启动的 Web 主页的 URL 地址并按〈Enter〉键，或利用浏览器作为输入接口输入相应的数据并单击提交按钮，浏览器将生成一个 HTTP 请求。

3）浏览器连接到指定的 Web 服务器，并发送 HTTP 请求。

4）Web 服务器接收到 HTTP 请求，根据请求内容的不同做不同的处理。如果没有访问数据库的请求，则直接按 HTTP 请求进行处理，并生成 HTML 格式的返回结果页面。如果有访问数据库的请求，则通过中间件通知数据库服务器执行操作数据库的处理；数据库服务器按接收的指令操作数据库后再将处理结果通过中间件传回 Web 服务器；Web 服务器按 HTTP 请求的要求对接收到的处理结果进行整理，最终生成 HTML 格式的返回结果页面。

5）Web 服务器将 HTML 格式的返回结果页面发回到浏览器。

6）浏览器将网页显示到屏幕上。

3．Web 数据库访问技术

Web 数据库功能的实现离不开 Web 数据库访问技术。Web 数据库访问技术主要包括 CGI 技术、ODBC 技术、JDBC 技术、ADO 技术以及 ASP、JSP、PHP 技术。

（1）CGI

CGI（Common Gateway Interface，通用网关接口）是一种在 Web 服务器上运行的程序，它提供同客户端 HTML 页面的接口，是最早的访问数据库的解决方案，CGI 的基本工作原理如图 1-7 所示。CGI 程序的作用是，建立网页与数据库之间的连接，将用户的查询要求转换成数据库的查询命令，然后将查询结果通过网页返回用户。CGI 程序支持 ODBC 方式，可以通过 ODBC 接口访问数据库，也可以通过数据库系统对 CGI 提供的各种数据库接口如 Perl、C/C++、VB 等来访问数据库。

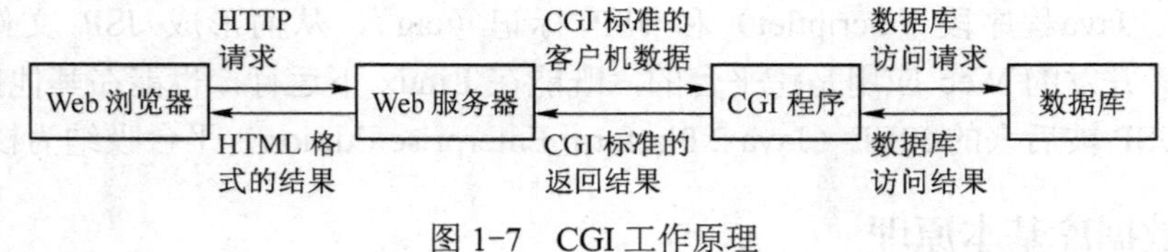

图 1-7　CGI 工作原理

（2）ODBC

ODBC（Open Database Connectivity，开放数据库连接）是一种使用 SQL 的应用程序接口（Application Program Interface，API），为访问各种 DBMS 的数据库应用程序提供了一个统一接口，使应用程序和数据源之间完成数据交换。ODBC 由应用程序、驱动程序管理器、驱动程序和数据源等部分组成，如图 1-8 所示。其中，应用程序通过 ODBC 接口访问不同数据源中的数据，而每个不同的数据源类型由一个或一些特定的驱动程序支持，驱动程序管理器的作用则是为应用程序装入合适的驱动程序。

利用 ODBC 可以方便地实现 Web 应用程序和数据库之间的数据交换。Web 服务器通过 ODBC 驱动程序向 DBMS 发出 SQL 请求，DBMS 接收到标准的 SQL 查询指令，执行后将查询结果通过 ODBC 传递至 Web 服务器，Web 服务器再将结果以 HTML 网页传给 Web 浏览器，其基本工作原理如图 1-9 所示。

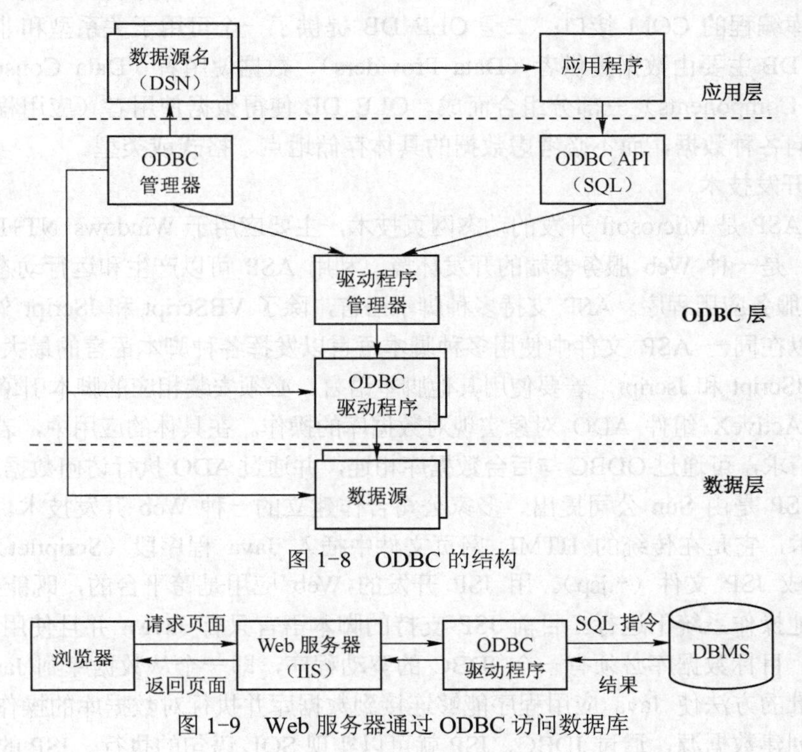

图 1-8　ODBC 的结构

图 1-9　Web 服务器通过 ODBC 访问数据库

（3）JDBC

JDBC（Java Data Base Connectivity，Java 数据库连接）与 ODBC 类似，也是一种特殊的 API，是用于执行 SQL 语句的 Java 应用程序接口，它规定了 Java 如何与数据库之间交换数据的方法。JDBC 可做三件事，即与数据库建立连接、发送操作数据库的语句、处理结果。采用 Java 和 JDBC 编写的数据库应用程序具有与平台无关的特性。

（4）ADO 与 OLE DB

ADO（ActiveX Data Objects）是微软提供的一组访问 Web 数据库的专用技术，是一个用于存取数据源的COM 组件，它为 ASP 提供了完整的站点数据库解决方案。COM 即组件对象模型（Component Object Model），它是一种技术标准，是关于如何建立组件以及如何通过组件建立应用程序的一个规范，说明了如何可动态交替更新组件。COM 组件由 WIN32 动态链接库（DLL）或可执行文件（EXE）形式发布的可执行代码组成。

ADO 作用于服务器端，可连接数据库、操作数据库、查询数据库，并可将数据库访问结果添加到 Web 页面上。使用 ADO 可以轻松完成对 SQL Server、Oracle、Sybase、Access、Visual FoxPro 等各种数据库的查询和存取操作，还可以在 Excel 工作簿中存取信息。ADO 主要包括 Connection、Recordset、Command 三个对象，Connection 对象用于在 ASP 和数据库之间建立连接、管理应用程序和数据库之间的通信；Recordset 对象用于数据查询作业、获取数据；Command 对象则用于对数据库传递 SQL 指令、对数据库执行存取操作。ADO 已集成于 IIS 或 PWS 中。

ADO 提供了编程语言和统一数据访问方式 OLE DB 的一个中间层，允许开发人员编写访问数据的代码时不必关心数据库是如何实现的，而只用关心到数据库的连接。OLE DB 指对象链接与嵌入数据库（Object Linking and Embedding Database），它是一种数据技术标准接口，目的是提供一种统一的数据访问接口。OLE DB 在两个方面对 ODBC 进行了扩展：一是 OLE DB 提供了一个数据库编程的 COM 接口；二是 OLE DB 提供了一个可用于关系型和非关系型数据源的接口。OLE DB 主要由数据提供者（Data Providers）、数据使用者（Data Consumers）和服务组件（Service Components）三部分组合而成。OLE DB 使得数据使用者（应用程序）可以采用同样的方法访问各种数据，而不必考虑数据的具体存储地点、格式或类型。

（5）Web 开发技术

1）ASP。ASP 是 Microsoft 开发的动态网页技术，主要应用于 Windows NT+IIS 或 Windows 9x+PWS 平台，是一种 Web 服务器端的开发环境。利用 ASP 可以产生和运行动态的、交互的、高性能的 Web 服务应用程序。ASP 支持多种脚本语言，除了 VBScript 和 JScript 外，也支持 Perl 语言，并且可以在同一 ASP 文件中使用多种脚本语言以发挥各种脚本语言的最大优势。但 ASP 默认只支持 VBScript 和 Jscript，若要使用其他脚本语言，必须安装相应的脚本引擎。ASP 支持在服务器端调用 ActiveX 组件 ADO 对象实现对数据库的操作。在具体的应用中，若脚本语言中有访问数据库的请求，可通过 ODBC 与后台数据库相连，并通过 ADO 执行访问数据库的操作。

2）JSP。JSP 是由 Sun 公司提出、多家公司合作建立的一种 Web 开发技术。JSP 技术有点类似 ASP 技术，它是在传统的 HTML 网页文件中插入 Java 程序段（Scriptlet）和 JSP 标记（tag），从而形成 JSP 文件（*.jsp）。用 JSP 开发的 Web 应用是跨平台的，既能在 Linux 下运行，也能在其他操作系统下运行。目前 JSP 支持的脚本语言只有 Java，并且使用 JDBC 实现对数据库的访问。目标数据库必须有一个 JDBC 的驱动程序，即一个从数据库到 Java 的接口，该接口提供了标准的方法使 Java 应用程序能够连接到数据库并执行对数据库的操作。JDBC 不需要在服务器上创建数据源，通过 JDBC、JSP 就可以实现 SQL 语句的执行。JSP 的突出特点是其开放的、跨平台的结构，可以运行在几乎所有的操作系统平台和 Web 服务器上。它是 Java 开发 Web 程序的基础与核心，也是目前流行的 Web 开发技术中应用最广泛的一种，主要用于开发企业级 Web 应用。

3）PHP。PHP 是 Rasmus Lerdorf 推出的一种跨平台的嵌入式脚本语言，是一种创建动态交互式站点的强有力的服务器端脚本语言。PHP 是通过 Internet 合作开发的开放源代码软件，可以从 PHP 官方网站（http://www.php.net）自由下载。PHP 支持多种 Web 服务器，常常搭配 Apache（Web 服务器）一起使用，不过它也支持 IS API，并且可以运行于 Windows 的 IIS 平台。PHP 支持目前绝大多数数据库，它既可以通过 ODBC 访问各种数据库，也可以通过函数直接访问数据库，数据库操作简单高效。PHP 提供有许多与各类数据库（包括 Sybase、Oracle、SQL Server、MySQL 等）直接互连的函数，其中与 MySQL 数据库互连被认为是最佳组合。PHP 借用了 C、Java、Perl 语言的语法，结合 PHP 自身的特性，能够快速写出动态生成页面。其代码可以直接嵌入 HTML 代码，可以在 Windows、UNIX、Linux 等流行的操作系统和 IIS、Apache、Netscape 等 Web 服务器上运行。PHP 可以使用户独自在多种操作系统下迅速完成一个简单的 Web 应用程序，即使更换平台也无须变换 PHP 代码，极其适合网站开发。

4．Web 数据库系统是数据库技术与 Web 技术的结合

综上所述，Web 数据库技术将数据库技术与 Web 技术融合在一起，使数据库系统成为 Web 的重要有机组成部分，从而实现数据库与网络技术的无缝结合。

1.2.4 Web 数据库应用系统的开发

1．Web 数据库应用系统的基本工作原理

Web 数据库应用系统，是在对网络信息进行合理分类的基础上建立数据库模型，并将所有信息保存在网络数据库中；用户可以利用网页程序随时增加、查询、修改和删除数据库中的数据，从而确保数据库中数据的正确性和完整性，便于用户查询自己所需要的信息。

2．Web 数据库应用系统的开发过程

（1）建立网站

1）自行建站。即自营主机方式建站，指公司建设网站时所需服务器、网络设备等硬件设施均由公司出资购买。公司利用自己的计算机作为网站服务器，将数据库和网页程序保存在自己的服务器上供用户浏览。这种建站方式的成本较高。自行建站要做以下工作：在计算机中安装 Apache 或 IIS 服务器软件，从而使计算机具有通信职能，成为网站；将 Web 数据库应用软件的数据库、网页程序文件保存在通过 Apache 或 IIS 服务器软件指定的文件夹；将安装 Apache 或 IIS 的计算机正确连接互联网，网站管理员将 IP 地址告知用户，这样，用户在 Web 浏览器的 URL 地址栏输入这个 IP 地址即可浏览此网站的信息。

2）托管方式建站。即托管服务商为托管客户（个人或公司）提供域名和服务器存储空间服务。托管客户建立网站时需要登录托管服务商的网站进行申请，申请时需填写用户名、密码、托管域名、服务空间的大小、交费方式、联系方式、服务方式等资料；托管服务商经核实确认后，托管客户就在托管服务商的计算机中建立了网站；建站后，托管客户将自己建立的数据库和网页文件上传到托管服务商网站的服务器中，人们就可以浏览托管客户的网站信息了。托管方式建站又分为主机租赁、服务器托管、空间租赁三种方式。主机租赁方式指公司在不具备建站所需服务器、网络设备等硬件的条件下采取租赁服务器和网络设备的方式建设网站，服务器和网络设备的所有权和维护工作全部由服务商完成。服务器托管方式指公司在具备建站的各种服务器，但不具备建站的网络设备和机房等的条件下，将服务器委托给服务商进行管理的一种建站方式。空间租赁方式即虚拟主机方式建站，指公司仅仅租赁服务商的服务器空间，而不负责对服务器硬件和网络硬件进行维护的建站方式。

（2）申请域名、绑定 IP

自行建站后，虽然可使用 IP 地址访问网站，但 IP 地址不方便用户记忆。因此，一般需要申请固定的域名地址，利用域名解析服务把自行建站后网站的 IP 地址自动绑定到这个固定的域名地址。域名（Domain Name）又称网域，是由一串用小数点分隔的名字组成的互联网上某一台计算机或计算机组的名称。域名解析就是域名到 IP 地址的转换过程，域名的解析工作由DNS 服务器完成。

域名解析是一种通过注册的域名就可以方便地访问到网站的一种服务，其操作方法是：

1）登录提供域名解析服务的网站，如 https://www.oray.com，下载域名解析服务的客户端软件；

2）在作为 Web 服务器的计算机上安装域名解析服务的客户端软件；

3）作为 Web 服务器的计算机每次开机时，会得到一个 IP 地址，域名解析服务的客户端软件自动将 IP 地址与申请的固定域名地址绑定在一起；

4）用户在 Web 的浏览器 URL 地址栏输入这个域名地址，按〈Enter〉键执行，就可以浏览这个网站的信息了，因为域名地址会被 DNS 服务器转换为所登录计算机的 IP 地址，就相当于得到了计算机在 Web 上的位置。

（3）安装开发工具软件

开发 Web 数据库应用系统软件，需要安装以下开发工具软件：

- 用于网络通信的服务器软件，例如 Apache、IIS；
- 用于保存数据的数据库管理系统软件，例如 MySQL、SQL Server；
- 用于编辑网页程序的软件，例如 EditPlus、Dreamweaver；
- 用于动态数据处理的软件，如 PHP、ASP、JSP。

也可以选择那些包含若干款开发工具软件的、集成的软件安装包，进行安装。以下是几款常用的软件安装包：

- AppServ（Apache + MySQL + PHP + phpMyAdmin）；
- XAMPP（Apache + MySQL + PHP + PERL）；
- phpStudy（Apache + Nginx + LightTPD + PHP + MySQL + phpMyAdmin + Zend Optimizer + Zend Loader）；
- WampServer（Apache + MySQL + PHP + PHPMyAdmin + SqlBuddy + XDebug）；
- LAMP（Linux + Apache + Mysql/MariaD + Perl/PHP/Python）。

（4）设计 Web 数据库模型

需要针对具体的应用案例，认真设计 Web 数据库应用系统的数据结构，建立保存数据的数据库模型。设计 Web 数据库模型时，必须明确数据项保存在哪个服务器上的哪个数据库、哪个数据表，由哪个用户访问。如果要处理 Web 上由 MySQL 保存的数据，可按照“服务器→用户→数据库→数据表→数据项”五级模式访问数据。例如，localhost 服务器、root 用户、borrow 数据库、book 数据表中“图书名称”字段（数据项）的值可以表示成 localhost→root→borrow→book→图书名称。

对于 MySQL 而言，root 用户是根用户（或超级用户、管理员用户），可以用安装 MySQL 时设置的密码登录 MySQL 服务器，建立和管理普通用户，为普通用户设置登录 MySQL 服务器的密码，并授予普通用户操作 MySQL 数据库的权限。这样，普通用户也可以在其权限内进行数据库的操作，包括建立数据库、数据表等。

数据库是相关数据表的集合，若干数据表构成一个数据库，每个数据库都应有一个合理的名称。MySQL 创建的数据库是以文件夹的形式保存在 MySQL 服务器中，数据库的存储路径可以进行设置。

数据表是数据库中的表，数据表由若干字段（数据项）组成，MySQL 中的数据表以文件的形式保存在数据库的文件夹中。设计数据表时，要确定数据表名、字段名、字段类型及宽度、取值范围等。由于数据库中可能包含多个数据表，还必须明确哪些数据表是实体表（主表、父表），哪些数据表是联系表（相关表、子表），并确定实体表的主键和联系表的外键，以便确立数据表与数据表之间的相互依存关系。

（5）建立和设计网页文件

网站向用户提供的信息是通过在 Web 服务器上存储和处理大量的网页文件实现的。网页文件分为静态网页页面文件和动态网页程序文件，保存在 Web 服务器主目录或虚拟目录下。静态网页页面文件是用 HTML 的标记语句设计的网页，是可以处理文字、图片、超链接、表格、声音、视频、用户输入数据的网页文件。动态网页程序文件则是在普通的 HTML 页面内嵌入要在 Web 服务器上执行的脚本代码所形成的网页文件，Web 服务器端的脚本代码常用于接收和处理用户输入的数据、管理和维护数据库中的数据，这样就在网站和用户之间建立了交互处理信息的机制。

动态网页程序文件中使用了动态网页设计技术。一般根据所采用的操作系统、Web 服务器软件和 Web 数据库的类型，选用较为合适的动态网页程序设计软件，来建立和设计动态网页程序文件。例如，在 Windows 操作系统下，利用 MySQL 数据库保存数据，便可以利用 PHP、ASP 或 JSP 技术来设计网页程序，而 PHP+MySQL 被认为是开发 Web 数据库应用系统的最佳组合。

（6）网站日常维护和管理

网站日常维护一般包含以下内容：

- 系统维护，主要指网站服务器、邮件服务器的安全性维护，包括定期的预防性维护和突发性的故障恢复，需要定期查杀病毒、检查后门、杜绝漏洞等，确保服务器安全稳定运行；
- 数据维护，包括数据库的导入导出、数据库备份、数据库后台维护等；
- 网页维护，包括网页内容和页面风格的更新、网页结构的调整、动态网页程序的修改和完善、链接的检查、内容的审核等。

网站的日常管理主要包括以下内容：

- 监视网站运营状况，保证浏览者能够正常访问网站；
- 网站运行统计数据分析，分析网站访问情况和存在的问题；
- 搜索引擎数据跟踪分析，分析站点在搜索引擎中的现有形式，进行相关的搜索引擎优化策略调整；
- 注意用户体验，吸引用户点击。

1.3　AppServ 软件包的安装与使用

1.3.1　AppServ 软件包简介

AppServ 是 PHP 网页架站工具组合包，是一个 Web 数据库的集成开发环境，它所包含的软件有 Apache（服务器软件）、PHP（动态网页程序设计语言）、MySQL（数据库管理系统软件）和 phpMyAdmin（图形界面的数据库管理软件）。利用 AppServ 软件包可以快速搭建完整的底层环境。在一般情况下，AppServ 的安装调试都是在本机上进行的。

计算机安装了 Apache 服务器软件就可以成为网站的服务器了。计算机在 Apache 服务器软件的控制下，可以支持数据通信和动态网页程序的运行。Apache 包含在 AppServ 中，也可以单独从官方网站免费下载并安装。Apache 可以运行在 Windows、Linux 和 UNIX 等多种操作系统下。

PHP 具有非常强大的功能，所有的 CGI 的功能都可以用 PHP 实现。而且，PHP 是将程序嵌入到HTML文档中去执行，执行效率比完全生成 HTML 标记的 CGI 要高许多。PHP 支持几乎所有流行的数据库以及操作系统。采用 PHP 技术规范设计的网页程序能够在 Windows、Linux、UNIX 操作系统下运行。

MySQL是一种开放源代码的关系型数据库管理系统（RDBMS），使用最常用的数据库管理语言——结构化查询语言（SQL）进行数据库管理。MySQL 是开发 Web 数据库应用系统软件时普遍采用的数据库系统，它具有占用资源少、数据安全程度高，便于网页程序处理、便于获得等特点。MySQL 因为其速度、可靠性和适应性而备受关注。

phpMyAdmin 软件是利用图形界面加工数据库数据的软件，特点是可以直观、快捷地利用网页页面的形式管理 MySQL 数据库的数据。

1.3.2　AppServ 软件包的下载、安装与测试

1. 下载 AppServ 软件包

在浏览器的 URL 地址栏输 http://www.appservnetwork.com，或输入 https://www.appserv.org/en/，

可登录 AppServ 官方网站。选择“Download”选项卡，可进入 https://www.appserv.org/download/ 页面（图 1-10），单击“DOWNLOAD” 按钮即可出现文件下载对话框（图 1-11），单击“下载”按钮即可下载 AppServ 最新版本。这里下载的是 AppServ 8.6.0，对应的文件名默认是 appserv-win32-8.6.0.exe。

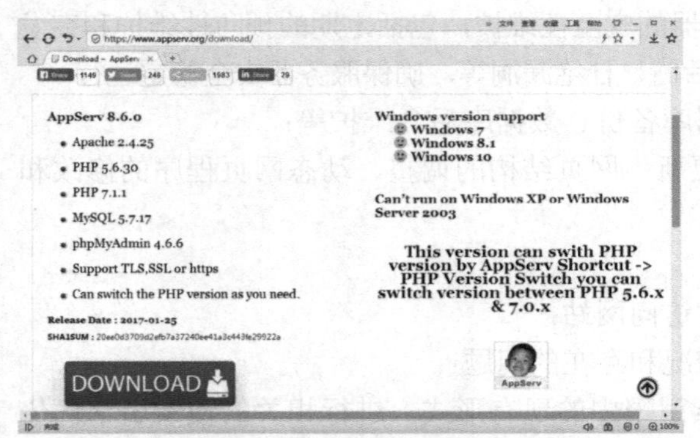

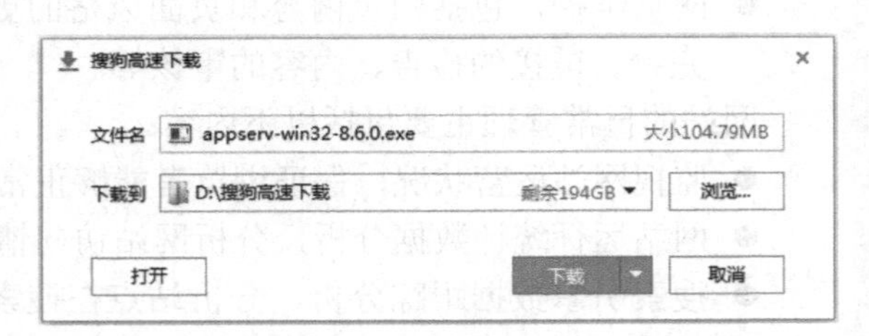

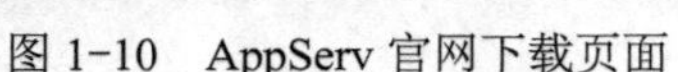
图 1-10　AppServ 官网下载页面

图 1-11　AppServ 软件安装包文件下载对话框

若要下载 AppServ 历史版本，可在 https://www.appserv.org/download/ 所在页面（图 1-10），选择“DOWNLOAD AppServ EOL Version”（图 1-12），进入 https://www.appserv.org/en/version-history/ 页面，然后选择 AppServ 软件版本（例如可选择 AppServ v8.5.0）对应的“Download”之后的超链接（图 1-13），会出现文件下载窗口，单击“下载”按钮即可下载。当然，也可通过百度搜索并下载 AppServ 软件包。

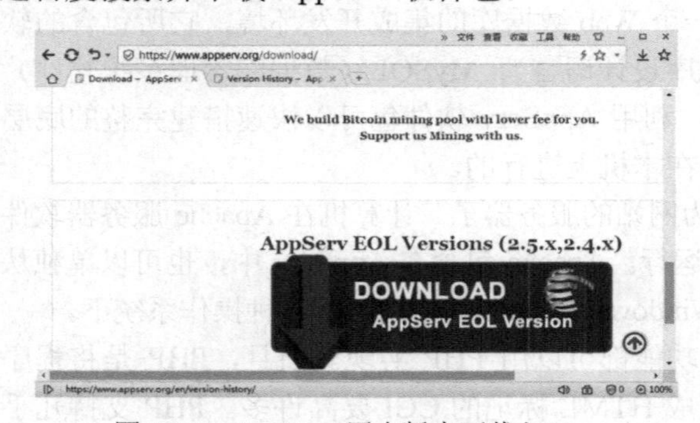

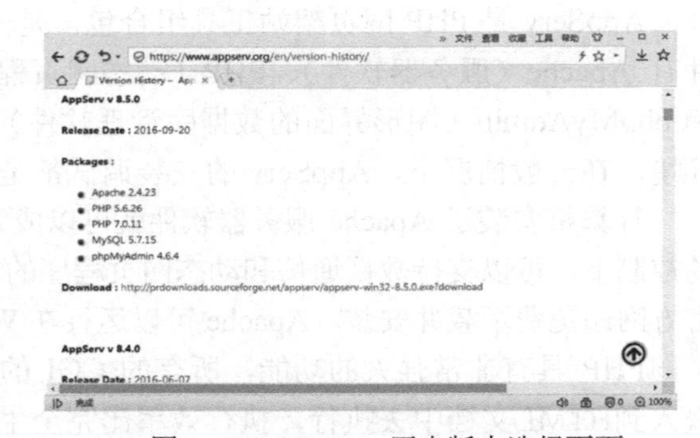

图 1-12　AppServ 历史版本下载入口

图 1-13　AppServ 历史版本选择页面

2．安装 AppServ 软件包

在 AppServ 软件包下载到的文件夹，双击可执行的软件安装文件 appserv-win32-8.6.0.exe，出现 AppServ 安装向导，如图 1-14 所示。

单击“Next”按钮，出现许可协议窗口。在许可协议窗口单击“I Agree”按钮，出现图 1-15 所示的“选择安装路径”对话框。

选择或输入目标文件夹 E:\AppServ，再单击“Next”按钮，出现“选择组件”对话框，默认为全选，如图 1-16 所示。

选择组件后，单击“Next”按钮，弹出对话框提示“Your system must install VC11 Runtime”，如图 1-17 所示，说明系统需安装 VC11 Runtime。单击“确定”按钮后按照提示依次安装 Microsoft Visual C++ 2012 Redistributable （X86）-11.0.61030 和 Microsoft Visual C++ 2015 Redistributable （X86）-14.0.23026 即可。这些软件安装成功后，出现 Apache 服务器信息

设置对话框，要求设置网站域名、管理员邮箱和端口号，如图 1-18 所示。Apache HTTP 端口号默认为 80，若该端口号已被别的应用程序所占用，可进行修改，例如此处将 Apache HTTP 端口号设置为 8080。

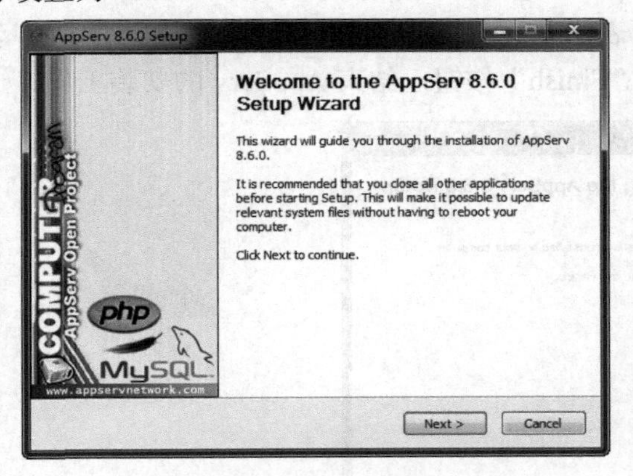

图 1-14　AppServ 软件包安装向导

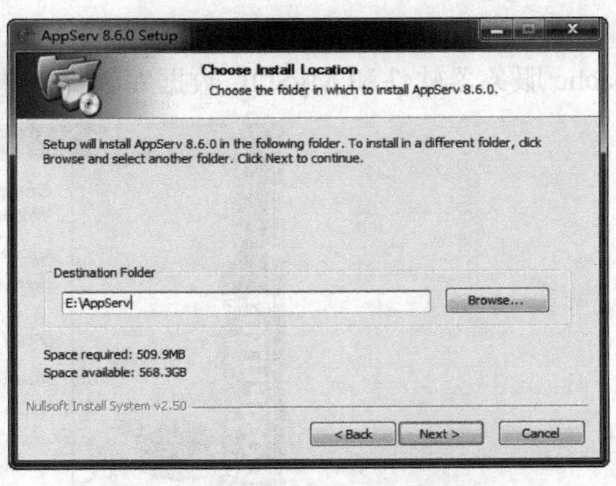

图 1-15　选择或输入安装路径

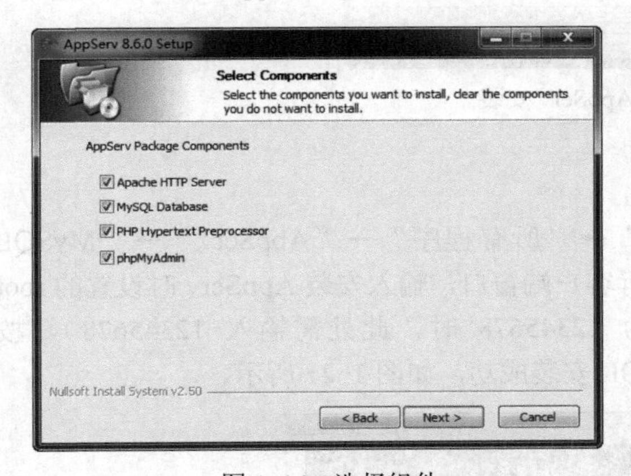

图 1-16　选择组件

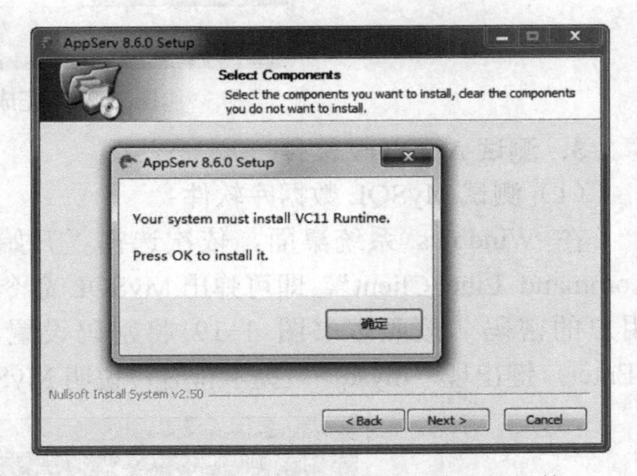

图 1-17　提示系统需安装相关软件

设置 Apache 服务器信息后，单击“Next”按钮，便进入 MySQL 服务器配置对话框，要求输入两次“root”用户的密码（即“数据库管理员”用户的密码，位数必须至少 8 位），并选择合适的字符集。这里将 root 用户的密码设置为 12345678，将字符集选择为“GB2312 Simplified Chinese”，如图 1-19 所示。

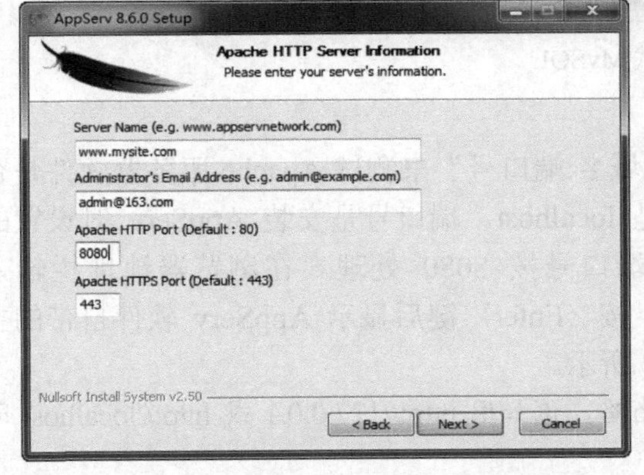

图 1-18　设置网站域名、管理员邮箱和端口号

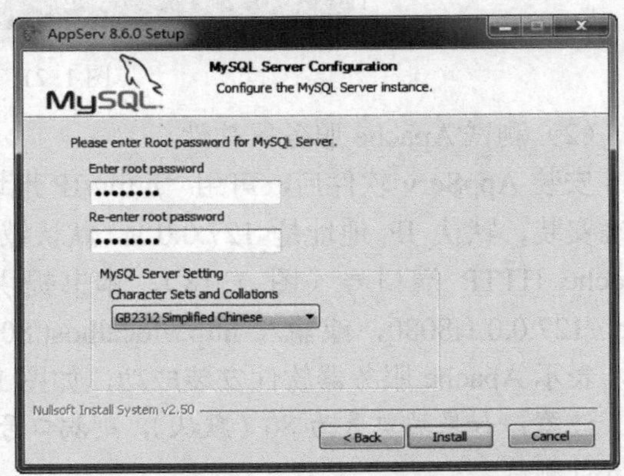

图 1-19　设置 MySQL 根用户密码和字符集

设置好 MySQL 的根用户密码和汉字字符集后，单击“Install”按钮，便开始安装相关软件并显示安装进度。

待 AppServ 软件安装完毕，会出现完成 AppServ 安装的相关提示对话框，如图 1-20 所示。选择“Start Apache”和“Start MySQL”，表示执行完安装程序后，计算机会自动启动 Apache 服务器软件和 MySQL 数据库软件。单击“Finish”按钮，结束 AppServ 的安装工作。

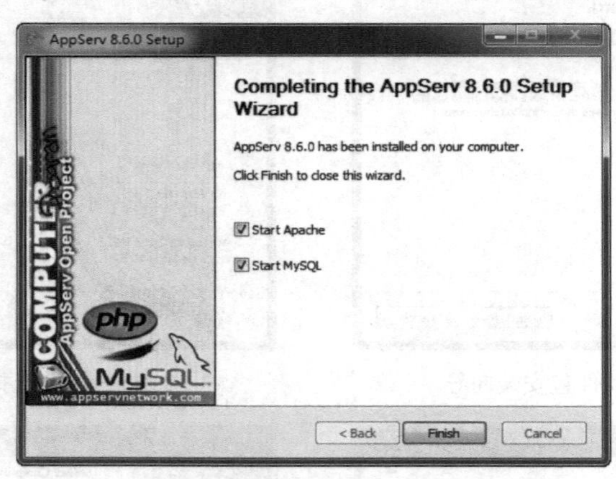

图 1-20　完成 AppServ 安装

3. 测试 AppServ 软件

（1）测试 MySQL 数据库软件

在 Windows 系统桌面，依次选择“开始”→“所有程序”→“AppServ”→“MySQL Command Line Client”，即可弹出 MySQL 命令行客户端窗口，输入安装 AppServ 时设置的 root 用户的密码（按照本书图 1-19 将密码设置为 12345678 时，此处需输入 12345678），按〈Enter〉键出现“mysql>”提示符时，说明 MySQL 安装成功，如图 1-21 所示。

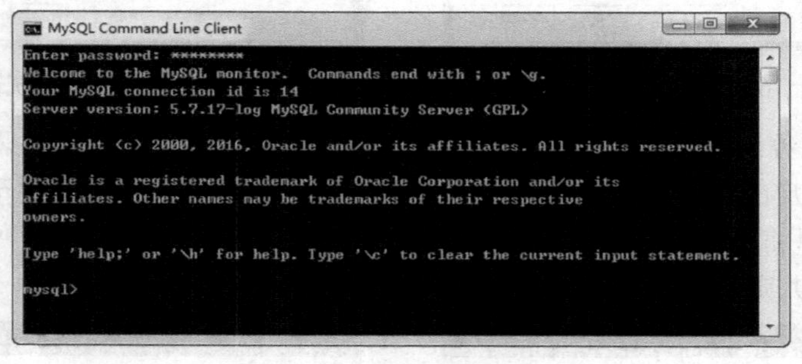

图 1-21　测试 MySQL

（2）测试 Apache 服务器软件

安装 AppServ 软件后，可用“http://IP 地址或域名:端口号”来测试 Apache 服务器软件是否正确安装，默认 IP 地址是 127.0.0.1，默认域名是 localhost，端口号是安装 AppServ 时设置的 Apache HTTP 端口号（图 1-18），本书提供的端口号按 8080 处理。在浏览器地址栏输入 http://127.0.0.1:8080，或输入 http://localhost:8080，按〈Enter〉键后显示 AppServ 软件自带的主页，表示 Apache 服务器软件安装成功，如图 1-22 所示。

注意： 如果端口号为 80（默认），则端口号可省略，例如用 http://127.0.0.1 或 http://localhost 即可进行测试。

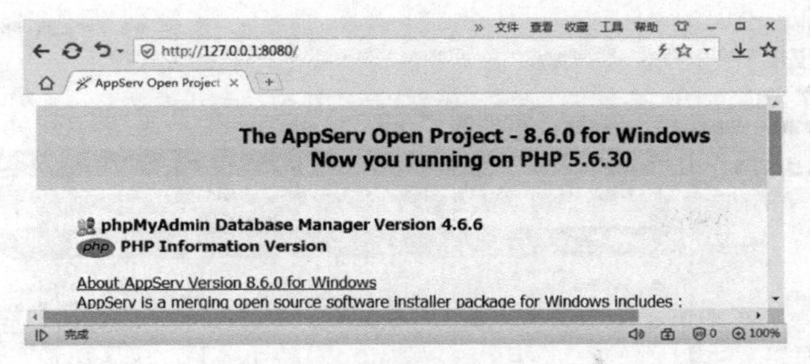

图 1-22　测试 Apache

（3）测试 PHP 网页程序设计软件

在图 1-22 所示页面，单击“PHP Information Version”超链接，或者在浏览器 URL 地址栏输入 http://127.0.0.1:8080/phpinfo.php（或输入 http://localhost:8080/phpinfo.php）后按〈Enter〉键，若出现图 1-23 所示的 PHP 页面窗口，表示 PHP 软件安装成功。

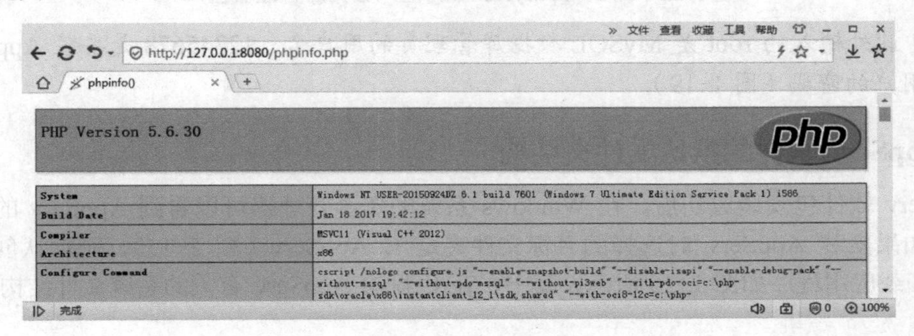

图 1-23　测试 PHP

（4）测试 phpMyAdmin 软件

在图 1-22 所示页面中，单击“phpMyAdmin Database Manager Version 4.6.6”超链接，或者在浏览器地址栏输入 http://127.0.0.1:8080/phpMyAdmin（或输入 http://localhost:8080/phpMyAdmin）后按〈Enter〉键，出现图 1-24 所示的 phpMyAdmin 登录窗口，输入用户名 root、密码 12345678，然后单击“执行”按钮，若出现图 1-25 所示的数据库管理器窗口，表示 phpMyAdmin 软件安装成功。

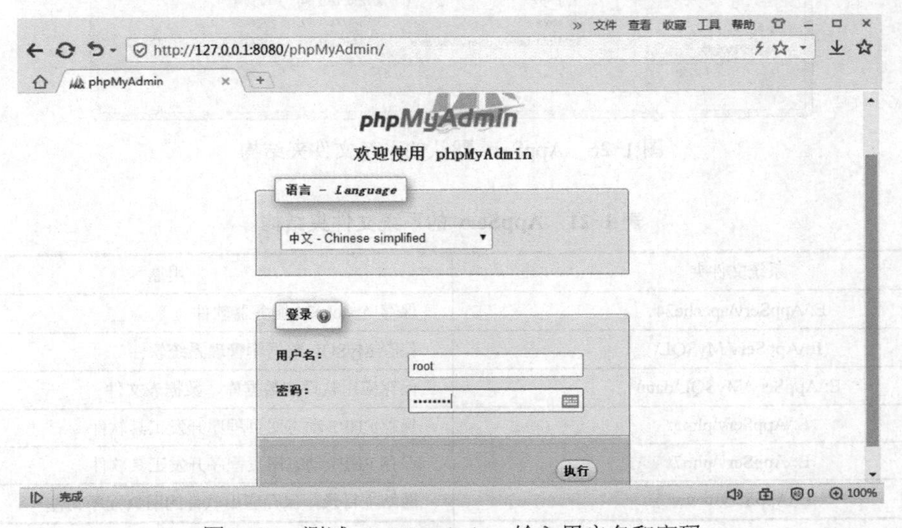

图 1-24　测试 phpMyAdmin：输入用户名和密码

图 1-25　测试 phpMyAdmin：进入数据库管理器窗口

说明：此处输入的 root 是 MySQL 数据库管理员的用户名，12345678 是安装 AppServ 时设置的 root 用户的密码（图 1-19）。

1.3.3　AppServ 软件的默认文件夹结构

AppServ 软件包安装成功后，在 Windows 系统的资源管理器可以看到 AppServ 的各软件安装情况。如果安装 AppServ 时选择的目标文件夹是 E:\AppServ（图 1-15），则默认创建的系统文件夹和卸载应用程序如图 1-26 所示。其中，在 E 盘与 AppServ 有关的系统文件结构如表 1-21 所示。

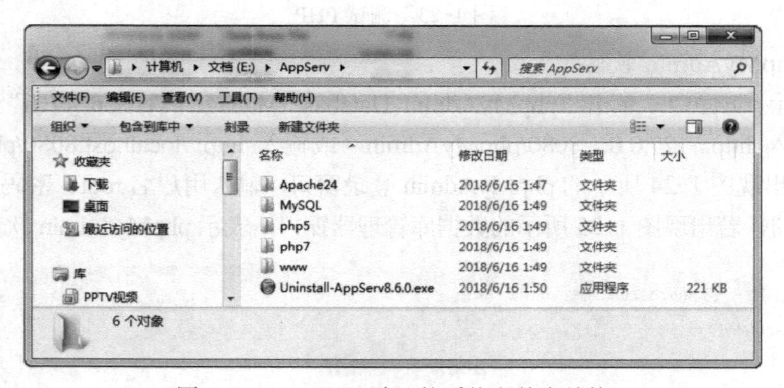

图 1-26　AppServ 默认的系统文件夹结构

表 1-21　AppServ 的系统文件夹结构

系统文件夹	用途
E:\AppServ\apache24\	保存 Apache24 服务器软件
E:\AppServ\MySQL\	保存 MySQL 数据库管理系统软件
E:\AppServ\MySQL\data\	保存应用软件的数据库、数据表文件
E:\AppServ\php5\	保存 PHP5 动态网页程序开发工具软件
E:\AppServ\php7\	保存 PHP7 动态网页程序开发工具软件
E:\AppServ\www\	网站主目录，保存应用软件的网页程序文件

应用系统软件开发人员也可以自己规划网站素材文件夹的结构，建立用于保存各种素材的辅助文件夹，举例如表 1-22 所示。

表 1-22　AppServ 的辅助文件夹结构

辅助文件夹	用途
E:\AppServ\www\jpg\	保存应用软件的图片文件
E:\AppServ\www\music\	保存应用软件的音乐文件
E:\AppServ\www\upload\	保存上传和下载的文件
E:\AppServ\www\mydata\	保存应用软件的数据
E:\AppServ\www\myweb\	保存应用软件的网页或程序，如读者借阅系统

需要说明的是，AppServ 软件包安装成功后，Apache、MySQL 和 PHP 的相关参数均已进行了自动配置，系统可以很好地在默认的运行环境中正常运转。网站管理员也可根据需要修改默认的参数配置，使系统运行环境彰显个性化。

1.3.4　运行环境的个性化设置

（1）设置网站主目录

网站主目录是通过在浏览器 URL 地址栏输入“http://127.0.0.1:8080”就可以直接访问到网站目录，主目录下可以根据需要建立子目录和子子目录，主目录和子目录下可分门别类保存网页文件和其他相关文件，并被用户所访问。安装 AppServ 后，默认的网站主目录是“E:\AppServ\www”。网站主目录可以进行修改或重新设置。

要设置网站主目录，首先必须存在主目录对应的各级文件夹。例如，要将“E:\application\myweb\”作为网站主目录或网页文件的存储路径，就必须存在此路径，否则，就应依次在 E 盘创建 application 文件夹、在“E:\application”路径下创建 myweb 子文件夹。

设置网站主目录，必须在 httpd.conf 文件中进行。利用记事本软件（或其他纯文本编辑软件）打开“E:\AppServ\Apache24\conf\”路径下的“httpd.conf”文件，执行“编辑”菜单下的“查找”命令，利用弹出的查找对话框找“documentroot”，将找到的“DocumentRoot "E:/AppServ/www"”命令行加 # 号注释掉，并在此行下增加一行“DocumentRoot "E:/application/myweb"”；同样，需在“<Directory "E:/AppServ/www">”命令行前加 # 号进行注释，之后在该行下增加“<Directory "E:/application/myweb">”命令行，如图 1-27 所示。然后，选择“文件”菜单下的“保存”命令，即可保存这种更改。

要使更改的设置生效，必须重启 Apache 服务。要重启 Apache 服务，可采用以下不同的方法。

- 在 Windows 系统桌面，依次选择“开始”→“所有程序”→“AppServ”→“Apache Restart”，即可重新启动 Apache。
- 鼠标右键单击桌面“开始”菜单下的“计算机”，在弹出的快捷菜单选“管理”，之后在出现的“计算机管理”窗口依次双击“服务和应用程序”“服务”，便出现图 1-28 所示的服务管理窗口，选中服务名称“Apache24”，再单击“重启动”超链接，就会重新启动 Apache。
- 在 Windows 系统桌面，依次选择“开始”→“所有程序”→“附件”→“命令提示符”，在出现的“命令提示符”窗口的 DOS 提示符后，输入并执行“services.msc”（不含引号），即可弹出类似图 1-28 的服务管理窗口，选中服务名称“Apache24”，单击“重启动”超链接，便重新启动 Apache。

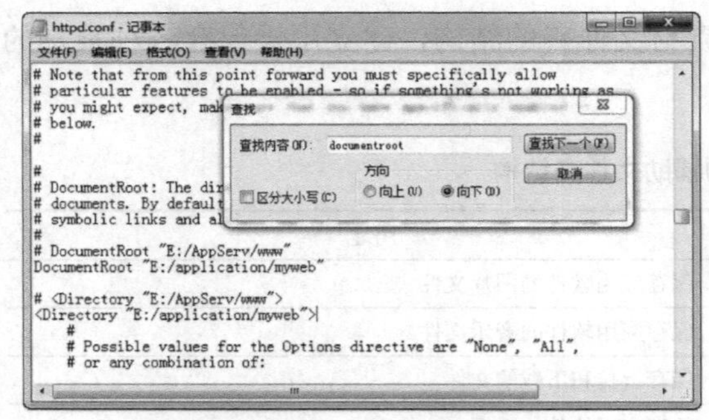

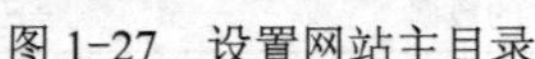

图 1-27　设置网站主目录

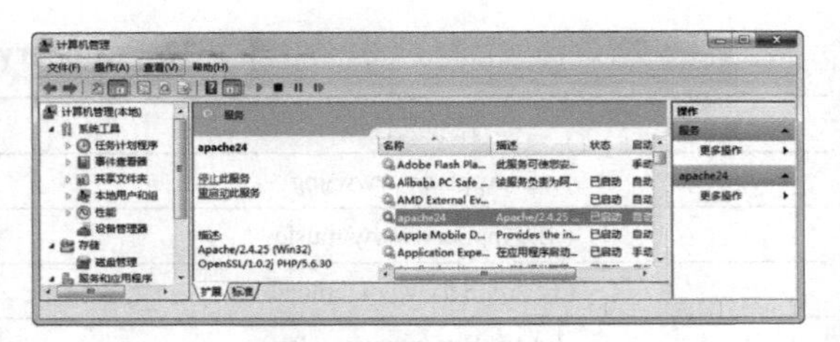

图 1-28　重启 Apache 服务

许多低版本的 AppServ 软件包安装后，没有提供第一种 Apache 重启方式，只能采用第二或第三种方法重启 Apache 服务。

为正确使用 AppServ 软件提供的各种功能（如要使用 phpMyAdmin 等），需要将原主目录“E:\AppServ\www\”下的文件和文件夹，复制到新设置的主目录“E:\application\myweb\”之下。

（2）设置数据库的存储路径

安装 AppServ 后，默认的数据库存储路径是“E:\AppServ\MySQL\data”。要修改或重新设置数据库存储路径，必须确保新的存储路径已存在，否则需要创建此路径的各级文件夹。假设“D:\application\mydata”路径已经存在，要将数据库存储路径由“E:\AppServ\MySQL\data”修改为“D:\application\mydata”，可按以下步骤进行。

首先，利用记事本软件（或其他纯文本编辑软件）打开“E:\AppServ\MySQL”路径下的“my.ini”文件，执行“编辑”菜单下的“查找”命令，利用弹出的查找对话框查找“datadir”，将找到的“datadir="E:\AppServ/MySQL/data/"”命令行加#号注释掉，并在此行下增加一行“datadir="D:\application/mydata/"”，如图 1-29 所示，选择“文件”菜单下的“保存”命令，即可保存这种更改。其次，将“E:\AppServ\MySQL\data\”目录下的所有文件和子目录复制到“D:\application\mydata\”目录下。再次，进入图 1-28 所示的服务管理窗口，选中服务名称“mysql57”（图 1-30），再单击“重启动”超链接，就会重新启动 MySQL，使新的设置生效。

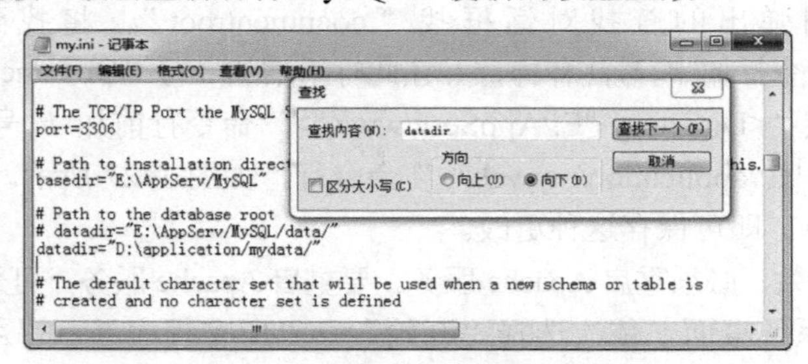

图 1-29　设置数据库存储路径

图 1-30　重启 MySQL 服务

（3）设置网站时钟参数

AppServ 软件安装后，计算机默认采用国际协调时间 UTC（Universal Time Coordinated），比北京时间晚 8 小时。因此，对于我国境内的网站来说，需要将网站时钟正确设置为北京时间。在 Windows 系统桌面，依次选择“开始”→“所有程序”→“AppServ”→“PHP Edit php.ini”，可打开 php.ini 文件；或者利用记事本软件直接打开“E:\AppServ\php5\”和“E:\AppServ\php7\”目录下的 php.ini 文件。然后找到“; date.timezone =”所在的行，将该行最左边的分号“;”删除，并将该行改成“date.timezone = PRC”或“date.timezone = Asia/Chongqing”，如图 1-31 所示。最后，参照图 1-28 及相关说明重启 Apache，可使新设置生效。

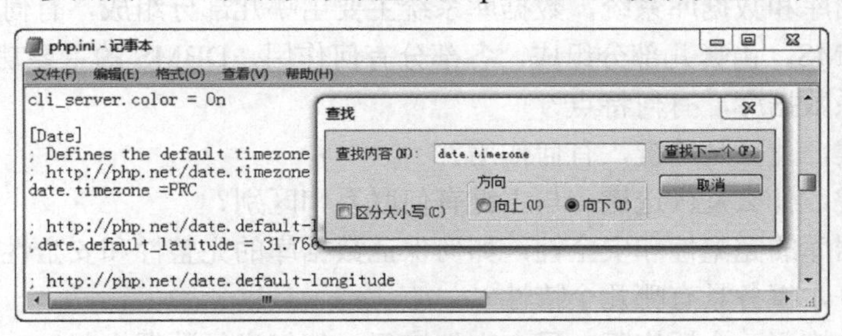

图 1-31　设置网站时钟参数

（4）设置用于文件上传和下载的默认路径

为便于文件上传和下载，可建立“E:\application\myweb\upload”文件夹。编辑 E:\AppServ\php5\php.ini 文件，将“;upload_tmp_dir =”命令行修改为“upload_tmp_dir = "E:/application\myweb\upload"”，然后重启 Apache 即可。

（5）Appserv 多站点配置

要进行 AppServ 多站点配置，按以下步骤操作即可。

1）修改 Windows 系统 hosts 文件。当使用 Appserv 配置多站点时，域名指向都是 127.0.0.1，需要对不同的域名进行映射。打开 C:\windows\system32\drivers\etc\hosts 文件，在最后添加需要映射的测试站点域名，如：“127.0.0.1 www.passeasy.net; www.test.com”，并保存。

2）修改 Apache 配置文件，启用虚拟主机配置。在 Appserv 安装目录中找到 Apache24\conf 目录，打开 apache 配置文件 httpd.conf，找到“# Include conf/extra/httpd-vhosts.conf”，去除 # 号。

3）修改 Apache 虚拟主机配置。打开 Apache24\conf\extra\httpd-vhosts.conf 配置文件，文件中本身存在两条虚拟主机配置记录，只要稍作修改即可。应主要设定 ServerAdmin（邮件地址）、DocumentRoot（网站根目录）、ServerName（站点域名信息）、ServerAlias（站点域名别名），例如：

```
<VirtualHost *:80>
    ServerAdmin 1@163.com
    DocumentRoot "e:/AppServ/www/pass"
    ServerName passeasy.com
    ServerAlias www.passeasy.com
    ErrorLog "logs/dummy-host.appservnetwork.com-error.log"
    CustomLog "logs/dummy-host.appservnetwork.com-access.log" common
</VirtualHost>
<VirtualHost *:80>
    ServerAdmin 2@163.com
    DocumentRoot "e:/AppServ/www/test"
```

```
        ServerName test.com
        ErrorLog "logs/dummy-host2.appservnetwork.com-error.log"
        CustomLog "logs/dummy-host2.appservnetwork.com-access.log" common
    </VirtualHost>
```

4）重新启动 Apache 服务。

思考题

1. 什么是数据库和数据库系统，数据库系统主要由哪几部分组成，有何特点？
2. 什么是 DBMS，由哪几部分组成，各部分有何作用，DBMS 的主要功能是什么？
3. 什么是关系数据库，有何特点？
4. 什么是主键，什么是外键，有何作用？
5. 什么是超键，什么是候选键，与主键有何联系和区别？
6. 什么是数据库的完整性和安全性，如何保证数据库的完整性和安全性？
7. 什么是事务，事务具有哪几个特性？
8. 什么是事务恢复、介质恢复、日志文件恢复，如何进行数据恢复？
9. 数据模型的三要素是什么，概念模型、逻辑模型、物理模型有何不同？
10. 什么是数据库的三级数据模式结构和二级映像功能？
11. 将 E-R 模型转换为关系模型的基本方法是什么？
12. 举例说明什么是 1NF、2NF、3NF。
13. 举例说明什么是数据库的选择、投影、连接操作。
14. 举例说明什么是属性约束、元组约束、数据库（表间）约束。
15. 简述网站信息资源的基本构成和各部分的作用。
16. Web 客户端技术和 Web 服务端技术主要包括哪些技术？
17. 什么是 Web 数据库，主要由哪些部分组成，基本工作原理是什么？
18. 简述比较重要的 Web 数据库访问技术有哪些。
19. 简述 Web 数据库应用系统的开发过程。
20. 什么是 AppServ，如何下载、安装、测试 AppServ 软件包？
21. 安装 AppServ 后，如何设置（更改）网站主目录、数据库存储路径、网站时钟参数？
22. 如何进行 AppServ 多站点配置？

第2章 MySQL 数据库基础

MySQL 是目前广为流行的开源数据库，且体积小、速度快、功能强，在 Web 应用方面也是最好的关系型数据库管理系统应用软件之一。

本章主要讲述 MySQL 数据库的基本理论知识与基本操作。首先，介绍 MySQL 数据库的特点、数据类型；其次，阐述与说明 MySQL 数据库模型、操作方式、基本操作与命令格式、用户管理的基本原理和基本操作；最后，举例说明 MySQL 批量执行若干命令、批量执行若干 sql 脚本的思路和方法。

本章的重点是掌握MySQL 客户端命令格式与应用、MySQL 用户管理技术和方法，主要包括：

- 查看与设置系统变量；
- 管理 MySQL 数据库，包括建立、显示、打开、删除数据库；
- 管理 MySQL 数据表，包括建立和显示数据表、显示和修改数据表结构、修改数据表约束、数据表更名、删除数据表；
- 管理 MySQL 数据表的记录，包括增加、浏览、查询、修改、删除记录；
- 复制 MySQL 数据表，包括复制数据表的结构或数据到新表、复制数据表的部分或全部数据到一个结构相同的数据表；
- 索引，包括创建和查看索引、查看索引生效情况、删除索引；
- 用户管理，包括增加用户、修改用户密码和权限、删除用户。

2.1 MySQL 数据库简介

2.1.1 MySQL 特点

MySQL 是一个关系型数据库管理系统，由瑞典 MySQL AB 公司开发。2008 年 1 月 16 日 MySQL 被 Sun 公司收购，而 Sun 公司于 2009 年 4 月 20 日又被 Oracle 收购，因此，MySQL 目前属于 Oracle 旗下产品。MySQL 已成为目前最为流行的开源的数据库，是完全网络化的跨平台关系型数据库系统，具有以下特点。

1）提供多种存储引擎，功能强大。MySQL 中提供了多种数据库存储引擎，包括 MyISAM、InnoDB、BDB（BerkeleyDB）、Memory（HEAP）、Merge、Archive、Federated、Cluster/NDB、CSV、Blackhole、Example 等。各种存储引擎各有所长，适用于不同的应用场合，用户可以选择最合适的引擎以得到最高性能。MySQL 能够充分使用 CPU 资源，支持事务、视图、存储过程和触发器等，可以处理每天数亿次访问，高效完成各种任务。

2）支持跨平台，可移植性强。MySQL 支持至少 20 种以上的开发平台，可以运行在各种版本的UNIX 以及非UNIX 的系统（如 Windows 和 OS/2）上，可以运行在从家用 PC 到高级的企业服务器上。这使得在任何平台下编写的程序都可以进行移植，而不需要对程序做任何修改。

3）提供 ODBC 和 JDBC 等多种数据库连接途径，支持 SQL 和多种开发语言。MySQL 可以利用 SQL（结构化查询语言），也可以利用支持 ODBC（开放数据库互连）和 JDBC（Java 数据库连接）的应用程序。

4）数据类型丰富。MySQL 能够处理字符、数值、日期及多媒体数据，包括各种整数、小数、字符串、日期时间、枚举数据、集合数据、二进制数据类型。

5）数据库存储容量大。MySQL 数据库的最大有效容量通常是由操作系统对文件大小的限制决定的，MySQL 内部不做限制。InnoDB 存储引擎将 InnoDB 表保存在一个表空间内，该表空间可由数个文件创建。这样，表的大小就能超过单独文件的最大容量。表空间最大容量可以达到 64 TB，可以轻松处理拥有上千万条记录的大型数据库。

6）运行速度快。高速是 MySQL 的显著特性。在 MySQL 中，使用了极快的“B 树”磁盘表（MyISAM）和索引压缩；通过使用优化的单扫描多连接，能够极快地实现连接；MySQL 函数使用高度优化的类库实现，运行速度极快。MySQL 采用优化的 SQL 查询算法，有效地提高查询速度。MySQL 在运行时占用的资源少，运行速度很快，软件的运行效率高。

7）支持多用户，安全性高。MySQL 支持多用户、多处理器、多线程和互联网操作，数据一旦存入数据库，即可进行实时处理与共享，大大提高信息资源的利用率。同时，MySQL 也能够确保多用户下数据库资源的安全访问和控制。MySQL 由数据库管理员负责建立和管理用户，包括设置用户名、密码和操作数据库的权限。用户使用 MySQL 时，需要以用户名和密码登录，并在其拥有的操作权限内访问数据库。而且，灵活安全的权限和密码系统允许基于主机的验证，在连接到服务器时，所有的密码传输均采用加密形式，从而保证了密码的安全和数据库的安全。

8）开放源代码，使用成本低。MySQL 的系统程序小巧，开放源代码，任何人都可以直接从网上下载使用。MySQL 软件采用了双授权政策，有社区版和商业版之分。社区版遵守 GPL（General Public License，即通用性公开许可证）协议，可以免费使用，但质量和时效性无法与商业版相比；商业版提供 7×24h 技术支持以及定时打补丁等服务，用户需要为此支付服务费用，但价格相对低廉。

9）简单易用。MySQL 是一个高性能且相对简单的数据库系统。用户可以利用 MySQL 命令行客户端操作界面、phpMyAdmin 图形操作界面或自己编写的客户端应用程序来访问数据库。与一些更大的数据库系统的设置和管理相比，其复杂程度较低，调试、管理、优化相对简单。

MySQL 也存在一些不足，例如缺乏标准的 RI（Referential Integrity）机制、没有一种存储过程（Stored Procedure）语言、不支持热备份，其功能稍弱于 Oracle、DB2、SQL Server 等其他的大型数据库。但是，由于 MySQL 体积小、速度快、总体拥有成本低，尤其是开放源代码这一特点，使得许多中小型网站选择 MySQL 作为网站数据库。在 Web 应用方面，MySQL 被誉为最好的关系型数据库管理系统应用软件之一。

2.1.2 MySQL 数据类型

数据类型是指数据的分类。MySQL 提供的数据类型包括字符串类型、数值类型、日期时间类型、复合数据类型和二进制类型。其中，常用的数据类型有字符串类型、数值类型和日期时间类型。

1．字符串类型

字符串类型的数据是用单引号或双引号括起来的，由字母、汉字、数字符号、特殊符号等组成的一串字符，例如，"张三" 或 '张三' 是表示姓名的字符串。MySQL 字符串类型包括定长字符串类型和变长字符串类型。MySQL 主要支持 6 种字符串类型：char、varchar、tinytext、

text、mediumtext 和 longtext。

（1）定长字符串类型

定长字符串类型是指 char(n)类型，这里 n 为正整数，n≤255，表示想要保存的字符串值的最大字符个数，占用 n 个字符的存储空间。例如，字符集为 gb2312，姓名的值是“张三”，若姓名的数据类型定义为 char(4)，则存储姓名的值时，将在实际值“张三”的右侧填充空格以达到指定的长度（4），因此会占用两个汉字和两个空格符的存储空间。这里所说的字符可以是汉字、英文字符、数字等，如果字符集为 gb2312，一个汉字字符占两个字节，一个英文字符或数字占 1 个字节；但如果字符集为 utf8，则一个汉字占 3 个字节，一个英文字符或数字占 1 个字节。

（2）变长字符串类型

varchar(n)为变长字符串类型，n 的取值与字符集有关，当 n 的值大于或等于字符串值的字符个数时，占用的存储空间就是字符串自身占用的存储空间。例如，字符集为 gb2312，姓名的值是“张三”，若姓名的数据类型定义为 varchar(4)，则存储姓名的值时只占用两个汉字字符的存储空间，不需要用空格填充，因此，它比 char 类型要节省磁盘的存储空间。

tinytext、text、mediumtext 和 longtext 也都是变长字符串类型，容量与字符集有关，占用的字节数就是字符串实际占用字节数。

（3）MySQL 模式对 char(n)和 varchar(n)类型的影响

MySQL 在不使用严格模式运行时，如果分配给 char(n)或 varchar(n)类型数据的值的字符个数超过 n，则对值进行裁剪以使其适合。例如，将字符集设置为 gb2312，定义姓名的数据类型为 char(4)或 varchar(4)，若姓名的值为“欧阳一二三四”，则存储姓名的值时只能保存“欧阳一二”。

注意：如果 MySQL 运行使用严格模式，那么，长度超过最大字符个数的值将不被保存，并且会出现错误。

在 MySQL 命令行客户端，使用命令“set sql_mode='strict_trans_tables';”可以开启 strict mode（严格模式）选项，MySQL 模式为严格的 SQL 模式。也可以使用“set sql_mode='';”将 sql_mode 的值设置为不包含任何字符的空字符串，成为非严格模式。还可以使用“set sql_mode='ansi';”将 sql_mode 的值设置为“ansi”模式。使用“show variables like 'sql_mode';”可以查看当前 sql_mode 的值。

2．数值类型

（1）整数类型

MySQL 数值类型包括整数类型和小数类型。整数类型包括 tinyint、smallint、mediumint、int、bigint 5 种类型，它们对应的数据分别占用 1、2、3、4、8 个字节的存储空间，在默认情况下可表示正整数和负整数，即有符号数，其取值范围为（$-2^{i\times8}/2$，$2^{i\times8}/2-1$），其中 i 为各种整数类型占用的字节数。如果只希望表示 0 和正整数，可使用无符号关键字 unsigned 将整数类型修饰成无符号整数，例如 num 表示数量时，可以使用 SQL 代码片段“num tinyint unsigned”，这样表示数量的 num 的值就不能为负数了。无符号整数的取值范围为（0，$2^{i\times8}-1$），其中 i 为各种整数类型占用的字节数。

（2）小数类型

小数类型的数据由整数部分和小数部分组成，MySQL 支持的小数类型包括定点数类型和浮点数类型。

1）定点数类型。用于保存必须为确切精度的值（小数部分的位数确定的数据），用

decimal(L,D)格式表示，其中 L 的取值范围为 1～65，表示十进制数字的总个数；D 的取值范围为 0～30，表示保留 D 位小数，且 D≤L。如果数据类型指定为 decimal(L,D)类型，则数据不管是正数，还是负数，其整数部分最大包括（L-D）个 9，小数点后最大包含 D 个 9。如果缺省 L 和 D，则默认 L 为 10，默认 D 为 0。就是说，创建表时某字段定义为 decimal 类型而不带任何参数，等同于 decimal(10,0)。

2）浮点数类型。包括单精度浮点数和双精度浮点数，分别用 float(L,D)和 double(L,D)表示。float 和 double 中 L 和 D 的取值默认都为 0，即除了最大值和最小值，不限制位数；float 类型的数据占用 4 字节（1 位符号位，8 位表示指数，23 位表示尾数），取值范围为-3.402823466E+38～-1.175494351E-38、0 和 1.175494351E-38～3.402823466E+38；double 类型的数据占用 8 字节（1 位符号位，11 位表示指数，52 位表示尾数），取值范围为-1.7976931348623157E+308～-2.2250738585072014E-308、0 和 2.2250738585072014E-308～1.7976931348623157E+308。双精度浮点数的取值范围和精度远远大于单精度浮点数，但同时会耗费更多存储空间，降低数据计算性能。

无符号关键字 unsigned 也可用于修饰小数。例如 price 表示定价字段，用 SQL 创建数据表时可以用“price float unsigned”来约束定价，使其不能为负数。

3. 日期时间类型

MySQL 主要支持 5 种日期时间类型：date、time、datetime、year 和 timestamp，这些类型的数据值需要用引号括起来。

1）date 表示日期，占 3 字节，数据存储格式是 yyyy-mm-dd，取值范围是'1000-01-01'～'9999-12-31'；

2）time 表示时间，占 3 字节，格式是 hh:ii:ss，取值范围是'-838:59:59'～'838:59:59'；

3）datetime 表示日期和时间，占 8 字节，格式是 yyyy-mm-dd hh:ii:ss，取值范围是'1000-01-01 00:00:00'～'9999-12-31 23:59:59'；

4）year 表示年份，占 1 字节，格式是 yyyy，取值范围是'1901'～'2155'；

5）timestamp 表示时间戳，占 4 字节，格式是 yyyy-mm-dd hh:ii:ss，取值范围按 UTC 时间是'1970-01-01 00:00:01'～'2038-01-19 03:14:07'，按北京时间是'1970-01-01 08:00:01'～'2038-01-19 11:14:07'。

注意：timestamp 类型具有自动初始化和自动更新的特性。将 NULL 插入 timestamp 类型的字段后，该字段的值实际上是 MySQL 服务器当前的日期和时间，使用 MySQL 命令“show variables like 'time_zone';”可以看到 time_zone 的值是 SYSTEM，表示当前 MySQL 服务实例的时区与服务器主机的操作系统的时区一致。

4. 复合数据类型

（1）enum 枚举类型

MySQL 支持的复合数据类型是指 enum 枚举类型和 set 集合类型。枚举类型使用格式是 enum(值 1，值 2,…，值 n)，允许从一个集合中取得某一个值，且只能取其中一个值。例如，字符集用 gb2312，“性别”字段数据的值只能是“男”或“女”之一，利用 MySQL 创建表的“性别”字段可用代码片段“性别 enum('男','女')”。

（2）set 集合类型

集合类型使用格式是 set (值 1，值 2,…，值 n)，允许从一个集合中取得多个值。例如，一个人的爱好可以从{'音乐', '舞蹈', '文学', '旅游', '足球'}集合中选取若干项，则创建“爱好”字段时可以用以下 MySQL 代码片段：“爱好 set('音乐', '舞蹈', '文学', '旅游', '足球')”。

（3）MySQL 模式对复合数据类型的影响

复合数据类型的使用受 MySQL 模式的影响。严格模式下，赋值或执行插入操作时必须严格从所指定的集合中取值，否则操作会失败。非严格模式下，赋值或执行插入操作时，只将集合中的数据按正常操作执行，集合之外的数据会被忽略。

5．二进制类型

MySQL 主要支持 7 种二进制类型：binary、varbinary、bit、tinyblob、blob、mediumblob、longblob。

1）binary(n)类型。n 为字节数，0≤n≤255，n 的值默认为 1。允许保存不超过 n 字节的定长二进制串，占用 n 字节，用于存储较短的二进制数。

2）varbinary(n)类型。n 为字节数，n 的值不能缺省。允许保存不超过 n 字节的变长二进制串，占用空间为实际占用的字节数（字节数为值的长度加 1），用于存储较长的二进制数。

3）bit(n)类型。用于存储 bit 值，1≤n≤64，n 缺省时默认值为 1，占用存储空间 n 个位（不是字节），取值范围为 $0\sim2^n-1$，用于存储短二进制数。例如，bit(4)就是数据类型为 bit 类型，长度为 4，其能够存储的值为 0～15，因为 15 变成二进制后值为 1111。bit 类型的数据要正确插入到数据库中，SQL 语句 values 部分的值不能为字符串（即数字不能用引号括起来），必须为 int 型；在查询 bit 类型的数据时，要用“bin(字段名+0)”来将值转换为二进制显示；而“字段名+0”转换为相应的十进制数显示。

4）tinyblob 类型。变长二进制数据，取值范围 0～255 字节，用于存储不超过 255 个字符的二进制串。

5）blob 类型。变长二进制数据，取值范围为 $0\sim2^{16}-1$ 字节，用于存储图片、声音等二进制形式的长文本数据。

6）mediumblob 类型。变长二进制数据，取值范围为 $0\sim2^{24}-1$ 字节，用于存储图片、声音、视频等二进制形式的中等长度文本数据。

7）longblob 类型。变长二进制数据，取值范围为 $0\sim2^{32}-1$ 字节，用于存储图片、声音、视频等二进制形式的极大文本数据。

6．数据类型的选择

选择合适的数据类型，通常可以有效节省存储空间和提升数据的计算性能。选择数据类型可以遵循以下原则：

1）认真分析数据所属类型，以便对号入座，不要将数据定义为不正确的类型；

2）在满足取值范围和精度要求的前提下，尽量使用“短”数据类型，例如优先选用 char(n)和 varchar(n)类型存储字符串数据，长度不够时选用 text 类型；

3）尽量用内置的日期和时间类型，而不用字符串来存储日期和时间；

4）尽量避免 NULL 字段，建议将字段指定为 NOT NULL 约束，推荐使用 0、一个特殊值或者一个空字符串代替 NULL 值，以利于查询优化。

2.2 MySQL 数据库基本操作

2.2.1 MySQL 数据库模型

1．数据库模型概述

数据库模型描述了在数据库中结构化和操纵数据的方法，模型的结构部分规定了数据如何被描述（例如树、表等）。模型的操纵部分规定了数据的添加、删除、显示、维护、打印、查找、选择、排序和更新等操作。

数据库的类型是根据数据模型来划分的，而任何一个 DBMS 也是根据数据模型有针对性地设计出来的，这就意味着必须把数据库组织成符合 DBMS 规定的数据模型。

数据模型是数据库系统的核心与基础，是关于数据与数据之间的联系、数据的语义、数据一致性约束的概念性工具的集合，它包括数据结构、数据操作、完整性约束规则三部分。DBMS 支持的基本数据模型主要包括层次模型、网状模型和关系模型。

（1）层次模型

层次模型的数据结构是树状结构，只有一个根节点（没有父节点），根节点以外的节点有且只有一个父节点。层次模型中的记录只能组织成有向树的集合，根结点在最上端，层次最高，子结点在下，逐层排列，每个节点表示一个记录类型对应于实体的概念，每个记录类型有且只有一条从父节点通向自身的路径，使得层次数据库系统只能直接处理一对多的实体关系。以层次模型建立的数据库系统的典型代表是 20 世纪 60 年代末，IBM 公司推出的 IMS（Information Management System）信息管理系统。

（2）网状模型

网状模型的数据结构是有向图结构，它允许一个以上的节点没有父节点，一个节点可以有多个父节点。每个节点表示一个记录型（实体），每个记录型可包含若干个字段（实体的属性），节点间用连线表示记录型（实体）间的父子关系。这样，网状模型中的数据就用记录的集合表示，数据间的联系用链接（指针）表示，数据库中的记录可以被组织成任意图的集合。网状数据模型的典型代表是 DBTG（Data Base Task Group）系统，也称 CODASYL（Conference/Committee On Data Systems Languages）系统。1969 年 10 月，美国数据系统语言委员会（CODASYL）下属的数据库任务组（DBTG）发布了网状数据库模型的第一个语言规范，该模型被称为 CODASYL 模型或 DBTG 模型，根据该模型实现的系统一般称为 DBTG 系统或 CODASYL 系统。DBTG 系统是典型的三级体系结构，即子模式、模式、存储模式，相应的数据定义语言分别称为子模式定义语言 SSDDL、模式定义语言 SDDL、设备介质控制语言 DMCL，另外还有数据操纵语言 DML。网状数据模型可以很方便地表示现实世界中的多种复杂关系，避免了数据的重复性，但同时数据结构也比较复杂，应用程序在访问数据时，不仅要说明对数据做些什么，还要说明所操作记录的路径，数据的插入、删除牵涉的相关数据较多，不利于数据库的维护与重建。

（3）关系模型

关系模型使用二维表的集合描述数据间的联系，表中不能有完全相同的行和列，主表（父表）与相关表（子表）之间实施参照完整性约束。1970 年，IBM 公司研究员 E. F. Codd 首次提出数据库系统的关系模型，1977 年 IBM 公司研制的 System R 作为关系数据库的代表开始运行，其后经过不断改进与扩充，出现了基于 System R 的数据库系统。关系数据库已成为目前应用最广泛的数据库系统，包括 MySQL 在内的主流数据库，都属于关系模型数据库产品。

2. MySQL 关系数据库模型

MySQL 是一种关系型数据库管理系统，MySQL 数据库按照“服务器→用户→数据库→数据表→数据项”五级模式存储数据。用户需登录 MySQL 服务器，才能在拥有的权限内访问数据库中的数据表和数据表中的数据项。管理员用户或根用户（root）拥有 MySQL 数据库的全部操作权限，可以根据需要来创建普通用户并授予操作数据库的相关权限。用户只能在各自的操作权限内访问 MySQL 数据库。

在 MySQL 中，一个数据库中允许有若干个数据表，一个数据库对应一个文件夹，一个数据表对应若干文件；每个数据表都是一个由行和列构成的二维表，二维表的一行称为一条记录，一列称为一个字段（即数据项），每个字段都具有特定的字段名、数据类型、宽度、小数位数、取值范围等，而且，数据表中没有完全相同的两行或两列数据存在；另外，表示实体的数据表（主表或父表）中存在主键，表示联系的数据表（相关表或子表）中存在外键，数据表之间按照主键和外键值相等的原则建立关联。

2.2.2 MySQL 数据库操作方式

MySQL 数据库有两种操作方式：一是利用 MySQL 命令行客户端在命令界面使用 MySQL 命令操作数据库；二是利用 phpMyAdmin 软件在图形界面以可视化的形式管理数据库的数据。

1. 命令界面操作方式

操作 MySQL 数据库，用户首先要登录 MySQL 服务器，然后才能在 MySQL 命令行客户端输入相关命令进行操作。用户分为管理员用户和普通用户，管理员用户具有使用 MySQL 数据库的最高操作权限，而普通用户由管理员用户创建，普通用户的用户名、操作密码以及数据库操作权限也由管理员用户指定，普通用户只能在指定的权限内操作数据库。安装 MySQL 软件后，MySQL 服务器默认的管理员用户名是 root（也被称为 root 用户），其登录密码为安装 MySQL 时设定的密码。登录 MySQL 服务器和执行 MySQL 命令的操作方法如下。

1）执行命令方式登录 MySQL 服务器。选择 Windows 桌面的“开始”→“所有程序”→“附件”→“命令提示符”，在出现的 DOS 命令提示符窗口输入正确的登录命令，如图 2-1 所示。然后按〈Enter〉键执行输入的登录命令，即可进入 MySQL 命令行客户端界面，屏幕出现“mysql>”提示符，表明正确登录了 MySQL 服务器，如图 2-2 所示。

图 2-1 在 DOS 命令窗口输入 MySQL 登录命令

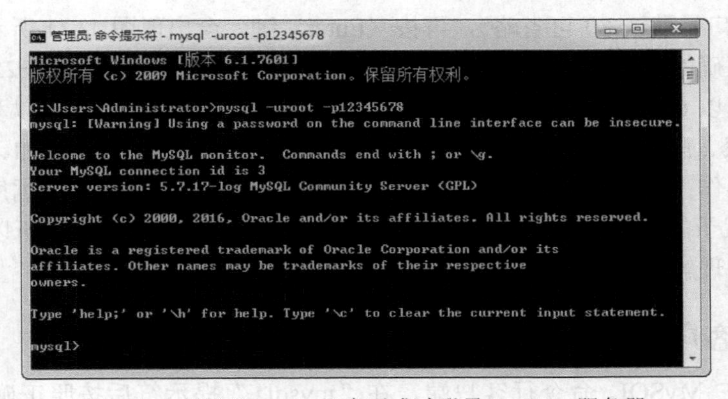

图 2-2 出现“mysql>”表示成功登录 MySQL 服务器

登录 MySQL 服务器的命令格式是：mysql -u<用户名> -p<密码>。例如，用户名为 root、密码为 12345678，则登录 MySQL 服务器的命令是：mysql -uroot -p12345678。

注意：字母 u 和 p 必须为小写，-u 后面可以有空格，也可以无空格；紧接着是<用户名>，输入用户名时两端不要带格式中的尖括号；<用户名>后至少有一个空格，之后是“-p<密码>”；-p 与<密码>之间不能有空格，输入密码时要忽略格式中的尖括号。

2）管理员用户利用 MySQL 命令行客户端进行登录。root 用户还可以以管理员身份登录 MySQL 服务器。选择 Windows 桌面的“开始”→“所有程序”→“AppServ”→“MySQL Command Line Client”，会出现图 1-21 所示的 MySQL 命令行客户端界面（要求输入管理员用户的密码），输入正确的密码（输入安装 MySQL 时设置的 root 的密码 12345678），按〈Enter〉键后出现“mysql>”提示符，就以管理员身份登录了 MySQL 服务器。这种方式登录时的用户名默认为 root，所以，需要输入安装 MySQL 时设置的密码（本书的范例均按 12345678 作为 root 用户的登录密码），才能成功登录，登录后具有操作数据库的最高权限。

3）执行 MySQL 命令。登录 MySQL 服务器之后，就可以在 MySQL 命令行客户端操作界面，在“mysql>”提示符后输入正确的 MySQL 命令，再按〈Enter〉键即可执行命令并返回结果。例如，执行“show variables like 'time_zone';”命令，如图 2-3 所示。

```
mysql> show variables like 'time_zone';
+---------------+--------+
| Variable_name | Value  |
+---------------+--------+
| time_zone     | SYSTEM |
+---------------+--------+
1 row in set, 1 warning (0.01 sec)

mysql>
```

图 2-3　执行 MySQL 命令

说明：MySQL 命令行必须以分号“;”或字符“\g”结束。输入 MySQL 命令时，一行输不完可按〈Enter〉键换行后继续输入（注意一个单词不能拆成两行书写），也可不按〈Enter〉键让命令自动换行后继续输入，直到以分号“;”或“\g”结束，命令才算输完，再按〈Enter〉键才能执行命令。另外，要取消正在输入的命令行，可在未结束的命令行后直接输入“\c”（不含引号），再按〈Enter〉键即可；要退出 MySQL 命令行客户端，执行“exit;”命令即可。MySQL 命令行后可用“#”进行注释（单行注释）；多行注释以“/*”开始，以“*/”结束。

2．图形界面操作方式

图形界面操作方式是指利用 phpMyAdmin 软件管理数据库的数据，加工数据时采用菜单方式在可视化图形界面进行操作，用户不需要记住 MySQL 命令即可操作数据库。

phpMyAdmin 软件安装成功后，可在浏览器地址栏输入“http://网址或域名:端口号/phpMyAdmin”格式的网址（例如，http://127.0.0.1:8080/phpMyAdmin 或 http://localhost:8080/phpMyAdmin，端口号默认 80 可省略），再按〈Enter〉键，会出现图 1-24 所示的 phpMyAdmin 登录窗口，输入正确的用户名、密码，然后单击“执行”按钮，则出现图 1-25 所示的数据库管理器窗口。如果是以 root 用户的身份登录至图 1-25 所示的图形界面，就可以利用各菜单项执行建库、建表、删表、删库、浏览与修改表结构的操作，以及执行数据的增加、浏览、查询、修改、删除等各种操作；如果是以普通用户的身份登录至 phpMyAdmin 的数据库管理界面，便可以在普通用户所赋予的操作权限内使用数据库了。由于是图形操作界面，所以具体操作也比较简单、方便，容易理解，这里不再赘述。

2.2.3　MySQL 客户端命令格式与应用

如前所述，在 MySQL 命令行客户端，在“mysql>”提示符后按照正确的命令格式输入 MySQL 命令（命令行以分号“;”或“\g”结束），按〈Enter〉键即可执行该命令并返回执行结果（参见图 2-3）。

1．查看与设置系统变量

（1）查看系统变量的值

1）查看 MySQL 服务器中所有全局系统变量的信息。命令格式为：show global variables;

2）查看与当前会话相关的所有会话系统变量及所有全局系统变量的信息。命令格式为：

- show session variables;
- show variables;

3）说明。查看指定系统变量的值，可在上述命令格式后添加“like '模式串'”，其中，模式串可包含百分号“%”或下划线“_”通配符，一个百分号“%”匹配 0 个或多个字符，一个下划线“_”匹配一个字符。

4）举例。

- 查看指定的全局系统变量：show global variables like 'innodb_data_file_path';
- 查看指定的会话系统变量：show session variables like 'character_set_client';
- 查看包含“char”的系统变量：show variables like '%char%';

（2）设置系统变量的值

1）重新设置全局系统变量的值。命令格式为：

- set @@global.全局系统变量=值;
- set global 全局系统变量=值;

2）重新设置会话系统变量的值。命令格式为：

- set @@session.会话系统变量=值;
- set session 会话系统变量=值;
- set @@会话系统变量=值;
- set 会话系统变量=值;

3）说明。

- 具备 super 权限的账户才能设置全局系统变量；
- 将一个系统变量的值设置为 MySQL 默认值，可使用 default 关键字；
- set 命令不会导致 my.ini 配置文件的内容发生变化；
- 大部分系统变量的值，可以在 MySQL 服务运行期间使用 set 命令重新设置，但一些特殊的全局系统变量（例如 tmpdir、datadir、version、log_bin）属于静态变量，不能在 MySQL 命令行客户端使用 set 命令重新设置。

4）举例。

- 将全局系统变量 innodb_file_per_table 设置为 MySQL 默认值：set @@global.innodb_file_per_table=default;
- 将全局系统变量 innodb_file_per_table 设置为“ON”：set global innodb_file_per_table=ON;
- 将会话系统变量 pseudo_thread_id 的值设置为“5”：set pseudo_thread_id=5;
- 将 MySQL 当前会话的存储引擎设置为“MyISAM”：set default_storage_engine=MyISAM;

（3）set names 命令

1）将 character_set_client、character_set_connection、character_set_results 统一设置为指定的字符集。命令格式为：set names '字符集名称';

2）举例。

- 将字符集设置为 gb2312：set names 'gb2312';

- 将字符集设置为 utf8：set names 'utf8';
- 将字符集设置为 gbk：set names 'gbk';

3）说明。

- “set names '字符集名称'”命令可以将 character_set_client（客户端的语句使用的字符集）、character_set_connection（客户端与服务器端连接采用的字符集）、character_set_results（向客户端返回查询结果使用的字符集）三者统一，“临时一次性地”将它们设置成相同的编码字符集。
- 此命令中字符集名称两端的引号可以省略，例如，“set names 'gb2312';”可以写成“set names gb2312;”。

2．管理 MySQL 数据库

（1）显示数据库

显示 MySQL 中所有数据库的名称。命令格式为：show databases;

（2）建立数据库

1）建立指定名称的数据库。命令格式为：create database 数据库名;

2）如果指定数据库不存在，则建立该数据库。命令格式为：create database if not exists 数据库名;

3）举例。如果 booklending 数据库不存在，则建立 booklending 数据库：create database if not exists booklending;

4）说明。创建数据库后，会在 MySQL 数据库根目录下以“数据库名”建立一个文件夹，该文件夹下也会自动建立一个名为 db.opt 的文件。db.opt 文件的主要功能是记录当前数据库的默认字符集及字符序等信息。之后为该数据库建立的数据表，将以文件形式，保存在该文件夹下。

（3）打开或选择数据库

1）打开或选择待使用的数据库，使待选数据库成为当前数据库。命令格式为：use 数据库名;

2）举例。打开或选择 booklending 数据库：use booklending;

（4）删除数据库

1）删除指定数据库。命令格式为：drop database 数据库名;

2）如果指定数据库存在，则删除该数据库。命令格式为：drop database if exists 数据库名;

3）举例。如果 booklending 数据库存在，则删除 booklending 数据库：drop database if exists booklending;

3．管理 MySQL 数据表

（1）建立数据表

1）在数据库内建立指定的数据库表。命令格式为：create table 数据表名(字段名 数据类型(宽度) 约束条件,…,字段名 数据类型(宽度) 约束条件, 其他约束条件) 其他选项;

2）说明

- 要建立数据表，必须提供数据表名、字段名、字段的数据类型（参见 2.1.2 节 MySQL 数据类型），并根据数据类型的需要来指定宽度，可以设置主键、外键、默认值、非空、唯一性、是否自增型字段等约束条件，允许设置数据表的存储引擎类型、字符集类型等其他选项；如果一些约束条件或选项缺省，则采用 MySQL 默认的设置；
- 主键、外键、默认值、非空、唯一性分别使用关键字 primary key、foreign key、default、not null、unique 进行约束；

- 自增型字段用 auto_increment 约束，且该字段必须为整型，主键才能设置为自增型，设置格式为“字段名 int auto_increment primary key”；MySQL 自增型字段的值默认从 1 开始递增，且步长为 1；
- 如果主键由至少两个字段构成，可作为“其他约束条件”，使用“primary key (字段名,…,字段名)”设置为复合主键；设置为主键的字段会自动设置为非空属性字段；
- 外键约束也属于“其他约束条件”，设置格式是“constraint 约束名 foreign key (子表字段名或字段名列表) references 父表名(字段名或字段名列表) on delete 级联选项 on update 级联选项;”，其中级联选项可以是 cascade、set null、no action、restrict，“cascade”表示在父表中执行删除（delete）或修改（update）操作时，子表中对应的相关记录会自动执行级联删除或级联更新操作（子表中对应的相关记录是指子表中外键值与父表的主键值相同的所有记录；级联删除是指在父表中删除一条记录时，子表中的所有相关记录自动被删除；级联更新是指在父表中将一条记录的主键值修改为新值时，子表中所有相关记录的相应外键值自动被更新为这个新值）；“set null”表示在父表中执行删除（delete）或修改（update）操作时，子表中对应的相关记录的外键值会自动设置为 null 值；“no action”表示如果子表中存在相关记录，则不允许在父表中删除（delete）相应的记录或修改（update）相应记录的主键值；“restrict”与 no action 功能相同，且为级联选项的默认值；
- 其他选项包括设置数据表的存储引擎类型和字符集类型等，设置格式分别是“engine=存储引擎类型”“default charset=字符集类型”，例如：engine=InnoDB、default charset=gb2312；
- 使用 MySQL 命令“show engines;”即可查看 MySQL 服务支持的存储引擎，其中常用的存储引擎有 InnoDB 以及 MyISAM 存储引擎。相对于其他存储引擎，InnoDB 存储引擎是事务安全的，且支持外键，而 MyISAM 存储引擎主要支持 OLAP，但不是事务安全的，也不支持外键。MySQL 5.5 以上版本默认的存储引擎为 InnoDB。本书默认采用 InnoDB 引擎和 gb2312 字符集；
- 创建表时，如果存储引擎是 InnoDB，则在数据库目录下对应建立两个数据表文件，主文件名为表名，扩展名分别为“.frm”（表结构定义文件）和“.ibd”（独享表空间文件，保存表的数据、索引以及该表的事务回滚等信息），同时，表的元数据信息存储在共享表空间文件 ibdata1 中，重做日志信息采用轮循策略依次记录在重做日志文件 ib_logfile0 和 ib_logfile1 中，共享表空间文件和重做日志文件均存储在数据库根目录下；如果存储引擎是 MyISAM，则在数据库目录下对应建立 3 个数据表文件，主文件名为表名，扩展名分别为“.frm”（表结构定义文件）、“.MYD”（数据文件）和“.MYI”（索引文件）；
- 字段名中不能出现 +、-、=、/、& 等非法字符。

3）举例 1。

根据图 1-2 所示的读者借阅系统 E-R 模型及分析所得到的借书关系模型，可将前述 booklending 数据库作为借书数据库，并在 booklending 数据库中建立读者、图书、借阅、留言对应的数据表。假设读者表、图书表、借阅表、留言表的表名分别为 reader、book、borrow、note，那么，要创建这些数据表，只需要在 MySQL 命令行客户端，在“mysql>”提示符后执行“use booklending;”命令后，再分别输入和执行以下命令即可：

- 创建读者表。

create table reader(读者编号 varchar(5) not null primary key, 姓名 varchar(20) not null, 性别

varchar(1)，出生日期 datetime，单位 varchar(30)，是否学生 varchar(1)，会员类别 varchar(2)，电话号码 varchar(13), Email varchar(30)，密码 varchar(16)) ENGINE=InnoDB DEFAULT CHARSET=gb2312；

● 创建图书表。

create table book(图书编号 varchar(5) not null primary key，图书名称 varchar(40) not null，内容提要 mediumtext，作者 varchar(20) not null，出版社 varchar(40)，定价 float，类别 varchar(6)，ISBN varchar(35)，版次 varchar(20)，库存数 int，在库数 int，在架位置 varchar(12)) ENGINE=InnoDB DEFAULT CHARSET=gb2312；

● 创建借阅表。

create table borrow(读者编号 varchar(5) not null，图书编号 varchar(5) not null，借阅日期 datetime，归还日期 datetime，还书标记 varchar(1), constraint borrow_reader_fk foreign key(读者编号) references reader(读者编号)，constraint borrow_book_fk foreign key(图书编号) references book(图书编号)) ENGINE=InnoDB DEFAULT CHARSET=gb2312；

● 创建留言表。

create table note(留言标题 varchar(20)，留言内容 varchar(100)，留言时间 datetime，留言状态 varchar(2)，留言人读者编号 varchar(5)，回复人读者编号 varchar(5)，回复内容 varchar(100)，回复时间 datetime, primary key(留言标题，留言内容，留言时间)，constraint note_reader_fk foreign key (留言人读者编号) references reader(读者编号) on delete cascade on update cascade) ENGINE=InnoDB DEFAULT CHARSET=gb2312；

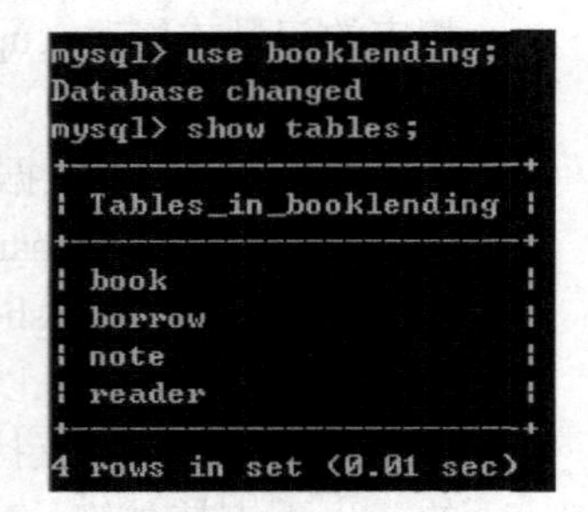

```
mysql> use booklending;
Database changed
mysql> show tables;
+-----------------------+
| Tables_in_booklending |
+-----------------------+
| book                  |
| borrow                |
| note                  |
| reader                |
+-----------------------+
4 rows in set (0.01 sec)
```

图 2-4　booklending 数据库中的表

执行上述命令后，booklending 数据库中的数据表及各表的结构分别如图 2-4 至图 2-8 所示。其中，“show tables”命令用于显示当前（或指定）数据库中所有数据表的名称，“desc 数据表名”命令用于显示指定数据表的结构，“show create table 数据表名”命令用于显示指定数据表的详细建表信息和结构（详见下文）。

4）举例 2

假设已建立名为 tongxunlu 的数据库，要在 tongxunlu 数据库中建立一个通讯录数据表，表名为 txl，则可用以下 MySQL 语句（参见图 2-9）：create table tongxunlu.txl (编号 int not null primary key auto_increment，姓名 varchar(20) not null，性别 varchar(1)，职务 varchar(5)，职称 varchar(5)，联系地址 varchar(50)，邮政编码 varchar(6)，手机号 varchar(11)，办公电话 varchar(12))；

mysql> desc reader;

Field	Type	Null	Key	Default	Extra
读者编号	varchar(5)	NO	PRI	NULL	
姓名	varchar(20)	NO		NULL	
性别	varchar(1)	YES		NULL	
出生日期	datetime	YES		NULL	
单位	varchar(30)	YES		NULL	
是否学生	varchar(1)	YES		NULL	
会员类别	varchar(2)	YES		NULL	
电话号码	varchar(13)	YES		NULL	
Email	varchar(30)	YES		NULL	
密码	varchar(16)	YES		NULL	

10 rows in set (0.00 sec)

图 2-5　读者表（reader 表）的结构

mysql> desc book;

Field	Type	Null	Key	Default	Extra
图书编号	varchar(5)	NO	PRI	NULL	
图书名称	varchar(40)	NO		NULL	
内容提要	mediumtext	YES		NULL	
作者	varchar(20)	NO		NULL	
出版社	varchar(40)	YES		NULL	
定价	float	YES		NULL	
类别	varchar(6)	YES		NULL	
ISBN	varchar(35)	YES		NULL	
版次	varchar(20)	YES		NULL	
库存数	int(11)	YES		NULL	
在库数	int(11)	YES		NULL	
在架位置	varchar(12)	YES		NULL	

12 rows in set (0.02 sec)

图 2-6　图书表（book 表）的结构

```
mysql> show create table borrow;
| Table | Create Table |
| borrow | CREATE TABLE `borrow` (
  `读者编号` varchar(5) NOT NULL,
  `图书编号` varchar(5) NOT NULL,
  `借阅日期` datetime DEFAULT NULL,
  `归还日期` datetime DEFAULT NULL,
  `还书标记` varchar(1) DEFAULT NULL,
  KEY `borrow_reader_fk` (`读者编号`),
  KEY `borrow_book_fk` (`图书编号`),
  CONSTRAINT `borrow_book_fk` FOREIGN KEY (`图书编号`) REFERENCES `book` (`图书编号`),
  CONSTRAINT `borrow_reader_fk` FOREIGN KEY (`读者编号`) REFERENCES `reader` (`读者编号`)
) ENGINE=InnoDB DEFAULT CHARSET=gb2312
 |
1 row in set (0.00 sec)
```

图 2-7 借阅表（borrow 表）的结构

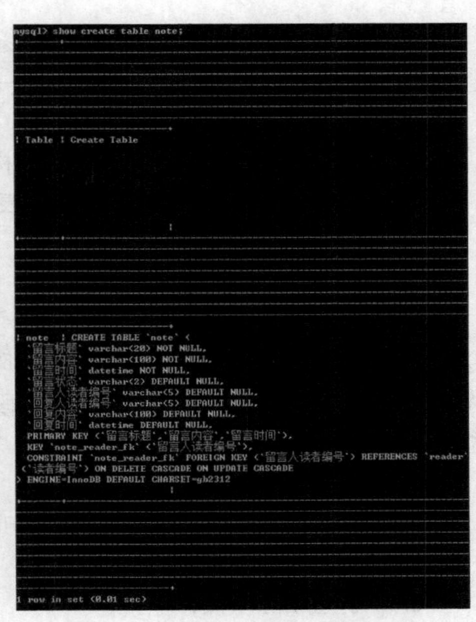

图 2-8 留言表（note 表）的结构

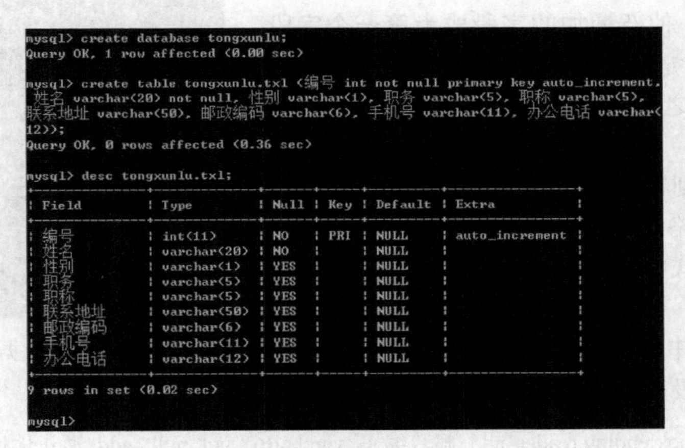

图 2-9 通讯录数据库 tongxunlu 中 txl 表的结构

（2）显示数据表名

1）显示当前（或指定）数据库中所有数据表的名称。命令格式为：show tables；或 show tables from 数据库名；

2）举例。

- 显示当前数据库中所有数据表的名称：show tables;
- 显示 booklending 数据库中所有数据表的名称：show tables from booklending;

（3）显示数据表结构

1）显示数据库表的结构。命令格式为：describe 数据表名；desc 数据表名；show create table 数据表名；

2）说明。

- 指定数据表名时，应提供所在数据库的名称，格式是“数据库名.数据表名”，如果所指定的数据表属于当前数据库，可缺省数据库名。例如，要使用 booklending 数据库中的

reader 表，可以用“booklending.reader”；

- 格式一、格式二显示的结果是完全一样的，格式三显示的表结构信息更详细。

3）举例。

- 显示当前数据库中 reader 表的结构（图 2-5）：desc reader;
- 显示 booklending 数据库中 reader 表的详细建表信息和结构（图 2-10）：show create table booklending.reader;

（4）修改数据表字段信息

1）在数据表中增加字段、修改字段、删除字段。

命令格式为：alter table 数据表名 add 字段名 字段类型(宽度) 约束条件, change 字段名 新字段名 新字段类型(宽度) 约束条件, drop 字段名；

2）说明。

- 可根据需要分别用若干个 add 子句增加字段，用若干个 change 子句修改字段，用若干个 drop 子句删除字段；
- add 子句可再加上“first”（或“after 字段名”）约束，使新增加的字段成为第一个字段（或增加在指定的字段名之后）。
- 子句与子句之间用逗号隔开，子句顺序无关紧要；
- 不增加字段则缺省格式中的 add 子句，不修改字段则缺省格式中的 change 子句，不删除字段则缺省格式中的 drop 子句。

3）举例。

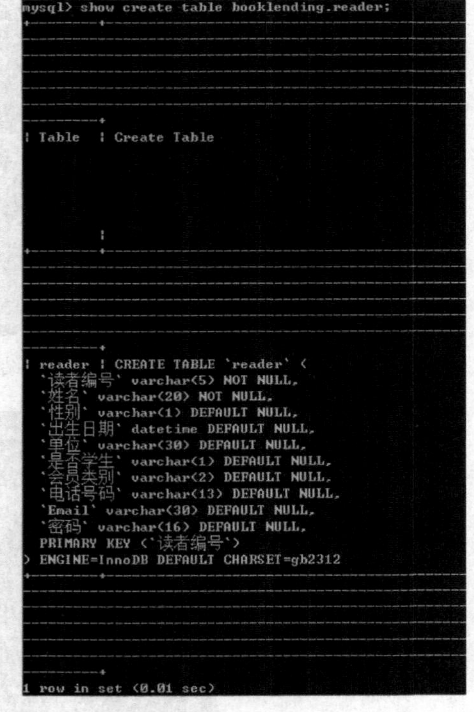

图 2-10　显示指定数据库中指定数据表的结构

- 在 reader 表中增加邮政编码、通讯地址字段，修改单位字段，删除 Email 字段：

```
alter table booklending.reader add 邮政编码 varchar(6) not null, add 通讯地址 varchar(50) not null, change 单位 单位 char(50) not null, drop Email;
```

- 在 reader 表中删除邮政编码、通讯地址字段，修改单位字段，增加 Email 字段：

```
alter table booklending.reader drop 邮政编码, drop 通讯地址, change 单位 单位 varchar(30) , add Email varchar(30);
```

（5）修改数据表约束条件与其他选项

1）添加和删除约束条件，修改存储引擎、默认字符集、自增字段初始值等其他选项。命令格式为：alter table 数据表名 约束条件；

2）说明。

- 约束条件为“add constraint 约束名 约束类型(字段名)”表示向指定的字段添加约束条件（为数据表添加约束条件时，表的已有记录需要满足新约束条件的要求）；
- 约束条件为“drop primary key”表示删除表的主键约束；
- 约束条件为“drop foreign key 约束名”表示删除表的外键约束；

- 约束条件为“drop index 唯一索引名”表示删除字段的唯一性约束；
- 约束条件为“engine=新的存储引擎类型”“default charset=新的字符集”“auto_increment=新的初始值”分别表示修改数据表的存储引擎类型、默认字符集、自增字段初始值。

3）举例。

- 向 reader 表的“姓名”字段添加约束名为“name_unique”的唯一性约束：alter table booklending.reader add constraint name_unique unique (姓名);
- 删除 reader 表中名为“name_unique”的唯一性约束：alter table booklending.reader drop index name_unique;
- 删除 borrow 表中名为“borrow_reader_fk”的外键约束：alter table booklending.borrow drop foreign key borrow_reader_fk;
- 删除 note 表中名为“note_reader_fk”的外键约束：alter table booklending.note drop foreign key note_reader_fk;
- 删除reader 表的主键约束：alter table booklending.reader drop primary key;
- 将 reader 表的存储引擎修改为 MyISAM：alter table booklending.reader engine=MyISAM;
- 将 reader 表的默认字符集修改为 GBK：alter table booklending.reader default charset=gbk;
- 将通讯录数据库 tongxunlu 中 txl 表的自增字段初始值修改为 11：alter table tongxunlu.txl auto_increment=11；

（6）数据表更名

1）修改数据表名。命令格式为：rename table 原数据表名 to 新数据表名；或 alter table 表名 rename 新表名；

2）说明。将原来的数据表名称修改成新的数据表名称。

3）举例。将通讯录数据库 tongxunlu 中的 txl 数据表名改为“contact”，可使用以下任意一条 MySQL 语句：rename table txl to contact；或 alter table txl rename contact；

（7）删除数据表

1）删除指定的数据表。命令格式为：drop table 数据表名；或 drop table if exists 数据表名；

2）说明。

- 格式一用于直接执行删除数据表的操作，格式二用于当数据表存在时执行删除操作；
- 删除父表前，必须先删除子表与父表之间的外键约束条件（即解除“父子”关系）。

3）举例。

- 删除通讯录数据库 tongxunlu 中的 contact 数据表：

```
drop table tongxunlu.contact;
```

- 如果通讯录数据库 tongxunlu 中存在 contact 数据表，则删除 contact 数据表：

```
drop table if exists tongxunlu.contact;
```

4．管理 MySQL 数据表的记录

（1）增加记录

1）向指定的数据表中增加一条记录。命令格式为：

- insert into 数据表名(字段名 1,…,字段名 n) values(值 1,…,值 n);
- insert into 数据表名 values(值 1,…,值 n);

- insert into 数据表名(字段名列表) values(值列表 1),…, (值列表 m);

2）说明。

- 第一种格式用于向指定数据表中的指定字段插入数据，其中“值 n”是“字段名 n”的值，值的类型与相应字段的数据类型一致，没有插入值的字段取 NULL 或默认值；
- 第二种格式用于为数据表的所有字段插入数据，“值 n”是数据表中第 n 个字段的值，有 n 个字段就要提供 n 个值，值的数据类型与对应字段的数据类型一致；
- 第三种格式用于一次性向数据表批量插入多条记录，“字段名列表”格式为“字段名 1,…,字段名 n”，“值列表 m”的格式为“值 m1,…,值 mn”，字段名列表缺省时表示向所有字段插入数据；
- 对于数值类型的数据，可直接写成整数或小数；对于字符串类型、日期时间类型、enum 枚举类型、set 集合类型的数据，值的两端需用引号括住；自增型字段的值建议用 NULL，以便向自增型字段插入下一个编号；默认约束字段的值可以使用 default，表示插入的是该字段的默认值；如果日期时间类型的字段取值为系统的当前日期时间，则可使用 MySQL 的 now()函数来表示其值；
- 插入新记录时，如果表之间有外键约束关系，原则上应当先为父表插入数据，再为子表插入数据。

3）举例。利用以下 MySQL 语句为 booklending 数据库中的 reader、book、borrow、note 数据表添加记录。

- insert into booklending.reader(读者编号,姓名,性别,出生日期,单位,是否学生,会员类别,电话号码,Email,密码) values("D0001", "张三", "男", "1991-1-1", "管理工程学院", "N", "01", "0371-67780001", "zhangsan@163.com","111111"), ("D0003", "杨八妹", "女", "2003-1-1", "信息管理学院", "Y", "02", "13837121001", "y8m@163.com","333333"), ("D0002", "欧阳一一", "女", "2001-1-1", "管理工程学院", "Y", "02", "13511112222", "oy11@zzu.edu.cn","123456");
- insert into booklending.book values("T0001", "Web 数据库技术及应用", "本书在介绍……", "李国红", "清华大学出版社", 39.00, "计算机", "978-7-302-46903-2", "2017 年 7 月第 2 版", 20, 10, "02-A-01-0001");
- insert into booklending.book values("T0002", "管理信息系统", "管理信息系统是一个由……", "李国红", "郑州大学出版社", 39.80, "管理", "978-7-5645-3797-3", "2017 年 1 月第 1 版", 10, 6, "02-B-01-0001"), ("T0003", "会计信息系统", "本书依托……", "徐晓鹏", "清华大学出版社", 39, "会计", "978-7-302-35784-1", "2014 年 5 月第 1 版", 5, 3, "02-C-01-0101");
- insert into booklending.borrow(读者编号,图书编号,借阅日期,归还日期,还书标记) values("D0001", "T0001", "2019-5-15 10:45:46", NULL, "0"), ("D0003", "T0001", "2019-6-5 14:30:46", "2019-6-14 8:49:11", "1"), ("D0001", "T0002", "2019-6-13 16:49:30", NULL, "0"), ("D0002", "T0001", "2019-6-18 11:05:00", "2019-6-28 16:30:31", "1"); /* 日期时间型数据若指定为 NULL，则存储为 NULL，若指定为空字符串或非正确日期时间值，则存储为 0000-00-00 00:00:00 */
- insert into booklending.note(留言人读者编号,留言标题,留言内容,留言时间,留言状态,回复人读者编号,回复内容,回复时间) values("D0002", "《数据库》到了没？", "请问我预定的《Web 数据库技术及应用》到了没？", "2019-9-6 15:38:25", "保密", "D0001", "到了", "2019-9-6 16:17:58");

- insert into booklending.note(留言人读者编号,留言标题,留言内容,留言时间,留言状态) values("D0003", "借书多久必须归还？","请问，学生所借图书在多长时间内必须归还？", now(), "公开"); # now()返回系统当前日期时间

（2）浏览与查询记录

1）按指定的要求来查找与显示数据表中满足条件的记录。命令格式为：select 字段列表 from 数据源 where 条件 group by 分组字段 having 分组条件 order by 字段 1 asc, 字段 2 desc,…, 字段 n;

2）说明。

- 字段列表采用星号“*”表示在浏览或查询结果中包含数据表的全部字段，采用“字段 1, 字段 2,…, 字段 i”表示结果中依次显示各指定字段的信息，多表查询时字段名若出现在不同数据表中，则字段采用“数据表名.字段名”的形式，采用“数据表名.*”表示多表查询时显示指定数据表的全部字段；
- 多表查询时，数据源采用“数据表 1,…, 数据表 j”的形式，表示“字段列表”中的字段来自这些数据表；
- where 子句指定查询结果应满足的条件，条件可采用类似“字段=值”“字段 between 起始值 and 终止值”“字段 in (值 1, 值 2,…, 值 k)”“字段 like 带通配符%或_的模式串”“字段 is null”等的简单条件，条件中值的类型应与字段的类型一致；条件可用 not 或有时用感叹号“!”表示逻辑非运算使条件反转，也可用 and、or 分别表示逻辑与、逻辑或运算将简单条件连接成复合条件；“字段 like 带通配符%或_的模式串”中的百分号“%”表示 0 个或多个字符，下划线“_”表示 1 个字符；单表查询时 where 子句可以缺省，表示数据表的全部记录都满足条件；多表查询时可用“where 主表.主键字段名=子表.外键字段名”将子表与主表连接起来，再用 not、and、or 与其他条件构成复合条件；
- group by 子句用于对查询的数据按字段进行分组，这时 select 之后的“字段列表”中包含带有聚合函数的表达式或其他的表达式，聚合函数主要包括 count(*)或 count(字段)、sum(数值型字段)、avg(数值型字段)、max(字段)、min(字段)，分别用于在各组内统计记录的行数、求字段值的和、求字段值的平均值、求字段的最大值、求字段的最小值；缺省 group by 子句表示不分组；select 之后的表达式往往采用“表达式 as 列名”格式表示；
- having 子句通常与 group by 子句一起使用，用来过滤分组后的统计信息，缺省 having 子句表示分组统计后结果不再进行过滤；
- order by 子句用于对结果按字段进行排序，先按字段 1 排序，字段 1 的值相同的记录再按字段 2 排序，…，最后按字段 n 排序；asc 和 desc 需要同 order by 子句一起使用，字段后带 asc 表示该字段按升序排序，带 desc 表示该字段按降序排序，同时缺省 asc 和 desc 表示排序字段默认按升序排序；缺省 order by 子句表示结果不进行排序；
- 单表查询且同时缺省 where 子句、group by 子句和 having 子句时，格式变为“select 字段列表 from 数据表 order by 字段 1 asc, 字段 2 desc,…, 字段 n;”，表示显示数据表中的全部记录，即浏览记录。

3）举例。

【例 1】浏览（或查询）book 表中的全部记录：select * from booklending.book;

【例 2】查询 book 表的各记录的图书编号、图书名称、作者、出版社、在库数：select 图书

编号，图书名称，作者，出版社，在库数 from booklending.book;

【例 3】查询 book 表中出版社是清华大学出版社的图书的图书编号、图书名称、作者、定价、出版社信息：select 图书编号，图书名称，作者，定价，出版社 from booklending.book where 出版社='清华大学出版社';

【例 4】查询 book 表中出版社是清华大学出版社的图书的图书编号、图书名称、作者、定价、出版社信息，按图书名称降序排序，图书名称相同的再按定价升序排序：select 图书编号，图书名称，作者，定价，出版社 from booklending.book where 出版社='清华大学出版社' order by 图书名称 desc，定价 asc;

【例 5】查询 booklending 数据库 borrow 数据表中所有借阅人对应的读者编号、图书编号、图书名称、作者、出版社、借阅日期、还书标记的信息：select 读者编号，borrow.图书编号，图书名称，作者，出版社，借阅日期，还书标记 from booklending.borrow, booklending.book where borrow.图书编号=book.图书编号;

【例 6】查询 booklending 数据库中借阅了图书编号是“T0001”的图书的所有读者的信息：select reader.* from booklending.reader, booklending.borrow where reader.读者编号=borrow.读者编号 and 图书编号="T0001";

【例 7】查询 booklending 数据库中姓名是“张三”的读者的读者编号、姓名及其所借书的图书编号、图书名称、作者、定价、借阅日期、还书标记的信息：select reader.读者编号，姓名，book.图书编号，图书名称，作者，定价，借阅日期，还书标记 from booklending.reader, booklending.borrow, booklending.book where reader.读者编号=borrow.读者编号 and borrow.图书编号=book.图书编号 and 姓名="张三";

【例 8】查询借书人的读者编号、姓名、图书名称、定价、借阅日期、还书标记的信息，按姓名排序：select reader.读者编号，姓名，图书名称，定价，借阅日期，还书标记 from booklending.reader, booklending.borrow, booklending.book where reader.读者编号=borrow.读者编号 and borrow.图书编号=book.图书编号 order by 姓名;

【例 9】查询 reader 表中姓“张”的读者的读者编号、姓名、电话号码、E-mail：select 读者编号，姓名，电话号码, Email from booklending.reader where 姓名 like "张%";

【例 10】查询 reader 表中所有不姓“张”的读者的读者编号、姓名、电话号码、E-mail：select 读者编号，姓名，电话号码, Email from booklending.reader where 姓名 not like "张%";

【例 11】查询 reader 表中姓名为“张三”“欧阳一一”的读者的读者编号、姓名、E-mail、电话号码：select 读者编号，姓名, Email，电话号码 from booklending.reader where 姓名 in ("张三","欧阳一一");

【例 12】查询 reader 表中除“张三”“欧阳一一”之外的读者的读者编号、姓名、E-mail、电话号码：select 读者编号，姓名, Email，电话号码 from booklending.reader where 姓名 not in ("张三","欧阳一一");

【例 13】查询所有未被回复的留言的留言标题、留言内容、留言时间、留言状态及留言人的读者编号和姓名，并按留言时间降序排序：select 读者编号，姓名，留言标题，留言内容，留言时间，留言状态 from booklending.reader, booklending.note where 读者编号=留言人读者编号 and (回复内容 is null or 回复内容="") order by 留言时间 desc;

【例 14】统计 reader 表中读者的人数：select count(*) as 读者人数 from booklending.reader;

【例 15】统计 reader 表中姓“张”的读者人数：select count(读者编号) as 姓张的读者人数

from booklending.reader where 姓名 like "张%";

【例 16】统计所有未归还图书的图书编号、图书名称、作者、出版社、借阅人的读者编号、姓名、借阅日期、已借阅天数：select book.图书编号, 图书名称, 作者, 出版社, reader.读者编号, 姓名, 借阅日期, date(now())-date(借阅日期) as 已借阅天数 from booklending.book, booklending.borrow, booklending.reader where book.图书编号=borrow.图书编号 and borrow.读者编号=reader.读者编号 and (归还日期 is null and 还书标记="0"); #date()函数将日期时间转换为日期

【例 17】统计 reader 表中年龄最大的读者所借图书的总数：select borrow.读者编号, 姓名, count(*) as 年龄最大读者的借书总数 from booklending.borrow, booklending.reader where borrow.读者编号=reader.读者编号 and reader.读者编号 in (select 读者编号 from booklending.reader where 出生日期=(select min(出生日期) from booklending.reader)) group by borrow.读者编号;

【例 18】统计 reader 表中年龄最大与最小的读者所借图书的总数：select borrow.读者编号, 姓名, year(now())-year(出生日期) as 年龄, count(*) as 借书总数 from booklending.borrow, booklending.reader where borrow.读者编号=reader.读者编号 and reader.读者编号 in (select 读者编号 from booklending.reader where 出生日期=(select min(出生日期) from booklending.reader) or 出生日期=(select max(出生日期) from booklending.reader)) group by borrow.读者编号;

【例 19】统计 borrow 表中借书的人数：select count(distinct 读者编号) as 借阅图书的人数 from booklending.borrow; /* distinct 表示用于返回唯一不同的值，或表示不重复统计相同的值 */

（3）修改记录

1）修改数据表中满足条件的记录。命令格式为：update 数据表名 set 字段名 1=值 1,…,字段 *n*=值 *n* where 条件;

2）说明。

- 值 *n* 的数据类型必须与相应的字段 *n* 的数据类型保持一致；
- 当用 where 子句指定条件时，所有满足条件的记录的指定字段都将修改为新的值，如果没有用 where 子句指定条件，则将数据表中所有记录的指定字段修改成新的值；
- 修改数据表记录时，需要注意数据表的唯一性约束、表之间的外键约束关系和级联选项的设置。

3）举例。

- 将 book 表中图书编号为“T0001”的图书信息的在库数增加 1：update booklending.book set 在库数=在库数+1 where 图书编号="T0001";
- 将 borrow 表中读者编号为“D0001”、图书编号为“T0001”的借书记录的归还日期修改为当前日期时间，还书标记修改为“1”：update booklending.borrow set 归还日期=now(), 还书标记="1" where 读者编号="D0001" and 图书编号="T0001";

（4）删除与清空记录

1）删除数据表中满足条件的记录。命令格式为：delete from 数据表名 where 条件;

2）清空数据表中的记录。命令格式为：

- delete from 数据表名;
- truncate table 数据表名;
- truncate 数据表名;

3）说明。

- delete 语句如果不用 where 子句指定条件，则删除数据表中的全部记录；

- 删除数据表记录时，需要注意表之间的外键约束关系和级联选项的设置；
- 用 delete 语句清空数据表记录时，不会修改自增型字段的起点，用 truncate 语句清除数据表的所有记录后，数据表的自增型字段的起点将重置为 1（即重新设置自增型字段的计数器）；
- 如果清空记录的数据表是父表，则 truncate 命令将永远执行失败，truncate table 语句不支持事务的回滚，并且不会触发触发器程序的运行。

4）举例。

- delete from booklending.borrow where 读者编号="D0001";
- truncate table booklending.borrow;
- truncate booklending.note;
- delete from booklending.borrow;

5. 复制 MySQL 数据表

（1）复制表结构

1）利用 create table 语句，将一个已存在的数据表的结构复制到新的数据表中。命令格式为：create table 新表名 like 源表;

2）说明。这种方法复制的表结构无法完全复制表的约束条件，例如，无法复制表之间的外键约束关系。如需要复制完整的表结构，可借助 mysqldump 工具。

3）举例。将 booklending 数据库中的 reader 表的结构复制到“tongxunlu”数据库，新表的名称为“reader1”：create table tongxunlu.reader1 like booklending.reader;

（2）复制表的结构与数据到新表

1）将源表的指定字段和源表中满足条件的记录复制到新表中。命令格式为：create table 新表名 select 语句;

2）说明。

- 上述格式的“select 语句”中，如果用“select * from 源表”，则将源表的全部字段和相关记录复制到新表，如果用“select 字段 1,…，字段 *n* from 源表”，则将指定的这些字段和相关记录复制到新表；
- “select 语句”如不用 where 子句指定条件，则将源表的结构和所有记录复制到新表，如用 where 子句指定的条件不成立（例如“where 1=2”），则只复制表结构；
- 这种方法复制的表结构无法完全复制表的约束条件。

3）举例。

- 将 booklending 数据库中的 reader 表的结构和全部记录复制到“tongxunlu”数据库，新表的名称为“reader2”：

```
create table tongxunlu.reader2 select * from booklending.reader;
```

- 将 booklending.reader 表的读者编号、姓名、性别、电话号码字段，以及姓名是“张三”的相关信息，复制到新表 tongxunlu.reader3 中：

```
create table tongxunlu.reader3 select 读者编号, 姓名, 性别, 电话号码 from booklending.reader where
姓名="张三";
```

- 将 booklending 数据库中的读者编号、姓名、图书编号、图书名称、借阅日期、归还日期、还书标记字段的信息保存在新表 tongxunlu.jieyue 中：

```
create table tongxunlu.jieyue select reader.读者编号, 姓名, book.图书编号, 图书名称, 借阅日期, 归还日期, 还书标记 from booklending.reader, booklending.borrow, booklending.book where reader.读者编号=borrow.读者编号 and borrow.图书编号= book.图书编号;
```

(3）复制表的记录到已存在的结构相同的数据表

1）把源表中满足条件的记录复制到结构相同的目标数据表中。命令格式为：

- insert into 目标数据表 select * from 源表 where 条件;
- insert into 目标数据表(字段列表 1) select 字段列表 2 from 源表 where 条件;

2）说明。

- 格式一是将源表中满足条件的记录全部复制到结构相同的目标数据表，格式二是将源表中满足条件的记录的指定字段的值复制到目标数据表指定的字段（字段列表 1 和字段列表 2 的字段名之间用逗号隔开，其字段个数、对应的数据类型、宽度等必须一致）;
- 如果不用 where 子句指定条件，则复制的是源表的全部记录;
- 注意目标数据表若存在主键，则主键的值不能重复。

3）举例。

- 将 booklending.reader 表中姓名为“张三”的记录插入到 tongxunlu.reader1 表中：

```
insert into tongxunlu.reader1 select * from booklending.reader where 姓名="张三";
```

- 将 booklending.reader 表中姓名为“欧阳一一”的记录的读者编号、姓名、单位插入到 tongxunlu.reader1 表的相应字段。

```
insert into tongxunlu.reader1(读者编号, 姓名, 单位) select 读者编号, 姓名, 单位 from booklending.reader where 姓名="欧阳一一";
```

(4）将 select 语句的查询结果替换（或复制）到已存在的数据表

1）把源表中满足条件的记录的相关字段的值，复制到结构相同的目标数据表的相应字段；其中，若目标数据表有与待插入新记录的主键值或唯一性约束的字段值相同的旧记录，则旧记录先被删除，再插入新记录。命令格式为：replace into 目标数据表(字段列表 1) select 字段列表 2 from 源表 where 条件;

2）说明。

- 格式中的“字段列表 1”与“字段列表 2”的字段个数、对应的数据类型、宽度一致，字段之间用逗号隔开;
- 如果目标数据表没有主键约束和唯一性约束，那么，格式中 select 子句的执行结果，将作为记录全部插入到目标数据表的指定字段，字段列表缺省时表示插入全部字段的数据;
- 当目标数据表有主键约束（或唯一性约束）时，如果存在与待插入记录的主键值相同的记录（或存在与待插入记录的唯一性约束的字段值相同的记录），则目标数据表中这些与待插入记录的主键值（或唯一性约束的字段值）相同的记录先被删除，然后才插入新记录;
- 上述 replace into 语句的功能可简单看成是，将 select 子句的查询结果替换或复制到目标数据表，或目标数据表的指定字段。

3）举例。

将 booklending.reader 表中的所有记录复制到 tongxunlu.reader1 表；其中，如果 reader 表的一条记录的主键值与 reader1 表的某条记录的主键值相同，则以 reader 表的这条记录更新（或覆盖）reader1 表中主键值相同的那条记录；如果 reader 表的一条记录的主键值在 reader1 表中找不到主键值相同的记录，则将 reader 表的这条记录复制到 reader1 表：

```
replace into tongxunlu.reader1 select * from booklending.reader;
```

6．索引

（1）索引的基本概念

索引是将关键字数据以某种数据结构的方式存储到外存，用于提升数据检索性能的一种方法。在数据库中为数据表建立索引的主要目的，就是提高数据的查询效率。对于 MySQL 数据库，主键约束、唯一性约束、外键约束是基于索引实现的。建立数据库表时，若设置主键约束，则 MySQL 会自动为主键创建一个主索引（索引名为“PRIMARY”）；若设置唯一性约束，则 MySQL 自动创建一个唯一性索引（索引名与唯一性约束的字段名相同）；若设置外键约束，MySQL 自动创建一个普通索引（索引名与外键约束名相同）。如果删除了唯一性索引，对应的唯一性约束将会自动删除。

如果数据库表的存储引擎是 MyISAM，则创建主键约束时，MySQL 自动创建主索引，用户可以根据需要建立普通索引，如图 2-11 所示。如果数据库表的存储引擎是 InnoDB，则创建主键约束时，MySQL 自动创建聚簇索引（InnoDB 表的“主索引”关键字的顺序必须与 InnoDB 表记录主键值的顺序一致，这种主索引称为聚簇索引；MySQL 会为没有主键的 InnoDB 表自动创建一个“隐式”的主键；InnoDB 表必须有一个聚簇索引，且只能有一个聚簇索引），非聚簇索引统称辅助索引，辅助索引的表记录指针称为书签（实际是主键值），如图 2-12 所示。

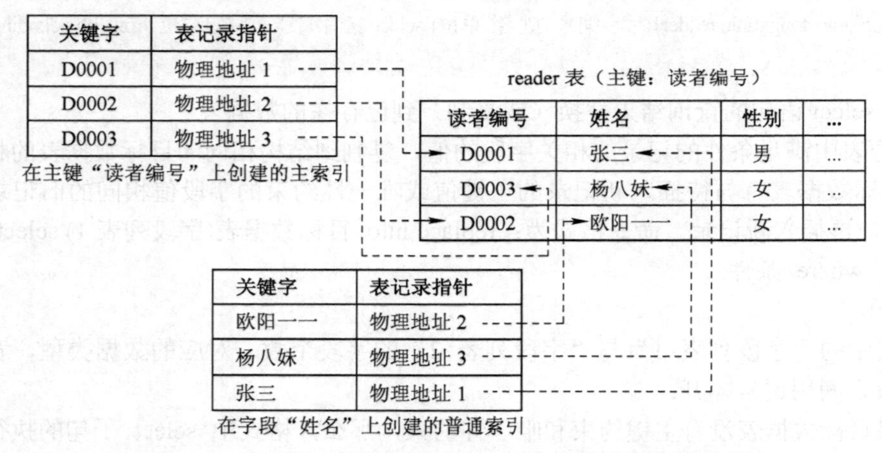

图 2-11　MyISAM 存储引擎 reader 表的主索引与普通索引

（2）创建索引

1）在已有指定表上建立索引，或者在创建表的同时建立索引。命令格式为：

- create 索引类型 索引名 on 数据表名(字段名(长度));
- alter table 数据表名 add 索引类型 索引名(字段名(长度));
- create table 数据表名(字段名 数据类型(宽度),…, 索引类型 索引名(字段名(长度))) engine=存储引擎类型 default charset=字符集;

2）说明。

- 第一和第二种格式用于在已有表上创建索引，第三种格式是创建表的同时创建索引，可以一次性为表创建多个索引；

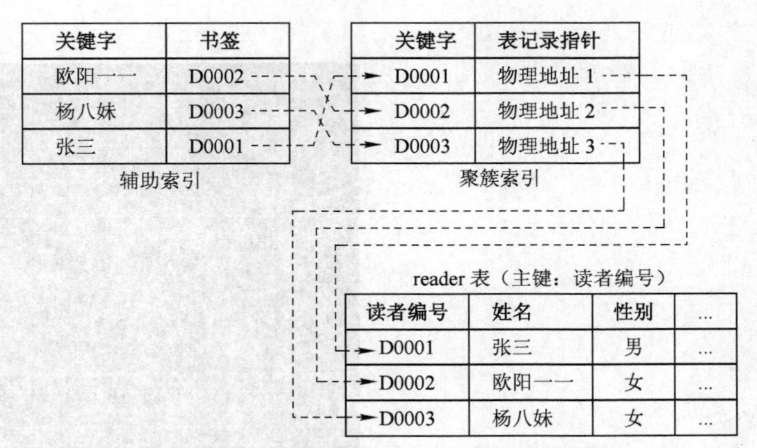

图 2-12　InnoDB 存储引擎 reader 表的聚簇索引与辅助索引

- 索引类型是指 index（普通索引或复合索引）、unique index（唯一性索引）或 fulltext index（全文索引），索引中所有关键字的值均以升序存储；
- 长度表示索引中关键字的字符长度，关键字的值可以是数据库表中字段值的一部分，这种索引称为前缀索引；
- 字符集是指一系列字符及其编码组成的集合，MySQL 提供了 latin1、gb2312、big5、gbk、utf8 等多种字符集，其中 latin1 支持西欧字符、希腊字符等，gb2312 支持简体中文，big5 支持繁体中文，gbk 支持简体和繁体中文，utf8 几乎支持世界上所有国家的字符。

3）举例。

- 为 booklending.reader 表的“姓名”字段创建普通索引 name_index（图 2-13 和图 2-14）：create index name_index on booklending.reader(姓名);
- 向 booklending.reader 表的“出生日期”字段添加普通索引 date_index，并为“单位”和“姓名”字段创建复合索引 complex_idnex（图 2-13 和图 2-14）：

```
alter table booklending.reader add index date_index(出生日期), add index complex_index (单位, 姓名);
```

- 在 booklending 数据库中创建一个存储引擎为 MyISAM、默认字符集为 gb2312 的“book1”数据表，主键为“图书编号”，其余字段自定，同时创建唯一性索引 isbn_unique、普通索引 name_index、全文索引 brief_fulltext 和复合索引 complex_index：

```
create table booklending.book1(
图书编号  varchar(5) primary key,
图书名称  varchar(40) not null, 内容提要  mediumtext not null,
作者  varchar(20) not null, 出版社  varchar(40) not null,
定价  decimal(6,2), 类别  varchar(6) not null,
isbn varchar(35), 版次  varchar(20),
库存数  int(3), 在库数  int(3), 在架位置  varchar(12),
unique index isbn_unique (isbn),
index name_index (图书名称(20)),
fulltext index brief_fulltext (图书名称, 内容提要),
index complex_index (定价, 出版社)
) engine=MyISAM default charset=gb2312;
```

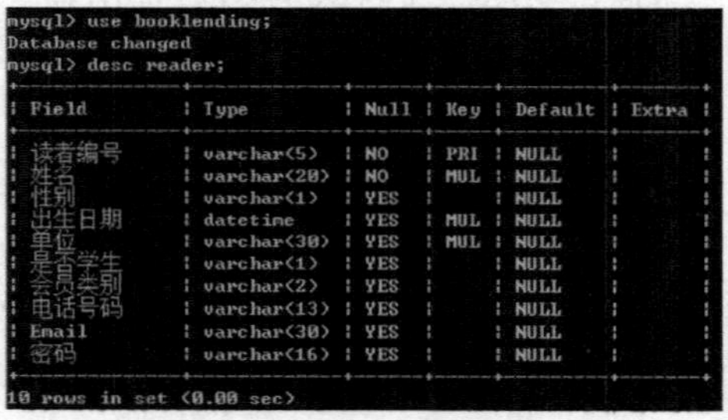

```
mysql> use booklending;
Database changed
mysql> desc reader;
+----------+-------------+------+-----+---------+-------+
| Field    | Type        | Null | Key | Default | Extra |
+----------+-------------+------+-----+---------+-------+
| 读者编号 | varchar(5)  | NO   | PRI | NULL    |       |
| 姓名     | varchar(20) | NO   | MUL | NULL    |       |
| 性别     | varchar(1)  | YES  |     | NULL    |       |
| 出生日期 | datetime    | YES  | MUL | NULL    |       |
| 单位     | varchar(30) | YES  | MUL | NULL    |       |
| 是否学生 | varchar(1)  | YES  |     | NULL    |       |
| 会员类别 | varchar(2)  | YES  |     | NULL    |       |
| 电话号码 | varchar(13) | YES  |     | NULL    |       |
| Email    | varchar(30) | YES  |     | NULL    |       |
| 密码     | varchar(16) | YES  |     | NULL    |       |
+----------+-------------+------+-----+---------+-------+
10 rows in set (0.00 sec)
```

图 2-13　创建索引后的reader表的结构（一）

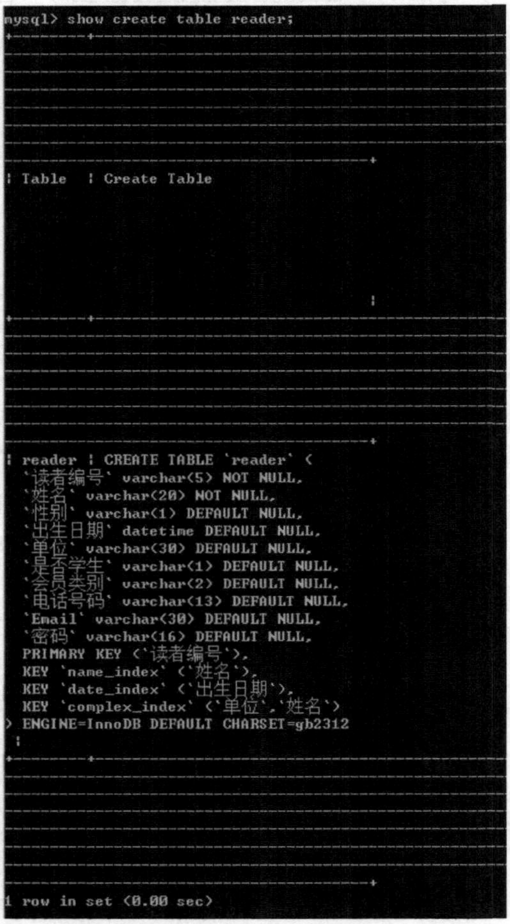

```
mysql> show create table reader;
+--------+--------------+
| Table  | Create Table |
+--------+--------------+
| reader | CREATE TABLE `reader` (
  `读者编号` varchar(5) NOT NULL,
  `姓名` varchar(20) NOT NULL,
  `性别` varchar(1) DEFAULT NULL,
  `出生日期` datetime DEFAULT NULL,
  `单位` varchar(30) DEFAULT NULL,
  `是否学生` varchar(1) DEFAULT NULL,
  `会员类别` varchar(2) DEFAULT NULL,
  `电话号码` varchar(13) DEFAULT NULL,
  `Email` varchar(30) DEFAULT NULL,
  `密码` varchar(16) DEFAULT NULL,
  PRIMARY KEY (`读者编号`),
  KEY `name_index` (`姓名`),
  KEY `date_index` (`出生日期`),
  KEY `complex_index` (`单位`,`姓名`)
) ENGINE=InnoDB DEFAULT CHARSET=gb2312
 |
+--------+--------------+
1 row in set (0.00 sec)
```

图 2-14　创建索引后的reader表的结构（二）

（3）查看索引

1）查看数据表中创建的索引。命令格式为：show index from 数据表名；或 show keys from 数据表名;

2）举例。显示book1表中已创建的索引：show index from book1;

（4）查看索引生效情况

1）查看索引是否生效。命令格式为：explain select 语句;

2）举例。查看查询reader表的相关数据时索引是否生效：explain select 读者编号,姓名,性别,出生日期,单位 from booklending.reader where 姓名="张三";

（5）删除索引

1）删除不必要的索引。命令格式为：

- drop index 索引名 on 数据表名;
- alter table 数据表名 drop index 索引名;
- 删除主键约束：alter table 数据表名 drop primary key;

3）举例。

- 删除 book1 表的全文索引 brief_fulltext：drop index brief_fulltext on booklending.book1;
- 删除唯一性索引 isbn_unique：alter table booklending.book1 drop index isbn_unique;
- 删除主键约束：alter table booklending.book1 drop primary key;

7．show 命令的其他用法与作用

（1）显示数据表的结构

1）显示数据表中各列的名称（字段名）、数据类型、是否允许空值、键、默认值等。命令格式为：show columns from 数据表名 from 数据库名；或 show columns from 数据库名.数据表名;

2）举例

- show columns from reader from booklending;
- show columns from booklending.reader;

（2）显示数据库的详细创建信息

1）显示指定数据库的详细建库信息（包括数据库使用的字符编码）。命令格式为：show create database 数据库名;

2）举例。显示 booklending 数据库的详细创建信息：show create database booklending;

（3）显示可用的存储引擎和默认引擎

显示安装 MySQL 以后可用的存储引擎和默认引擎。命令格式为：show engines；show storage engines;

（4）显示正在运行的所有进程

显示系统中正在运行的所有进程，即当前正在执行的查询。命令格式为：show processlist;

（5）显示数据表的信息

显示当前数据库中每个数据表的信息，信息包括数据表类型和最新更新时间。命令格式为：show table status;

（6）显示服务器支持的权限

显示服务器所支持的不同权限。命令格式为：show privileges;

（7）其他

- 显示一些系统特定资源的信息，例如，正在运行的线程数量。命令格式为：show status;
- 显示 innoDB 存储引擎的状态。命令格式为：show engine InnoDB status;
- 显示最后一个执行的语句所产生的错误、警告和通知。命令格式为：show warnings;
- 显示最后一个执行语句所产生的错误。命令格式为：show errors;

2.2.4 MySQL 用户管理

1．用户管理与 mysql.user 数据表概述

用户管理主要指数据库管理员（root 用户）执行增加新用户、设置用户权限、修改用户密码和删除用户等的操作。MySQL 服务器中有一个名为“mysql”的数据库，mysql 数据库中包含一个专门用于保存用户信息的“user”数据表，user 表中登记了服务器名、用户名、登录密码以及用户的各种操作权限，其中服务器名默认为 localhost，操作权限值为“y”时表示具有该权限，权限值为“空”或“n”时表示不具有此权限。mysql.user 表的常用字段及其作用如表 2-1 所示，其他字段请参考相关书籍或在网上查看。

表 2-1　mysql.user 表的常用字段及意义

字段	说明	字段	说明
host	服务器名（默认 localhost）	delete_priv	删除记录权限
user	用户名	create_priv	建库建表权限
authentication_string	登录密码	drop_priv	删除文件权限
select_priv	查询记录权限	index_priv	创建索引权限
insert_priv	插入记录权限	alter_priv	修改表结构权限
update_priv	更新记录权限	file_priv	读取文件权限

增加用户、修改用户密码或权限、删除用户就是对 mysql.user 表执行增加、修改、删除记录的操作，按照前述 insert into 语句、update 语句、delete 语句的格式即可完成操作。值得注意的是，MySQL 5.7 的 mysql.user 表中存储密码的字段是“authentication_string”，之前旧版本的 MySQL 的 mysql.user 表中存储密码的字段是“password”。

2．用户管理操作

（1）增加用户

1）增加一个用户，指定登录的服务器名、用户名、登录密码，设置用户的相关权限。命令格式为：insert into mysql.user(host, user, authentication_string, 权限字段,…) values(服务器名，用户名，密码，操作权限值,…);

2）说明。如果使用 MySQL 5.7 之前的版本，上述格式中的“authentication_string”应变成“password”；“密码”的值需用 password()函数加密。

3）举例。在 localhost 服务器增加用户名是“user1”、密码为“12345678”的用户，拥有建立数据库和数据表的权限与查询记录的权限，使用以下两个语句（图 2-15）：

①insert into mysql.user(host, user, authentication_string, create_priv, select_priv) values("localhost", "user1", password("12345678"), "y", "y");　# password()是加密函数
②flush privileges;　#激活新创建的用户，使新增加的用户生效

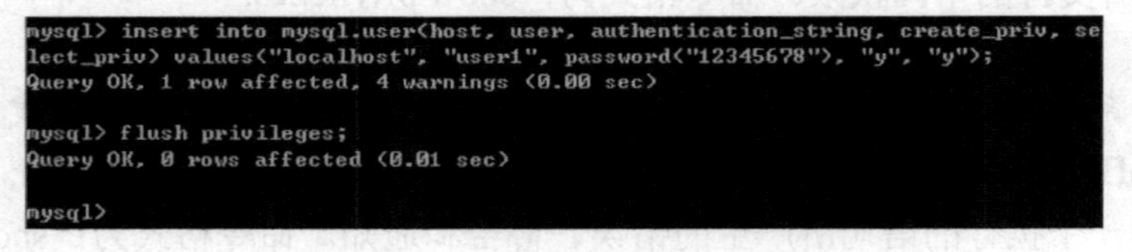

图 2-15　增加用户举例

（2）修改用户的密码和权限

1）设置（或修改）用户的密码和操作权限。命令格式为：update mysql.user set authentication_string =新值，权限字段=操作权限值,… where user="用户名";

2）说明。如果使用 MySQL 5.7 之前的版本，上述格式中的“authentication_string”应变成“password”；“authentication_string =新值”中的“新值”需用 password()函数加密。

3）举例。将用户名为“user1”的用户的密码修改为“87654321”，并使用户 user1 拥有增加、修改、删除记录的权限，可依次使用以下两个语句：

①update mysql.user set authentication_string=password("87654321"), insert_priv="y", update_priv="y", delete_priv="y" where user="user1";
②flush privileges;

（3）删除用户

1）删除用户信息。命令格式为：delete from mysql.user where user="用户名";

2）举例。删除用户名是“user1”的用户，可依次使用以下两个语句：

```
①delete from mysql.user where user="user1";
②flush privileges;
```

2.3 MySQL 批处理

2.3.1 批量执行若干命令

1．批量执行若干 MySQL 命令的方法

建立扩展名为 sql 的文本文件，将要执行的若干 MySQL 语句写入该 sql 文件中，然后在 MySQL 客户端用 source 命令执行该 sql 文件即可。source 命令的格式是“source 盘符:/路径/文件名”。

例如，假设文件 mysql_create_table.sql 保存在 E 盘 application 文件夹下的 myweb 子目录下，要执行该文件中的 MySQL 命令，则在 MySQL 命令行客户端输入和执行以下命令即可：“source E:/application/myweb/mysql_create_table.sql;”。当然，执行该 sql 文件的命令也可以在 DOS 命令窗口（未连接数据库的情况下）进行，命令格式参见以下“sql 文件格式举例”。

2．sql 文件格式举例

（1）建立 booklending 数据库及其数据库表的文件：mysql_create_table.sql

具体语句如下所示。

```
set names gb2312;   #设置字符集
create database if not exists booklending;   #若不存在 booklending 数据库，则创建
use booklending;   #打开 booklending 数据库
drop table if exists borrow;   #若存在 borrow 数据表，则删除；先删子表
drop table if exists note;
drop table if exists reader;   #先删子表后才能删主表，因子表中有外键约束
drop table if exists book;
create table reader(
  读者编号 varchar(5) not null primary key, 姓名 varchar(20) not null,
  性别 varchar(1), 出生日期 datetime,
  单位 varchar(30), 是否学生 varchar(1),
  会员类别 varchar(2), 电话号码 varchar(13),
  Email varchar(30), 密码 varchar(16)
)ENGINE=InnoDB DEFAULT CHARSET=gb2312;
create table book(
  图书编号 varchar(5) not null primary key, 图书名称 varchar(40) not null,
  内容提要 mediumtext, 作者 varchar(20) not null,
  出版社 varchar(40), 定价 float,
  类别 varchar(6), ISBN varchar(35),
  版次 varchar(20), 库存数 int,
  在库数 int, 在架位置 varchar(12)
)ENGINE=InnoDB DEFAULT CHARSET=gb2312;
create table borrow(
  读者编号 varchar(5) not null, 图书编号 varchar(5) not null,
```

```
    借阅日期 datetime, 归还日期 datetime, 还书标记 varchar(1),
    constraint borrow_reader_fk foreign key(读者编号) references reader(读者编号),
    constraint borrow_book_fk foreign key(图书编号) references book(图书编号)
)ENGINE=InnoDB DEFAULT CHARSET=gb2312;
create table note(
    留言标题 varchar(20), 留言内容 varchar(100),
    留言时间 datetime, 留言状态 varchar(2),
    留言人读者编号 varchar(5), 回复人读者编号 varchar(5),
    回复内容 varchar(100), 回复时间 datetime,
    primary key(留言标题, 留言内容, 留言时间),
    constraint note_reader_fk foreign key (留言人读者编号) references reader(读者编号)
            on delete cascade on update cascade
)ENGINE=InnoDB DEFAULT CHARSET=gb2312;
```

假如将 mysql_create_table.sql 文件保存在 E 盘 application 文件夹下的 myweb 子目录下，则在 MySQL 客户端执行的命令是："source E:/application/myweb/mysql_create_table.sql;"。

在 DOS 提示符下（未连接数据库），输入"mysql -hlocalhost -uroot -p12345678 < E:/application/myweb/mysql_create_table.sql"（注意 DOS 命令行末不带分号），再按〈Enter〉键也可执行。

（2）为 booklending 数据库中的表添加记录的 sql 文件：mysql_insert_table.sql

具体代码如下所示。

```
set names gb2312;   #设置字符集
use booklending;   #打开数据库
delete from borrow;   #清空 borrow 数据表，先清空子表
delete from note;
delete from reader;   #清空主表，若子表有与主表的外键约束，之前须先清空子表
delete from book;
insert into reader(读者编号, 姓名, 性别, 出生日期, 单位, 是否学生, 会员类别,
        电话号码, Email, 密码) values ("D0001", "张三", "男", "1991-1-1",
        "管理工程学院", "N", "01", "0371-67780001", "zhangsan@163.com", "111111"),
        ("D0003", "杨八妹", "女", "2003-1-1", "信息管理学院", "Y", "02",
        "13837121001", "y8m@163.com", "333333"),
        ("D0002", "欧阳一一", "女", "2001-1-1", "管理工程学院", "Y", "02",
        "13511112222", "oy11@zzu.edu.cn", "123456");
insert into book values("T0001", "Web 数据库技术及应用", "本书在介绍……",
        "李国红", "清华大学出版社", 39.00, "计算机", "978-7-302-46903-2",
        "2017 年 7 月第 2 版", 20, 10, "02-A-01-0001");
insert into book values("T0002", "管理信息系统", "管理信息系统是一个由……",
        "李国红", "郑州大学出版社", 39.80, "管理", "978-7-5645-3797-3",
        "2017 年 1 月第 1 版", 10, 6, "02-B-01-0001"),
        ("T0003", "会计信息系统", "本书依托……", "徐晓鹏", "清华大学出版社",
        39, "会计", "978-7-302-35784-1", "2014 年 5 月第 1 版", 5, 3, "02-C-01-0101");
insert into booklending.borrow(读者编号,图书编号,借阅日期,归还日期,
        还书标记) values("D0001", "T0001", "2019-5-15 10:45:46", NULL, "0"),
        ("D0003", "T0001", "2019-6-5 14:30:46", "2019-6-14 8:49:11", "1"),
        ("D0001", "T0002", "2019-6-13 16:49:30", NULL, "0"),
        ("D0002", "T0001", "2019-6-18 11:05:00", "2019-6-28 16:30:31", "1");
insert into booklending.note(留言人读者编号,留言标题,留言内容,
        留言时间,留言状态,回复人读者编号,回复内容,回复时间)
        values("D0002", "《数据库》到了没？",
```

```
        "请问我预定的《Web 数据库技术及应用》到了没？",
        "2019-9-6 15:38:25", "保密", "D0001", "到了", "2019-9-6 16:17:58");
insert into booklending.note(留言人读者编号,留言标题,留言内容,留言时间,
        留言状态) values("D0003", "借书多久必须归还？",
        "请问，学生所借图书在多长时间内必须归还？", now(), "公开");
```

假如将 mysql_insert_table.sql 文件保存在 E 盘 application 文件夹下的 myweb 子目录下，则执行该文件的 MySQL 命令是："source E:/application/myweb/mysql_insert_table.sql;"，执行该文件的 DOS 命令是："mysql -h localhost -u root -p12345678 < E:/application/myweb/mysql_insert_table.sql"。

2.3.2 批处理命令执行多个 sql 脚本

（1）方法一：利用 MySQL 的 sql 脚本文件批量执行若干个 sql 脚本

假设有 sql 脚本 mysql_create_table.sql、mysql_insert_table.sql，均保存在 E 盘 application 文件夹下的 myweb 子目录下。若要批处理执行这些 sql 脚本，则可以在任意一个路径下建立一个 sql 脚本文件 all.sql，该文件中的内容如下：

```
source E:/application/myweb/mysql_create_table.sql;
source E:/application/myweb/mysql_insert_table.sql;
```

假设将 all.sql 文件保存在了 E 盘 application 文件夹下的 myweb 子目录下，则在 MySQL 命令行客户端执行"source E:/application/myweb/all.sql;"，即可批量执行 all.sql 文件中所包含的全部 sql 脚本。

（2）方法二：利用 DOS 批处理文件执行多个 sql 脚本

方法一需要为每个 sql 脚本写一句代码，不适合 sql 脚本较多的情况。因此 sql 脚本较多时可利用 DOS 批处理来实现，即：首先将要执行的所有 sql 脚本文件存储在同一个目录下，然后在其他目录下建立一个扩展名为".bat"的批处理文件（例如存储为 all.bat），之后在 DOS 命令提示符窗口执行该批处理文件即可。以执行"E:\application\myweb\"目录下所有的 sql 脚本为例，其批处理代码如下：

```
@echo off
for %%i in (E:\application\myweb\*.sql) do (
echo 执行 %%i
mysql -uroot -p12345678 < %%i
)
echo 执行成功
pause
```

说明：

1）上述代码中，第二行 do 与右边的左括号"("之间必须至少有一个空格。

2）@符号在批处理中的作用是关闭当前行命令的回显，也就是不显示执行的是什么命令，只显示命令的结果。

3）echo 是一个回显命令，主要参数有 off 和 on；一般用"echo 消息"来显示一个特定的消息；echo off 的作用就相当于在每条命令前面加一个@符号，这样所有的命令将只会显示结果不显示命令；在 echo off 这命令前加一个@符号是为了不让 echo off 这条命令本身显示出来。

4）"for 条件 do (…)"是循环结构，条件满足时执行括号中的循环体；此处条件是"变量

in (集合)”，变量的值依次取集合中的每个元素时分别执行循环体。

5）pause 命令就是暂停的意思，防止批处理执行完后直接退出；执行 pause 命令后会自动在 CMD 里显示“请按任意键继续…”这样一行提示。

6）假设该批处理文件保存为 all.bat，存储在 D 盘根目录下，则在 DOS 命令提示符窗口执行“d:\all.bat”，即可批量执行“E:\application\myweb\”目录下所有的 sql 脚本。

思考题

1．MySQL 中可以使用哪几种数据类型，如何表示，选择数据类型应遵循什么原则？

2．层次模型、网状模型、关系模型有何不同，最能代表这些数据模型的数据库系统是什么，利用 MySQL 建立的数据库属于哪种数据模型的数据库？

3．要操作 MySQL 数据库，可采用哪几种方式？

4．如何在 MySQL 命令行客户端查看和设置系统变量，如何在 MySQL 命令行或包含 MySQL 语句的 sql 脚本文件中进行注释？

5．什么是索引，索引有哪几种类型，如何创建和查看索引，如何删除索引？

6．如何理解主索引、普通索引、聚簇索引、辅助索引？

7．MySQL 用户权限信息存储在哪个数据库、哪个数据表，如何增加一个用户，如何修改用户密码和权限，如何删除用户？

8．如何批量执行多个 MySQL 命令（或语句），如何批量执行多个 sql 脚本？

9．已知数据库中已建立了 reader 数据表，reader 表中含主键“读者编号”。假设利用以下语句在该数据库中建立 note1、note2、note3 数据表，试分析利用这些不同的语句建立的数据表与 reader 表的关系有何异同，能否修改 reader 表中的读者编号值或删除 reader 表中的记录（如果不能，请说明原因；如果能，请说明哪个或哪些表的数据会发生什么变化）。

1）create table note1(留言标题 varchar(20), 留言内容 varchar(100), 留言时间 datetime, 留言人读者编号 varchar(5), 回复人读者编号 varchar(5), 回复内容 varchar(100), primary key(留言标题, 留言内容, 留言时间), constraint fk1 foreign key (留言人读者编号) references reader(读者编号) on delete cascade on update cascade) default charset=gb2312;

2）create table note2(留言标题 varchar(20), 留言内容 varchar(100), 留言时间 datetime, 留言人读者编号 varchar(5), 回复人读者编号 varchar(5), 回复内容 varchar(100), primary key(留言标题, 留言内容, 留言时间), constraint fk2 foreign key (留言人读者编号) references reader(读者编号)) default charset=gb2312;

3）create table note3(留言标题 varchar(20), 留言内容 varchar(100), 留言时间 datetime, 留言人读者编号 varchar(5), 回复人读者编号 varchar(5), 回复内容 varchar(100), primary key(留言标题, 留言内容, 留言时间), constraint fk3 foreign key (留言人读者编号) references reader(读者编号) on delete no action on update restrict) default charset=gb2312;

10．MySQL 数据库与数据表的上机操作。假设学生选课数据库（xsxk）中包含学生表（xuesheng）、课程表（kecheng）、选课表（xuanke）、留言表（liuyan）、管理员表（guanliyuan），各表的结构如表 2-2 至表 2-6 所示。请按照以下要求写出相应的 MySQL 语句，然后完成上机操作。

表 2-2　**xuesheng** 表的结构

字段名称	数据类型（宽度）	备注
学号	varchar(11)	主键，not null
姓名	varchar(4)	not null
出生日期	datetime	
性别	varchar(1)	
院系	varchar(20)	
班号	varchar(2)	

表 2-3　**kecheng** 表的结构

字段名称	数据类型（宽度）	备注
课程号	varchar(6)	主键，not null
课程名	varchar(20)	not null
教师	varchar(4)	
学分	int	
学期	int	

表 2-4　**xuanke** 表的结构

字段名称	数据类型（宽度）	备注
学号	varchar(11)	外键，not null
课程号	varchar(6)	外键，not null
成绩	float	

表 2-5　**liuyan** 表的结构

字段名称	数据类型（宽度）	备注
留言标题	varchar(20)	主键，not null
留言内容	varchar(100)	主键，not null
留言时间	datetime	主键，not null
留言状态	varchar(2)	
留言人学号	varchar(11)	外键，not null
回复人学号	varchar(11)	
回复内容	varchar(100)	
回复时间	datetime	

表 2-6　**guanliyuan** 表的结构

字段名称	数据类型（宽度）	备注
账号	varchar(6)	主键，not null
密码	varchar(16)	

- 将字符集设置为 gb2312。
- 创建学生选课数据库（数据库名为 xsxk）。
- 打开 xsxk 数据库。

- 在 xsxk 数据库中建立学生表、课程表、选课表、留言表、管理员表（表名分别为 xuesheng、kecheng、xuanke、liuyan、guanliyuan），没有声明的约束条件或选项均采用默认设置，外键约束名自定。
- 查看所建数据表（xuesheng 表、kecheng 表、xuanke 表、liuyan 表、guanliyuan 表）的结构。
- 在 xuesheng 表中增加电话号码字段，数据类型及宽度为 char(13)。
- 将 xuesheng 表中的电话号码字段修改为手机号，数据类型及宽度为 varchar(11)。
- 向 xuesheng 表的手机号字段添加约束名为 phone_unique 的唯一性约束。
- 为 xuesheng 表的院系、姓名字段创建名为 complex_index 的复合索引。
- 查看 xuesheng 表中已创建的索引。
- 删除 xuesheng 表中名为 complex_index 的复合索引。
- 删除 xuesheng 表中名为 phone_unique 的唯一性约束。
- 删除 xuesheng 表中的手机号字段。
- 删除 xuesheng 表的主键约束。
- 将 xuesheng 表的学号字段设置为 varchar(11)、not null、主键。
- 删除 liuyan 表的外键约束。
- 为 liuyan 表的留言人学号字段设置（或添加）外键约束，约束名为 xuesheng_liuyan_fk，使留言人学号字段与 xuesheng 表中的学号字段建立参照完整性，且修改 xuesheng 表的学号值时能自动级联更新 liuyan 表中相关记录的留言人学号字段的值，删除 xuesheng 表中的记录时能自动级联删除 liuyan 表中的相关记录。
- 将各数据表（xuesheng 表、kecheng 表、xuanke 表、liuyan 表、guanliyuan 表）的默认字符集修改为 utf8。
- 将各数据表的存储引擎修改为 MyISAM（或 InnoDB）。
- 在所建数据表（xuesheng 表、kecheng 表、xuanke 表、liuyan 表、guanliyuan 表）中分别增加若干条记录。
- 列出 xuesheng 表中的全部记录。
- 列出 xuesheng 表中所有学生的学号、姓名、所在院系、班号。
- 查询 xuesheng 表中院系为“管理工程学院”的学生的学号、姓名、性别、班号。
- 查询 xuesheng 表中院系为“管理工程学院”的学生的学号、姓名、性别、班号，按班号升序排序，班号相同按性别降序排序，性别相同按姓名升序排序。
- 查询“管理工程学院”的所有男生的学号、姓名、所选课程的课程号、课程名、成绩，按学号排序。
- 查询成绩在 60 分及以上的姓“张”的学生所选课程的课程号、课程名、成绩、学分。
- 查询姓“张”的学生选择了课程名为“数据库”“管理信息系统”“高等数学”的选课信息。
- 将 guanliyuan 表中账号为 123456 的管理员的密码修改为 112233445566。
- 将 xuesheng 表中学号为 20190703003 的记录的出生日期修改为 2003/3/3，班号的值修改为 03。
- 将学号为 20190703003 的学生的“数据库”成绩修改为 85。
- 查询学号为 20190703003 的学生的留言信息及回复情况的信息。
- 查询留言未被回复的学生的学号、姓名及其所有留言信息。
- 查询留言未被回复的学生的学号、姓名及其所有未被回复的留言信息。

- 查询所有未被回复的留言的留言标题、留言内容、留言时间及留言人的学号和姓名。
- 查询所有已回复的留言的留言标题、留言内容、留言时间、留言人学号、回复人学号、回复人姓名、回复内容、回复时间。
- 统计 liuyan 表中所有留言的条数。
- 统计每个学生各自的留言条数。
- 统计留过言的各学生的留言条数。
- 统计留过言的各个学生的未得到回复的留言的条数。
- 统计 xuesheng 表中学生的人数。
- 统计 xuesheng 表中男生的人数。
- 在 xuesheng 表中（分组）统计男生的人数和女生的人数。
- 在 xuesheng 表中统计所有选修了课程的学生的总人数。
- 统计 xuanke 表中选课的学生人数。
- 统计 xuanke 表中平均成绩在 80 分及以上的学生人数。
- 统计平均成绩在 80 分及以上的男生人数和女生人数。
- 列出年龄最大和年龄最小的学生的信息。
- 列出年龄最大和年龄最小的学生的每门课程的成绩。
- 列出年龄最大和年龄最小的学生各自的总成绩、平均成绩。
- 列出年龄最大和年龄最小的学生各自所选课程的数目。
- 列出年龄最大和年龄最小的学生所选课程的总数（注意重复的课程算 1 门课程）。
- 列出年龄最大的学生所选课程的数目。
- 列出未被学生选修的课程的信息。
- 将 xuesheng 表的结构复制到名为 student 的新表。
- 将 xuesheng 表中所有男生的记录插入到结构相同的 student 表。
- 将 xuesheng 表的结构和所有男生的记录复制到名为 stu 的新表。
- 将 xuesheng 表中所有女生的记录的学号、姓名、院系插入到 stu 表的相应字段。
- 将 xuesheng 表中所有女生的记录复制与替换到 stu 表（即：当 xuesheng 表中某女生记录的学号值和 stu 表中某记录的学号值相同时，就将 stu 表中这一学号值所在的记录替换为 xuesheng 表中学号值相同的那个女生记录；当 xuesheng 表中某女生记录的学号值在 stu 表中不存在时，就将 xuesheng 表中的这个女生记录复制到 stu 表）。
- 删除姓名为“张三”的学生在 xuanke 表中的所有选课信息。
- 删除 xuesheng 表中姓名为“张三”的所有记录。
- 将 stu 表的表名修改为 student2。
- 依次删除 liuyan 表、xuanke 表、kecheng 表、xuesheng 表、student 表、student2 表（本小题只需写出 MySQL 语句，暂不执行相应语句，以便第 4、6、7 章思考题上机操作使用）。
- 删除 xsxk 数据库（只写语句，暂不执行，以便第 4、6、7 章思考题上机操作使用）。

第3章 HTML、CSS与PHP基础

任何一个 Web 应用系统都是基于 B/S 模式（浏览器/服务器模式）的，都离不开 Web 服务器上存储的一个又一个的网页。HTML、CSS、PHP 都是用来做 Web 开发的，HTML 用于构造网页的框架模块和内容，CSS 用于定义网页显示的风格样式和布局，PHP 则是一种服务器端的、嵌入 HTML 的脚本语言，用于收集来自客户端的表单数据、支持数据库、生成动态页面内容。因此，HTML、CSS、PHP 被认为是构成 Web 数据库技术不可或缺的重要组成部分。

本章讲述 HTML、CSS、PHP 技术的基本理论知识与使用方法。首先，介绍 HTML 基本知识与应用，包括 HTML 的基本结构、常用标记、列表、表格、表单、应用菜单设计；其次，概述 CSS 及其使用，包括 CSS 简介、CSS 语法结构、CSS 选择器类型及用法、样式表类型及使用、常用属性设置；再次，阐述 PHP 基本理论知识及其应用，包括 PHP 简介、PHP 文件的编辑与执行、PHP 语法说明、PHP 程序流程控制、PHP 内置函数与自定义函数、PHP 数组、PHP 正则表达式及应用、利用 PHP 验证 HTML 表单提交的数据。

本章重点：

- HTML 表格；
- HTML 表单；
- HTML 应用菜单设计；
- CSS 样式表的使用；
- PHP 程序流程控制；
- PHP 数组；
- PHP 正则表达式；
- PHP 检验 HTML 表单提交的数据。

3.1 HTML 技术

3.1.1 HTML 技术概述

1. HTML 的基本结构

HTML（Hyper Text Markup Language）是超文本标记语言，它通过 HTML 标记符来标识在网页中显示的内容，是 Web 的描述语言。HTML 文件可以用 Windows 自带的记事本软件或专门的网页制作软件（如 EditPlus、Dreamweaver、FrontPage、UltraEdit 等）进行编辑，HTML 文件的扩展名为“.htm”或“.html”，HTML 文件的基本结构如下：

```
<!doctype html 版本声明>
<html>
  <head>
       HTML 文档头部
```

```
        </head>
        <body>
            HTML 文档主体
        </body>
    </html>
```

例如，打开 EditPlus 软件，依次选择“File”菜单下“New”子菜单中的“HTML Page”命令项，即可在 EditPlus 编辑窗口自动生成 HTML 的基本结构代码，如图 3-1 所示。在此基础上，可借助工具栏的命令按钮或各菜单中的命令项，完成 HTML 文件的编辑和设计。同时，可以使用“File”菜单下的“Save”命令（或工具栏上相应的保存按钮）将编辑的文件以合适的文件名（比如“firstPage.html”）存储在网站主目录（例如“E:\application\myweb\”）或其子目录（例如“E:\application\myweb\www\”）下，以便于对文件进行正确访问。

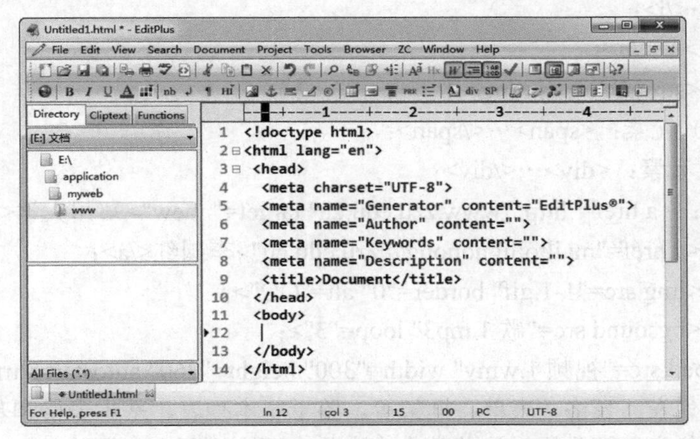

图 3-1　EditPlus 软件生成的 HTML 文件结构

2．HTML 文档结构说明

HTML 是超文本标记语言，HTML 文档是由许多用尖括号 < > 括起来的标签或标记组成的。其中，每个页面的第一行都由<!doctype>标记声明 HTML 的版本，之后分别用<html>标记 HTML 文档的开始，用<head>…</head>定义 HTML 文档的开头部分，用<body>…</body>定义 HTML 文档的主体部分，最后由</html>标记 HTML 文档结束。

1）HTML 版本声明。<!doctype html>标记用于说明该文档是一个 HTML5 文档，浏览器将按照 HTML5 的语法规则来解析与显示这个页面，即使遇到不支持 HTML5 的浏览器，显示也不会受到影响。

2）指定 HTML 的开始和结束。HTML 文档的开始和结束分别用<html>和</html>标记对（也称为<html>元素）来指定，该标记对之间是 HTML 文档的头部和主体。<html lang="en">用于声明当前页面的语言类型，其中，lang 属性规定了元素中内容的语言代码。

3）HTML 头部。<head>…</head>标记之间可使用<meta>、<title>…</title>、<style>…</style>、<script>…</script>等标记或标记对，用以描述 HTML 文档元数据、标题、样式、脚本等相关信息。

4）HTML 主体。<body>和</body>标记了网页的主体部分，利用各种标记或标记对将使网页的内容在浏览器窗口中显示出不同的浏览效果。

最常用的标记或标记对包括：

- 换行：
；
- 空格：" "（不含引号）；
- 水平线：<hr>；
- 标题：<h1>…</h1>、<h2>…</h2>、<h3>…</h3>、<h4>…</h4>、<h5>…</h5>、<h6>…</h6>；
- 段落：<p align="left">…</p>，其中 align 用于设置对齐方式，取值可以是 left、right、center；
- 字体字号：<font face="宋体" color="blue" size="6">…</font>，其中 face 用于设置字体，color 用于设置字体颜色，size 用于设置字号（取值为 1～7）；
- 粗体：<b>…</b>；
- 斜体：<i>…</i>；
- 下划线：<u>…</u>；
- 加重文本：<strong>…</strong>；
- span（行内）元素：<span>…</span>；
- div（块级）元素：<div>…</div>；
- 外部超链接：<a href="http://www.zzu.edu.cn" target="_new">郑州大学</a>；
- 邮件链接：<a href="mailto:liguohong@zzu.edu.cn">李国红</a>；
- 插入图像：<img src="1-1.gif" border="0" alt="QQ">；
- 背景音乐：<bgsound src="歌 1.mp3" loop="3">；
- 视频：<embed src="视频 1.wmv" width="300" height="260" autostart="true"></embed>；
- 其他：包括列表、表格、表单、框架等。鉴于基本列表、基本表格和基本表单在 HTML 中的重要地位和重要作用，这些基本内容将在下文进行专门阐述。

5）属性设置。HTML 标记有相应的属性，以类似 <标记元素 属性="属性值" 属性="属性值"…> 的格式对标记进行限定或说明，以便所标记的内容更符合网页的格式要求。例如，<hr color="blue">定义了一条水平线，color 属性限定该水平线的颜色为蓝色；<font color="red" size="5" face="隶书">…</font>则对所标记的内容规定了 color（颜色）、size（字号）、face（字体）。

6）注释。HTML 文档可以进行注释，注释格式是：<!-- 注释内容 -->。

3．网页头部标记、样式表或脚本语句

网页头部位于<head>…</head>之间，常用网页头部标记的格式与作用举例如下。

1）<title>标记。用于指明网页文档的标题。例如：<title>网页标题</title>。表示将"网页标题"在浏览器标题栏中显示出来。

2）<meta>标记。用于描述网页文档的元数据，包括网页描述、字符编码、作者、版权、关键词、过期日期、刷新时间等。元数据可以被浏览器（如何显示内容或重新加载页面）、搜索引擎（关键词）或其他 Web 服务调用。例如：

- <meta http-equiv="Content-Type" content="text/html; charset=GB2312">。表示网页页面采用 GB2312 字符编码方案；
- <meta charset="UTF-8">。指定网页中的字符编码，支持 HTML 5；
- <meta http-equiv="refresh" content="2; url=index.php ">。表示两秒后，网页页面自动跳转到 index.php 网页页面；
- <meta name="keywords" content="html, php, MySQL">。表示为主页制作关键词索引，以

便搜索引擎更容易访问该站点；

- <meta name="author" content="张三">。表示指定本网页的作者；
- <meta http-equiv="Expires" content="Mon,20 May 2019 00:30:00 GMT">。设定网页的到期时间，一旦过期则必须到服务器上重新调用。需要注意的是必须使用 GMT 时间格式；
- <meta name="Generator" content="EditPlus®">。指定网页文档的编辑器。

3）<style>标记。用于指定当前文档所使用的样式，详见 3.2 节“CSS 及其使用”。基本格式为 <style type="text/css"> 选择器{属性: 属性值; 属性: 属性值;…;} </style>。例如：

```
<style type="text/css">
    p{color: blue; font-size: 15px; font-weight: bold; font-family: "仿宋", "隶书";}
    .red{color: red; font-size: 20px;}
    #gray{color: gray; font-size: 25px;}
</style>
```

4）<link>标记。用于指定链接的资源与当前文档之间的联系，属性包括 href、type、rel、rev、target，其中 href 指定链接资源的 URL 地址，type 指明链接资源文件的内容类型（例如 text/css），rel 指明链接资源和当前文档是什么关系（链接资源是当前文档的**资源），rev 指明当前文档和链接的资源是什么关系（当前文档是链接资源的**资源），target 则用来指定显示链接文件的目标框架或窗口名。例如：

- <link href="cssfile.css" type="text/css" rel="stylesheet">
- <link href="words.html" rel="glossary">
- <link href="whole.html" rev="subsection">

5）<script>标记。用于定义客户端脚本，可利用 type 或 language（不赞成使用 language）属性指定脚本语言。例如：

- <script type="text/javascript">document.write("你好!")</script>
- <script language="javascript">document.write("你好!")</script>

若需要指向外部脚本文件，可使用<script>标记的 src 属性规定外部脚本的 URL，也可利用 charset 属性规定在外部脚本文件中使用的字符编码，用 defer 属性规定延迟外部脚本的执行（即当页面已完成加载后，才执行外部脚本）。例如：

```
<script type="text/javascript" src="myfile.js" charset="UTF-8" defer="defer"></script>
```

<script>标记可放到<head>…</head>标记内部，也可放置于<body>…</body>标记中的任何需要的位置。

3.1.2 HTML 列表、表格与表单

1．HTML 基本列表

列表包括编号列表、符号列表和自定义列表。编号列表（即有序列表）是一种对列表项目从小到大进行编号的列表形式。例如，使用默认的阿拉伯数字表示编号，由工业工程、工程管理、电子商务、物流管理构成的编号列表可表示为：

```
<OL >
<Li>工业工程</Li><Li>工程管理</Li><Li>电子商务</Li><Li>物流管理</Li>
</OL>
```

将上述编号列表中的<OL>…</OL>标记对改为<UL>…</UL>，就变成了默认用圆点表示项

目符号的符号列表。符号列表（即无序列表）是指列表项目不用序号指定，而由某种特定符号进行标识的列表形式。

自定义列表则是由<DL>和</DL>标记对定义的列表，其列表项的词汇由<Dt>进行标记，词汇的说明或解释由<Dd>进行标记。

2．HTML 基本表格

许多数据报表都是以表格形式输出的。例如，图 3-2 所示的就是一个简单的表格，该表格对应的 HTML 文件为 biaoge.html，该文件中的主要代码如下。

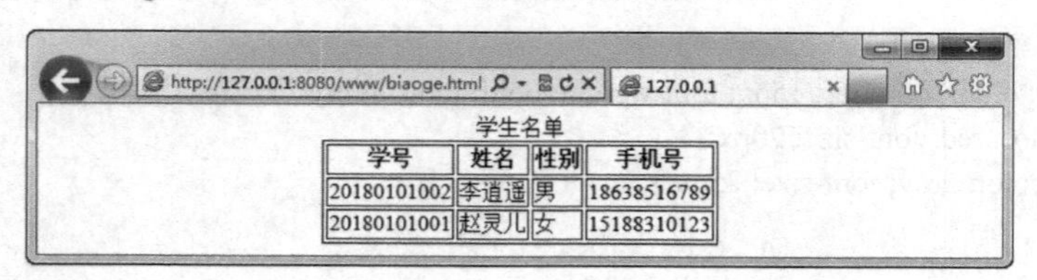

图 3-2　一个简单的表格

```
<!DOCTYPE HTML>
<html>
<head></head>
<body>
   <table border=1 align="center">
   <caption>学生名单</caption>
   <tr>
   <th>学号</th><th>姓名</th><th>性别</th><th>手机号</th>
   </tr>
   <tr>
   <td>20180101002</td><td>李逍遥</td><td>男</td><td>18638516789</td>
   </tr>
   <tr>
   <td>20180101001</td><td>赵灵儿</td><td>女</td><td>15188310123</td>
   </tr>
   </table>
</body>
</html>
```

表格由<table>和</table>定义，表格中的一行由<tr>和</tr>标记对说明，行中各单元格的内容由<td>和</td>进行标记或由<th>和</th>进行标记。这些标记对具有许多属性，通过设置这些属性的值（不设置时取默认值）可以得到不同的表格效果。这些标记对中最常用的属性均为 align="#"，表示对齐方式，其中 # 号可取值为 left（居左）、center（居中）、right（居右），默认值为 left。标记对<th>…</th>的效果默认为在单元格内居中加粗，与<td align="center"><b>…</b></td>的效果相同。

3．HTML 基本表单

表单可以看成是用户与系统进行交互的操作界面或接口，通常由文字提示、文本输入区域、命令按钮组成。表单由<form>和</form>定义，表单的语法结构如下：

```
<form action="处理程序的网址" method="数据提供方式" name="该表单的名称">
文字提示：文本输入区域
……
<input type="submit">
```

```
<input type="reset">
</form>
```

说明：

1）<form>标记中的 action 属性用于指定处理该表单数据的 PHP（或 ASP、JSP 等）程序文件的 URL 地址，method 属性用于定义发送表单数据的 HTTP 方法，可取值为 GET 或 POST。<form>标记中可以使用 onsubmit、onreset 属性分别指定表单提交、重置时执行的 JavaScript 脚本代码，使用 name 属性指定表单的名称，也可以利用 target 属性规定在哪个目标窗口返回由 action 指定的程序文件的处理结果（可取值：_blank、_top、_self、_parent，例如 target="_blank"），利用 accept-charset 规定服务器处理表单数据所接受的字符集（可取值：UTF-8、GBK、ASCII、ISO-8859-1、unknown，例如 accept-charset="UTF-8"），或者利用 enctype 属性规定在发送到服务器之前应该如何对表单数据进行编码（可取值：application/x-www-form-urlencoded、multipart/form-data、text/plain、application/x-www-form+xml，例如 enctype="multipart/form-data"），利用 accept 规定能够通过文件上传进行提交的文件类型（例如 accept="image/gif, image/jpeg"）。

2）<input type="submit">表示提交按钮，用鼠标单击此按钮时，表单数据以 method 属性指定的方式提交给 action 属性指定的程序文件进行处理。在 GET 方式下，传送的数据量一般限制在 1KB 以下，在 PHP 处理程序中使用 $_GET["表单元素名称"] 获取表单元素的数据，在 ASP 处理程序中使用 request.querystring("表单元素名称") 或 request("表单元素名称") 获取表单元素的数据；而在 POST 方式下，传送的数据量比 GET 方式大得多，PHP 处理程序使用 $_POST["表单元素名称"] 来获取表单元素的数据，ASP 处理程序使用 request.form("表单元素名称") 或 request("表单元素名称") 获取表单元素的数据。

3）<input type="submit">之类由<input>进行标识的是表单的输入区域，每个输入区域形成表单的一个构成元素，一个表单就是由若干个表单元素或输入区域构成的。常用表单元素的表示方法如表 3-1 所示。这些表单元素（或控件）均可以根据需要利用 id 属性指定元素的唯一身份标识（例如 id="sex1"），利用 accesskey 属性指定激活元素（使元素获得焦点）时的快捷键字符（例如设置 accesskey="P"，则可以用 Alt+P 组合键来选择该表单元素对应的控件），也可以利用 onFocus、onBlur 分别指定表单元素获得焦点、失去焦点时执行的 JavaScript 代码，而单行文本框、多行输入文本框等表单元素还可利用 onSelect、onChange 分别指定文本被选中、文本被修改时执行的 JavaScript 代码。

表 3-1　常用表单元素的表示方法

表单元素	图例	表示方法（根据需要使用各种属性）
文本域（单行文本框）		<input type="text" name="" size="" maxlength="" readonly ="readonly">
密码框	●●●●	<input type="password" name="" size="" maxlength="">
单选按钮		<input type="radio" name="" value="" checked>
复选按钮	☑复选框 ☐复选框	<input type="checkbox" name="" value="" checked>
提交按钮	提交	<input type="submit" value="提交">
重置按钮	重置	<input type="reset" value="重置">

（续）

表单元素	图例	表示方法（根据需要使用各种属性）
图片式提交按钮		<input type="image" src="" name="">
普通按钮	按钮	<input type="button" name="" value="按钮" onClick="">
文件域	浏览…	<input type="file" name="" size="">
隐藏域		<input type="hidden" name="" value="">
文本区域（多行输入文本框）	aaa gggggg gggg	<textarea name="" rows="" cols="" > … </textarea>
列表选择框（下拉选择框、列表框）	情报学 / 情报学 图书馆学 情报学 档案学 其他 / 图书馆学 情报学 档案学	<select name="" size="" multiple align=""> <option value="" selected>…</option> … </select>
分组框	必填项目	<fieldset> <legend align="">必填项目</legend> </fieldset>

例如，注册表单文件 zhuce.html 的网页代码如下（<style type="text/css">…</style>标记对之间是层叠样式表，参见 3.2 节“CSS 及其使用”），运行结果如图 3-3 所示。

```
<!DOCTYPE HTML>
<html>
<head>
  <meta http-equiv="Content-Type" content="text/html; charset=utf-8">
  <title>注册页面</title>
  <style type="text/css">
    div {width:500px;margin:auto;}
    span{margin-left:4em;}
    .center{text-align:center;}
  </style>
</head>
<body>
<div>
<h2><strong><font color="black">请您填写注册资料</font></strong></h2>
<form action="zhuce.asp" method="post" enctype="multipart/form-data" name="form1">
  <fieldset>
    <legend align="center">客户注册资料</legend>
    <fieldset>
      <legend accesskey="N">必填项目</legend>
      <p>客户名称（<u>N</u>）:
        <input name="u_name" type="text" id="u_name" size="10">
          登录密码（<u>P</u>）:
        <input name="pwd" type="password" id="pwd" size="10" accesskey="P"></p>
      <p>性别（<em>S</em>）:
        <input name="sex" type="radio" id="sex1" value="男" checked>男
        <input type="radio" name="sex" id="sex2" value="女" accesskey="S">女
         <span>专业（<em>L</em>）:
```

```
        <select name="speciality" id="speciality" accesskey="L">
          <option value="图书馆学">图书馆学</option>
          <option value="情报学" selected>情报学</option>
          <option value="档案学">档案学</option>
          <option value="其他">其他</option>
        </select></span></p>
    </fieldset>
    <fieldset><legend accesskey="C">可选项目</legend>
      <p><font color="blue">下面两项可根据本人实际情况选择填写，
         建议您提供详细资料，以便我们联系。</font></p>
      <p>个人简历（<u>C</u>）：
        <textarea name="introduction" id="introduction" cols="45" rows="2">
        </textarea></p>
      <p>上传照片：<input type="file" name="photo" id="photo"></p>
    </fieldset>
    <p class="center"><input name="tijiao" type="submit" id="tijiao" value="提交">
      <input type="reset" name="button" id="button" value="重置">
      <a href="index.html">首页</a>
    </p>
  </fieldset>
</form>
</div>
</body>
</html>
```

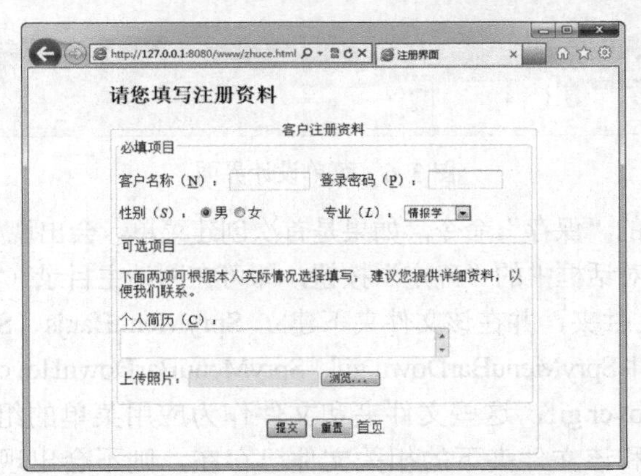

图 3-3　注册表单文件 zhuce.html 的运行结果

3.1.3　HTML 应用菜单设计

安装 Adobe Dreamweaver CS5 后，打开此软件。先利用“文件”菜单下的“新建”命令创建一个 HTML 5 文件，并使用“文件”菜单下的“保存”命令，将菜单文件以合适的文件名（例如“caidan.html”）命名，保存在主目录（例如“E:\application\myweb\”）中的“www”文件夹下，然后将光标移至 Dreamweaver 设计窗口相应位置，再从“插入”下拉菜单的“Spry”子菜单中选择执行“Spry 菜单栏”（图 3-4），即可弹出“Spry 菜单栏”对话框（图 3-5），选择“水平”布局，并单击“确定”按钮，便进入菜单设计界面（图 3-6）。

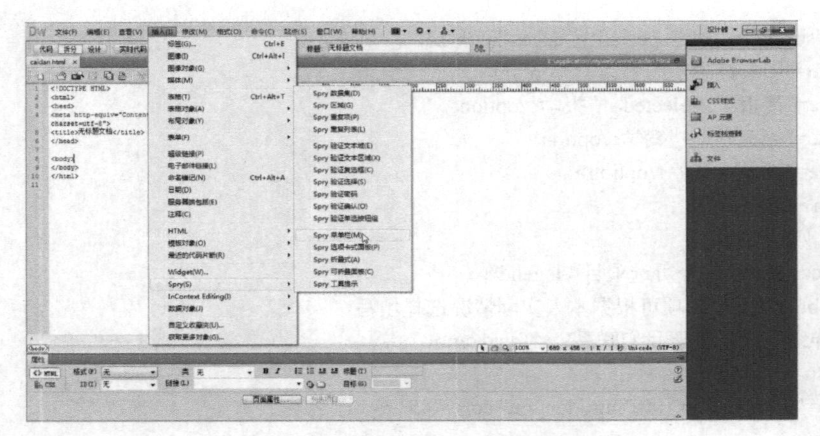

图 3-4 选择执行“Spry 菜单栏”

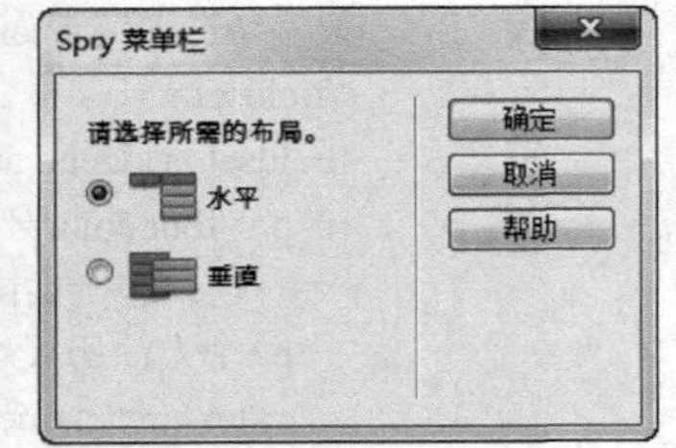

图 3-5 “Spry 菜单栏”对话框

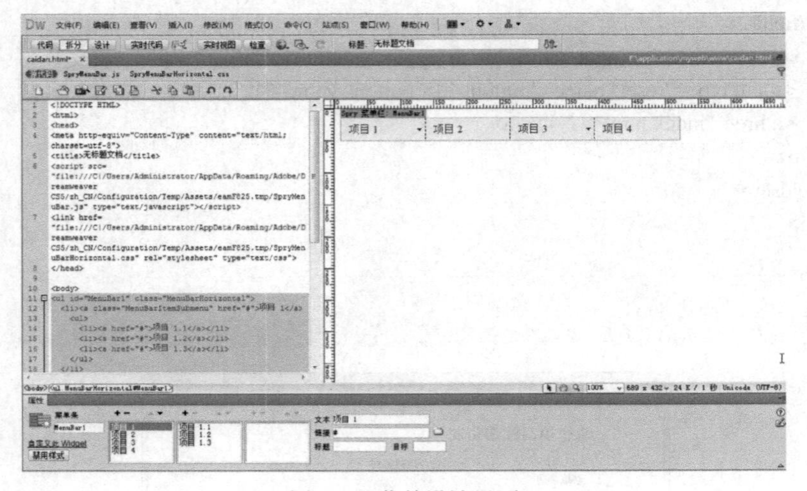

图 3-6 菜单设计界面

单击“文件”菜单下的“保存”命令，如果是首次创建菜单，会出现如图 3-7 所示的“复制相关文件”对话框，单击该对话框中的“确定”按钮，即可在网站主目录（“E:\application\myweb\”）下自动创建 SpryAssets 文件夹，并在该文件夹下建立 SpryMenuBar.js、SpryMenuBarHorizontal.css 文件，以及所需的图片文件 SpryMenuBarDown.gif、SpryMenuBarDownHover.gif、SpryMenuBarRight.gif、SpryMenuBarRightHover.gif，这些文件夹和文件作为应用菜单的组成部分不能缺少（注：如果 SpryAssets 文件夹和该文件夹下的相关文件已存在，则不会出现“复制相关文件”对话框，也不再创建 SpryAssets 文件夹和相关文件）。

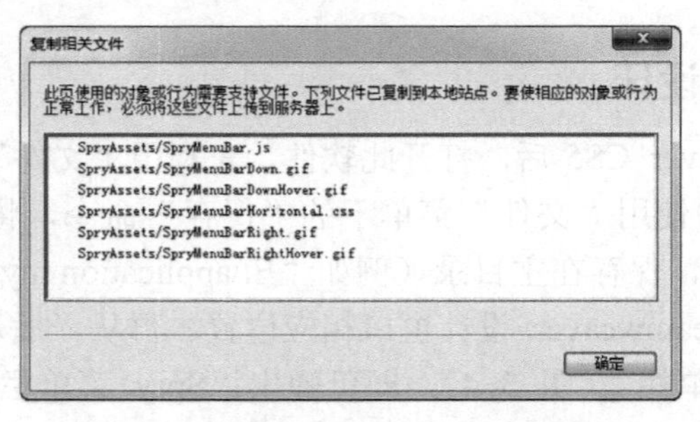

图 3-7 “复制相关文件”对话框

在“设计”视图以可视化形式设置菜单栏、下拉菜单、网页标题以及其他属性（如图 3-8 所示）。可先单击所设计菜单栏左上方的“Spry 菜单栏：MenuBar1”，之后在窗口下侧“菜单条”属性区域设置各级菜单；从左至右的三个列表框用于设置各级菜单的菜单项，单击“+”号增加菜单项，单击“-”号删除选定的菜单项，单击向上或向下三角形调整菜单项的顺序；选中某菜单项后，可在“文本”“链接”“目标”右边的文本框分别输入该菜单项的名称、链接到的网址、链接到的框架名称，目标为“_new”或“_blank”表示在新的窗口打开链接到的网页；还可以修改其他属性使菜单设计更合理（例如按图 3-9 和图 3-10 调整字数最多的命令项的“宽”值，使命令项在子菜单中占一行，修改后需要执行 Dreamweaver“文件”菜单下的“保存全部”命令）。

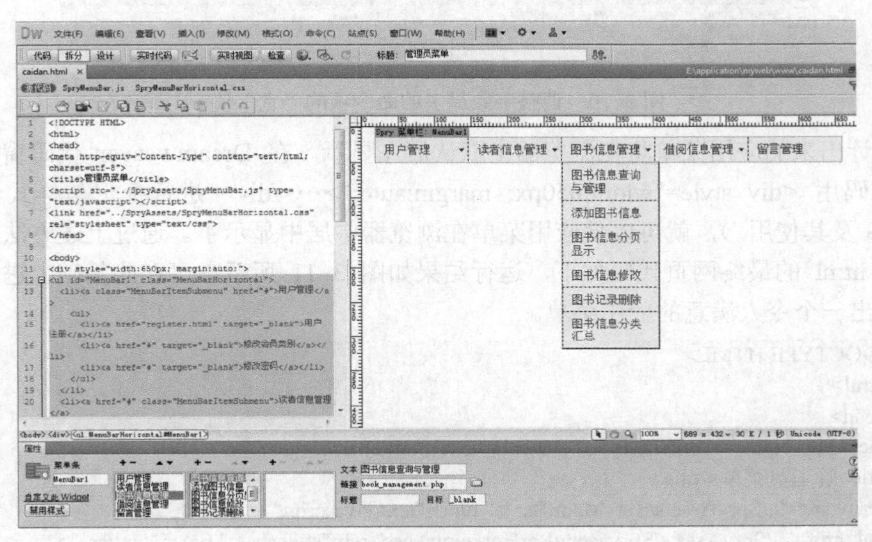

图 3-8　在“设计”视图设置属性

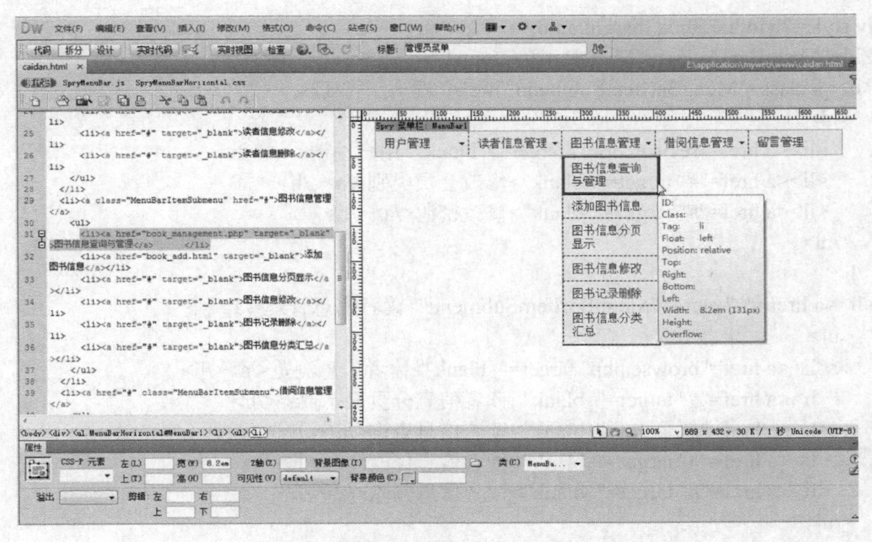

图 3-9　选中字数最多的命令项（查看“宽”的值）

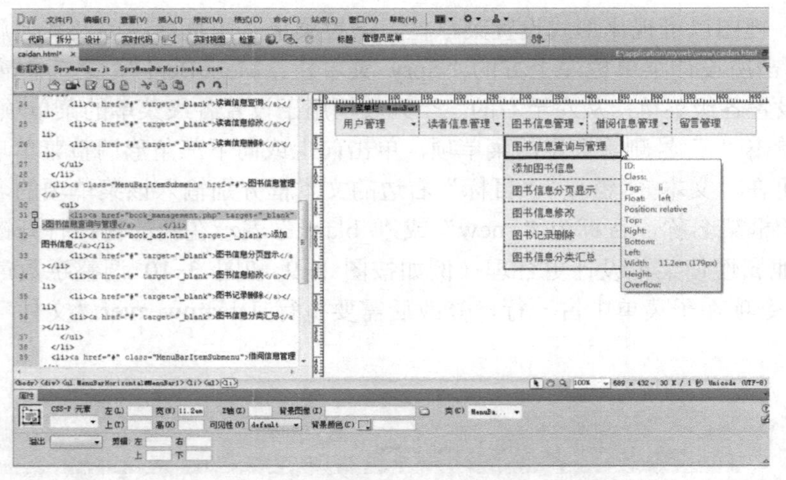

图 3-10　调整字数最多的命令项的“宽”值

这样设计出来的应用菜单将在浏览器中默认居左显示。在 Dreamweaver 代码窗口，将所设计的菜单代码用 <div style="width:650px; margin:auto;">…</div> 进行标记与样式说明（详见 3.2 节“CSS 及其使用”），就可以使应用菜单在浏览器中居中显示了。通过上述方法设计的应用菜单 caidan.html 的最终网页代码如下，运行结果如图 3-11 所示。可在此基础上进一步调整和完善，设计出一个令人满意的应用菜单。

```
<!DOCTYPE HTML>
<html>
<head>
<meta http-equiv="Content-Type" content="text/html; charset=utf-8">
<title>管理员菜单</title>
<script src="../SpryAssets/SpryMenuBar.js" type="text/javascript"></script>
<link href="../SpryAssets/SpryMenuBarHorizontal.css" rel="stylesheet" type="text/css">
</head>
<body>
<div style="width:650px; margin:auto;">
<ul id="MenuBar1" class="MenuBarHorizontal">
  <li><a class="MenuBarItemSubmenu" href="#">用户管理</a>
    <ul>
      <li><a href="register.html" target="_blank">用户注册</a></li>
      <li><a href="#" target="_blank">修改会员类别</a></li>
      <li><a href="#" target="_blank">修改密码</a></li>
    </ul>
  </li>
  <li><a href="#" class="MenuBarItemSubmenu">读者信息管理</a>
    <ul>
      <li><a href="browse.php" target="_blank">读者信息浏览</a></li>
      <li><a href="#" target="_blank">读者信息分页显示</a></li>
      <li><a href="#" target="_blank">读者信息查询</a></li>
      <li><a href="#" target="_blank">读者信息修改</a></li>
      <li><a href="#" target="_blank">读者信息删除</a></li>
    </ul>
  </li>
  <li><a class="MenuBarItemSubmenu" href="#">图书信息管理</a>
```

```
            <ul>
                <li><a href="book_management.php" target="_blank">图书信息查询与管理</a>
                </li>
                <li><a href="book_add.html" target="_blank">添加图书信息</a></li>
                <li><a href="#" target="_blank">图书信息分页显示</a></li>
                <li><a href="#" target="_blank">图书信息修改</a></li>
                <li><a href="#" target="_blank">图书记录删除</a></li>
                <li><a href="#" target="_blank">图书信息分类汇总</a></li>
            </ul>
        </li>
        <li><a href="#" class="MenuBarItemSubmenu">借阅信息管理</a>
            <ul>
                <li><a href="borrow_book.html" target="_blank">借书管理</a></li>
                <li><a href="#" target="_blank">还书管理</a></li>
                <li><a href="#" target="_blank">综合查询</a></li>
                <li><a href="#" target="_blank">清理已还书信息</a></li>
            </ul>
        </li>
        <li><a href="s_note.php" target="_blank">留言管理</a></li>
    </ul>
    </div>
    <script type="text/javascript">
        var MenuBar1 = new Spry.Widget.MenuBar("MenuBar1",
        {imgDown:"../SpryAssets/SpryMenuBarDownHover.gif",
        imgRight:"../SpryAssets/SpryMenuBarRightHover.gif"});
    </script>
    </body>
    </html>
```

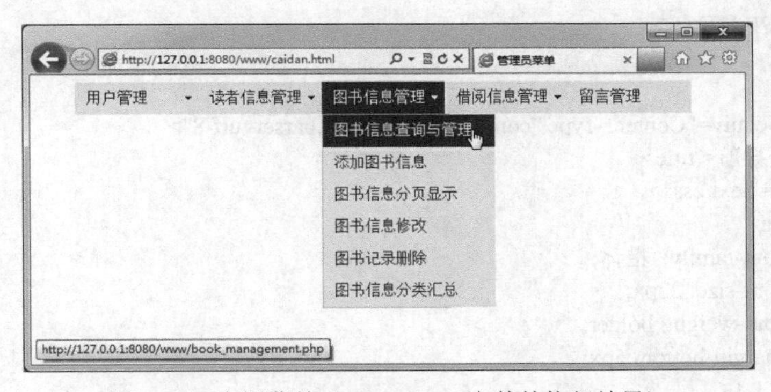

图 3-11　应用菜单（caidan.html 文件的执行结果）

3.2　CSS 及其使用

CSS（Cascading Style Sheets）即层叠样式表，是用于控制网页样式并允许将样式信息与网页内容分离的标记性语言。其优点在于方便网页格式的修改、减少网页体积、准确定位网页元素、使网页具有较好的浏览器适应性。

CSS 的语法结构是“选择器{属性 1: 属性值 1; 属性 2: 属性值 2;…;}”，选择器可以是标记选择器（HTML 标记名称）、类别选择器（由小数点和 class 属性指定的类名称构成）、ID 选择器（由 # 号和 id 属性指定的 ID 名称构成），也可以是伪类选择器（即“选择器:伪类”，例如 a 元素的伪类选择器为 a:link、a:visited、a:hover、a:active，可以表示链接的 4 种不同状态）、伪元素选择器（即“选择器:伪元素”，例如 p:first-line、p:first-letter 分别用于对段落的首行、首字母设定不同的样式），大括号中的属性和属性值代表了选择器的样式。样式可以在 HTML 文件 <head>…</head>标记对之间由<style type="text/css">…</style>声明。

例如，利用 HTML 表格和 CSS，设计“我喜欢的网页”导航页面（如图 3-12 所示），主要实现通过单击超链接，在新的窗口打开相应网页的功能。例如，单击“郑州大学”可在新的窗口链接到郑州大学主页。该导航页面的 CSS 样式满足以下要求：

- “我喜欢的网页”为表格标题，楷体、22px、粗体，且下边距为 5px；
- 表格上下边框均为宽度为 2px 的绿色实线，表格宽度为 500px，在屏幕上居中显示；
- 单元格边框为宽度为 1px 的灰色虚线，单元格左填充宽度为 15px；
- “郑州大学”“清华大学”“新浪网”等均为超链接，位于单元格内，且鼠标指向超链接时光标显示为手形，超链接未访问时不带下划线，鼠标悬在链接描述上时显示为红颜色超链接（带下划线，如：郑州大学）；
- 其余属性及值采用默认设置。假设该导航页面对应的网页文件存储为 daohang.html，其 HTML 代码如下（代码中以 # 号表示相应的超链接地址，需替换成实际的网址）。

图 3-12　利用 HTML 表格和 CSS 设计网页导航

```
<!DOCTYPE HTML>
<html>
<head>
<meta http-equiv="Content-Type" content="text/html; charset=utf-8">
<title>网页导航</title>
<style type="text/css">
    caption{
        font-family: 楷体;
        font-size: 22px;
        font-weight: bolder;
        margin-bottom:5px;
    }
    table{
        width: 500px;
        border-top: 2px solid green;
        border-bottom: 2px solid green;
        margin:0 auto;
    }
    td{border: 1px dashed grey; padding-left:15px;}
    a:link{ text-decoration: none; cursor: pointer; }
    a:hover{ color: red; text-decoration: underline; }
</style>
</head>
```

```
<body>
<table>
    <caption>我喜欢的网页</caption>
    <tr><td><A HREF="http://www.zzu.edu.cn" target="_blank">郑州大学</A></td>
        <td><A HREF="#" target="_blank">清华大学</A></td>
        <td><A HREF="#" target="_blank">北京大学</A></td>
    </tr>
        <tr><td><A HREF="#" target="_blank">百度</A></td>
        <td><A HREF="#" target="_blank">网易</A></td>
        <td><A HREF="#" target="_blank">新浪网</A></td>
    </tr>
</table>
</body>
</html>
```

如上所述，将 CSS 写在<head>和</head>之间，并使用<style>和</style>标记对进行声明的样式表称为内嵌式样式表，样式只对所在网页有效。也可以先将 CSS 代码单独保存成一个扩展名为“.css”的文件，然后在 HTML 网页的<head>和</head>之间使用<link>标记将 CSS 文件链接到页面中，对网页中的标记进行样式控制。例如将 CSS 代码保存在 style.css 文件中，若在 HTML 中使用 style.css 中的样式，可使用以下代码。

```
<head>
<link href="style.css" type="text/css" rel="stylesheet">
</head>
```

像这种将样式单独保存在一个 CSS 文件中，并被相关网页在<head>和</head>之间使用<link>标记链接与引用的样式表称为外链式样式表。如果样式保存在 CSS 文件中，并在 HTML 文件中在<style type="text/css">和</style>之间采用@import 方式导入样式表，则称为导入式样式表。例如，导入 style.css，可使用以下代码。

```
<head>
<style type="text/css">
    @import url("style.css");
</style>
</head>
```

也可以在 HTML 文件中，直接对 HTML 标记使用 style 属性定义其 CSS 样式，称为行内式样式表或内联式样式表。例如，对某个<p>…</p>中的内容设置样式，可使用以下代码：

```
<p style="color:red;font-size:20px;">红色，20px</p>
```

由于该样式只能应用于所在的一个标签（标记），因此在实际中使用频率不高。上述 4 种 CSS 样式表的优先级从高到低依次是行内式、内嵌式、外链式、导入式。其中，行内式样式表和内嵌式样式表属于内部样式表，而外链式样式表和导入式样式表属于外部样式表。

另外，选择器的表示方法，可以写成更详细、更具体的形式，例如，标记对<p class="red"></p>可对应于“p.red”（注意与选择器“.red”的区别），标记对<p id="gray"></p>可对应于“p#gray”（注意与选择器“#gray”的区别）；若声明<p class="red"><span></span></p>结构中<span></span>标记对的样式，选择器可采用“p span”（注意与选择器“span”的区别）；若多个选择器具有相同的样式，可采用类似“选择器 1, 选择器 2,…, 选择器 *n*{属性,属性值;}”的形式声明样式。以这种形式表示的选择器统称为复合选择器。

CSS中，最常用的样式设置包括：

1）声明字体，主要属性包括 font-family（字体族）、font-weight（粗细）、font-size（大小）、font-style（风格）、color（字体颜色）；

2）设置文本，主要属性包括 text-indent（首行缩进）、line-height（行高）、text-align（水平对齐方式）、vertical-align（垂直对齐）、text-decoration（字体装饰效果）、word-spacing（单词间距）、letter-spacing（字符间距）、text-transform（大小写转换）；

3）设置 Web 框（或图片）样式，包括设置边框、大小、外边距、内填充、浮动方式、定位等。设置边框可套用“border: 粗细　颜色　线型;”（例如“border: 2px blue solid;”），也可使用 border-color、border-style 分别声明边框的颜色和线型（例如“border-color: green;”），可声明某条边（例如“border-left: 2px red dashed;”），还可指定某条边的某个属性（例如“border-right-width: 2px;”）；设置外边距可套用“margin 上边距 右边距 下边距 左边距”格式，设置内填充可套用“padding 上填充 右填充 下填充 左填充”格式，也可采用更灵活的格式设定 Web 框（或图片）的外边距或内填充（例如“margin: 0 auto;”“margin-top: 10px;”“padding: 5px;”“padding-left: 15px;”）；可通过 width 和 height 两个属性控制 Web 框（或图片）大小，通过 float 属性设置 Web 框（或图片）的浮动方式，通过 position、left、top 等属性对 Web 框（或图片）进行定位；

4）设置背景颜色或背景图片，设置背景颜色可使用 background-color 属性，设置背景图像的主要属性包括 background-image（设置图像文件存储路径），background-position（背景图像在屏幕的起始位置，其属性值类似“right bottom”“left center”“200px 400px”等）、background-repeat（背景图像重复方式）、background-attachment（背景依附方式）；

5）其他，例如用 cursor 属性设定鼠标的光标形状（值为 pointer 表示手形），用 list-style 等属性设置列表的样式。

3.3 PHP 技术

3.3.1 PHP 简介

PHP 原为 Personal Home Page 的缩写，已经正式更名为“PHP：Hypertext Preprocessor”。PHP 于 1994 年由 Rasmus Lerdorf 创建，后经不断完善，功能越来越强，版本也不断升级。

PHP 是一种通用开源服务器端脚本语言，其语法吸收了 C 语言、Java 和 Perl 的特点，主要适用于 Web 开发领域。PHP 将程序嵌入到 HTML（超文本标记语言）文档中去执行，可以比 CGI 或者 Perl 更快速地执行动态网页。而且，PHP 支持几乎所有流行的数据库以及操作系统，最重要的是，PHP 可以用 C、C++进行程序的扩展，因此，PHP 被越来越多的网站所采用。PHP 具有以下优势和特点。

1）开源性。PHP 是一种被广泛应用的开放源代码的多用途脚本语言，所有的 PHP源代码事实上都可以免费得到。

2）免费性。和其他技术相比，PHP 本身使用是免费的。

3）快捷性。程序开发快、运行快、学习上手快。PHP 嵌入于HTML，相对于其他语言，编辑简单，实用性强，更适合初学者。

4）跨平台性。PHP 是运行在服务器端的脚本，可以运行在Windows、UNIX、Linux、HP-

UX、Solaris、OpenBSD、FreeBSD、NetBSD、Mac OS、RISC OS、Android等平台之上。

5）可移植性。PHP 写出来的 Web 后端 CGI 程序，可以很轻易地移植到不同的操作系统上，具有较好的可移植性。例如，基于 Linux 架构的网站，在系统负荷过高时，可以快速地将整个系统移到 SUN 工作站上，不用重新编译 CGI 程序。

6）执行速度快、效率高。PHP消耗的系统资源相当少，处理效率高，执行网页快。

7）安全性。PHP 4 使用加密扩展库（mcrypt 扩展库）实现对数据的加密解密功能。mcrypt 扩展库支持 20 多种加密算法和 8 种加密模式。使用 PHP 语言运行于 Linux、FreeBSD、OpenBSD、Solaris Unix 等操作系统上时，不需安装任何杀毒软件及补丁，安全可靠。

8）扩展性。PHP 4 为 API 模块提供了扩展的 PHP 接口模块，PHP 模块已有的及最常用的接口多数被转换到使用这个扩展的接口；另外，PHP 属于开源软件，其源代码完全公开，任何程序员都可以为 PHP 扩展附加功能，使 PHP 具有很好的发展空间和扩展性。

9）支持面向对象与面向过程编程。PHP 支持纯粹面向对象、纯粹面向过程、面向对象与面向过程混合编程 3 种编程方式。为了实现面向对象编程，PHP 提供了类和对象，PHP 4 及更高版本提供了对象重载、引用技术等新的功能和特性，完全可以用来开发大型商业程序。PHP 还支持对Java对象的即时连接，并且可以将它们自由地用作 PHP 对象。

10）数据库支持。PHP 支持多种主流与非主流的数据库，如 Adabas D、DBA、dBase、dbm、filePro、Informix、InterBase、MS Access、mSQL、MySQL、Microsoft SQL Server、Solid、Sybase、ODBC、Oracle、PostgreSQL等。其中，PHP 与 MySQL 是绝佳的组合，它们的组合可以跨平台运行。若要发挥 PHP 语言的优势，Linux + Apache + MySQL + PHP 是最为合适的“黄金组合”。

11）提供强大的内置函数。PHP 拥有丰富的内置函数，涉及数组、字符串、日期时间、文件操作、URL 处理、数学运算、数据库操作、正则表达式等方方面面，尤其是 PHP 中提供了大量操作各种数据库的内置函数，并内置了数据库连接、文件上传等功能，为快速开发 Web 应用提供了方便。

12）支持大量通信协议。PHP支持诸如 FTP、LDAP、IMAP、SNMP、NNTP、POP3、HTTP、COM（Windows 环境）等大量的通信协议。PHP 还可以开放原始网络端口，使得任何其他的协议能够协同工作。PHP 支持和所有 Web 开发语言之间的 WDDX（Web Distributed Data eXchange，Web 分布式数据交换）复杂数据交换。

13）功能全面性。PHP 可用于图形处理、编码与解码、压缩文件处理、XML 解析，支持 HTTP 的身份认证、Cookie、POP3（邮局协议 3）、SNMP（简单网络管理协议）等，可以利用 PHP 连接包括 MySQL、Oracle、MS Access 在内的大部分数据库，从对象式的设计、结构化的特性、数据库的处理、网络接口应用、安全编码机制等，PHP 几乎涵盖了所有网站的一切功能。

3.3.2 PHP 文件的编辑与执行

1．编辑 PHP 文件

PHP 文件是纯文本文件，可以用任何文本编辑软件（如 Windows 自带的记事本软件）或网页制作软件（如 EditPlus、FrontPage、Dreamweaver 等）进行编辑。PHP 文件的扩展名为“.php”，需要存储在能访问到的网站目录下。例如，网站主目录（或虚拟目录）被设置为“E:\application\myweb\”，在该主目录（或虚拟目录）下创建“php”文件夹，可以将 PHP 文件保存在“E:\application\myweb\php\”目录下（假设 3.3 节所述网页文件均存储在该目录）。

假设利用 Adobe Dreamweaver CS5 编辑 PHP 文件，可以在打开此软件后单击“文件”菜单下的“新建”命令，弹出“新建文档”对话框，如图 3-13 所示。选中“空白页”，再将“页面类型”选择为“PHP”，布局选“<无>”，文档类型选“HTML 5”，然后单击“创建”按钮，即可进入如图 3-14 所示的 PHP 文件编辑页面进行编辑，随时可以单击“文件”菜单下的“保存”命令进行保存，第一次保存时需选择文件的存储路径和保存类型（保存类型可选“所有文件”或“PHP Files”），输入文件名（例如“phpFile.php”），再单击“保存”按钮即可。在 Dreamweaver 编辑页面，可充分使用代码窗口、设计窗口、属性面板以及面板组区域中提供的插入面板、CSS 样式面板、行为面板、文件面板，以便执行相关命令或自动产生相应代码，从而完成文件的编辑和快速设计。

图 3-13　Dreamweaver 软件的“新建文档”对话框

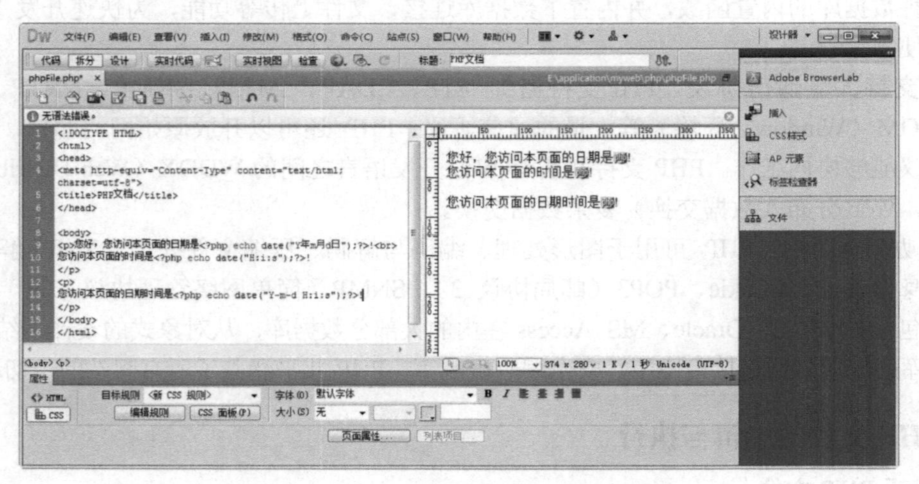

图 3-14　利用 Dreamweaver 编辑 PHP 文件

2．执行 PHP 文件

假设安装 AppServ 时，Apache HTTP 端口号设置为 8080，则“http://127.0.0.1:8080”访问的是主目录，访问主目录中的 php 文件夹可使用“http://127.0.0.1:8080/php/”，要执行该 php 文件夹下的 phpFile.php 文件，则用“http://127.0.0.1:8080/php/phpFile.php”，如图 3-15 所示。

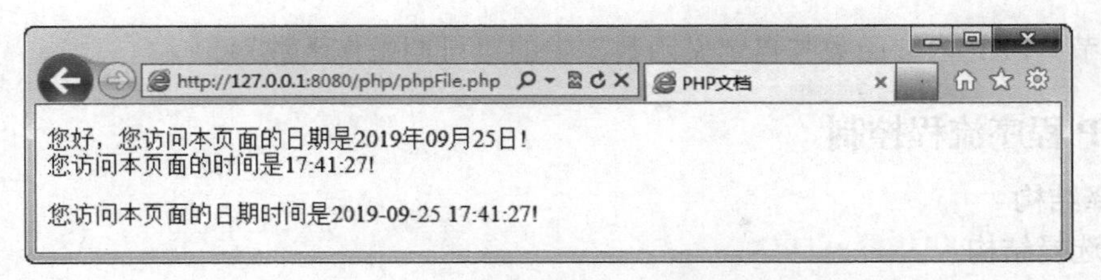

图 3-15　文件 phpFile.php 的执行结果

3.3.3　PHP 语法嵌入 HTML

1．PHP 网页程序的基本结构

PHP 网页程序是一种将 PHP 语句嵌入到 HTML（超文本标记语言）中形成的动态网页程序，这种网页程序的文件扩展名为“.php”。PHP 语句一般位于开始标记“<?php”和结束标记“?>”之间，构成 PHP 语句块，一个 PHP 网页程序中允许有若干个 PHP 语句块。PHP 网页程序文件的基本结构如下所示：

```
<!DOCTYPE HTML>
<html>
<head>
    网页头部标记、样式表或脚本语句
</head>
<body>
    网页主体标记语句
    <?php
        由 php 语句组成的代码区块;
    ?>
</body>
</html>
```

上述基本结构中，<?php…?>标记与其中的代码内容构成 PHP 语句块，嵌入到了标准的 HTML 文档结构中。PHP 语句块在服务器上执行的结果是一段标准的 HTML 代码块，这一 HTML 代码块的内容将替代 PHP 语句块的内容，与 PHP 网页程序文件中其余的 HTML 代码合并成一个最终的 HTML 文档，返回到发送请求的浏览器进行下载、解析与显示。

2．PHP 语句块

PHP 语句块位于开始标记与结束标记之间。标记 PHP 语句块的标记，可采用以下格式之一：

```
① <?php…?>
② <?…?>
③ <script language="php">…</script>
```

上述格式中的省略号是一条或若干条 PHP 语句构成的代码区块，每个 PHP 语句以半角英文分号“;”结束，必要时可进行注释。在 PHP 语句块中加入注释语句，可采用以下格式：

```
① /* 注释内容（可多行） */
② // 一行内的注释内容
③ # 一行内的注释内容
```

例如，<?php echo date("Y 年 m 月 d 日"); //以指定格式显示系统当前日期?> 就是一个带有注释的 PHP 语句块，其中，echo 是 PHP 的显示命令，用于显示或输出表达式的值；date()是 PHP 的日期函数，（省略“时间戳”参数时）用于以指定的格式返回系统的当前日期或日期时间

（详见 3.3.5 节“PHP 内置函数与自定义函数”中的“日期操作函数”）。

3.3.4 PHP 程序流程控制

1. 选择结构

（1）if 选择结构

if 选择结构有 3 种基本形式，第一种形式是单分支选择结构，当条件成立时，执行语句序列，否则什么也不执行，其程序流程如图 3-16a 所示，基本表示形式如下：

```
If (条件){
    语句序列;
}
```

第二种 if 选择结构是双分支选择结构，其程序流程如图 3-16b 所示，相应的 PHP 语法结构如下：

```
if (条件){
    语句序列 1;
}else{
    语句序列 2;
}
```

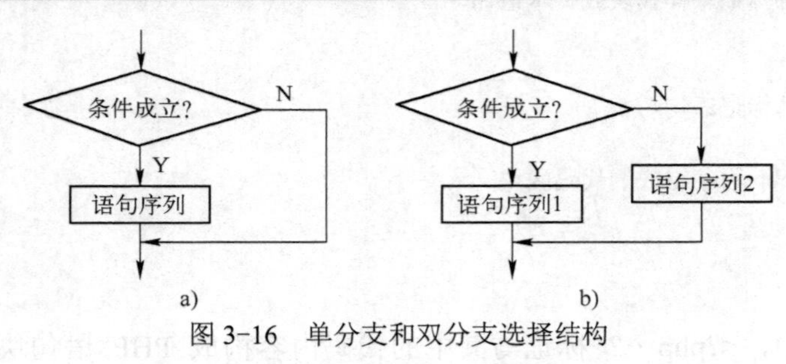

图 3-16 单分支和双分支选择结构

a) if (){}结构 b) if (){}else{}结构

第三种 if 选择结构则是一种多分支选择结构，其程序流程如图 3-17 所示，相应的 PHP 语法结构如下：

```
if (条件 1) {语句序列 1; }
elseif (条件 2) {语句序列 2;}
……
elseif (条件 n) {语句序列 n; }
else {语句序列 n+1;}
```

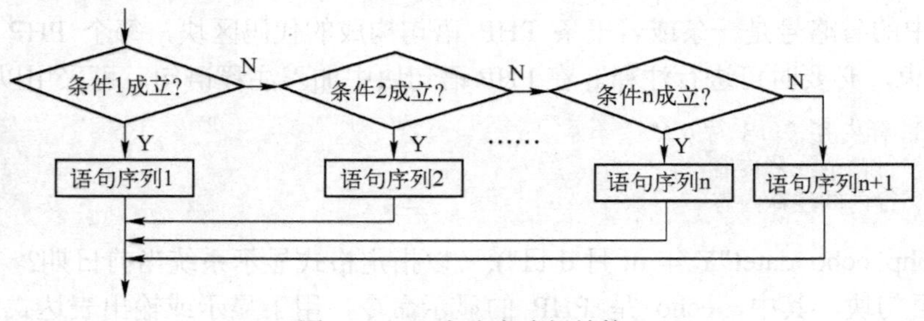

图 3-17 if 多分支选择结构

例如，在图 3-18 所示的表单输入一个数值型数据，单击“提交”按钮，则运行结果如图 3-19 所示。实现此功能的文件为 score.php，代码如下。

图 3-18　输入成绩表单

图 3-19　返回成绩提交结果

```
<html>
<head><title>成绩等级</title></head>
<body>
<form method="post" action="">
  输入成绩：<input type="text" name="score">
  <input type="submit" value="提交" name="tijiao">
</form>
<?php
if ($_POST["tijiao"]=="提交"){
  echo "<hr>";
  $score=$_POST["score"];
  if (is_numeric($score)){
      if ($score<0 || $score>100){echo "成绩有误！";}
      elseif ($score<60){echo "不及格！";}
      elseif ($score<70){echo "及格！";}
      elseif ($score<80){echo "中等！";}
      elseif ($score<90){echo "良好！";}
      else{echo "优秀！";}
  }else{
      echo "输入的不是分数，而是字符！";
  }
}
?>
</body>
</html>
```

说明：

1）<form method="post" action="">与</form>定义了一个表单，表示表单数据以 POST 方式传递给本文件进行处理。

2）“<?php” 与 “?>” 之间是 PHP 代码，if ($_POST["tijiao"]=="提交"){}定义了单击“提交”按钮时执行的操作。

3）“echo "<hr>"” 的作用是在浏览器相应位置显示一条水平线。

4）$score=$_POST["score"]的作用是将接收到的输入成绩保存至变量$score。

5）is_numeric($score)的功能是测试$score 的值是否为一个数值型数据（或能否转换成一个数值型数据），如果是数值型数据则返回逻辑真值。

6）“echo "成绩有误！"” 的作用是在浏览器显示“成绩有误!”的信息提示，其余类推。

7）score.php 中的代码功能是，显示输入成绩表单（图 3-18），从键盘输入数据后单击“提交”按钮，则在该表单下面输出水平线和提示信息（图 3-19），若输入的不是数值型数据，则提示“输入的不是分数，而是字符!”；若输入的是数值型数据，则依据数值的大小，相应地提示成绩有误、不及格、及格、中等、良好、优秀。

（2）switch 选择结构

switch 选择结构是一种多分支选择结构，其程序流程如图 3-20 所示，switch 语句格式对应如下：

```
switch (表达式){
    case 值 1:
        语句序列 1;
        break;
    case 值 2:
        语句序列 2;
        break;
    ……
    case 值 n:
        语句序列 n;
        break;
    default:
        语句序列 n+1;
        break;
}
```

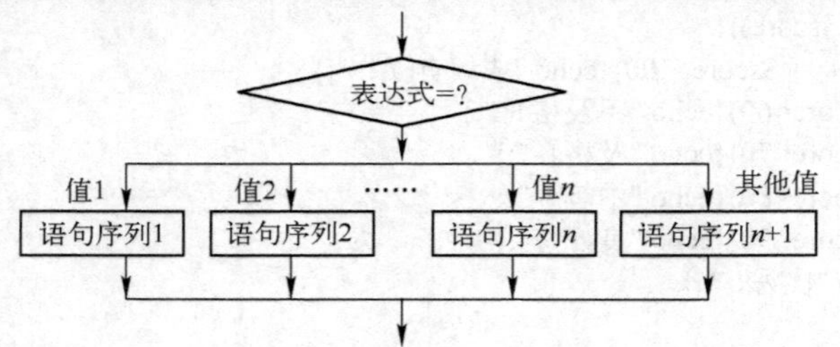

图 3-20　switch 多分支选择结构

注意，格式中每个分支的“break;”语句不能被省略，但可以根据实际情况省略“default: 语句序列 n+1; break;”这个分支。例如，要以图 3-21 所示的格式显示今天是哪年哪月哪日和星期几，可建立 today.php 文件，其代码如下。

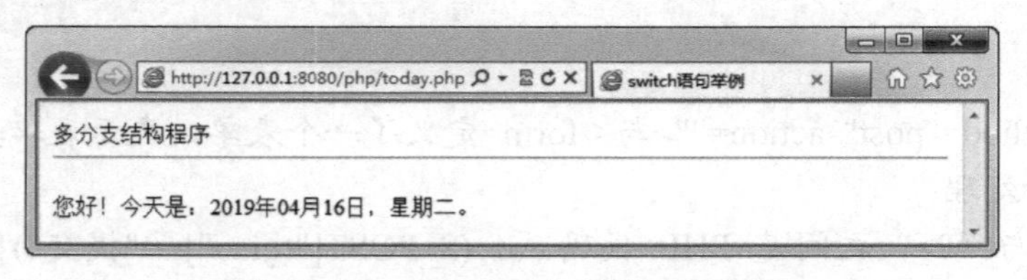

图 3-21　today.php 文件的运行结果

```
<HTML>
  <HEAD>
```

```
    <TITLE>switch 语句举例</TITLE>
  </HEAD>
  <BODY>
    <P>多分支结构程序<HR></p>
    <?php
     $w=date("D");
     switch($w){
          case "Mon": $week="星期一"; break;
          case "Tue": $week="星期二"; break;
          case "Wed": $week="星期三"; break;
          case "Thu": $week="星期四"; break;
          case "Fri": $week="星期五"; break;
          case "Sat": $week="星期六"; break;
          case "Sun": $week="星期天"; break;
     }
     echo "您好！今天是：".date("Y 年 m 月 d 日")."，$week"."。";
    ?>
  </BODY>
</HTML>
```

说明：

1）本代码的主要功能是显示系统当前的日期是哪年哪月哪日、星期几。

2）date("D")的作用是返回一个表示系统当前日期是星期几的值，可能的取值包括 Mon、Tue、Wed、Thu、Fri、Sat、Sun，分别代表星期一至星期日；$w=date("D")的作用就是将代表今天是星期几的值保存到变量$w。

3）date("Y 年 m 月 d 日")的作用是按“xxxx 年 xx 月 xx 日”格式返回系统当前日期的值。

4）小数点 . 是字符串连接运算符，作用是将小数点右边的字符串连接到左边的字符串之后，例如，"11"."22" 的结果是 "1122"。

2．循环结构

（1）while 循环

while 循环是一种先判断后执行的“当循环”结构，其程序流程如图 3-22a 所示，PHP 语法结构如下。

```
while (条件){
     语句序列;
}
```

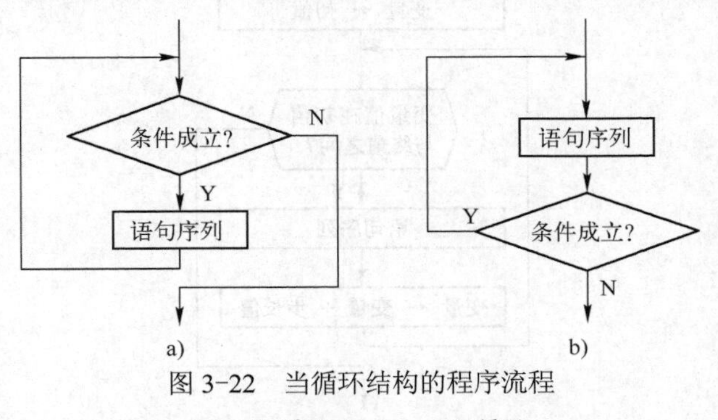

图 3-22　当循环结构的程序流程

a) while 循环　b) do…while 循环

例如，while.php 中的代码如下，其运行结果如图 3-23 所示。

```
<?php
$intnum=1;
while ($intnum<=5){
    echo "循环语句执行第".$intnum."次循环<br>";
    $intnum+=1;
}
?>
```

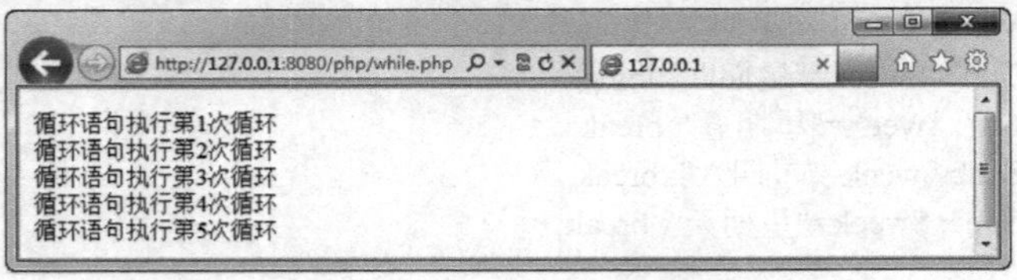

http://127.0.0.1:8080/php/while.php
127.0.0.1
循环语句执行第1次循环
循环语句执行第2次循环
循环语句执行第3次循环
循环语句执行第4次循环
循环语句执行第5次循环

图 3-23　while.php 的执行结果

（2）do…while 循环

do…while 循环是一种先执行后判断的“当循环”结构，其程序流程如图 3-22b 所示，其语法结构如下。

```
do{
    语句序列;
}while (条件);
```

注意，“while (条件);”子句最右侧的分号不能省略。例如，DoWhile.php 中的代码如下，其执行结果同图 3-23（while.php 的执行结果）。

```
<?php
$intnum=1;
do{
    echo "循环语句执行第".$intnum."次循环<br>";
    $intnum+=1;
}while ($intnum<=5);
?>
```

（3）for 循环结构

for 循环是一种步长循环结构，其程序流程如图 3-24 所示，当步长值>0 时，其语法结构如下。

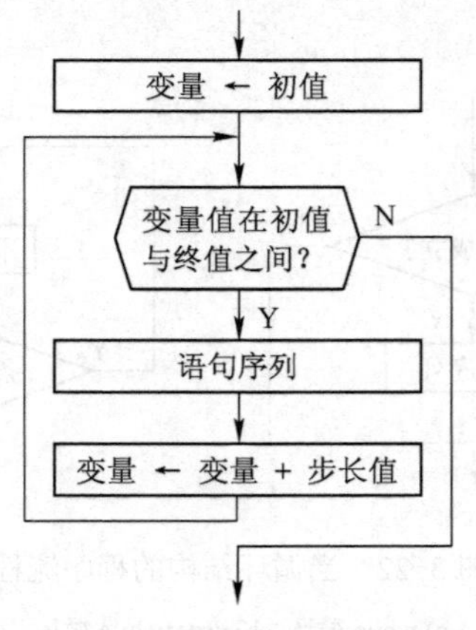

图 3-24　for 循环的程序流程

```
for (变量=初值;变量<=终值;变量+=步长值){
    语句序列;
}
```

当步长值等于 1 时，“变量+=步长值”可写成“变量++”。当步长值<0 时，其语法结构如下。

```
for (变量=初值;变量>=终值;变量+=步长值){
    语句序列;
}
```

例如，利用 for 循环语句求 1+4+7+10+…+100 的值。要求输出结果中每行显示 15 个被加数，最后一行不超过 15 个被加数，如图 3-25 所示。该网页文件 for.php 中的代码如下。

```
<?php
$chuzhi=1;          //初值
$zhongzhi=100;      //终值
$buchangzhi=3;      //步长值
$intnum=0;           //循环次数
$intsum=0;     //和
for ($i=$chuzhi;$i<=$zhongzhi;$i+=$buchangzhi){
  if ($i<>$chuzhi){
      echo "+";
  }
  echo $i;
  $intsum+=$i;
  $intnum++;
  if ($intnum/15==floor($intnum/15)){
      echo "<br>";
  }
}
echo "=";
echo $intsum;
?>
```

说明：

// 表示注释，$i 表示循环变量，for 循环前的语句用于对相关变量赋初值，第一次执行 for 循环时，输出$i 的值，即输出“1”（不包括引号，$i=$chuzhi，$chuzhi=1）；以后每次执行 for 循环时都输出加号“+”和$i 的值。每行的被加数达到 15 个后进行换行处理，即后面的被加数在下一行输出。if ($i<>$chuzhi)用于判断循环变量是否为初值，if ($intnum/15==floor($intnum/15))用于判断每行输出的被加数是否达到 15 个，$intnum 表示循环的次数，floor($intnum/15)的作用是将$intnum 除以 15 后的结果向下取整，如果$intnum/15 的值与 floor($intnum/15)的值相等，就表明$intnum 能被 15 整除。$intsum 用于对每次循环时的$i 值进行累加，for 循环结束后，输出等号及总和。

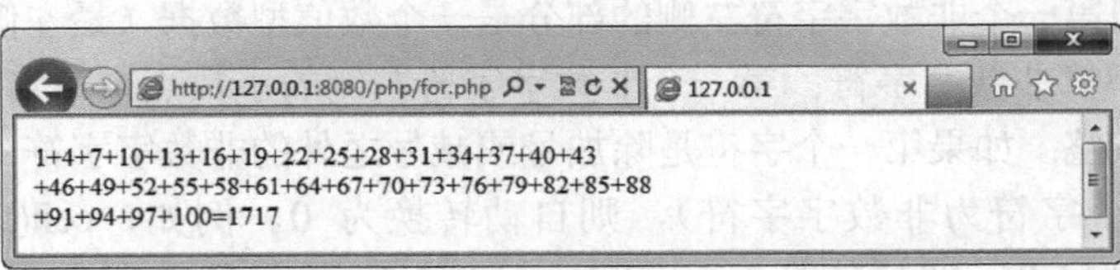

图 3-25　for.php 的执行结果

3.3.5　PHP 内置函数与自定义函数

1．PHP 内置函数

函数是指用一个特定名称表示的、由执行某个特定任务的一组命令语句或程序代码组成的功能模块。函数包括系统内置函数和自定义函数两大类，可通过对函数的调用实现特定的功能。常用的 PHP 内置函数如下。

（1）显示、中断、调用函数

1）print("字符串")、echo("字符串")：显示函数。用于显示“字符串”的值。格式中的圆括号可省略。

2）die("提示")、exit("提示")：中断函数。用于显示“提示”信息并终止程序执行，不带参数时可直接使用 die、die()、exit 或 exit()。

3）include("文件名")：文件调用函数。用于将一个已经存在的网页程序调入到当前程序中执行，格式中的圆括号可省略。例如，调用 a.php 文件，可使用 include("a.php")，也可使用 include "a.php"。

（2）取整函数

1）intval(数值)：直接取整函数。对数值型数据直接取整，舍弃小数，保留整数。若数值为字符型数据，但第一个非数字字符左侧的部分是一个数值型数据（最左侧如果是加号或减号，则表示正数或负数，不算非数字字符；第一个非数字字符左侧的小数点也不算非数字字符），则对该数值型数据直接取整；如果第一个字符是除加号或减号之外的非数字字符（或者第一个字符为加号或减号、第二个字符为非数字字符），则自动转换为 0。例如，intval(5)、intval(5.0)、intval(5.99)、intval("5.99")、intval("5.99a")、intval("5a6.99")的值均为 5，intval(-5.99)、intval("-5.99a2")、intval("-5a6.99")的值均为-5，intval("a56.99")、intval("+a56.99")、intval("-a56.99")的值都为 0。

2）round(数值)：四舍五入函数。默认对数值型数据四舍五入取整。若数值为字符型数据，但第一个非数字字符左侧的部分是一个数值型数据（最左侧如果是加号或减号，则表示正数或负数，不算非数字字符；第一个非数字字符左侧的小数点也不算非数字字符），则对该数值型数据四舍五入取整；如果第一个字符是除加号或减号之外的非数字字符（或者第一个字符为加号或减号、第二个字符为非数字字符），则自动转换为 0。例如，round(5)、round(5.49)、round("5.49")、round("5.49a2")的值均为 5，round(5.50)、round("5.50")、round("5.50a2")、round("+5.50a2")的值都为 6，round(-5.50)、round("-5.50a2")的值都是-6，round("a5.50")、round("+a5.50")、round("-a5.50")的值均为 0。注意，在 round()函数中可以指定保留小数位数（精度），格式是 round(数值,位数)，作用是按指定的小数位数进行四舍五入转换，例如 round(5.1249,2)的值是 5.12，round(5.1250,2)的值为 5.13，round(455.12,-1)的值是 460，round(454.12,-1)的值则为 450。

3）ceil(数值)：向上取整函数。对数值型数据向上取整，返回不小于数值的最小整数。若数值为字符型数据，但第一个非数字字符左侧的部分是一个数值型数据（最左侧如果是加号或减号表示正数或负数，不算非数字字符；第一个非数字字符左侧的小数点也不算非数字字符），则对该数值型数据向上取整；如果第一个字符是除加号或减号之外的非数字字符（或者第一个字符为加号或减号、第二个字符为非数字字符），则自动转换为 0。例如，ceil(5.01)、ceil("5.01")、ceil("5.01a2")、ceil("+5.01a2")的值是 6，ceil(5)、ceil(5.00)的值是 5，ceil(-5)、ceil(-5.99)、ceil("-5.99")、ceil("-5.99a2")的均值为-5，ceil("a5.99")、ceil("+a5.99")、ceil("-a5.99")的值均为 0。

4）floor(数值)：向下取整函数。对数值型数据向下取整，返回不大于数值的最大整数。若数值为字符型数据，但第一个非数字字符左侧的部分是一个数值型数据（最左侧如果是加号或减号表示正数或负数，不算非数字字符；第一个非数字字符左侧的小数点也不算非数字字符），则对该数值型数据向下取整；如果第一个字符是除加号或减号之外的非数字字符（或者第一个字符为加号或减号、第二个字符为非数字字符），则自动转换为 0。例如，floor(5)、floor(5.99)、floor("5.99")、floor("5.99a2")、floor("+5.99a2")的值都是 5，floor(-5.01)、floor("-5.01")、floor("-5.01a2")的值均为-6，floor("a5.01")、floor("+a5.01")、floor("-a5.01")的值均为 0。

（3）常用变量类型判断函数

1）is_numeric(变量名)：判断变量的值能否转换为数值型。函数值为 1（表示 true）时，变量为数值型数据（或数值型数据构成的字符串）。例如，当$a=0、$a="0"或$a="-0.0"时，is_numeric($a)的值均为 1；当$a="0a"时，is_numeric($a)的值为空（表示 false）。

2）is_float(变量名)：判断变量的值是否浮点型。函数值为 1（表示 true）时，变量为浮点型数据。

3）is_int(变量名)：判断变量的值是否整型。函数值为 1（表示 true）时，变量为整型数据。

4）is_string(变量名)：判断变量的值是否字符串型。函数值为 1（表示 true）时，变量为字符串型数据。

5）is_bool(变量名)：判断变量的值是否布尔型。函数值为 1（表示 true）时，变量为布尔型数据。

6）is_array(变量名)：判断变量的值是否数组型。函数值为 1（表示 true）时，变量是一个数组变量。

7）isset(变量名)：判断变量是否被设置了值。函数值为 1（表示 true）时，变量被设置了值。

8）empty(变量名)：判断变量是否被设置成空值。函数值为 1（表示 true）时，表明变量被设置为空值。这里的空值包括 0、false、null、不含任何空格的空字符串、未被设置值。

9）var_dump(变量名)：输出变量的类型和值。此处举例说明。假设变量名为$a，若$a 未被设置值，则 var_dump($a)输出 NULL；若$a=0，则 var_dump($a)输出 int(0)；若$a=0.0，则 var_dump($a)输出 float(0)；若$a="0"，则 var_dump($a)输出 string(1) "0"；若$a=false，则 var_dump($a)输出 bool(false)；若$a=array(0,"0")，则 var_dump($a)输出 array(2) { [0]=> int(0) [1]=> string(1) "0" }。

10）gettype(变量名)：返回变量的数据类型。当变量$a 的值分别为 0、0.0、"0"、true、array(0) 时，gettype($a)的值分别为 integer、double、string、boolean、array，正好对应于$a 的数据类型。

（4）字符操作函数

1）strlen("字符串")：返回字符串的长度（即字符的个数）。如果网页采用 GB2312 编码方案，则一个汉字按两个字符计算；当网页采用 UTF-8 编码方案时，一个汉字按 3 个字符计算。例如，采用 UTF-8 编码时，strlen("Web 数据库技术")的值为 18。

2）strcmp("字符串 1","字符串 2")：用于比较字符串大小，当函数返回值为-1、0 或 1 时，分别表示字符串 1 的值小于、等于、大于字符串 2 的值。例如，strcmp("数据","数据 1")的值为-1，strcmp("数据","数据")的值为 0，strcmp("数据 1","数据")的值为 1。

3）substr("字符串",起始位置,指定长度)：取子字符串函数，用于从“字符串”中指定的“起始位置”开始取得“指定长度”的子字符串，字符串中各字符的位置从左至右依次为 0、1、2、…。例如，substr("abcdefg",2,4)的值为"cdef"。

4）substr_count("字符串 1","字符串 2")：返回“字符串 2”在“字符串 1”中出现的次数。例如，substr_count("数据库中的数据","数据")的值为 2。

5）strpos("字符串 1","字符串 2")：返回“字符串 2”在“字符串 1”中第一次出现的起始位置。例如，strpos("abc&bcd","bc")的值为 1。

6）strstr("字符串 1","字符串 2")：取子字符串函数，如果“字符串 1”中含有“字符串 2”，则返回“字符串 1”中自“字符串 2”首次出现至最右的所有字符；反之，如果“字符串 1”中不包含“字符串 2”，则返回空值。例如，strstr("abc&bcd","bc")的值为"bc&bcd"。注意，该函数要求“字符串 2”不能是不含任何空格的空字符串。

7）trim("字符串")：截去左右空格函数，用于去掉“字符串”最左侧和最右侧的空格、换行符号、Tab 符号。例如，trim("　abcd　")的值为"abcd"。

8）rtrim("字符串")：截去右空格函数，用于去掉“字符串”最右侧的空格、换行符号、Tab 符号。例如，rtrim("　abcd　")的值为"　abcd"。

9）strtolower("字符串")：大写转小写函数，用于将“字符串”中的大写字母转换成小写字母。例如，strtolower("你好：How Are You!") 的值为"你好：how are you!"。

10）strtoupper("字符串")：小写转大写函数，用于将“字符串”中的小写字母转换成大写字母。例如，strtoupper("你好：How Are You!") 的值为"你好：HOW ARE YOU!"。

（5）日期操作函数

1）time()：时间戳函数，用于得到目前时刻的时间戳。PHP 系统的时间戳是自 1970 年 1 月 1 日 0 时 0 分 0 秒到目前时刻的总秒数。*n* 天前的时间戳可表示为 time()-*n**24*60*60，*n* 天后的时间戳表示为 time()+*n**24*60*60。

2）date("显示格式",时间戳)、date("显示格式")：日期时间函数，若指定“时间戳”，则按指定的显示格式返回指定“时间戳”对应的日期和时间；若省略“时间戳”，则按指定的显示格式显示当天的日期和时间。例如，当前日期时间为“2019-04-11 17:44:40”，则 date("Y-m-d H:i:s",time()-2*24*60*60)的值为“2019-04-09 17:44:40”，按指定的显示格式显示了两天前的日期时间；同样，date("Y 年 m 月 d 日") 的值为“2019 年 04 月 11 日”，按指定格式显示了当前的日期。date()函数中“显示格式”的参数如表 3-2 所示。

3）checkdate(月,日,年)：日期测试函数，用于判断指定的月、日、年对应的日期是否存在。日期正确时，该函数的返回值为 1（表示 true），日期不存在时，函数返回值为空（表示 false）。例如，checkdate(4,11,2019)、checkdate(04,11,2019)、checkdate("04","11","2019")的值均为 1，而 checkdate(4,31,2019)的值为空。

表 3-2　date()函数的格式参数

格式	说明
Y/y	年份，Y 表示 4 位年份，y 表示 2 位年份
m/n	月份，m 用 01～12 表示月份，n 用 1～12 表示月份
d/j	日，d 用 01～31 表示日，j 用 1～31 表示日
D/l	星期几，D 用 Mon、Tue、Wed、Thu、Fri、Sat、Sun 表示星期几，l 用 Monday、Tuesday、Wednesday、Thursday、Friday、Saturday、Sunday 表示
a/A	am/pm 或 AM/PM，a 用小写的 am 或 pm 表示，A 用大写的 AM 或 PM 表示
h/H	时，h 用 01～12 表示时，H 用 00～23 表示时
i	分，用 00～59 表示分

（续）

格式	说明
s	秒，用 00～59 表示秒
t	当前日期所在月份共几天，取值范围是 28～31
W	当前日期是一年中的第几周，取值范围是 01～52
z	当前日期是一年中的第几天，取值范围是 0～364
T	本机所在时区

2．自定义函数

（1）自定义函数格式及说明

自定义函数是程序员根据数据处理的需要自行设计的函数。自定义函数的基本格式如下。

```
function 函数名(形参列表){
    执行语句;  //注释
    return 表达式;
}
```

其中，形参指形式参数，形参列表就是若干形式参数用逗号隔开，可表示为“形参 1，形参 2,…，形参 *n*”（不包括引号）。函数没有形参时，采用“function 函数名(){…}”格式。自定义函数中，每个可执行语句之后应使用分号表示该语句结束，可在需要的地方使用双斜杠表示注释，“return 表达式”表示表达式的值作为函数的返回值。

调用函数时，若函数带形参列表，则以“函数名(实参列表)”格式进行调用，其中实参就是实际参数，实参列表可表示为“实参 1，实参 2,…，实参 n”（不包括引号），实际参数的数量、数据类型应与自定义函数中形参列表的形式参数一一对应。函数没有形参时，则以“函数名()”调用即可。函数的返回值就是自定义函数中“return 表达式”语句返回的表达式的值。

（2）在同一文件中直接调用自定义函数

在同一 PHP 文件中可以直接调用定义好的函数。例如，矩形面积 = 长×宽，可以自定义一个求矩形面积的函数 rect_area($a,$b)，其中$a、$b 是形参，分别表示矩形的长和宽。当求长为 20、宽为 15 的矩形的面积时，用 rect_area(20,15)或 rect_area("20","15")进行调用即可。假设用于求矩形面积的 PHP 文件为 area.php，其程序代码如下，运行结果如图 3-26 所示。

```
<?php
function rect_area($a,$b){
    if (is_numeric($a) && is_numeric($b)){ //若$a 和$b 均可转换为数值型
        $c=$a*$b;
        return $c;
    }else{
        echo("<br>数据类型不匹配");
        return -1;
    }
}
echo "长为 20、宽为 15 的矩形的面积为：". rect_area("20","15");
echo "<br>长为 20、宽为 10 的矩形的面积为：". rect_area(20,10);
echo "<br>长为 20a、宽为 10 的矩形的面积为：". rect_area("20a","10");
?>
```

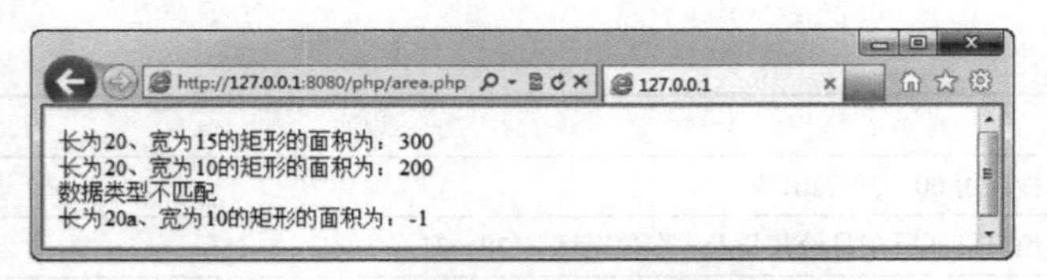

图 3-26 area.php 的运行结果

（3）在其他文件中调用自定义函数

在开发应用系统时，可以将所有自定义函数存储在一个 PHP 文件中，之后在其他文件中使用 include()函数调用这个 PHP 文件，这样就可以在其他文件中调用自定义函数了。例如，myfunction.php 是一个自定义函数文件，代码如下。

```
<?php
//求矩形的面积
function rect_area($a,$b){
    if (is_numeric($a) && is_numeric($b)){ //若$a 和$b 均可转换为数值型
        $c=$a*$b;
        return $c;
    }else{
        echo("<br>数据类型不匹配");
        return -1;
    }
}
//求圆的面积
function circle_area($r){   //$r 表示圆半径
    if (is_numeric($r)){ //若$r 可转换为数值型
        $pi=3.1415926;
        $a=$pi*$r*$r; //圆面积
        return $a;
    }else{
        echo("<br>数据类型不匹配");
        return -1;
    }
}
?>
```

在 myfunction.php 文件中，自定义了计算矩形面积的函数 rect_area($a,$b)和计算圆面积的函数 circle_area($r)。在其他文件中要调用这两个函数其中的一个，就可以先调用 myfunction.php 文件，再调用自定义函数即可。例如，在 area02.php 文件中调用 myfunction.php 文件和 rect_area($a,$b)函数，程序代码如下，其执行结果与图 3-26 相同。

```
<?php
include("myfunction.php");
echo "长为 20、宽为 15 的矩形的面积为：". rect_area("20","15");
echo "<br>长为 20、宽为 10 的矩形的面积为：". rect_area(20,10);
echo "<br>长为 20a、宽为 10 的矩形的面积为：". rect_area("20a","10");
?>
```

3.3.6 PHP 数组

1．数组的概念

数组是指用一个数组名表示的一组数据的集合，其中，每个数据对应于一个数组元素，用于区分各数组元素的数字编号称为下标，PHP 数组的下标从 0 开始编号。例如，$a 是数组名，$a[0]、$a[1]分别表示数组$a 中下标为 0、1 的数组元素。可以将$a 称为数组变量。

数组包括一维数组和多维数组，最常用的是一维数组和二维数组。一维数组的数组元素可以使用一个下标进行标识，二维数组的数组元素需用两个下标进行标识。例如，一维数组$a 使用$a[0]、$a[1]等标识各数组元素，二维数组$b 使用$b[0][0]、$b[0][1]、$b[1][0]、$b[1][1]等标识各数组元素。

2．数组的初始化

数组的初始化就是为数组各元素赋值，以定义一个数组。初始化一个数组一般有两种方法：一是利用赋值语句给数组中的每个元素赋值；另一个是直接利用 array()函数定义数组。

1）利用赋值语句为数组元素设置初始值。例如，假设一维数组$a 包含 3 个元素，则可以这样定义$a 数组：

```
$a[0]="张三";$a[1]="李四";$a[2]="欧阳康";
```

2）利用 array()函数定义数组。定义一维数组的基本格式是：array(值 1,值 2,…,值 n)。例如，一维数组$a 可以这样定义：

```
$a=array("张三", "李四", "欧阳康");
```

这样定义的数组表示$a[0]="张三"，$a[1]="李四"，$a[2]="欧阳康"。

同样，定义二维数组的格式是：array(array(值 00, 值 01,…, 值 0n), array(值 10, 值 11,…, 值 1n),…,array(值 m0, 值 m1,…, 值 mn))。例如，假设$b 是一个二维数组，可以这样定义：

```
$b=array(array(1,2,3,4), array(5,6,7,8), array(9,10,11,12));
```

这样定义的数组$b 是一个 3×4 数组，表示$b[0][0]=1，$b[0][1]=2，$b[0][3]=4，$b[1][0]=5，$b[2][3]=12，余类推。

3．常用的数组操作函数

- print_r(数组名)：用于显示数组的值。
- count(数组名)：用于计算一维数组中元素个数。
- array_sum(数组名)：用于计算一维数组各元素的总和。

4．数组操作应用举例

在 PHP 文件中，先定义一维数组$a、$d，其中$a 存储字符型数据，$d 存储数值型数据，要求显示出各数组中的数据，并统计出各数组的元素个数及$d 中各数据的总和；然后定义一个由 3 行、4 列数据构成的二维数组$b，使$b 存储数值型数据，要求显示出这个 3 行、4 列的数组，并统计输出$b 中各数值的总和。假设执行这个功能的 PHP 文件为 array.php，其程序代码如下，运行结果如图 3-27 所示。

```
<?php
//定义一维数组并设定初值，保存字符数据
$a=array("张三","李四","欧阳康");
print 'print_r()显示数组$a 的结果:<br>';
print_r($a);
print '<br>count()显示数组$a 的单元个数:'.count($a);
//数组变量赋初值，保存数值型数据
$d=array(1,2,3,4);
print '<br><br>print_r()显示数组$d 的结果:<br>';
```

```
        print_r($d);
        print'<br>count()显示数组$d 的单元个数:'.count($d);
        print '<br>array_sum()显示数组$d 的总和:'.array_sum($d);
        //定义二维数组
        $b=array(array(1,2,3,4), array(5,6,7,8), array(9,10,11,12));
        print '<br><br>显示数组$b 的结果:<br>';
        $b_sum=0;   //$b 中各数据的总和初始化为 0
        for ($i=0;$i<count($b);$i++){
          for ($j=0;$j<count($b[$i]);$j++){
              print $b[$i][$j].'  ';
              if (strlen($b[$i][$j])==1){
                  print "  ";
              }
          }
          print '<br>';
          $b_sum+=array_sum($b[$i]);
        }
        print '数组$b 的总和: '.$b_sum;
        ?>
```

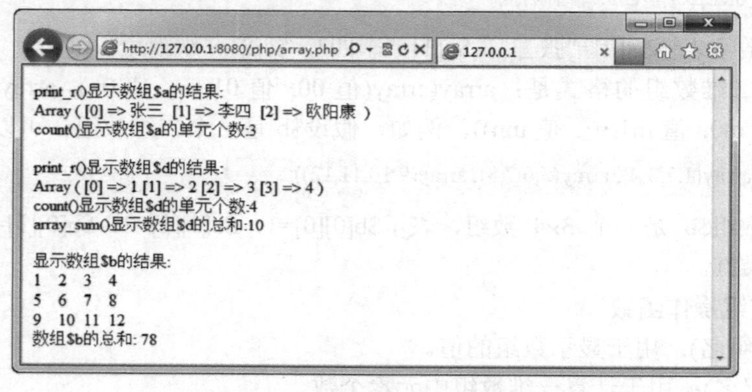

图 3-27 array.php 的运行结果

说明：

1）根据 array.php 可知，$b 是一个二维数组，其中，$b[0]=array(1,2,3,4)，$b[1]=array(5,6,7,8)，$b[2]=array(9,10,11,12);

2）由 for 循环结构内再嵌套一个 for 循环完成$b 中 3 行 4 列数据的输出与计算总和;

3）外循环 for ($i=0;$i<count($b);$i++){}相当于 for ($i=0;$i<3;$i++){}，每执行一次外循环输出一行数据，并将这行数据的和加到求和变量$b_sum，语句$b_sum+=array_sum($b[$i])相当于$b_sum=$b_sum+array_sum($b[$i]);

4）内循环 for ($j=0;$j<count($b[$i]);$j++){}相当于 for ($j=0;$j<4;$j++){}，每执行一次内循环输出一行中的一个数据（后跟两个空格以隔开下一个数据），为使数组的一位数据和二位数据能够对齐排列，需在一位数据右面再加两个空格，if (strlen($b[$i][$j])==1){ print " "; }的作用就是在一位的数值右面输出两个空格;

5）为求出数组$b 中各数据的总和，在外层 for 循环之前，先将求和变量$b_sum 初始化为 0，外层 for 循环执行结束后，$b_sum = array_sum($b[0]) + array_sum($b[1]) + array_sum($b[2])。

3.3.7 正则表达式与数据正确性验证

1．正则表达式

正则表达式（Regular Expression），又称规则表达式，是用于描述字符排列和匹配模式的一种语法规则。它是一种模式匹配表达式，是用事先定义好的一些特定字符以及这些特定字符的组合，构成一种字符串匹配模式或规则，用来描述某类相关数据（如身份证号、电子邮箱、手机号等）的格式规范，主要用于字符串的模式分割、匹配、查找及替换操作，尤其是在检验特定字符串的正确性方面发挥着重要作用。例如，将电子邮箱的正则表达式表示为^([a-zA-Z0-9_-])+@([a-zA-Z0-9_-])+(\.[a-zA-Z0-9_-]+)+$，可用于验证 lighong6@163.com 是否为一个正确格式的电子邮箱地址。

从组成上看，正则表达式可包含普通字符、元字符或普通转义符。普通字符包括大小写英文字母、数字、下划线“_”、短横杠“-”等。元字符则具有特殊的含义，如表 3-3 所示。一些特定的普通字符也可以转换成具有特定意义的字符，称为普通转义符，如表 3-4 所示。

表 3-3　正则表达式元字符

元字符	描述
^	匹配一行的开始
$	匹配一行的结尾
.	匹配除换行符之外的单个字符（含数字字符）
()	定义一个子模式
+	匹配 1 个或多个正好在它之前的那个字符或在它之前的那个圆括号内的内容，例如，zo+ 能匹配 zo 以及 zoo
*	匹配 0 个或多个正好在它之前的那个字符或子模式，例如，zo* 能匹配 z、zo、zoo
?	匹配 0 个或 1 个正好在它之前的那个字符或子模式，例如，do(es)? 可以匹配 do 或 does
|	逻辑“或”运算，用于匹配在它左边或右边的字符或字符串，例如，z|food 能匹配 z 或 food，而 (z|f)ood 则匹配 zood 或 food
\	转义符，用于将列出的元字符当作普通的字符进行匹配，也可以将一些特定的普通字符转换成特定意义的字符进行匹配（见表 3-4）
[ ] [c1-c2] [^c1-c2]	匹配 [ ] 中的任何一个字符，可用连字符 - 指定匹配的字符区间，或用 ^ 指定除 [ ] 内列出的字符之外的字符进行匹配。例如，[abc] 可以匹配 plain 中的 'a'，而[a-z] 可以匹配 'a' 到 'z' 范围内的任意小写字母字符，[^a-z] 可以匹配除小写字母之外的任一字符
{i} {i,j} {i,}	{i}匹配指定数目的字符（匹配 i 个在它之前的字符或子模式），例如，[0-9]{4} 表示 4 位数字。{i,j}可用于匹配 i 到 j 个在它之前的字符或子模式，例如，[a-z]{6,8} 表示 6 到 8 位的小写字母。{i,}可用于匹配至少 i 个在它之前的字符或子模式，例如，[0-9]{2,} 表示两位及以上的数字

表 3-4　普通转义符（用于 preg_match）

转义符	描述
\b	匹配一个单词边界。例如，'er\b' 匹配 never 中的 er，但不匹配 verb 中的 er
\B	匹配非单词边界。例如，'er\B' 匹配 verb 中的 er，但不匹配 never 中的 er
\d	匹配一个数字字符；等价于 [0-9]
\D	匹配一个非数字字符；等价于 [^0-9]
\f	匹配一个换页符；等价于 \x0c 和 \cL
\n	匹配一个换行符；等价于 \x0a 和 \cJ
\r	匹配一个回车符；等价于 \x0d 和 \cM
\s	匹配一个空白字符，包括空格、制表符、换页符等；等价于 [\f\n\r\t\v]

（续）

转义符	描述
\S	匹配除空白字符以外任何一个字符；等价于[^\f\n\r\t\v]
\t	匹配一个制表符；等价于 \x09 和 \cI
\v	匹配一个垂直制表符；等价于 \x0b 和 \cK
\w	匹配一个英文字母、数字或下划线；等价于 [A-Za-z0-9_]
\W	匹配除英文字母、数字和下划线以外任何一个字符；等价于 [^A-Za-z0-9_]

正则表达式的基础语法是："^([ ]{ })…([ ]{ })$"，它是一个字符串，表示 "开始 ([包含内容]{长度})…([包含内容]{长度}) 结束"。例如，18 位身份证号的正则表达式可以表示为"^([1-9]{1})([0-9]{16})([0-9xX]{1})$"，也可表示成 "^([1-9]{1})([0-9]{16})([0-9xX]{1}$)"或"^[1-9]{1}[0-9]{16}[0-9xX]{1}$"，作用或效果都是一样的。这里假设身份证号从左起第 1 位只能是 1～9 的一位数字，其右面的 16 位（每一位）均可以是 0～9 的一位数字，最右一位（即第 18 位）允许是 0～9 的数字或 x、X，不符合此规则的字符串都不能当作身份证号。

2．PHP 正则匹配函数

PHP 正则匹配函数包括 ereg()和 preg_match()，基本格式为 ereg(正则表达式,待验证字符串,匹配结果)、preg_match (/正则表达式/,待验证字符串,匹配结果)。

ereg()使用由电气和电子工程师协会（IEEE）制定的 POSIX Extended 1003.2 兼容正则，正则表达式两端不能以斜杠“/”表示开始与结束，待验证字符串与正则表达式不匹配时，匹配结果为 NULL，ereg()的值为空（逻辑假值）；匹配时，匹配结果为一个数组，ereg()的值为所匹配的字符串的长度（逻辑真值）。

preg_match()使用 PCRE（Perl Compatible Regular Expression）库提供的 PERL 兼容正则，应用范围更广，更强大，推荐使用。其正则表达式两端均需加上斜杠“/”表示开始与结束，待验证字符串与正则表达式不匹配时，匹配结果为“array(0) { }”，preg_match()的值为 0（逻辑假值）；匹配时，匹配结果为一个数组，preg_match()的值为 1（逻辑真值）。preg_match()在第一次匹配后将停止搜索。

这两个函数的基本格式中，“匹配结果”与其之前的那个逗号可一同被省略。省略时，若函数返回 1，则表示待验证字符串与正则表达式匹配；若返回逻辑假值{ ereg()值为空，或 preg_match()值为 0}，则表示待验证字符串与正则表达式不匹配。

相对而言，preg_match()比 ereg()更加规范，执行效率更高。在 PHP 5.2 版本以前 ereg()都能正常使用，在 PHP 5.3 版本以后，会提示“Deprecated: Function ereg() is deprecated in…”，就需要用 preg_match()来代替 ereg()。例如，可将 ereg("^([1-9]{1})([0-9]{16})([0-9xX]{1})$", $id) 变成 preg_match("/^([1-9]{1})([0-9]{16})([0-9xX]{1})$/", $id)。另外，在 preg_match()中还可以使用普通转义符，在 ereg()中则不能使用普通转义符，因此，preg_match("/^([1-9]{1})(\d{16})([\dxX]{1})$/", $id) 也是允许的。

例如，利用 ereg()和 preg_match()验证变量$id 对应的字符串是否与一个正则表达式匹配，建立 PHP 文件 regExp.php，代码如下，运行结果如图 3-28 所示。若$id 是一个与正则表达式不匹配的字符串（例如$id="020102196608283317"），则运行结果如图 3-29 所示。

```
<?php
    $id="220102196608283317";
    echo ereg('^([1-9]{1})([0-9]{16})([0-9xX]{1})$', $id,$str1);
```

```
    print "<br>";
    var_dump($str1);
    print "<br><br>";
    echo preg_match('/^([1-9]{1})([0-9]{16})([0-9xX]{1})$/', $id,$str2);
    print "<br>";
    var_dump($str2);
    echo "<hr>";
    echo ereg('^([1-9]{1})([0-9]{16})([0-9xX]{1})$', $id);
    print "<br>";
    echo preg_match('/^([1-9]{1})([0-9]{16})([0-9xX]{1})$/', $id);
?>
```

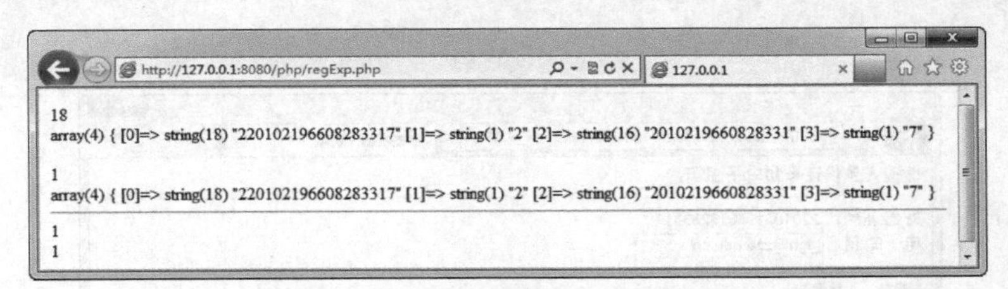

图 3-28　$id 与正则表达式匹配时的结果

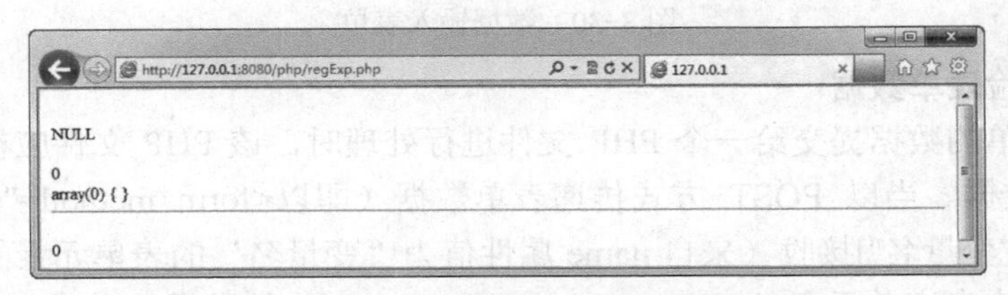

图 3-29　$id 与正则表达式不匹配时的结果

在 regExp.php 文件中，使用到了 var_dump()函数。该函数的格式是：var_dump(参数 1,…, 参数 *n*)，用于输出各参数的结构信息，包括各参数的数据类型与值，数组将递归展开各数组元素的值。var_dump($str1) 用于显示变量$str1 的内容、结构、类型等信息。需要注意的是，var_dump()中的参数必须是存在的，如果参数是一个没有被赋值的变量，则对应该变量返回 NULL；如果参数是一个被设置为不包含任何元素的数组变量，其值为 array()，则对应该变量返回 “array(0) { }”。

3.3.8　利用 PHP 验证 HTML 表单提交的数据

1．设计数据输入表单

要利用 PHP 技术验证 HTML 表单提交的数据，首先需要设计一个用于输入数据的表单，而且表单的数据应提交给一个 PHP 文件进行处理。假设要检验输入的身份证号和电子邮箱的格式是否正确，设计数据输入表单如图 3-30 所示，表单的数据提交给 verify.php 文件进行处理，该表单对应的文件名存储为 verify.html，其 HTML 代码如下。

```
<!doctype html>
<html>
<head>
    <title>数据输入表单</title>
    <meta charset="UTF-8">
</head>
```

```
<body>
  <form method="post" action="verify.php">
    请输入身份证号和电子邮箱：
    <hr>
    身份证号：<input type="text" name="id"><br>
    电子邮箱：<input type="text" name="email">
    <p>
      <input type="submit" value="提交">
      <input type="reset" value="重置">
    </p>
  </form>
</body>
</html>
```

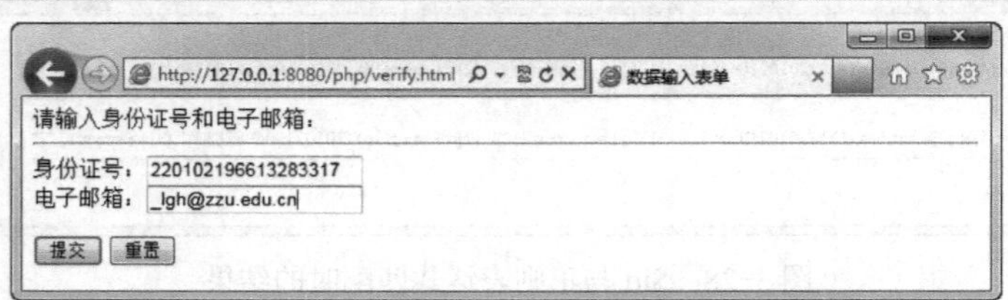

图 3-30　数据输入表单

2．接收和检验表单数据

当 HTML 表单的数据提交给一个 PHP 文件进行处理时，该 PHP 文件应在需要的地方接收这些来自表单的数据。当以 POST 方式传递表单数据（即以<form method="post">标记表单）时，利用$_POST["变量名"]接收（来自 name 属性值为“变量名”的表单元素的）数据，例如用$_POST["id"]接收来自表单元素<input type="text" name="id">的数据；当以 GET 方式传递表单数据（即以<form method="get">标记表单）时，利用$_GET["变量名"]接收（来自 name 属性值为“变量名”的表单元素的）数据，例如用$_GET["id"]接收来自表单元素<input type="text" name="id">的数据。

在图 3-30 所示的表单中，单击“提交”按钮时，由 verify.php 文件负责接收与处理来自表单的数据。由于以 POST 方式传递表单数据（表单以<form method="post">标记），故用$_POST["id"]接收由<input type="text" name="id">表示的文本框中的身份证号值，用$_POST["email"]接收由<input type="text" name="email">表示的文本框中的电子邮箱值，并进行相应的处理。verify.php 文件中的 PHP 程序代码如下。

```
<!doctype html>
<html>
<head>
<title>接收与验证数据的正确性</title>
<meta charset="UTF-8">
</head>
<body>
<?php
$id=$_POST["id"]; //接收身份证号的值
//验证身份证号格式的正确性
if (!ereg('^([1-9]{1})([0-9]{16})([0-9xX]{1})$',$id)){
    echo "身份证号格式错误";
}else{
```

```
        $y=substr($id,6,4);   //身份证号中的 4 位年份
        $m=substr($id,10,2); //身份证号中的 2 位月份
        $d=substr($id,12,2); //身份证号中的 2 位出生日
        if (checkdate($m,$d,$y)){ //如果身份证号中的日期存在
            echo "身份证号格式正确";
        }else{
            echo "日期不合理，身份证号不正确";
        }
    }
    echo "<br>";
    $email=$_POST["email"]; //接收电子邮箱的值
    //验证电子邮箱是否正确
    $reg="^([a-zA-Z0-9_-])+@([a-zA-Z0-9_-])+(\.[a-zA-Z0-9_-]+)+$";
    if (!ereg($reg,$email)){
        echo "电子邮箱格式错误";
    }else{
        echo "电子邮箱格式正确";
    }
    ?>
    <br>
    <a href="javascript:history.back()">返回</a>
    </body>
    </html>
```

按图 3-30 所示输入身份证号和电子邮箱的值，单击“提交”按钮，根据 verify.php 文件的程序处理流程，返回验证结果如图 3-31 所示。

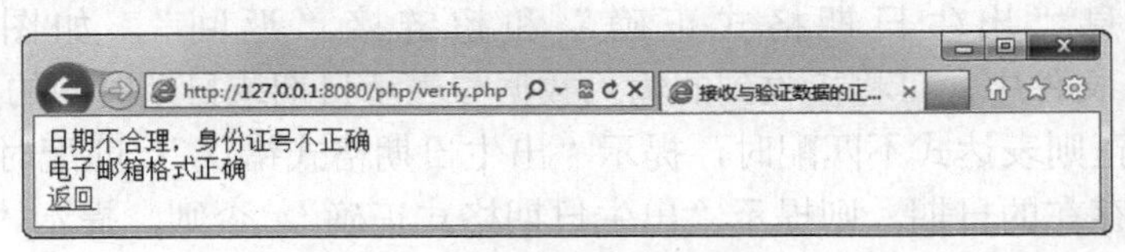

图 3-31　返回验证结果

3．检验日期时间格式的正确性

（1）基本原理

日期时间型数据是数据库系统常见的数据类型之一。输入这类数据时，经常需要检验数据的合理性和正确性。一般来说，可以利用 HTML 表单输入数据，利用 PHP 文件接收和检验来自表单的数据是否为一个合理的日期或日期时间型数据。假设可按“年-月-日”或“年-月-日 时:分:秒”格式输入数据，要求“年”占 4 位，“月”占 1 位或两位，“日”占 1 位或两位，“日”右边允许有若干空格，且若包含时间部分，则时、分、秒各占两位，“日”字与右边的时间部分之间至少有 1 个空格。这时，正则表达式可用“^\d{4}-\d{1,2}-\d{1,2}\s*(\s+([01]\d|2[0-3]):([0-5]\d):([0-5]\d))?$”表示。按照这个正则表达式规定的格式输入数据时，只要日期部分“年-月-日”是一个存在的日期，就可以认为数据是合理和正确的。在 PHP 中，可以用日期测试函数“checkdate(月,日,年)”判断指定的日期是否存在，该函数的返回值为 1 时表示日期存在，返回值是“空值”（即逻辑“假”值）时表示日期的值不合理。利用正则表达式和 checkdate()函数就可以检查输入的日期或日期时间是否为一个合理的数据。

（2）日期时间输入表单（check_datetime.html）

假设要检验输入的出生日期（允许包含时间部分）是否正确，设计输入表单如图 3-32 所

示。单击表单的“检验正确性”按钮时，数据提交给 check_datetime.php 文件进行处理，将该表单存储为文件 check_datetime.html，其网页代码如下。

图 3-32　出生日期输入表单

```
<html>
<head>
<title>检验日期时间的正确性</title>
<meta http-equiv="Content-Type" content="text/html;charset=utf-8">
</head>
<body>
<form method="post" action="check_datetime.php">
    出生日期：<input type="text" name="csrq">
    <input type="submit" value="检验正确性">
</form>
</body>
</html>
```

（3）日期时间检验（check_datetime.php）

check_datetime.php 文件用于检验接收到的出生日期值是否合理，并返回检验结果。例如，在图 3-32 所示的表单中，当输入一个正确的日期或日期时间值，再单击“检验正确性”按钮时，返回提示信息“出生日期格式正确”和超链接“返回”，如图 3-33 所示。在 check_datetime.php 文件中，可将接收到的输入数据与表示日期或日期时间的正则表达式进行匹配，当输入数据与正则表达式不匹配时，提示“出生日期格式错误”；匹配时，若“年-月-日”部分表示的是一个存在的日期，则提示“出生日期格式正确”，否则，提示“出生日期错误”。check_datetime.php 文件的 PHP 程序代码如下。

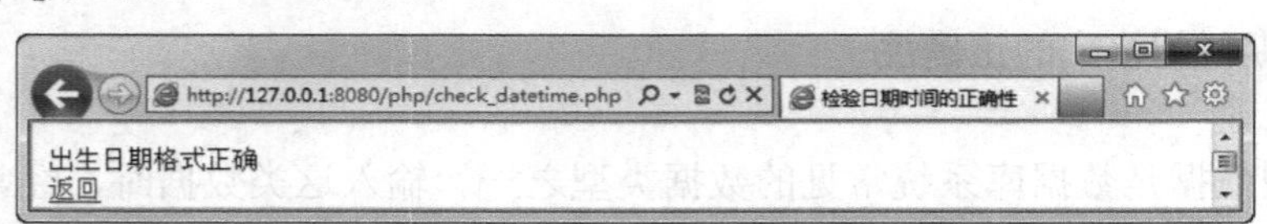

图 3-33　返回结果

```
<html>
<head>
<title>检验日期时间的正确性</title>
</head>
<body>
<?php
$ruler="/^\d{4}-\d{1,2}-\d{1,2}\s*(\s+([01]\d|2[0-3]):([0-5]\d):([0-5]\d))?$/";
$csrq=trim($_POST["csrq"]); //接收日期或日期时间的值，去掉前后空格
//验证出生日期格式的正确性
if (!preg_match($ruler,$csrq)){
    echo "出生日期格式错误";
}else{ //检查年月日是否存在
    if (strstr($csrq," ")){   //若出生日期中有空格，引号中有 1 个空格
        $pos1=strpos($csrq," ");     //第 1 个空格在出生日期中的位置
```

```
            $date=substr($csrq,0,$pos1);  //出生日期的日期部分
        }else{
            $date=trim($csrq);
        }
        //$date 的值的格式是“年-月-日”
        $y=substr($date,0,4);  //出生年
        $m_d=substr($date,5,strlen($date)-5);  //$m_d 的格式是“月-日”
        $m=substr($m_d,0,strpos($m_d,"-"));  //出生月
        $d=substr($m_d,strlen($m)+1,strlen($m_d)-strlen($m)-1);  //出生日
        if (checkdate($m,$d,$y)){ //如果日期存在
            echo "出生日期格式正确";
        }else{
            echo "出生日期错误";
        }
    }
?>
<br>
<a href="javascript:history.back()">返回</a>
</body>
</html>
```

说明：

在 check_datetime.php 中，变量$ruler 表示的是日期或日期时间格式的正则表达式，因正则表达式中包含“\d”，所以，需要使用 preg_match()函数判断字符串是否与正则表达式匹配，这时，正则表达式两端应使用斜杠“/”。如果使用 ereg()函数，那么，正则表达式中的“\d”需对应表示为“[0-9]”，而“\s”需对应表示为 1 个实际的空格（即通过键盘空格键输入的空格），而且正则表达式两端不能使用斜杠“/”。

思考题

1．什么是 HTML，HTML 文件的基本结构如何，包含哪些常用的标记或标记对？表示标题、换行、段落、空格、水平线、注释的标记分别是什么？可以利用哪些编辑软件创建与修改 HTML 文件？

2．如何设计 HTML 列表、表格，分别使用哪些主要标记对和属性？

3．HTML 表单的基本语法结构如何，表单中包含哪些常用的表单元素，如何标记，有哪些常用属性，有何作用？

4．如何使用 Adobe Dreamweaver CS5 设计应用菜单？

5．什么是 CSS，其基本语法结构如何？

6．举例说明标记选择器、类别选择器、ID 选择器、伪类选择器、伪元素选择器、复合选择器的表示方法，以及常用 CSS 样式（如字体、文本、Web 框、背景颜色或背景图片等样式）的设置方式。

7．举例说明什么是内嵌式样式表、行内式样式表、外链式样式表、导入式样式表，如何使用这些样式表。

8．什么是 PHP，有何特点，如何编辑与执行 PHP 文件？

9．PHP 中，选择结构、循环结构有哪些常见的表示方法，分别对应怎样的执行流程？

10．常用的 PHP 内置函数有哪些，有何作用，如何表示日期时间，如何测试日期数据是否合理？

11．PHP 中如何自定义函数，如何调用函数？

12．PHP 中如何表示一维数组和二维数组，如何为数组赋值，常用的数组操作函数 print_r()、count()、array_sum()分别有什么作用？

13．什么是正则表达式，正则表达式中可用的元字符有哪些，各有何作用？分别表示出身份证号、电子邮箱地址的正则表达式。

14．正则匹配函数 ereg()和 preg_match()的基本格式有什么区别，用于 preg_match()的转义符是哪些，这些转义符有什么作用？

15．PHP 中如何接收以 GET 方式或 POST 方式传递来的表单元素的数据？

16．上机操作：

1）参照 3.1.3 节，利用 Adobe Dreamweaver CS5 设计一个应用菜单（图 3-11）。

2）参照 3.2 节，利用 HTML 和 CSS 设计一个网页导航（图 3-12）。

3）参照 3.3.8 节，建立一个表单（图 3-30），单击“提交”按钮时，由 PHP 文件接收与处理来自表单的数据，验证身份证号和电子邮箱的数据是否正确，按图 3-31 返回验证结果。

4）参照 3.3.8 节，建立一个表单（图 3-32），单击“检验正确性”按钮时，由 PHP 文件接收来自表单的日期时间数据，检验是否合理，返回检验结果（图 3-33）。

第 4 章　使用 PHP 进行 MySQL 数据库编程

PHP 语言和 MySQL 数据库的组合以其开源性和跨平台性，被誉为开发 Web 数据库应用系统的最佳组合，是中小型网站开发的首选工具。

本章主要讲述利用 PHP 进行 MySQL 数据库编程的基本技术。首先，介绍利用 PHP 进行 MySQL 数据库编程的基本知识和技术，包括 PHP 管理 MySQL 数据库、数据表及数据记录的操作、语句和语法格式等内容；其次，介绍 PHP 维护 MySQL 数据库的技术，包括建立数据库、显示数据库、删除数据库的设计与实现；再次，介绍 PHP 维护 MySQL 数据表的技术，包括建立数据表、显示和修改数据表的结构、删除数据表的设计与实现；最后，介绍 PHP 操作 MySQL 数据表的数据的基本技术，以具体实例说明插入、修改、显示、查询、统计、删除记录等基本功能的实现方法。

本章重点：建立数据库、建立数据表、修改数据表结构、删除数据表的设计与实现；使用 PHP 维护 MySQL 数据表的记录。

4.1　PHP 进行 MySQL 数据库编程基础

4.1.1　PHP 管理 MySQL 数据库的基本操作

使用 PHP 管理 MySQL 数据库的数据，必须先连接 MySQL 服务器，再连接数据库、指定客户端和服务器之间传递字符的编码规则，然后执行针对数据表的各种操作，如建表、插入记录、查询数据、修改数据、统计计算、删除记录等，最后关闭 MySQL 服务器。

1．连接服务器

- 格式：连接变量=mysql_connect(服务器名,用户名,密码);
- 示例：$conn=mysql_connect('localhost','root','12345678');
- 说明：命令（或语句）中的英文单引号可替换为英文的双引号。

2．连接数据库

- 格式：mysql_select_db(数据库名,连接变量);
- 示例：mysql_select_db('borrow_book',$conn);
- 说明：涉及数据表的操作，如建立、查询、更新、删除数据表等，必须先连接数据库；但如果是建立、显示或删除数据库的操作，可以忽略此步骤。

3．指定客户端和服务器之间传递字符的编码规则

- 格式：mysql_query("set names 字符集名称");
- 示例：mysql_query("set names utf8");
- 说明：当数据表中的字段名为中文，或记录的数据包含中文时，若 PHP 程序从数据库里读取数据，可能因为字符集的问题导致乱码，解决办法是，在连接数据库之后、读取数据之前，先利用该语句指定正确的字符集以支持中文编码。该语句使 client（客户端）、connection（连接器）、results（返回值）都设置成同一种编码字符集。支持中文的字符集名称包括 GB2312、GBK、UTF8（设置 MySQL 数据库的字符集时用 UTF8；声明网页编码时用 UTF-8）。为避免乱码出现，网页文件本身编码以及网页中 meta 信息、client、connection、results 指定的编码字符集应保持一致。

4．执行 MySQL 操作

- 格式：结果变量=mysql_query(命令变量,连接变量);
- 示例：$data=mysql_query('create database borrow_book',$conn) or die('操作失败。' . mysql_error());
- 说明：格式中的命令变量实际指一个表示 SQL（结构化查询语言）语句的字符串，若字符串中包含变量名，则字符串两端用英文的双引号；若字符串中没有变量名，则两端用英文的双引号或单引号均可。另外，连接变量（$conn）及其前面的逗号可以一起被省略。mysql_query()执行的操作与命令变量对应的 SQL 语句一致。示例中的“or die()”表示其前面的 mysql_query()语句执行时若返回 false，则提示出错信息并终止程序执行。mysql_error()用于返回出错类型的信息。

5．关闭服务器

- 格式：mysql_close(连接变量);
- 示例：mysql_close($conn);
- 说明：PHP 程序中可以省略 mysql_close($conn)语句；关闭 MySQL 服务器的操作会在 PHP 程序执行完毕后自动执行。

4.1.2 PHP 维护 MySQL 数据库的基本操作

在 PHP 程序中，利用$conn=mysql_connect()连接 MySQL 服务器后，便可以建立数据库、获取数据库名称列表（数组）、统计数据库个数、获取数据库名称、选择数据库、删除数据库，通过获得的这些信息可以显示所有数据库，以及判断某个特定的数据库是否存在，从而达到维护数据库的目的。

1．建立数据库

- 格式：mysql_query("create database 数据库名称");
- 示例：mysql_query("create database borrow_book") or die("提示。" . mysql_error());

2．获取数据库名称列表（数组）

- 格式：数据库名称列表=mysql_list_dbs(连接变量);
- 示例：$dbs=mysql_list_dbs($conn);

3．获取数据库个数

- 格式：数据库个数=mysql_num_rows(数据库名称列表);
- 示例：$dbs_count=mysql_num_rows($dbs);

4．获取数据库名称

- 格式：数据库名称=mysql_tablename(数据库名称列表,序号)；数据库名称= mysql_table_name(数据库名称列表,序号);
- 示例：$tb_name=mysql_tablename($dbs,0);

5．选择数据库

- 格式：mysql_select_db(数据库名称,连接变量);
- 示例：mysql_select_db("borrow_book",$conn);

6．删除数据库

- 格式：mysql_query("drop database 数据库名称");

● 示例：mysql_query("drop database borrow_book") or die("提示。" . mysql_error());

4.1.3 PHP 维护 MySQL 数据表的基本操作

利用 PHP 技术也可以维护 MySQL 数据表，其操作步骤一般是先使用$conn=mysql_connect()连接服务器，使用 mysql_select_db()选择数据库，使用 set names utf8 指定编码字符集，然后，就可以在选择的数据库中建立数据表，显示数据表结构（通过获取数据表名称列表、数据表名称、数据表个数、字段名称列表、字段名、字段个数、字段类型、字段宽度等来实现），修改数据表结构（通过增加字段、修改字段、删除字段来实现），删除数据表。

1．建立数据表

● 格式：mysql_query("create table 语句");

● 示例：mysql_query("create table reader(读者编号 varchar(5) not null primary key, 姓名 varchar(20) not null, 性别 varchar(1), 出生日期 datetime, 单位 varchar(30), 是否学生 varchar(1), 会员类别 varchar(2), 电话号码 varchar(13), Email varchar(30), 密码 varchar(16))") or die("建立数据表失败。" . mysql_error());

2．获取数据表名称列表（数组）

● 格式：数据表名称列表=mysql_list_tables(数据库名称,连接变量);

● 示例：$tbs=mysql_list_tables("borrow_book",$conn);

3．获取数据表名称

● 格式：

数据表名称=mysql_tablename(数据表名称列表,序号);

数据表名称= mysql_table_name(数据表名称列表,序号);

● 示例：$tb_name=mysql_tablename($tbs,0);

4．获取数据表个数

● 格式：数据表个数=mysql_num_rows(数据表名称列表);

● 示例：$tb_count=mysql_num_rows ($tbs);

5．获取字段名列表（数组）

● 格式：字段名列表=mysql_list_fields(数据库名称,数据表名称,连接变量);

● 示例：$fds=mysql_list_fields("borrow_book","reader",$conn);

6．获取字段名

● 格式：字段名=mysql_field_name(字段名列表,序号);

● 示例：$fd_name=mysql_field_name($fds,0);

7．获取字段个数

● 格式：字段个数=mysql_num_fields(字段名列表);

● 示例：$fds_count=mysql_num_fields($fds);

8．获取字段类型

● 格式：字段类型=mysql_field_type(字段名列表,序号);

● 示例：$fd_type=mysql_field_type($fds,0);

9．获取字段宽度

● 格式：字段宽度=mysql_field_len(字段名列表,序号);

● 示例：$fd_len=mysql_field_len($fds,0);

10．增加字段

- 格式：mysql_query("alter table 数据表名称 add 字段名 字段类型(宽度) 约束条件");
- 示例：mysql_query("alter table reader add 微信号 char(20)");

11．修改字段

- 格式：mysql_query("alter table 数据表名称 change 字段名 新字段名 新字段类型(宽度) 约束条件");
- 示例：mysql_query("alter table reader change 微信号 微信号 varchar(30) not null");

12．删除字段

- 格式：mysql_query("alter table 数据表名称 drop 字段名");
- 示例：mysql_query("alter table reader drop 微信号");

13．删除数据表

- 格式：mysql_query("drop table 语句");
- 示例：mysql_query("drop table if exists reader");

4.1.4 PHP 维护 MySQL 数据表数据的基本操作

维护数据表的数据包括增加、浏览、查询、统计、修改、删除记录等操作。要利用 PHP 程序执行这些操作，就需要使用$conn=mysql_connect()连接服务器，使用 mysql_select_db()选择数据库，使用 set names utf8 指定编码字符集，使用 $cmd="操作语句" 来组织操作命令，用$data=mysql_query($cmd)执行操作语句。

如果$cmd 是 insert into、update 或 delete 语句所表示的插入、修改或删除记录的操作，则$data 是一个表示操作成功或失败的逻辑变量，mysql_query($cmd)执行成功时返回 true，执行失败时返回 false。如果$cmd 是 select 语句所表示的浏览、查询或统计操作，则$data 表示浏览、查询或统计操作得到的数据集合，还需对该数据集合进一步处理，将数据集合中的数据在显示器屏幕显示出来。对数据集合$data 的处理一般包括统计记录总数、获取记录、取得各字段的值，必要时还需要专门移动记录指针。需要特别声明，在 PHP 程序中，用 mysql_query()执行 MySQL 命令行客户端的 describe 命令，也可以取得数据表结构信息。

1．增加、修改、删除记录

1）格式：mysql_query("操作语句");

2）示例：

- 示例 1

```
mysql_query("insert into reader(读者编号, 姓名, 性别, 出生日期, 单位, 是否学生, 会员类别, 电话号码, Email, 密码) values ('D0001', '张三', '男', '1991-1-1', '管理工程学院', 'N', '01', '0371-67780001', 'zhangsan@163.com', '111111')");
```

- 示例 2：

```
mysql_query("update reader set 电话号码='67780001' where 读者编号='D0001'");
```

- 示例 3：

```
mysql_query("delete from reader where 读者编号='D0001'");
```

2．得到数据集合

- 格式：数据集合=mysql_query("select 语句");

● 示例：$data=mysql_query("select * from reader");

3．统计记录总数

● 格式：记录总数=mysql_num_rows(数据集合);

● 示例：$rec_count=mysql_num_rows($data);

4．获取数据记录

● 格式：$rec=mysql_fetch_arraay(数据集合);

● 示例：$rec=mysql_fetch_arraay($data);

● 说明：该语句执行时，会将当前记录的数据保存在$rec 数组中，记录指针自动移至下一记录位置（由于用$rec 存储所获取的记录后会移动记录指针，特将获取记录时指针所在的记录称为“当前记录”，不要将$rec 存储的“当前记录”理解成记录指针移动后所指向的记录）。因此，第一次执行该语句获取的是数据集合$data 中的第一条记录，第二次执行该语句获取的是数据集合中的第二条记录。对于$rec 存储的记录，各字段的值用 $rec[字段位置]、$rec[字段名] 或 $rec["字段名"] 表示。例如，$data（或 SELECT 语句）的第一个字段为“读者编号”，则相应记录第一个字段的值就可以表示为$rec[0]、$rec[读者编号] 或 $rec["读者编号"]。字段位置从 0 开始，$rec[0]表示所存储记录第一个字段或表达式的值（SELECT 语句中第一个字段或表达式的值），$rec[1]表示第二个字段或表达式的值。

5．移动记录指针

● 格式：mysql_data_seek(数据集合,记录指针位置);

● 示例：mysql_data_seek($data,1);

● 说明：记录指针位置从 0 开始，位置为 0 表示将记录指针移至第一条记录，位置为 1 时记录指针移至第二条记录。

6．取得数据表结构信息

● 格式：数据集合=mysql_query("desc 数据表名称");

● 示例：$data=mysql_query("desc reader");

● 说明：将 MySQL 命令行客户端的 describe 命令执行结果作为数据集合，数据集合中的记录就是相应数据表中各字段的信息。数据集合中的一条记录对应于相应数据表的一个字段的信息，包括 Field（字段名）、Type（字段类型与宽度）、Null（是否允许空值）、Key（是否主键）、Default（默认值）、Extra 等。这样，通过执行 $rec=mysql_fetch_arraay ($data) 就可获知数据表结构的详细信息。

4.2 PHP 维护 MySQL 数据库

4.2.1 建立数据库

1．建库表单（create_db.html 文件）

连接 MySQL 服务器后，便可以在服务器上建立数据库。设计如图 4-1 所示的建库表单，输入数据库名称，单击“提交”按钮，即可建立数据库。假设该建库表单的文件名为 create_db.html，表单数据交由 create_db.php 文件处理，则建库表单文件 create_db.html 的网页代码如下。

图 4-1　建库表单

```
<html>
<head><title>建立数据库</title></head>
<body>
    <form method="post" action="create_db.php">
    PHP 网页建立数据库<hr>
    数据库名称：<input type="text" name="db_name">
    <input type="submit" value="提交">
    <p><a href="#">首页</a></p>
    </form>
</body>
</html>
```

2．建立数据库的操作（create_db.php 文件）

如上所述，在图 4-1 所示表单输入数据库名称（例如“borrow_book”），单击“提交”按钮时，表单数据由 create_db.php 文件处理。该文件接收到数据库名称的值后，需要判断是否已有重名的数据库存在。若不存在重名的数据库，则建立该数据库，并提示“已经成功建立 borrow_book 数据库”；若该数据库名称已存在，则提示“borrow_book 数据库已存在，没有建立”。提示约两秒后，跳转到图 4-1 所示的表单。建库文件 create_db.php 的网页程序代码如下（双斜杠 // 右边表示行内注释，可删除掉）。

```
<html>
<head>
<meta http-equiv="content-type" content="text/html;charset=utf-8" />
<title>建立数据库</title>
</head>
<body>
<?
$db_name=$_POST["db_name"];   //接收值
$host="127.0.0.1";$user="root";$pwd="12345678";
$conn=mysql_connect($host,$user,$pwd);   //连接 MySQL 服务器
$dbs=mysql_list_dbs($conn);   //数据库名称列表
$dbs_count=mysql_num_rows($dbs);   //数据库个数
$db_exists=0;   //假设值为 0 表示数据库不重名
for ($i=0;$i<$dbs_count;$i++){
    if (mysql_table_name($dbs,$i)==$db_name){   //若找到重名数据库
        $db_exists=1;   //假设值为 1 表示数据库重名
        break;   //退出 for 循环
    }
}
if ($db_exists==0){   //若数据库不重名
    mysql_query("create database $db_name");     //建立数据库
    echo "已经成功建立".$db_name."数据库";
}else{
    echo $db_name."数据库已存在，没有建立";
}
// 两秒后跳转到建库表单
echo '<meta http-equiv="refresh" content="2;url=create_db.html">'
?>
</body>
</html>
```

4.2.2 显示数据库列表

连接 MySQL 服务器后，就可以列出服务器上已经建立的数据库的数量与名称，如图 4-2 所示。将实现该功能的文件存储为 list_dbs.php，其网页程序代码如下。

```
<html>
<head>
<meta http-equiv="content-type" content="text/html;charset=utf-8" />
<title>显示已建立的数据库</title>
</head>
<body>
<?
$host="127.0.0.1";$user="root";$pwd="12345678";
$conn=mysql_connect($host,$user,$pwd);
$dbs=mysql_list_dbs($conn);
$dbs_count=mysql_num_rows($dbs);
echo "数据库服务器名：$host　用户名称：$user<br>";
echo "数据库个数：$dbs_count<br>";
echo "<table border=1>";
echo "<tr><th>序号</th><th>数据库名称</th></tr>";
for ($i=0;$i<$dbs_count;$i++){
    echo "<tr>";
    echo "<td align=center>".($i+1)."</td>";
    echo "<td>".mysql_tablename($dbs,$i)."</td>";   //单元格内显示数据库名
    echo "</tr>";
}
echo "</table>";
?>
</body>
</html>
```

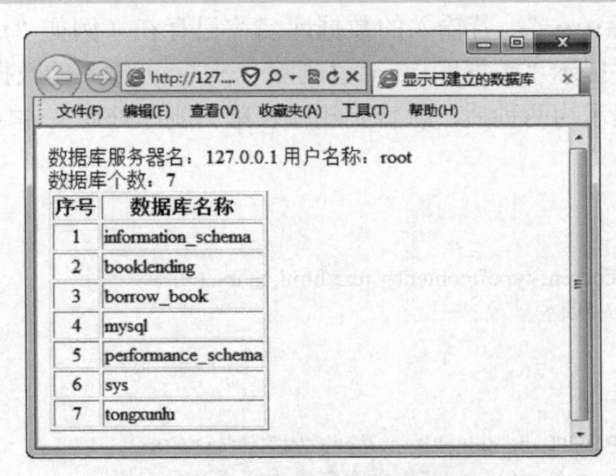

图 4-2　显示已建立的数据库个数和名称

4.2.3 删除数据库

1．删库表单（drop_db.html 文件）

设计删库表单如图 4-3 所示。删库表单文件存储为 drop_db.html，处理该表单数据的文件假设为 drop_db.php（即删库处理文件），则删库表单文件的网页代码如下。

```
<html>
<head>
<meta http-equiv="content-type" content="text/html;charset=utf-8" />
<title>删除数据库</title>
</head>
<body>
<form method="post" action="drop_db.php">
输入数据库名称<hr>
数据库名称：<input type="text" name="db_name">
<input type="submit" value="删除">
<p><a href="#">首页</a></p>
</form>
</body>
</html>
```

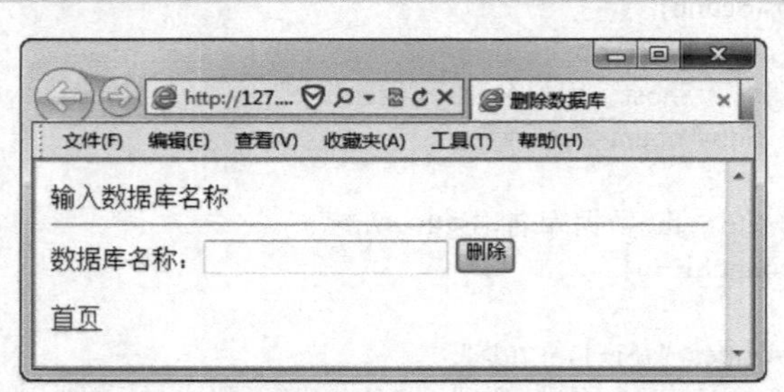

图 4-3　删库表单

2．删库操作（drop_db.php 文件）

在删库表单中单击“删除”按钮时，删库操作交由 drop_db.php 文件处理。若在删库表单中没有输入数据库名称，或数据库名称全由空格组成，则提示“数据库名称不能为空……”；若输入的数据库名称已存在（例如“borrow_book”），且为系统数据库名称，则提示“borrow_book 是系统数据库，不能删除……”；若输入的数据库名称已存在（例如“mm”），但不为系统数据库，则删除该数据库，并提示“数据库 mm 已删除……”；若输入的数据库名称不存在，则提示“数据库不存在……”。提示约两秒后，跳转到删库表单。删库处理文件 drop_db.php 的网页程序代码如下。

```
<html>
<head>
<meta http-equiv="content-type" content="text/html;charset=utf-8" />
<title>删除数据库</title>
</head>
<body>
<?
$db_name=trim($_POST["db_name"]);  //接收数据库名称的值
if (strlen(trim($db_name))==0){  //若数据库名称为空或全是空格
    echo "数据库名称不能为空……";
}else{
    $conn=mysql_connect("localhost","root","12345678");
    $dbs=mysql_list_dbs($conn);  //数据库名称列表
    $db_exist=0;  //数据库名称不存在
    for ($i=0;$i<mysql_num_rows($dbs);$i++){
        if (strcmp(mysql_table_name($dbs,$i),$db_name)==0){
```

```
                $db_exist=1;    //数据库名称存在
                break;    //跳出 for 循环
            }
        }
        if ($db_exist==1){    //若数据库存在
            //系统数据库不允许删除
            $sysDBs=array("mysql","test","phpmyadmin","information_schema",
                    "performance_schema","sys","booklending","borrow_book");
            $db_sys=0;    //不属于系统数据库名称
            for ($j=0;$j<count($sysDBs);$j++){
                if ($sysDBs[$j]==$db_name){
                    $db_sys=1;    //属于系统数据库名称
                    break;
                }
            }
            if ($db_sys==1){    //若属于系统数据库名称
                echo $db_name . "是系统数据库，不能删除……";
            }else{
                mysql_query("drop database $db_name");    //删除数据库
                echo "数据库" . $db_name . "已删除……";
            }
        }else{
            echo "数据库不存在……";
        }
    }
    ?>
    <meta http-equiv="refresh" content="2;url=drop_db.html">
    </body>
    </html>
```

4.3 PHP 维护 MySQL 数据表

4.3.1 建立数据表

1．建一个表（create_tb_book.php 文件）

假设要在 borrow_book 数据库中建立 book 数据表，建表文件存储为 create_tb_book.php，代码如下。

```
<html>
<head>
<meta http-equiv="Content-Type" content="text/html; charset=utf-8">
<title>建 book 表</title>
</head>
<body>
<?php
$db="borrow_book"; $tb="book";    //数据库和数据表
$host="localhost";$user="root";$pwd="12345678";
$conn=mysql_connect($host,$user,$pwd) or die("连接服务器失败。".mysql_error());
mysql_select_db($db);    //选择数据库
```

```
        //构造建表字符串$cmd
        $cmd="create table $tb(图书编号 varchar(5) not null primary key, 图书名称 varchar(40) not null, 内容提要 mediumtext, 作者 varchar(20) not null, 出版社 varchar(40), 定价 float, 类别 varchar(6), ISBN varchar(35), 版次 varchar(20), 库存数 int, 在库数 int, 在架位置 varchar(12))";
        if (mysql_query($cmd)){   //若执行建表操作返回 true
            echo "在".$db."数据库中成功建立".$tb."数据表";
        }else{
            echo "建表失败。".mysql_error();
        }
        ?>
        </body>
        </html>
```

说明：

1）$cmd 是建表字符串变量，为其赋值时字符串两端必须使用英文的双引号，这样，引号内的变量$tb 才能表示数据表“book”。

2）第一次执行 create_tb_book.php 文件时，则会在指定数据库中建立 book 表，并提示“在 borrow_book 数据库中成功建立 book 数据表”；之后每次运行均提示“建表失败。Table 'book' already exists”，主要是因为新建数据表不能重名。

2．建表表单——首页页面（create_tb.html 文件）

建立数据表，首先需要指定数据库名称及数据表名称、字段个数，然后提供各字段的字段名、字段类型、宽度、是否主键等信息，之后按要求在指定的数据库中建立相应的数据表。因此，可以采用 3 个文件来完成通用的建表操作：create_tb.html、create_tb_chk.php、create_tb_proc.php。

create_tb.html 文件是建表表单的首页页面，如图 4-4 所示。该页面主要用于输入数据库名称、数据表名称和字段个数，并验证这些数据的合理性。单击“提交”按钮时，若数据格式不正确，则进行相关提示并做相应处理；若数据合理，则交给 create_tb_chk.php 文件进行字段的设置。建表表单首页页面对应的文件 create_tb.html 的网页代码如下。

```
<!DOCTYPE HTML>
<html>
<head>
<meta http-equiv="Content-Type" content="text/html; charset=utf-8">
<title>建立数据库表</title>
<script language="javascript">
 function chk(){
    var reg=/^\s*$/;
    var reg2=/^[1-9][0-9]*$/;
    var obj=document.form1;
    if (reg.test(obj.db_name.value)||!isNaN(obj.db_name.value)){
       alert("数据库名称不能为空，也不能为纯数字");
       obj.db_name.value="";
       obj.db_name.focus();
       return false;
    }
    if (reg.test(obj.tb_name.value)||!isNaN(obj.tb_name.value)){
       alert("数据表名称不能为空，也不能为纯数字");
       obj.tb_name.value="";
       obj.tb_name.focus();
       return false;
```

```
        }
        if (!reg2.test(obj.fds_num.value)){
            alert("字段个数必须为正整数");
            obj.fds_num.value="";
            obj.fds_num.focus();
            return false;
        }
    }
</script>
</head>
<body>
<form name="form1" method="post" action="create_tb_chk.php" onSubmit="return chk()">
    <h3>建立数据表</h3>
    <hr color="#0000FF">
    <p>数据库名称：<input type="text" name="db_name" autofocus></p>
    <p>数据表名称：<input type="text" name="tb_name">
    </p>
    <p>字段个数：
        <input type="number" name="fds_num" id="fds_num">
    </p>
    <p>
        <input type="submit" name="btn1" value="提交">
        <input type="reset" name="btn2" value="重置">
    </p>
</form>
</body>
</html>
```

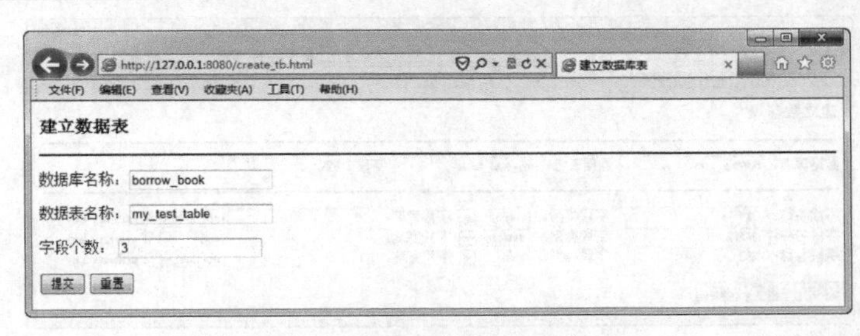

图 4-4 建表表单（首页页面）

说明：

1）单击“提交”按钮，表单提交时先执行 onSubmit 事件指定的 chk()函数或过程，主要验证表单数据是否合理，只有表单数据合理时才交由 create_tb_chk.php 文件处理。

2）chk()函数在 HTML 头部的<script>标记中进行定义，在“function chk(){}”的大括号内是函数或过程的代码。其中，“var reg=/^\s*$/;”描述了一个名为 reg 的变量（对象），其值是用正则表达式定义的空格字符串（由 0 个或若干个空格组成）；同理，“var reg2=/^[1-9][0-9]*$/;”定义了名为 reg2 的变量，其值是用正则表达式定义的一个不低于一位的数字串（要求第一位为非 0 数字）。chk()函数的主要功能是验证数据库名称、数据表名称、字段个数的值是否合理，若不合理，则相应提示“数据库名称不能为空，也不能为纯数字”“数据表名称不能为空，也不能为纯数字”“字段个数必须为正整数”，同时，相应的文本框清空并获得焦点，返回 false；若数据均合理，则自动返回 true。

3）代码中，“if (reg.test(obj.db_name.value) || !isNaN(obj.db_name.value)){}”表示，如果输入的数据库名称的值（对应于文本框“<input type="text" name="db_name" autofocus>”中的数据）匹配空格字符串，或者是数值，则进行相应处理；reg.test(obj.db_name.value)用于判断括号内的数据是否与 reg 对应的正则表达式匹配，匹配时值为 true；函数 isNaN(obj.db_name.value)用于判断括号内的值是否能转换为数值型数据，不能转换时值为 true；英文感叹号“!”属于非运算符，双竖线“||”表示或运算。

4）<form>是表单标记，“<input type="text" name="db_name" autofocus>”是文本框对象，autofocus 表示该对象在支持 HTML5 的浏览器执行时自动获得焦点。<input type="number">表示数值文本框，浏览器不支持时当作普通文本框对待。<input type="submit">表示提交按钮，单击时转到<form>标记中去执行 action 属性指定的文件（先执行表单的 onSubmit 事件）；<input type="reset">表示重置按钮，单击时重置表单。

3．建表表单——设置字段页面（create_tb_chk.php 文件）

在图 4-4 所示页面，单击“提交”按钮后，表单数据合理时将执行 create_tb_chk.php 文件。该文件的主要处理逻辑是，若接收到的数据库名称存在、数据表名称不存在，则按照接收的字段个数值，提供相应数目的字段信息输入区域，否则，进行相应提示。因此，该文件主要作用在于检验数据库名称、数据表名称是否存在，并提供数据表的字段设置区域（表单）。设计字段设置表单如图 4-5 所示，其中，数据库名、数据表名、字段个数对应的文本框是只读的，显示接收到的相应数据（合理时），不允许修改；字段名称、字段宽度对应的文本框中用于输入相应的数据；字段类型、是否允许 null 对应的下拉列表框（或称下拉选择框）用于选择输入相应数据；primary key 对应的复选框用于选择是否为主键。用于检验数据和设置字段的 create_tb_chk.php 文件的代码如下。

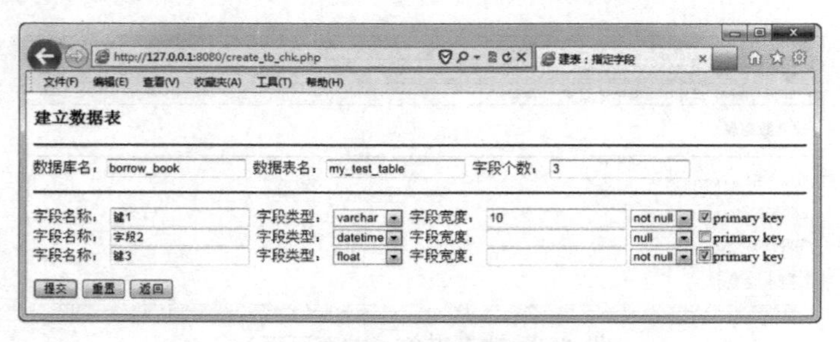

图 4-5 建表（字段设置页面）

```
<!DOCTYPE HTML>
<html>
<head>
<meta http-equiv="Content-Type" content="text/html; charset=utf-8">
<title>建表：指定字段</title>
</head>
<body>
<?php
$db_name=$_POST["db_name"];   //数据库名称
$tb_name=$_POST["tb_name"];   //数据表名称
$fds_num=$_POST["fds_num"];
$return="<br><a href='javascript:history.back()'>返回</a>";
$host="localhost";$user="root";$pwd="12345678";
```

```
$conn=mysql_connect($host,$user,$pwd);   //连接服务器
$dbs=mysql_list_dbs($conn);
$dbs_count=mysql_num_rows($dbs);
$db_exist=0;  //数据库名称不存在
for ($i=0;$i<$dbs_count;$i++){
  if (mysql_tablename($dbs,$i)==$db_name){
    $db_exist=1;  //数据库名称存在
    break;
  }
}
if ($db_exist!=1){
  echo "数据库‘".$db_name."’不存在".$return;
}else{
  $tbs=mysql_list_tables($db_name,$conn);
  $tbs_count=mysql_num_rows($tbs);
  $tb_exist=0;  //数据表名称不存在
  for ($i=0;$i<$tbs_count;$i++){
    if (mysql_tablename($tbs,$i)==$tb_name){
      $tb_exist=1;  //数据表名称存在
      break;
    }
  }
  if ($tb_exist==1){
    echo "数据表‘".$tb_name."’已存在".$return;
  }else{
?>
    <form name="fm1" action="create_tb_proc.php" method="post">
      <h3>建立数据表</h3>
      <hr color="blue">
      <p>数据库名：<input type="text" name="db_name"
                  value="<? echo $db_name;?>" readonly>
       数据表名：<input type="text" name="tb_name"
                  value="<? echo $tb_name;?>" readonly>
       字段个数：<input type="text" name="fds_num"
                  value="<? echo $_POST["fds_num"];?>" readonly></p>
      <hr color="blue">
      <p>
      <?for ($i=0;$i<$fds_num;$i++){?>
        字段名称：  <input name="fd_name[<? echo $i;?>]" type="text">
         字段类型：
        <select name="fd_type[<? echo $i;?>]">
           <option value="varchar" selected>varchar</option>
           <option value="datetime">datetime</option>
           <option value="float">float</option>
           <option value="int">int</option>
        </select>
         字段宽度：
        <input type="number" name="fd_width[<? echo $i;?>]">
        <select name="is_null[<? echo $i;?>]">
           <option value="null" selected>null</option>
           <option value="not null">not null</option>
```

```
				</select>
				<input name="is_key[<? echo $i;?>]" type="checkbox"
					value="primary key">primary key
				<br>	<!--每个字段占一行-->
			<?}?>
			</p>
			<p>
			<input name="submit" type="submit" value="提交">
			<input name="reset" type="reset" value="重置">
			<input type="button" name="rtn" value="返回"
				onclick="location.href='javascript:history.back()'">
			</p>
		</form>
	<?}?>
<?}?>
</body>
</html>
```

说明：

1）如果数据库名称 a 不存在，则提示“数据库‘a’不存在”和超链接“返回”；否则，当数据库名称存在时，若数据表名称 b 存在于数据库中，则提示“数据表‘b’已存在”和超链接“返回”，若数据表不存在时，允许在数据库中以此表名建立一个数据表，显示类似于图 4-5 所示的用于设置字段信息的表单。

2）“<?php…?>”和“<?…?>”均为 PHP 语句块，为 PHP 代码，其余为普通的 HTML 代码。

3）“$db_name=$_POST["db_name"];”用于接收数据库名称的值，其中 db_name 来自上一个表单（create_tb.html 文件的“<input type="text" name="db_name" autofocus>”文本框）。

4）“<input type="text" name="db_name" value="<? echo $db_name;?>" readonly>”表示只读文本框，显示数据库名称的值。

5）“<?for ($i=0;$i<$fds_num;$i++){?>…<?}?>”结构显示字段设置区域。其中，“<input name="fd_name[<? echo $i;?>]" type="text">”表示 name 属性值为 "fd_name[$i]" 的文本框（接收该文本框的值用 $_POST["fd_name"][$i] 表示，见下述 create_tb_proc.php 文件），此处用于输入第（$i+1）个字段的字段名称。例如，name 属性值是 "fd_name[0]" 的文本框用于输入第 1 个字段的字段名称（接收该文本框的值时用 $_POST["fd_name"][0]）。

6）<select>是列表框标记，size="1"（或该属性省略）时表示下拉列表框（或称下拉选择框）。其中，<option>标记的是下拉列表的项，含有 selected 的项默认被选中，其 value 属性的值即为下拉列表框选中该项时的值。

7）<input name="is_key[<? echo $i;?>]" type="checkbox" value="primary key">表示 name 属性值为 "is_key[$i]" 的复选框对象，选中时，其值为“primary key”。

8）<input type="button" onclick="location.href='javascript:history.back()'">表示普通按钮，单击时返回到上一网页页面。

9）单击“提交”按钮，表单数据交由 create_tb_proc.php 文件执行。

4．建表操作（create_tb_proc.php 文件）

在图 4-5 所示的字段设置表单中单击“提交”按钮，转至 create_tb_proc.php 页面。如果字段信息不符合建表条件，则进行相应提示，并要求返回字段设置表单进行修改；反之，字段信息符合建表条件时，执行建表操作，提示建表成功，经若干秒跳转到建表表单首页页面（图 4-4），以便继续建立数据表。建表处理文件 create_tb_proc.php 的程序代码如下。

```
<!DOCTYPE HTML>
<html>
<head>
<meta http-equiv="Content-Type" content="text/html; charset=utf-8">
<title>建表处理</title>
</head>
<body>
<?php
$return="<br><a href='javascript:history.back()'>返回</a>";
$fds_num=$_POST["fds_num"];
$can_create_tb=1;    //符合建表条件
for ($i=0;$i<$fds_num;$i++){
   if (trim($_POST["fd_name"][$i])==""){
      echo "字段名称不能为空".$return;
      $can_create_tb=0;   //不符合建表条件
      break;  //跳出循环
   }else{
      if (ereg(" +",trim($_POST["fd_name"][$i]))){
         echo "字段名称中间不能有空格".$return;
         $can_create_tb=0;   //不符合建表条件
         break;
      }
   }
   if ($_POST["fd_type"][$i]=="varchar"){
      if (!ereg("^[1-9][0-9]*$",trim($_POST["fd_width"][$i]))){
         echo "数据类型为 varchar 时，字段宽度必须为正整数".$return;
         $can_create_tb=0;   //不符合建表条件
         break;
      }
   }else{
      //该分支只是起强调作用，可以省略
      if (!ereg("^\s*$",trim($_POST["fd_width"][$i]))){
         echo "数据类型为 datetime、float、int 时，不填字段宽度".$return;
         $can_create_tb=0;   //不符合建表条件
         break;
      }
   }
   if ($_POST["is_key"][$i]=="primary key"){
      if ($_POST["is_null"][$i]=="null"){
         echo "选择 primary key 时，请选 not null".$return;
         $can_create_tb=0;   //不符合建表条件
         break;
      }
   }
}  //结束 for 循环
if ($can_create_tb==1){
   $db_name=$_POST["db_name"];  //数据库名称
```

```
	$tb_name=$_POST["tb_name"];	//数据表名称
	$host="localhost";$user="root";$pwd="12345678";
	$conn=mysql_connect($host,$user,$pwd);	//连接服务器
	mysql_select_db($db_name,$conn);	//连接数据库
	$k=0;	//主键个数初始化为 0
	//以下构造建表语句
	$cmd="create table $tb_name (";
	for ($i=0;$i<$fds_num;$i++){
		if ($i!=0){
			$cmd.=",";
		}
		$cmd.="	".$_POST["fd_name"][$i]."	". $_POST["fd_type"][$i];
		//上面等号之后双引号之间至少有一个空格
		//字段类型为 varchar 时指定宽度，其他字段类型采用默认字段宽度
		if ($_POST["fd_type"][$i]=="varchar"){
			$cmd.="(".$_POST["fd_width"][$i].")";
		}
		//不允许 NULL 时指定 not null 属性
		$cmd.="	".$_POST["is_null"][$i];	//等号之后双引号之间至少有一个空格
		//用数组保存主键所包含的字段
		if ($_POST["is_key"][$i]=="primary key"){
			$pri_key[$k]=$_POST["fd_name"][$i];	//第$k 个主属性
			$k++;
		}
	}
	if (count($pri_key)!=0){	//若有主键
		$cmd.=",	primary key(";
		for ($k=0;$k<count($pri_key);$k++){
			$cmd.="	".$pri_key[$k];	//等号之后双引号之间至少有一个空格
			if ($k!=count($pri_key)-1){$cmd.=",";}
		}
		$cmd.=")";
	}
	$cmd.=")";
	mysql_query("set names utf8");
	//执行建表语句
	if (mysql_query($cmd)){
		echo "在".$db_name."中成功创建‘".$tb_name."’表";
		echo "<meta http-equiv='refresh' content='3;url=create_tb.html'";
	}else{
		echo "建立数据表失败。".mysql_error();
		echo $return;
	}
}
?>
</body>
</html>
```

说明：

1）create_tb_proc.php 文件中的程序代码主要包括两大部分。第一部分是第一个 for 循环结

构，主要判断接收到的字段信息是否符合建表条件，如不符合，则显示提示信息和超链接“返回”。根据出错类型的不同，可能显示的提示信息包括：“字段名称不能为空”“字段名称中间不能有空格”“数据类型为 varchar 时，字段宽度必须为正整数”“数据类型为 datetime、float、int 时，不填字段宽度”“选择 primary key 时，请选 not null”。“if (trim($_POST["fd_name"][$i])=="")}{}”结构描述了表单（create_tb_chk.php 文件）中 name 属性值为 "fd_name[$i]" 的文本框的值去掉前后空格为空时如何处理，trim() 函数用于删掉字符串的前导空格和尾部空格。“if (ereg(" +",trim($_POST["fd_name"][$i]))){}”结构描述了接收到的字段名称中间有空格时如何处理，ereg(参数 1, 参数 2)是正则表达式匹配函数，参数 1 是正则表达式字符串，参数 2 与正则表达式匹配时返回 true，不匹配时返回 false；正则表达式中，加号“+”表示匹配 1 个或多个正好在它之前的那个字符或子模式，注意，加号与其左边引号之间有一个空格。正则表达式 "^[1-9][0-9]*$" 表示第一位是 1 至 9 的数字字符，若有第二位或更多位字符，每位只能是 0 至 9 的一个数字；其中 ^ 表示匹配字符串的开始，[ ] 表示匹配中括号内的任何一个字符，* 表示匹配 0 个或多个正好在它之前的那个字符或子模式，$ 表示匹配字符串的结尾。正则表达式 "^\s*$" 表示 0 个或多个空格，\s 表示空格，反斜杠 \ 是转义符。代码中，先假设字段信息符合建表条件，设置“$can_create_tb=1”，如果存在字段信息不符合建表条件，就将$can_create_tb 的值修改为 0。

2）第二部分是“if ($can_create_tb==1){}”结构，主要构造用于建立数据表的 create table 命令串（用变量$cmd 表示），并执行建表命令，提示操作结果。按图 4-5 设置字段信息，单击“提交”按钮，若正确执行建表命令，则提示“在 borrow_book 中成功创建 ‘my_test_table’ 表”（如图 4-6 所示），经 3 秒后跳转到建表表单首页，在 MySQL 命令行客户端查看表结构如图 4-7 所示；若建表操作出现异常，则提示“建立数据表失败”和出错类型及超链接“返回”。mysql_query($cmd)是执行$cmd 对应的建表操作，建表成功返回 true，建表失败返回 false。代码“echo "<meta http-equiv='refresh' content='3;url=create_tb.html'";”的作用是 3 秒后跳转到 create_tb.html 文件对应的网页。mysql_error()的作用是返回出错类型信息。

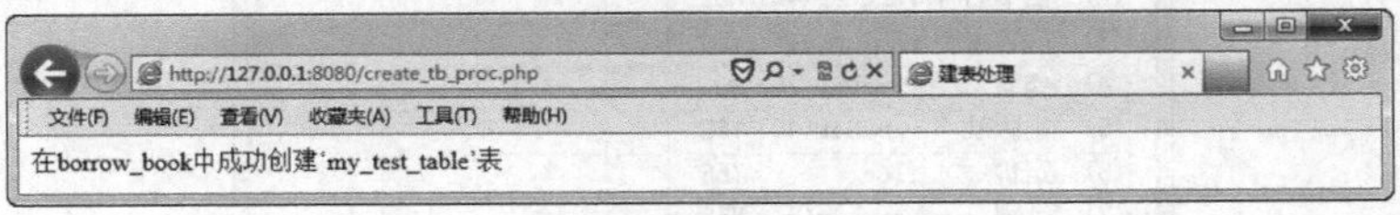

图 4-6　建表成功提示信息

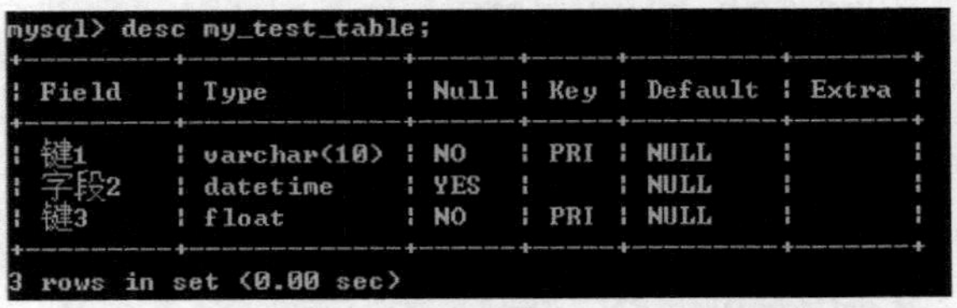

```
mysql> desc my_test_table;
+-------+-------------+------+-----+---------+-------+
| Field | Type        | Null | Key | Default | Extra |
+-------+-------------+------+-----+---------+-------+
| 键1   | varchar(10) | NO   | PRI | NULL    |       |
| 字段2 | datetime    | YES  |     | NULL    |       |
| 键3   | float       | NO   | PRI | NULL    |       |
+-------+-------------+------+-----+---------+-------+
3 rows in set (0.00 sec)
```

图 4-7　在 MySQL 命令行客户端查看所建表的结构

4.3.2　显示数据表结构

若要显示数据库中各数据表的结构，设计图 4-8 所示的表单。输入数据库名称（假设输入“booklending”），单击“提交”按钮时，系统返回结果如图 4-9 所示。将用于显示表结构的表单存储为 tb_stru.html 文件，显示表结构的页面（返回结果页面）存储为 tb_stru.php 文件，

tb_stru.html 文件的网页代码如下。

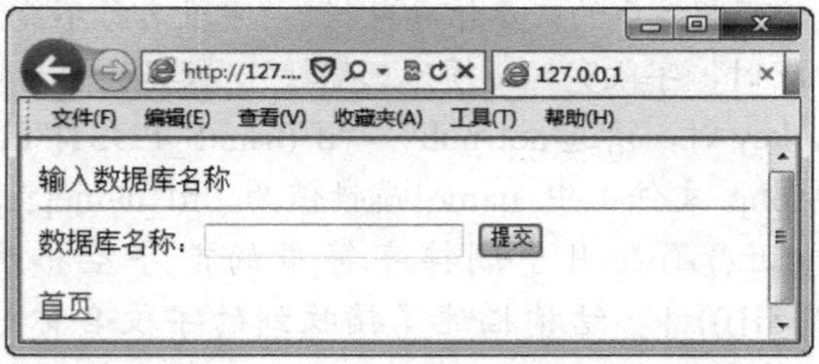

图 4-8　输入数据库名称

```
<form method="post" action="tb_stru.php">
    输入数据库名称<hr>
    数据库名称：<input type="text" name="db_name">
    <input type="submit" value="提交">
    <p><a href="#">首页</a></p>
</form>
```

在图 4-8 所示表单中，输入数据库名称，单击“提交”按钮时，由 tb_stru.php 文件进行处理，若数据库名称为空字符串或仅由空格组成，则提示“数据库名称不能为空……”，两秒后自动跳转到表单；若数据库名称存在，则按图 4-9 所示的格式显示各数据表的结构，单击“返回”超链接可返回到表单；若数据库名称不存在，则提示“数据库不存在，跳转……”，两秒后自动跳转到表单。实现此功能的 tb_stru.php 文件的网页程序代码如下。

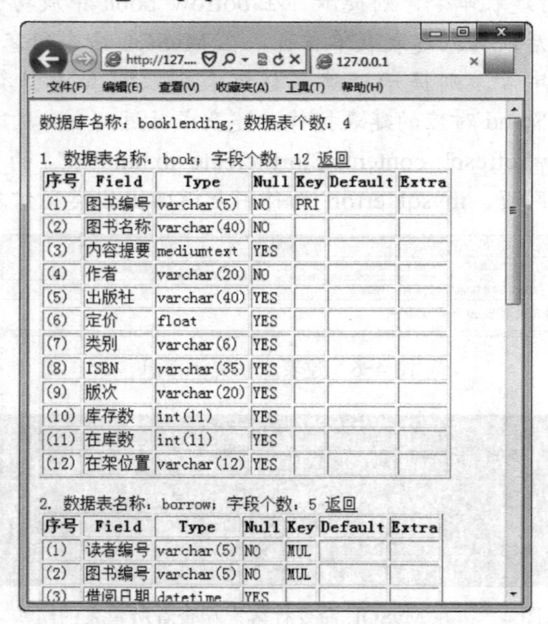

图 4-9　显示数据库中各数据表的结构

```
<?php
header("content-type:text/html;charset=gb2312");
$refresh="<meta http-equiv='refresh' content='2;url=tb_stru.html'>";
$db_name=trim($_POST["db_name"]);      //接收数据库名称的值
if (strlen(trim($db_name))==0){      //若数据库名称为空格
    echo "数据库名称不能为空……".$refresh;
```

```
}else{
    // 判断数据库是否存在
    $host="localhost";$user="root";$pwd="12345678";
    $conn=mysql_connect($host,$user,$pwd);
    mysql_query("set names gb2312");
    $dbs=mysql_list_dbs($conn);     //数据库名称列表
    $dbs_count=mysql_num_rows($dbs);     //数据库个数
    $db_exist=0;
    for ($k=0;$k<$dbs_count;$k++){
        if (mysql_table_name($dbs,$k)==$db_name){
            $db_exist=1;
            break;
        }
    }
    // 如果数据库存在，则显示结果，否则提示数据库不存在并跳转页面
    if ($db_exist==1){
        $tbs=mysql_list_tables($db_name,$conn);     //数据表名称列表
        $tbs_count=mysql_num_rows($tbs);             //数据表个数
        echo "<p>数据库名称：$db_name; 数据表个数：$tbs_count</p>";
        for ($i=0;$i<$tbs_count;$i++){
            $tb_name=mysql_table_name($tbs,$i);     //数据表名称
            //显示序号和数据表名称
            echo ($i+1).". 数据表名称：".$tb_name."；";
            //取得表的结构作为数据集，一条记录描述或定义一个字段
            $data=mysql_query("desc $tb_name");
            //获得$data 的记录个数，即$tb_name 的字段个数
            $rec_count=mysql_num_rows($data);
            //$data 的字段个数
            $fds_count=mysql_num_fields($data);
            echo "字段个数：$rec_count   <a href='tb_stru.html'>返回</a><br>";
            echo "<table border=1>";
            echo "<tr><th>序号</th>";
            for ($k=0;$k<$fds_count;$k++){
                echo "<th>".mysql_field_name($data,$k)."</th>";
            }
            echo "</tr>";
            for ($j=0;$j<$rec_count;$j++){
                echo "<tr>";
                echo "<td>(".($j+1).")</td>";
                $rec=mysql_fetch_array($data);
                //$data 的一条记录就是$tb_name 表的一个字段
                //$rec 各字段的值对应于$tb_name 表的一个字段的各种信息
                for ($k=0;$k<$fds_count;$k++){
                    if ($rec[$k]!=""){
                        echo "<td>$rec[$k]</td>";
                    }else{
                        //值为空时用空格填充单元格
                        echo "<td> </td>";
                    }
                }
                echo "</tr>";
```

```
            }
            echo "</table>";
            echo "<br>";
        }
    }else{
        echo "数据库不存在，跳转……".$refresh;
    }
}
?>
```

说明：

1）“header("content-type:text/html;charset=gb2312");”表示使用 gb2312 编码，该语句与“mysql_query("set names gb2312");”配合，使中文不会出现乱码。

2）tb_stru.php 文件的主要功能是，接收数据库名称的值，并按照 MySQL 客户端命令“desc 数据表名”的执行结果，来显示数据库中各数据表的结构。

4.3.3 修改数据表结构

1．增加、修改、删除字段（field_add.php、field_change.php、field_drop.php）

假设在 borrow_book 数据库、reader 表中增加“微信号”字段，字段类型为 char，宽度为 20，实现此功能的文件为 field_add.php，则该文件的 PHP 程序代码如下。

```
<!DOCTYPE HTML>
<html>
<head>
<meta http-equiv="Content-Type" content="text/html; charset=utf-8">
<title>表结构</title>
</head>
<body>
<?php
$db_name="borrow_book";$tb_name="reader";
$host="localhost";$user="root";$pwd="12345678";
$conn=mysql_connect($host,$user,$pwd);
mysql_select_db($db_name,$conn);
mysql_query("set names utf8");
$cmd="alter table reader add 微信号 char(20)";
mysql_query($cmd) or die("操作失败。".mysql_error());
echo "操作成功";
?>
</body>
</html>
```

如果要将 borrow_book 数据库、reader 表中的“微信号”字段的数据类型修改为 varchar，宽度修改为 30，且改为 NOT NULL 字段，只需将上述 field_add.php 文件的代码中“$cmd="alter table reader add 微信号 char(20)";”修改为“$cmd="alter table reader change 微信号 微信号 varchar(30) not null";”，将文件另存为 field_change.php，再运行 field_change.php 即可。

如果要将 borrow_book 数据库、reader 表中的“微信号”字段删除，只需将上述 field_add.php 文件的代码中“$cmd="alter table reader add 微信号 char(20)";”修改为“$cmd="alter table reader drop 微信号";”，将文件另存为 field_drop.php，再运行 field_drop.php 即可。

2．修改数据表结构——选择操作类型表单(modi_tb_stru.html)

数据表结构的修改包括在数据表中增加字段、修改字段和删除字段等操作类型。修改数据表结构必须指定数据库名称、数据表名称和操作类型，因此设计表结构修改表单如图 4-10 所示，对应的表单文件保存为 modi_tb_stru.html。当选择操作类型、单击“提交”按钮时，将转到用于校验数据和指定字段的文件 modi_tb_stru_chk.php 进行处理，并按照所选操作类型显示出对应的操作界面（如图 4-11 至图 4-13）；指定待增加、修改或删除的字段信息，再单击“提交”按钮时，将由表结构修改处理文件 modi_tb_stru_proc.php 完成字段的增、改、删操作。表单文件 modi_tb_stru.html 的网页代码对应如下。

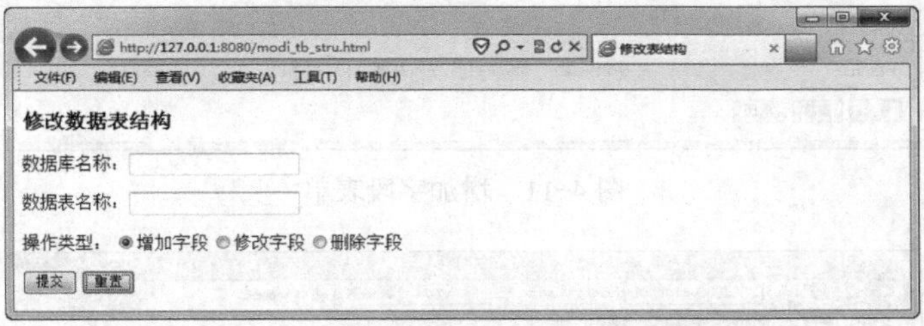

图 4-10　修改表结构——选择操作类型的表单

```
<!DOCTYPE HTML>
<html>
<head>
<meta http-equiv="Content-Type" content="text/html; charset=utf-8">
<title>修改表结构</title>
</head>
<body>
<form name="form1" method="post" action="modi_tb_stru_chk.php">
  <h3>修改数据表结构</h3>
  <p>数据库名称：<input type="text" name="db_name" autofocus></p>
  <p>数据表名称：<input type="text" name="tb_name">
  </p>
  <p>操作类型：
    <input type="radio" name="oper" value="增加字段" checked>增加字段
    <input type="radio" name="oper" value="修改字段">修改字段
    <input type="radio" name="oper" value="删除字段">删除字段
  </p>
  <p>
    <input type="submit" name="btn1" value="提交">
    <input type="reset" name="btn2" value="重置">
  </p>
</form>
</body>
</html>
```

3．修改数据表结构——指定字段操作(modi_tb_stru_chk.php)

在图 4-10 所示表单中，输入数据库名称和数据表名称，选择操作类型后，单击“提交”按钮，表单数据交由 modi_tb_stru_chk.php 文件处理，该文件的主要作用包括：

- 判断接收到的数据库名称 a 和数据表名称 b 是否存在，若不存在，则分别提示“数据库‘a’不存在”“数据表‘b’不存在”，并提供“返回”超链接；

- 如果数据库（如 borrow_book 库）和数据表（如 reader 表）都存在，则按照接收的操作类型显示相应的操作表单，增加字段、修改字段、删除字段表单分别如图 4-11 至图 4-13 所示，其中数据库名称、数据表名称、操作类型对应的文本框均为只读文本框，并显示接收到的对应值；

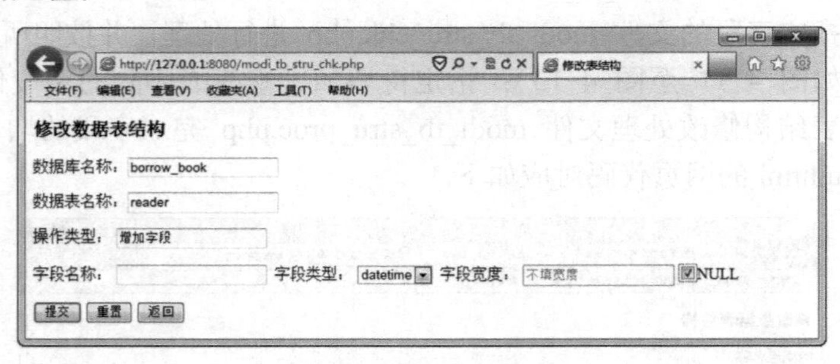

图 4-11　增加字段表单

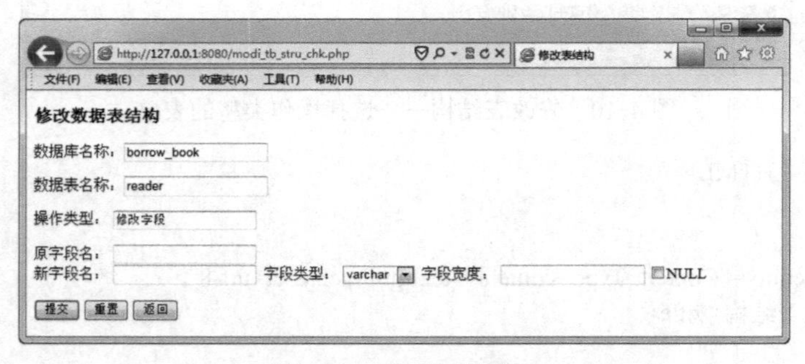

图 4-12　修改字段表单

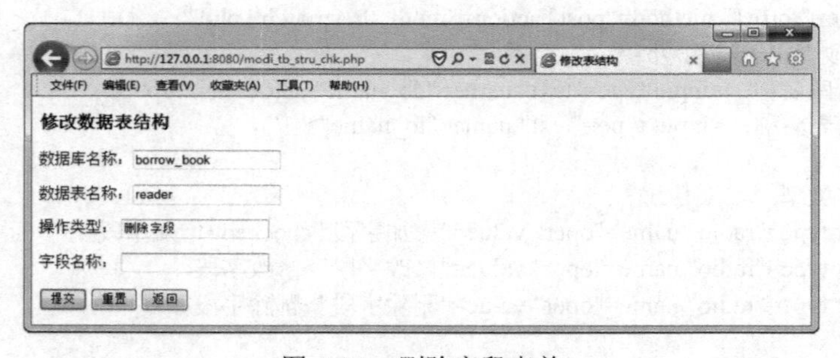

图 4-13　删除字段表单

- 增加字段表单可输入待增加字段的字段名称、选择字段类型、输入字段宽度、选择是否允许 NULL，修改字段表单则允许输入原字段名（待修改字段名）和新字段名（修改后的字段名）、选择字段类型、输入字段宽度、选择是否允许 NULL，删除字段表单允许输入待删除字段的字段名称；
- 字段类型通过下拉选择框（或下拉列表框）选择，本例列出 varchar、datetime、float、int 等类型供选择（还可根据需要增加其他数据类型），若选择 datetime、float 或 int 类型，则字段宽度对应的文本框被禁用，且显示“不填宽度”；若选择 varchar 类型，则字段宽度文本框被清空，允许且必须输入正确的字段宽度；
- 单击“提交”按钮时，先检查字段名称（或原字段名）是否为空或是否为数值，既不是空格串也不是数字串时才提交给 modi_tb_stru_proc.php 文件进行相应的操作处理。由此可见，modi_tb_stru_chk.php 文件主要用于检验相关数据和指定用于增加、修改、删除操作的字段，该文件的 PHP 程序代码如下。

```
<!DOCTYPE HTML>
<html>
<head>
<meta http-equiv="Content-Type" content="text/html; charset=utf-8">
<title>修改表结构</title>
<script language="javascript">
  <!--
  function sele(){   //选择字段类型
   var obj=document.fm1;
   if (obj.fd_type.value=="varchar"){
      obj.fd_width.value="";
      obj.fd_width.disabled=false;
      obj.fd_width.focus();
   }else{
      obj.fd_width.value="不填宽度";
      obj.fd_width.disabled=true;
   }
  }
  function chk(obj){   //检验字段宽度
   reg=/^[1-9][0-9]*$/;
   if (!reg.test(obj.value)){
      alert("宽度不对");
      obj.value="";
      obj.focus();
      return false;
   }
  }
  function chk_fd_name(){   //检验字段名称
   var obj=document.fm1;
   var reg=/^\s*$/;
   if (reg.test(obj.fd_name.value) || !isNaN(obj.fd_name.value)){
      if (obj.oper.value!="修改字段"){
         alert("字段名称不能为空，也不能为数值");
      }else{
         alert("原字段名不能为空，也不能为数值");
      }
      obj.fd_name.value="";
      obj.fd_name.focus();
      return false;
   }
  }
  -->
</script>
</head>
<body>
<?php
$db_name=$_POST["db_name"];   //数据库名称
$tb_name=$_POST["tb_name"];   //数据表名称
$return="<br><a href='javascript:history.back()'>返回</a>";
```

```
$host="localhost";$user="root";$pwd="12345678";
$conn=mysql_connect($host,$user,$pwd);  //连接服务器
$dbs=mysql_list_dbs($conn);
$dbs_count=mysql_num_rows($dbs);
$db_exist=0;  //数据库名称不存在
for ($i=0;$i<$dbs_count;$i++){
  if (mysql_tablename($dbs,$i)==$db_name){
    $db_exist=1;  //数据库名称存在
    break;
  }
}
if ($db_exist!=1){
  echo "数据库'".$db_name."'不存在".$return;
}else{
  $tbs=mysql_list_tables($db_name,$conn);
  $tbs_count=mysql_num_rows($tbs);
  $tb_exist=0;  //数据表名称不存在
  for ($i=0;$i<$tbs_count;$i++){
    if (mysql_tablename($tbs,$i)==$tb_name){
      $tb_exist=1;  //数据表名称存在
      break;
    }
  }
  if ($tb_exist!=1){
    echo "数据表'".$tb_name."'不存在".$return;
  }else{
?>
    <form name="fm1" action="modi_tb_stru_proc.php" method="post"
    onSubmit="return chk_fd_name()">
      <h3>修改数据表结构</h3>
      <p>数据库名称：<input type="text" name="db_name"
                  value="<? echo $db_name;?>" readonly></p>
      <p>数据表名称：<input type="text" name="tb_name"
                  value="<? echo $tb_name;?>" readonly></p>
      <p>操作类型： <input type="text" name="oper"
                  value="<? echo $_POST["oper"];?>" readonly></p>
      <p>
      <?if ($_POST["oper"]!="修改字段"){?>
         字段名称：
      <?}else{?>
         原字段名：
      <?}?>
      <input name="fd_name" type="text">
      <?if ($_POST["oper"]=="修改字段"){?>
        <br>新字段名： <input name="fd_name_new" type="text">
      <?}?>
      <?if ($_POST["oper"]!="删除字段"){?>
         字段类型：
        <select name="fd_type" onChange="sele()">
          <option value="varchar" selected>varchar</option>
          <option value="datetime">datetime</option>
```

```
                <option value="float">float</option>
                <option value="int">int</option>
            </select>
             字段宽度：
            <input type="number" name="fd_width" onBlur="chk(this)">
            <input name="is_null" type="checkbox" value="NULL">NULL
        <?}?>
        </p>
        <p>
        <input name="submit" type="submit" value="提交">
        <input name="reset" type="reset" value="重置">
        <input type="button" name="rtn" value="返回"
            onclick="location.href='javascript:history.back()'">
        </p>
    </form>
  <?}?>
<?}?>
</body>
</html>
```

4．执行表结构修改操作（modi_tb_stru_proc.php 文件）

在增加、修改或删除字段的表单中，指定相关字段及参数，单击“提交”按钮，数据进行相关检验后，交由 modi_tb_stru_proc.php 文件进行修改表结构的操作，包括增加、修改和删除字段。该文件执行各种操作的处理流程大致是：

1）首先判断接收到的字段名称 c 在数据表 b 中是否存在，对于增加字段操作，若待增加的字段 c 已存在于数据表中，则提示“b 表中已存在待增加字段‘c’”和超链接“返回”；反之，将按照接收到的字段属性值在数据表中增加一个字段，并提示“增加字段成功”，约 3 秒后跳转到图 4-10 所示的选择操作类型表单。

2）对于修改字段操作，若原字段名（对应于增加、删除字段操作中的字段名称）存在，则先判断新字段名是否存在于数据表且不等于原字段名，如果新字段名 d 存在于数据表 b 且不等于原字段名 c，就提示“b 表中已存在新字段名‘d’”和超链接“返回”；但如果新字段名等于原字段名，或新字段名不存在，只要接收到的新字段名称、类型、宽度等的数据均符合格式化要求，就会正确修改字段，并提示“修改字段成功”，约 3 秒后跳转到图 4-10 所示的选择操作类型表单；其他情况也都会进行相关提示。

3）对于删除字段操作，若待删除的字段 c 存在，则在数据表 b 中将指定的字段删除，并提示“删除字段成功”，约 3 秒后跳转到图 4-10 所示的选择操作类型表单；否则提示“b 表中无待删除字段‘c’”和超链接“返回”。执行表结构修改操作的文件（modi_tb_stru_proc.php）中的程序代码如下。

```
<!DOCTYPE HTML>
<html>
<head>
<meta http-equiv="Content-Type" content="text/html; charset=utf-8">
<title>修改表结构</title>
</head>
<body>
<?
```

```
$db_name=$_POST["db_name"];   //数据库名称
$tb_name=$_POST["tb_name"];   //数据表名称
$oper=$_POST["oper"];  //操作类型
$fd_name=$_POST["fd_name"];   //字段名称
$return="<br><a href='javascript:history.back()'>返回</a>";
$refresh="<meta http-equiv='refresh' content='3;url=modi_tb_stru.html'";
$host="localhost";$user="root";$pwd="12345678";
$conn=mysql_connect($host,$user,$pwd);   //连接服务器
mysql_select_db($db_name,$conn);   //连接数据库
$data=mysql_query("select * from $tb_name");
$fds_count=mysql_num_fields($data);   //字段个数
//判断字段是否已存在
$fd_exist=0;  //字段不存在
for ($i=0;$i<$fds_count;$i++){
   if (mysql_field_name($data,$i)==$fd_name){
      $fd_exist=1;  //字段存在
      break;
   }
}
?>
<?
//增加字段
if ($oper=="增加字段"){
   if ($fd_exist==1){
      echo $tb_name."表中已存在待增加字段'".$fd_name."'";
      echo $return;
   }else{  //字段名不重复时增加字段
      $fd_type=$_POST["fd_type"];   //字段类型
      $fd_width=$_POST["fd_width"];   //字段宽度
      $is_null=$_POST["is_null"];   //允许 NULL
      $cmd="alter table $tb_name add $fd_name $fd_type";
      if ($fd_type=="varchar"){
         if (strlen($fd_width)==0){
            die("字段宽度不能为空".$return);
         }else{
            $cmd.="($fd_width)";
         }
      }
      if ($is_null!="NULL"){$cmd.=" not null";}
      mysql_query($cmd) or die ($oper."失败。".mysql_error().$return);
      echo $oper."成功".$refresh;
   }
}
//增加字段结束
?>
<?
//修改字段
if ($oper=="修改字段"){
   if ($fd_exist==1){
```

```
        $fd_name_new=trim($_POST["fd_name_new"]);    //新字段名
        $fd_exist_new=0;    //新字段名等于原字段名或不存在
        for ($i=0;$i<$fds_count;$i++){
          if (mysql_field_name($data,$i)==$fd_name_new){
            if ($fd_name_new!=$fd_name){
              $fd_exist_new=1;   //新字段名存在但不等于原字段名
              break;
            }
          }
        }
        if ($fd_exist_new==1){    //若新字段名已存在且不等于原字段名
          echo $tb_name."表中已存在新字段名‘".$fd_name_new."’";
          echo $return;
        }else{ //原字段名存在，新字段名等于原字段名或新字段名不存在时修改字段
          $fd_type=$_POST["fd_type"];   //字段类型
          $fd_width=$_POST["fd_width"];   //字段宽度
          $is_null=$_POST["is_null"];   //允许 NULL
          if (ereg("(^[0-9]{1})|([    +])",$fd_name_new)){
            echo "新字段名第一个字符不能为数字，名称中间不能有空".$return;
          }else{
            $cmd="alter table $tb_name change $fd_name $fd_name_new $fd_type";
            if ($fd_type=="varchar"){
              if (strlen($fd_width)==0){
                die("字段宽度不能为空".$return);
              }else{
                $cmd.="($fd_width)";
              }
            }
            if ($is_null!="NULL"){$cmd.=" not null";}
            mysql_query($cmd) or die ($oper."失败。".mysql_error().$return);
            echo $oper."成功".$refresh;
          }
        }
      }else{
        echo $tb_name."表中无待修改字段‘".$fd_name."’";
        echo $return;
      }
    }
    //修改字段结束
    ?>
    <?
    //删除字段
    if ($oper=="删除字段"){
      if ($fd_exist==1){   //字段名存在时删除字段
        $cmd="alter table $tb_name drop $fd_name";
        mysql_query($cmd) or die ($oper."失败。".mysql_error().$return);
        echo $oper."成功".$refresh;
      }else{
        echo $tb_name."表中无待删除字段‘".$fd_name."’";
```

```
        echo $return;
    }
}
//删除字段结束
?>
</body>
</html>
```

4.3.4 删除数据表

1．删表表单（drop_tb.html 文件）

删除数据表是指删除指定数据库中的数据表。用于删除数据表的删表表单如图 4-14 所示。输入数据库名称、数据表名称，单击“删除”按钮时，由 drop_tb.php 文件执行删除数据表的操作。删表表单文件为 drop_db.html，该文件的网页代码如下。

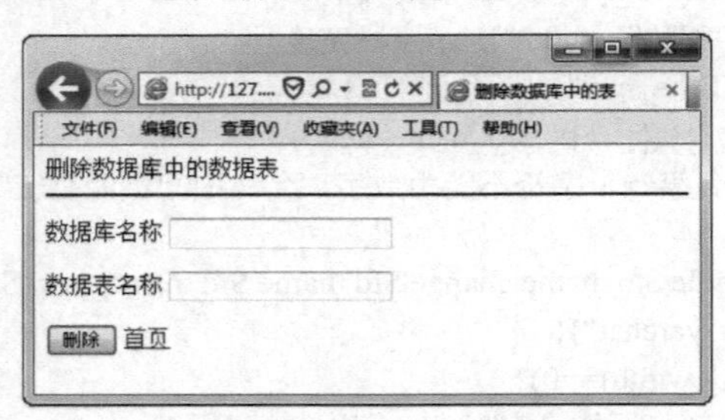

图 4-14　删表表单

```
<!DOCTYPE HTML>
<html>
<head>
<meta http-equiv="Content-Type" content="text/html; charset=utf-8">
<title>删除数据库中的表</title>
</head>
<body>
删除数据库中的数据表
<hr color="blue">
<form id="form1" name="form1" method="post" action="drop_tb.php">
  <p>数据库名称
  <input type="text" name="db_name" id="db_name">
  </p>
  <p>数据表名称
    <input type="text" name="tb_name" id="tb_name">
  </p>
  <p>
    <input type="submit" name="bt" id="bt" value="删除">
    <a href="#">首页</a>
  </p>
</form>
</body>
</html>
```

2．执行删表操作（drop_tb.php 文件）

在图 4-14 所示的删表表单，输入数据库名称、数据表名称，单击“删除”按钮时，由

drop_tb.php 文件执行删表操作。如果数据库名称（假设为 xx）或数据表名称（假设为 yy）不正确，则会根据相应的情况分别提示“数据库名称、数据表名称均不能为空”“xx 数据库不存在”“xx 是系统数据库，不能删除”“yy 数据表不存在”，并带有“返回”超链接（可返回到删表表单，含有上次输入的数据）；只有当数据库名称存在且不为系统数据库，数据表名称也存在时才删除数据表，并提示删表成功和提供“返回”超链接（可返回到删表表单，不含上次输入的数据）。删表操作文件 drop_tb.php 的网页程序代码如下。

```
<!DOCTYPE HTML>
<html>
<head>
<meta http-equiv="Content-Type" content="text/html; charset=utf-8">
<title>删表处理</title>
</head>
<body>
<?php
$db_name=trim($_POST["db_name"]);
$tb_name=trim($_POST["tb_name"]);
$return="<br><a href='javascript:history.back()'>返回</a>";
//检查数据库名称、数据表名称是否为空
if (strlen($db_name)==0 || strlen($tb_name)==0){
    print "数据库名称、数据表名称均不能为空".$return;
}else{
    //检查数据库是否存在
    $conn=mysql_connect("localhost","root","12345678");
    $dbs=mysql_list_dbs($conn);
    $dbs_count=mysql_num_rows($dbs);
    $db_exist=0;  //表示数据库不存在
    for ($i=0;$i<$dbs_count;$i++){
        if (mysql_tablename($dbs,$i)==$db_name){
            $db_exist=1;  //表示数据库存在
            break;
        }
    }
    if ($db_exist==1){  //若数据库存在
        //检查是否系统数据库
        $is_sys_db=0;  //表示不是系统数据库
        $sys_dbs=array("mysql","test","phpmyadmin","information_schema",
                "performance_schema","sys","booklending","borrow_book");
        $sys_dbs_count=count($sys_dbs);
        for ($i=0;$i<$sys_dbs_count;$i++){
            if ($sys_dbs[$i]==$db_name){
                $is_sys_db=1;  //表示是系统数据库
                break;
            }
        }
        if ($is_sys_db!=1){  //若不是系统数据库
            //检查数据表是否存在
            mysql_select_db($db_name,$conn);
            $tbs=mysql_list_tables($db_name,$conn);
            $tbs_count=mysql_num_rows($tbs);
```

```
                $tb_exist=0;   //表示数据表不存在
                for ($i=0;$i<$tbs_count;$i++){
                    if (mysql_tablename($tbs,$i)==$tb_name){
                        $tb_exist=1;   //表示数据表存在
                        break;
                    }
                }
                if ($tb_exist==1){   //若数据表存在，则删除数据表
                    $cmd="drop table if exists $db_name.$tb_name";
                    mysql_query($cmd);
                    print "删除数据表".$tb_name."成功";
                    print "<br><a href='drop_tb.html'>返回</a>";
                }else{
                    print $tb_name."数据表不存在".$return;
                }
            }else{
                print $db_name."是系统数据库，不能删除".$return;
            }
        }else{
            print $db_name."数据库不存在".$return;
        }
    }
    ?>
    </body>
    </html>
```

4.4 PHP 维护 MySQL 数据表的记录

4.4.1 插入、修改与删除记录

1. 插入记录（insert_data.php 文件）

假设向 borrow_book 数据库的 book 表中插入一条记录，执行此操作的文件为 insert_data.php，该文件的 PHP 程序代码如下。

```
<!DOCTYPE HTML>
<html>
<head>
<meta http-equiv="Content-Type" content="text/html; charset=utf-8">
<title>操作数据表</title>
</head>
<body>
<?php
$db_name="borrow_book";$tb_name="book";
$host="localhost";$user="root";$pwd="12345678";
$conn=mysql_connect($host,$user,$pwd);
mysql_select_db($db_name,$conn);
$cmd="insert into $tb_name(图书编号,图书名称,内容提要,作者,出版社,定价,类别,ISBN,版次,库存数,在库数,在架位置) values('T0001', 'Web 数据库技术及应用', '本书在介绍……', '李国红', '清华大学出版社', 39.00, '计算机', '978-7-302-46903-2', '2017 年 7 月第 2 版', 20, 10, '02-A-01-0001')";
```

```
mysql_query($cmd) or die("操作失败。".mysql_error());
echo "操作完成";
?>
</body>
</html>
```

说明：

1）变量$cmd 对应于 SQL（结构化查询语言）的插入语句，本身是一个字符串，因此，插入语句两端用英文的双引号括住（不能用单引号，因为该插入语句内部的$tb_name 是变量，变量名可以在双引号之间，而不能在单引号内），双引号内的引号需使用单引号。

2）由于是插入一条具体记录，图书编号又是主键，所以，该文件（insert_data.php）第一次运行时，会将记录正确插入数据表，并提示“操作完成”；再次运行时，则提示“操作失败。Duplicate entry 'T0001' for key 'PRIMARY'”，并且也不会插入记录。

3）可以修改$cmd 表示的插入语句，通过运行插入其他记录，注意，图书编号的值不能重复。

2．修改记录（update_data.php 文件）

修改记录的 PHP 代码与插入记录相似。将 insert_data.php 文件另存为 update_data.php，将代码中$cmd 对应的插入语句替换为用于更新记录的 update 语句，即可变为用于修改记录的 PHP 文件。例如，要将图书编号为“T0001”的图书在架位置修改为“02-B-02-0002”，只需将 insert_data.php 文件中为$cmd 赋值的语句修改成以下代码：

```
$cmd="update $tb_name set 在架位置='02-B-02-0002' where 图书编号='T0001'";
```

说明：修改记录只是对满足条件的记录进行修改，若数据表中没有满足条件的记录，则不能修改记录。

3．删除记录（delete_data.php 文件）

删除记录的 PHP 代码也与插入记录相似，将 insert_data.php 文件另存为 delete_data.php，将代码中$cmd 对应的插入语句替换为删除语句即可。例如，要删除图书编号为“T0001”的图书记录，只需将 insert_data.php 文件中为$cmd 赋值的语句修改成以下代码：

```
$cmd="delete from $tb_name where 图书编号='T0001'";
```

说明：删除记录只是对满足条件的记录进行删除，若数据表中没有满足条件的记录，则不能删除记录。

4.4.2 显示与查询记录

1．显示记录（disp_record.php 文件）

假设要显示 borrow_book 数据库、book 数据表中的记录，执行该操作的文件为 disp_record.php，该文件的 PHP 程序代码如下，运行结果如图 4-15 所示。如果表中无记录，则会显示“borrow_book.book 表中无记录”。

```
<!DOCTYPE HTML>
<html>
<head>
<meta http-equiv="Content-Type" content="text/html; charset=utf-8">
<title>记录</title>
</head>
<body>
```

```
<?php
$db_name="borrow_book";$tb_name="book";
$host="localhost";$user="root";$pwd="12345678";
$conn=mysql_connect($host,$user,$pwd);
mysql_select_db($db_name,$conn);
$sql="select * from $tb_name";
$data=mysql_query($sql);
$rec_count=mysql_num_rows($data);
if ($rec_count>0){
    echo "<table border='1'>";
    echo "<caption>";
    echo "<font size=5 color='blue' face='隶书'>记录</font>";
    echo "</caption>";
    echo "<tr><th>图书编号</th><th>图书名称</th><th>内容提要</th>";
    echo "<th>作者</th><th>出版社</th><th>定价</th><th>类别</th>";
    echo "<th>ISBN</th><th>版次</th><th>库存数</th><th>在库数</th>";
    echo "<th>在架位置</th></tr>";
    for ($i=0;$i<$rec_count;$i++){
        $rec=mysql_fetch_array($data);
        echo "<tr>";
        echo "<td>$rec[图书编号]</td><td>$rec[图书名称]</td>";
        echo "<td>$rec[内容提要]</td><td>$rec[作者]</td>";
        echo "<td>$rec[出版社]</td><td>$rec[定价]</td>";
        echo "<td>$rec[类别]</td><td>$rec[ISBN]</td>";
        echo "<td>$rec[版次]</td><td>$rec[库存数]</td>";
        echo "<td>$rec[在库数]</td><td>$rec[在架位置]</td>";
        echo "</tr>";
    }
    echo "</table>";
}else{
    echo "$db_name.$tb_name"."表中无记录";
}
?>
</body>
</html>
```

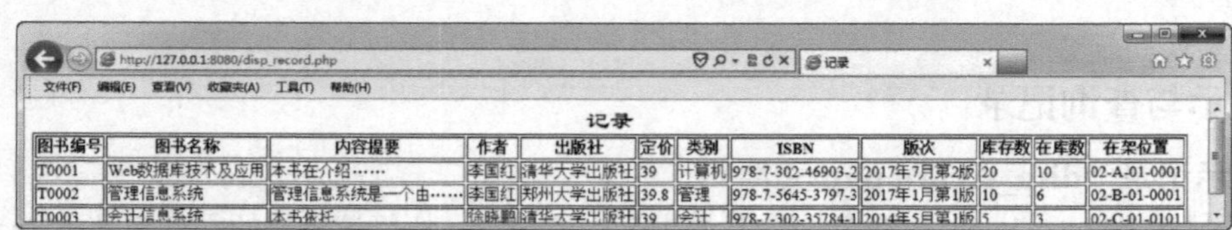

图 4-15 显示表中记录

说明：

1）disp_record.php 文件的代码中，$data 是数据集，$rec_count 是数据集当中的记录个数，$rec 是取得的当前记录。

2）“if ($rec_count>0){}”结构表示记录个数大于 0（即数据表中有记录）时，记录的值显示在表格中。表格第一行显示数据表的字段名，第（$i+1）个字段的字段名可以用 mysql_field_name($data,$i)来表示；表格的其余各行显示各条记录，各记录第（$i+1）个字段的值可以用 $rec[$i]来表示，字段个数则可以用 mysql_num_fields($data)得到。例如，book 表共 12 个字段，第一个字段名称是“图书编号”，因此，mysql_num_fields($data)的值等于12，而 mysql_field_name($data,0)的值就是“图书编号”，从 book 表（或$data）中所获取记录的第一个字段的值则可以用$rec[0]或$rec[图书编号]、$rec["图书编号"]来表示。因此，“if ($rec_count>0){}”结构中大括号内（自“echo "<table border='1'>";”至“echo "</table>";”之间）的代码可以替换成以下更通用的代码:

```
echo "<table border='1'>";
echo "<caption>";
echo "<font size=5 color='blue' face='隶书'>记录</font>";
echo "</caption>";
echo "<tr>";
//表格第一行各单元格显示字段名
for ($i=0;$i<mysql_num_fields($data);$i++){
      echo "<th>".mysql_field_name($data,$i)."</th>";
}
echo "</tr>";
for ($j=0;$j<$rec_count;$j++){
      $rec=mysql_fetch_array($data);
      echo "<tr>";
      //表格第二行开始，每一行各单元格都显示对应字段的值
      for ($i=0;$i<mysql_num_fields($data);$i++){
            echo "<td>$rec[$i]</td>";
      }
      echo "</tr>";
}
echo "</table>";
```

2．查询记录（query_record.php 文件）

查询记录就是把满足条件的记录找到，再显示出来。将显示记录文件 disp_record.php 中的$sql 所表示的 select 语句加上查询条件，再对提示信息稍作修改，就变成了查询记录的代码。例如，要查询作者为“李国红”的图书信息，可将 disp_record.php 文件中的“$sql="select * from $tb_name";”改成以下语句即可：

```
$sql="select * from $tb_name where 作者='李国红'";
```

再将“echo "$db_name.$tb_name"."表中无记录";”改成“echo "$db_name.$tb_name"."表中无满足条件的记录";”，然后，将文件另存为 query_record.php，运行结果如图 4-16 所示。如果没找到符合要求的记录，则会显示“borrow_book.book 表中无满足条件的记录”。

http://127.0.0.1:8080/query_record.php

记录

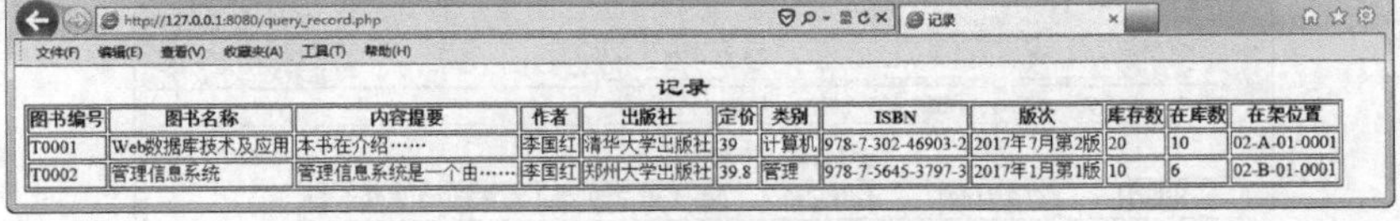

图书编号	图书名称	内容提要	作者	出版社	定价	类别	ISBN	版次	库存数	在库数	在架位置
T0001	Web数据库技术及应用	本书在介绍……	李国红	清华大学出版社	39	计算机	978-7-302-46903-2	2017年7月第2版	20	10	02-A-01-0001
T0002	管理信息系统	管理信息系统是一个由……	李国红	郑州大学出版社	39.8	管理	978-7-5645-3797-3	2017年1月第1版	10	6	02-B-01-0001

图 4-16　查询满足条件的记录

4.4.3　统计记录

统计记录就是统计（或分组统计）数据表中的记录总数、字段最大值、字段最小值、数值型字段的和以及平均值。例如，要统计 borrow_book 数据库 book 数据表中各出版社出版的图书

的图书总数、平均定价、最大库存数、最小在库数、在库数之和，执行该操作的文件为 counting.php，程序代码如下，运行结果如图 4-17 所示。

```
<!DOCTYPE HTML>
<html>
<head>
<meta http-equiv="Content-Type" content="text/html; charset=utf-8">
<title>统计</title>
</head>
<body>
<?php
$db_name="borrow_book";$tb_name="book";
$host="localhost";$user="root";$pwd="12345678";
$conn=mysql_connect($host,$user,$pwd);
mysql_select_db($db_name,$conn);
$sql="select 出版社, count(*) as 图书总数,avg(定价) as 平均定价,";
$sql.="max(库存数) as 最大库存数,min(在库数) as 最小在库数,";
$sql.="sum(在库数) as 在库数之和 from $tb_name group by 出版社";
$data=mysql_query($sql);
$rec_count=mysql_num_rows($data);
echo "<table border='1'>";
echo "<caption>";
echo "<font size=5 color='blue' face='隶书'>分组统计结果</font>";
echo "</caption>";
echo "<tr>";
for ($i=0;$i<mysql_num_fields($data);$i++){
    echo "<th>".mysql_field_name($data,$i)."</th>";
}
echo "</tr>";
for ($j=0;$j<$rec_count;$j++){
    $rec=mysql_fetch_array($data);
    echo "<tr>";
    for ($i=0;$i<mysql_num_fields($data);$i++){
        echo "<td>$rec[$i]</td>";
    }
    echo "</tr>";
}
echo "</table>";
?>
</body>
</html>
```

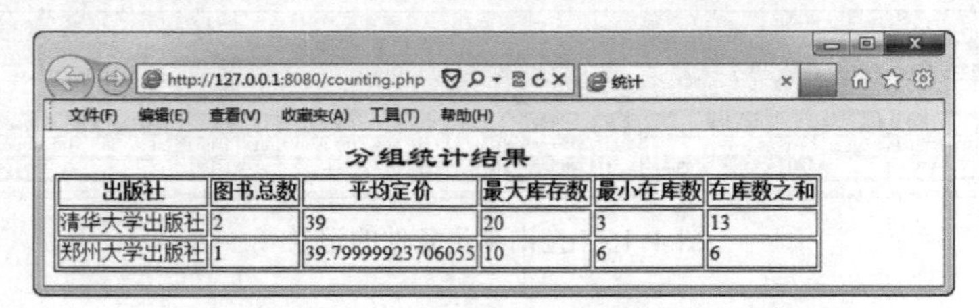

图 4-17　按出版社分组统计结果

说明：

1）代码中有几个为变量$sql 赋值的语句，$sql 的最终值是一个完整的 select 语句构成的字符串，即“$sql="select 出版社, count(*) as 图书总数,avg(定价) as 平均定价,max(库存数) as 最大库存数,min(在库数) as 最小在库数,sum(在库数) as 在库数之和 from $tb_name group by 出版社";”。其中，“group by 出版社”表示按出版社字段分组，“count(*) as 图书总数”表示（在组内）统计记录个数，“图书总数”可作为字段名对待。函数 avg()、max()、min()、sum()分别用于统计（或分组统计）字段的平均值、最大值、最小值、总和。

2）若需进行其他统计与计算，修改$sql 对应的 select 语句即可。

3）若对其他数据库、数据表进行统计与计算，只需修改$db_name 对应的数据库名称、$tb_name 对应的数据表名称。

思考题

1．简述 PHP 访问 MySQL 数据库的基本操作步骤和相关命令（或语句）的格式。

2．简述 PHP 维护 MySQL 数据库、数据表的常用命令（或语句）的格式。

3．简述 PHP 维护 MySQL 数据表的数据的常用操作、相应的命令格式。

4．上机操作：

1）参照 4.2.1 节，建立一个表单（图 4-1），单击“提交”按钮时，由 PHP 文件接收与处理来自表单的数据，完成建立数据库的功能。

2）参照 4.2.3 节，建立一个表单（图 4-3），单击“删除”按钮时，由 PHP 文件接收与处理来自表单的数据，完成删除数据库的功能，注意不能删除系统数据库。

3）参照 4.3.1 节，建立一个表单（图 4-4），单击“提交”按钮时，由 PHP 文件接收与处理来自表单的数据，显示建表的字段设置表单（图 4-5）；单击字段设置表单的“提交”按钮，再由另一个 PHP 文件根据接收的数据完成建立数据表的功能。

4）参照 4.3.2 节，建立一个表单（图 4-8），单击“提交”按钮时，由 PHP 文件接收来自表单的数据库名称，显示出指定数据库中所包含的数据表及各表的结构（图 4-9）。

5）参照 4.3.3 节，建立一个表单（图 4-10），单击“提交”按钮时，由 PHP 文件接收来自表单的数据，显示出相应的修改表结构表单（图 4-11 至图 4-13）；单击修改表结构表单的“提交”按钮，再由另一个 PHP 文件根据接收的数据完成表结构的修改功能。

6）参照 4.3.4 节，建立一个表单（图 4-14），单击“删除”按钮时，由 PHP 文件接收来自表单的数据，完成删除数据表的功能，注意不能删除系统数据库中的数据表。

7）假设学生选课数据库（xsxk）中包含学生表（xuesheng），表的结构如表 2-2 所示（参见第 2 章思考题第 10 题）。请建立若干个相应的 PHP 文件，分别实现在 xuesheng 表中插入一条记录、将学号为 20190703003 的记录的出生日期修改为 2003/3/3、显示全部学生记录、查询姓“张”的学生的记录、分组统计男生和女生的人数、删除姓名为“张三”的记录的功能。

第 5 章 使用 ASP 进行 MySQL 数据库编程

ASP 是微软公司推出的一种功能强大的动态网页编程技术，利用 ASP 可以向网页中添加交互式内容（如在线表单），可以与数据库及其他程序进行交互，实现数据库的管理和数据记录的增、删、查、改等功能。ASP 内含于 IIS，运行于 Web 服务器端。

本章讲述利用 ASP 进行 MySQL 数据库编程的基本理论、技术和方法。首先，介绍了 ASP 的基本技术知识，主要包括 IIS 服务器组件的安装与配置、ASP 文件的编辑和执行、ASP 程序中使用的主要语句、ASP（VBScript）的流程控制、ASP（VBScript）的自定义过程和自定义函数、常用的 ASP（VBScript）的内部函数等内容；其次，阐述了通过 ASP 操作 MySQL 数据库的基本技术、方法和步骤，包括建立 MySQL ODBC 数据源、利用三大内置对象（Connection 对象、RecordSet 对象、Command 对象）操作 MySQL 数据库；最后，以具体实例展示利用 ASP 三大内置对象管理 MySQL 数据库的编程技术，利用 ASP+MySQL 实现了建库、建表、插入记录、查询与浏览数据、更新数据、删除记录、删表、删库等基本功能。

本章的重点是，掌握 ASP 管理 MySQL 数据库的编程技术，学会使用 ASP 实现 MySQL 数据库的数据维护功能。

5.1 ASP 概述

5.1.1 ASP 与 ASP 文件

1. ASP 与 IIS 安装

ASP，即 Active Server Pages（动态服务器页面），是一种服务器端的脚本语言环境，是创建动态交互性网页的强大工具。脚本是指嵌入到 Web 页面中的程序代码，编写脚本所使用的编程语言被称为脚本语言。通过在普通 HTML 页面中嵌入 ASP 脚本，就能产生动态交互式网页并建立强大的 Web 应用程序。同时，ASP 可以与数据库及其他程序进行交互，在数据库管理及 Web 应用方面具有强大的功能。ASP 的基本工作原理是，ASP 中的脚本程序在服务器端运行，当服务器接收到来自浏览器端的 ASP 请求时，会对 ASP 脚本进行实时处理，最终生成标准的 HTML 页面，并将生成的 HTML 页面作为对 ASP 请求的响应，传送至浏览器端。

ASP 内含于 IIS 中，IIS（Internet Information Services）是由微软公司提供的基于 Microsoft Windows 运行的互联网基本服务。IIS 作为一种 Web 服务器组件，它包括 Web 服务器、FTP 服务器、NNTP 服务器和 SMTP 服务器，分别用于网页浏览、文件传输、新闻服务和邮件发送等方面。安装 IIS 服务器组件后，ASP 默认的脚本语言是 VBScript，也可以在“Internet 信息服务（IIS）管理器”中将 ASP 默认的脚本语言设置为 JScript，本章使用 VBScript 作为 ASP 默认的脚本语言。

IIS 通常安装在 Windows 2000 以上版本的操作系统上，下面以 Windows 7 旗舰版为例介绍安装 IIS 的安装步骤。

从 Windows 桌面“开始”菜单进入控制面板，单击“程序”，在打开的程序对话框中，单击“程序和功能”下的“打开或关闭 Windows 功能”，之后在出现的“Windows 功能”对话框，单击目录树中“Internet 信息服务”节点前的“+”号展开各子节点或子目录（展开后变为“-”，单击“-”号可折叠目录），勾选需要打开的功能之前的复选框，如图 5-1 所示。如果使用 ASP，则必须勾选“Internet 信息服务”“Web 管理工具”以及“应用程序开发功能”下的“ASP”“ISAPI 扩展”等项。如果要安装 IIS 的所有功能，则把“Internet 信息服务”的所有子节点（含子子节点）之前的复选框进行勾选，只有这样才能将“Internet 信息服务”节点前的复选框勾选上。

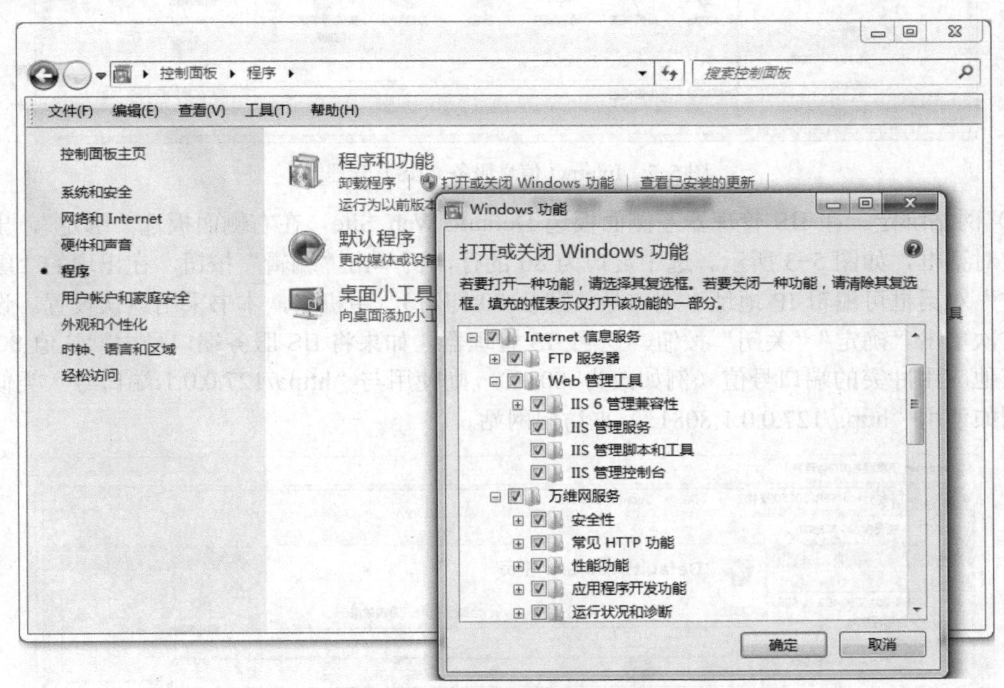

图 5-1　勾选“Internet 信息服务”前的复选框

最后，单击“确定”按钮，等待一会儿即可完成安装。

IIS 安装完成后，默认网站物理路径（或称“主目录”）为 C:\inetpub\wwwroot，网站文件可以存放在此目录（或此目录的文件夹）下。可在浏览器窗口的 URL 地址栏输入 http://127.0.0.1 或 http://localhost 来测试 IIS 是否安装成功。

2．IIS 的设置

IIS 安装完成后，还要根据不同的需求进行相关设置。在控制面板中，依次单击“系统和安全”“管理工具”，可进入管理工具界面。在管理工具界面，双击“Internet 信息服务（IIS）管理器”，出现 Internet 信息服务管理器（简称 IIS 管理器），如图 5-2 所示。双击 IIS 管理器左侧面板目录树节点（或单击 IIS 管理器左侧面板目录树节点前的右三角形符），可展开各节点，可选择“应用程序池”，或选择“网站”节点下的“Default Web Site”，进行网站绑定、启用父路径、启用 32 位应用程序、设置目录浏览权限、创建虚拟目录等相关设置。

图 5-2　Internet 信息服务（IIS）管理器

1）网站绑定。在 IIS 管理器左侧面板选 Default Web Site，在右侧面板选“绑定”，出现网站绑定对话框，如图 5-3 所示。选中端口为 80 的行，再单击“编辑”按钮，在出现的“编辑网站绑定”对话框可编辑 IP 地址、端口号（默认 80 即可）、主机名，本书采用默认设置。设置好后，依次单击“确定”“关闭”按钮，返回 IIS 管理器。如果将 IIS 服务端口号由默认值 80 改为不与其他应用冲突的端口号值（例如改为 8081），则使用与“http://127.0.0.1:端口号”类似的形式（例如使用“http://127.0.0.1:8081”）来访问网站。

图 5-3　编辑网站绑定

2）启用父路径。选择 IIS 管理器窗口左侧的“Default Web Site”后，双击窗口中间“Default Web Site 主页”中“IIS”区域的“ASP”图标（图 5-2），弹出 ASP 设置区域，如图 5-4 所示。将“启用父路径”设置为 True，然后单击右侧面板的“应用”保存当前更改。

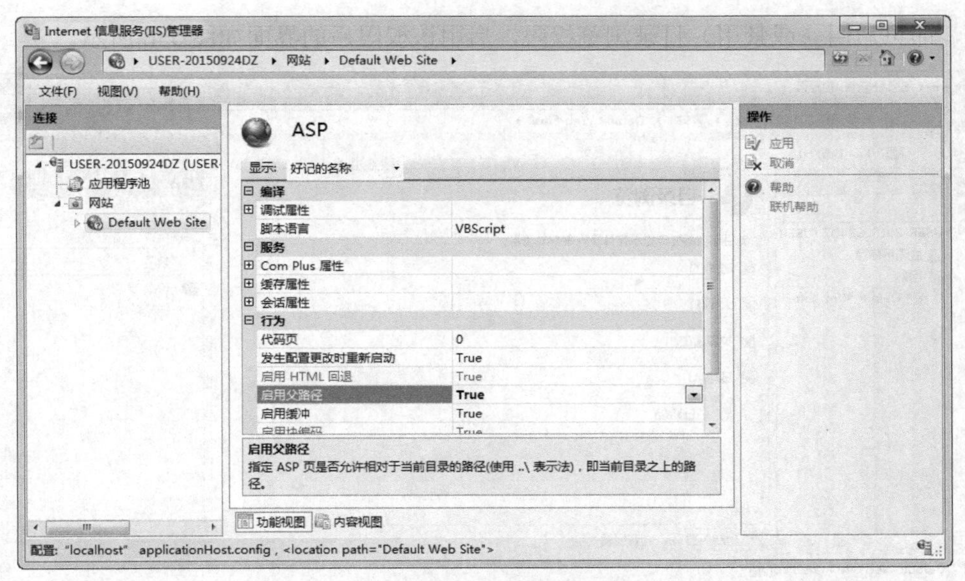

图 5-4　启用父路径

3）启用 32 位应用程序。为使 32 位应用程序能在 64 位操作系统下执行，可在 IIS 管理器左侧面板选“应用程序池”，中间面板选中“DefaultAppPool”，右侧面板选“高级设置”，之后在出现的高级设置对话框将“启用 32 位应用程序”设置为 True，如图 5-5 所示。单击“确定”按钮返回 IIS 管理器。这样，为应用程序池提供服务的工作进程将处于 WOW64（Windows on Windows64）模式，可以使大多数 32 位应用程序无须修改就能运行在 Windows 64 位版本上。

图 5-5　启用 32 位应用程序

4）设置目录浏览权限。IIS 默认为“禁用”目录浏览权限，用户不能浏览或查看网站目录。在 IIS 管理器左侧面板选择“Default Web Site”，在中间面板选择“功能视图”，双击“目录浏览”（图 5-2），之后在出现的“目录浏览”区域选择相关属性，在右侧面板选择“启用”（或

“禁用”），即可启用（或禁用）目录浏览权限，启用该权限后的界面如图 5-6 所示。

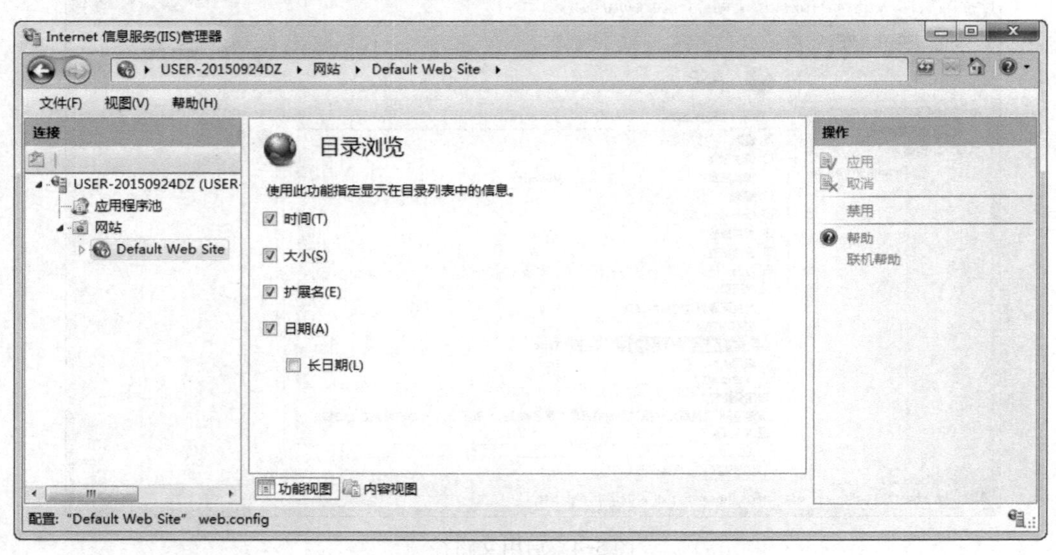

图 5-6　启用目录浏览权限

5）创建虚拟目录。用鼠标右击 IIS 管理器左侧面板的“Default Web Site”，会弹出快捷菜单（如图 5-2 所示），选择“添加虚拟目录”，出现添加虚拟目录对话框，如图 5-7 所示。输入别名（例如“mytxl”），单击省略号按钮选择（或直接输入）物理路径（例如 E:\application\myweb\asp_tongxunlu），单击“确定”按钮后可看见 IIS 管理器左侧面板的“Default Web Site”节点下新建了 mytxl 虚拟目录，单击 mytxl 节点后的界面如图 5-8 所示，该虚拟目录继承了默认网站的全部属性和权限，可依照上述默认网站的设置方法进行调整。启用虚拟目录的目录浏览功能后，用户则具有目录浏览权限，在浏览器 URL 地址栏输入 http://127.0.0.1/mytxl 或 http://localhost/mytxl 再按〈Enter〉键即可访问，如图 5-9 所示。

图 5-7　创建虚拟目录：设置别名与物理路径

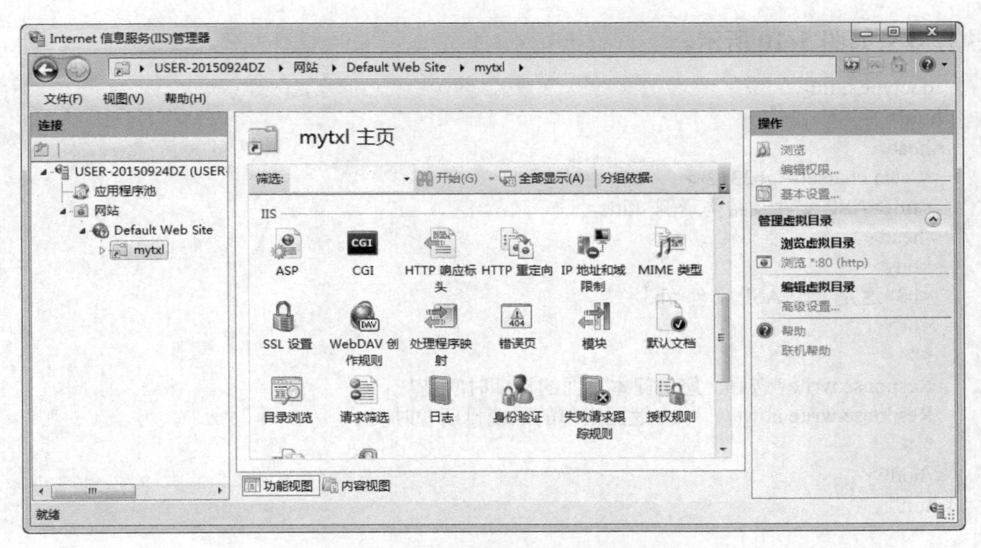

图 5-8　已创建的虚拟目录“mytxl”

图 5-9　访问虚拟目录（刚创建的虚拟目录下无内容）

3．网页文件的执行

建立网页文件（包括 HTML 文件、ASP 文件等），并将网页文件保存在服务器端默认的主目录 C:\inetpub\wwwroot 下，在浏览器端的 URL 地址栏输入“http://服务器域名或 IP 地址/HTML 文件名”格式的网址（例如，IP 为 127.0.0.1，HTML 文件为 aa.html，则网址为 http://127.0.0.1/aa.html），按〈Enter〉键即可执行此 HTML 文件，并看到其网页的效果。假设在主目录下又建立了子文件夹 myfolder，网页文件 bb.asp 正好保存在 myfolder 文件夹下，则访问此网页文件的网址为 http://127.0.0.1/myfolder/bb.asp。同样，假设 cc.asp 文件保存在别名为 mytxl 的虚拟目录下，则访问此文件的网址为 http://127.0.0.1/mytxl/cc.asp。

4．ASP 文件

（1）ASP 文件概况

ASP 是一种动态网页技术。通过在普通 HTML 页面中嵌入 ASP 脚本语言，可产生和执行动态的、交互的、高性能的 Web 应用程序。如果在 Web 页面中包含 ASP 脚本，ASP 脚本书写在标记对“<%”和“%>”之间，或者在“<script language="VBScript" runat="Server">”和“</script>”之间，并以扩展名为“.asp”的文件名命名，那么，以这种方式编辑和存储的文件称为 ASP 文件。

（2）ASP 文件编辑举例

ASP 文件可以使用 EditPlus、Dreamweaver、“记事本”等文本编辑软件进行编辑、存储，扩展名必须是“.asp”。在普通 HTML 文件基本结构的适当位置嵌入 ASP 标记对（“<%”和“%>”）及 ASP 脚本，就形成了 ASP 文件的基本结构。例如，test01.asp 文件的结构与代码内容如下，执行效果如图 5-10 所示。

```
<!doctype html>
<html>
 <head>
  <meta charset="gb2312">
  <title>ASP 文件及结构示例</title>
 </head>
 <body>
  <h3>这是一个 ASP 文件</h3>
  <hr>
  <%
  Response.write "您好，您访问本页面的日期时间是"
  Response.write now()        ' 返回当前的系统日期和时间
  %>
 </body>
</html>
```

图 5-10　test01.asp 文件的执行

（3）test01.asp 文件中的代码说明

1）“<meta charset="gb2312">”是 HTML 5 设置网页语言字符集的方式，若设置为“gb2312”，那么，利用 EditPlus 编辑与保存该 ASP 文件时，可选择“ANSI”编码格式进行存储；若设置为“UTF-8”，那么，利用 EditPlus 编辑与保存 ASP 文件时，选择“UTF-8 + BOM”编码格式进行存储。

2）“<%”和“%>”之间是 ASP 脚本，其中，response.write 语句是利用 ASP 的 Response 对象的 Write 方法，输出其右面的字符串或表达式的值；now()则是 VBScript 的内部函数，用于返回系统当前的日期时间值；英文单引号 ' 是 ASP 注释。

3）保存 test01.asp 文件时，存储路径应选择虚拟目录 mytxl 对应的物理路径，这样才能按图 5-10 所示的 URL 网址访问该文件。

5.1.2　ASP 程序的编写

1．编写 ASP 程序的注意事项

1）使用 VBScript 脚本语言时，字母不分大小写（使用 JScript 时则区分大小写）。要注意，“不区分大小写”主要指对象名、属性名、变量名等本身构成的语法不分大小写，属性值、变量值是区分大小写的。

2）<%与%>的位置是相对灵活的，可以和 ASP 语句放在一行，也可以单独成为一行。

3）ASP 语句必须分行书写，即每行只能写一个语句。

4）ASP 语句过长时，可以直接书写，使之自动换行（不按〈Enter〉键）；也可在按〈Enter〉键之前加一下划线_，从而将一行写成多行。

5）在 ASP 中，使用 rem 或 ' 符号来标记注释语句。

2．指定 ASP 的脚本语言

ASP 支持多种脚本语言，但需要事先声明才能使用。声明 ASP 所使用的脚本语言通常有 3 种方法。

1）通过 IIS 指定一个默认的脚本语言。在 Internet 信息服务（IIS）管理器，单击窗口左侧面板的右三角形符展开目录树，选择“Default Web Site”，双击窗口中间面板“Default Web Site 主页”中“IIS”区域的“ASP”图标（图 5-2），弹出 ASP 设置区域（图 5-4），可将“脚本语言”设置为“VBScript”或“JScript”，然后单击右侧面板的“应用”保存当前更改。系统默认的脚本语言为 VBScript。

2）在 ASP 文件中加以声明。要为某个网页指定脚本语言（例如指定为 VBScript），可在网页文件的开始部分使用语句 <%@ language=VBScript %> 或 <%@ language="VBScript" %>，而且该语句必须放在所有其他语句之前。

3）在<script>标记中加入所需的语言。指定网页中的某一部分采用特定的脚本语言，可使用<script language="脚本语言">与</script>标记对。例如，指定在服务器端执行 VBScript 代码，可采用以下形式：

```
<script language="VBScript" runat="Server">
    ……
</script>
```

如果 VBScript 代码是在客户端执行，可采用以下形式：

```
<script language="VBScript">
    ……
</script>
```

3．ASP 的主要语句格式及作用

1）response.write 表达式。利用 Response 对象的 Write 方法，将表达式的值传送至浏览器端，表达式的格式可以是："字符串数据或表达式"、#日期型数据或表达式#、"HTML 标记符"、数值型数据或表达式、关系表达式。如果<%和%>之间只有一个 response.write 语句，则“response.write”可用等号“=”替代。

2）response.redirect "URL 网址或查询字符串"。利用 Response 对象的 Redirect 方法，从目前网页重定向至其他网页。

3）request("变量名")。可以表示 Request.QueryString("变量名")、Request.Form("变量名")、Request.Cookies("变量名")、Request.ServerVariables("变量名")，分别用于从 Request 对象的各集合中获取相关数据。Request.QueryString("变量名")用于从 QueryString 集合中取得来自浏览器端以 GET 方式传递的数据（或 HTTP 请求中问号 ? 后指定的查询字符串变量的值），Request.Form("变量名")用于从 Form 集合中取得来自浏览器端<Form>标记指定的以 POST 方式传递的表单数据，Request.Cookies("变量名")用于从 Cookies 集合获取 HTTP 请求中发送的 Cookie 的值，Request.ServerVariables("变量名")用于从 ServerVariables 集合中读取服务器端环境变量或传送至服务器的客户端信息（如客户的 IP 地址、浏览器版本、端口号等）。

4）Set 变量=Server.CreateObject("对象标识")。该语句的作用是，利用 Server 对象的 CreateObject 方法创建所使用的对象实例。例如，创建一个连接对象可使用：Set Conn = Server.CreateObject("adodb.connection")；创建一个记录集对象可使用：Set rs = Server.CreateObject("adodb.recordset")；创建一个命令对象可使用：Set cmd = Server.CreateObject("adodb.command")。

5）server.mappath("表示相对路径或虚拟路径的字符串")。利用 Server 对象的 MapPath 方法，将程序指定的相对路径或虚拟路径映射为服务器上相应的真实路径（绝对路径）。

6）server.execute("URL 地址名称")。利用 Server 对象的 Execute 方法，调用和执行同一 Web 服务器上指定的另一个 ASP 页面。

4．常用的 ASP（VBScript）流程控制语句

1）if 语句。表示条件语句，条件成立时执行一组语句（一段代码），否则执行另一组语句（另一段代码）。基本格式如下：

```
If 条件 Then
    语句序列 1
Else
    语句序列 2
End If
```

2）select case 语句。表示多分支选择语句，当表达式取不同值时，分别执行不同的语句。基本格式如下：

```
Select Case 表达式
    Case 值 1
        语句序列 1
    Case 值 2
        语句序列 2
    ……
    Case 值 n
        语句序列 n
    Case Else
        语句序列 n+1
End Select
```

3）do while 循环语句。表示“当”循环语句，满足条件时执行循环体，否则退出循环。基本格式如下：

```
Do while 条件
    循环体
Loop
```

4）for 循环语句。表示步长循环语句，当循环变量的值介于初值与终值之间时，执行循环体；每执行一次循环，循环变量的值增加一个步长值；一旦循环变量的值超出初值至终值之外，退出循环；基本要求是：步长值为正值时，初值≤终值；步长值为负值时，初值≥终值。基本格式如下：

```
for 变量=初值 to 终值 step 步长值
    循环体
next
```

若不用 step 指定步长值，默认步长值为 1。

5）for each 循环。针对指定的数组或对象集合中的每一个元素，重复执行循环体中的语句序列。语法结构如下：

```
for each 元素 in 集合
    语句序列
next
```

5. ASP（VBScript）自定义过程

过程是用来执行特定任务的独立的程序代码，可以用 Sub 和 End Sub 来定义，其基本语法结构如下：

```
Sub 过程名(形参 1, 形参 2, ……)
    ……
End Sub
```

其中，形参指形式参数，用于在调用程序和被调用过程之间传递信息；即使不包括形参，过程名后的圆括号也不能省略；在 Sub 过程中，可以在需要的地方使用 Exit Sub 语句退出 Sub 过程。

在程序中，可以调用定义好的 Sub 过程。调用 Sub 过程可以使用以下两种方式之一：

- Call 过程名(实参 1，实参 2，……)
- 过程名 实参 1，实参 2，……

其中，实参指实际参数，可以用常数、变量或表达式表示；实参的个数必须与形参的个数相同，实参的值与 Sub 过程中定义的形参在数据类型、顺序上对应一致。

6. ASP（VBScript）自定义函数

函数和过程一样，是用来执行特定功能的独立的程序代码，但函数被调用时会返回一个值。函数由 Function 和 End Function 定义，其基本语法结构如下：

```
Function 函数名(形参 1, 形参 2, ……)
    ……
    函数名=表达式
    ……
End Function
```

其中，形参即形式参数，即使不包含形参，函数名后面的圆括号也不能被省略；“函数名=表达式”用于为函数设置返回值；可以使用 Exit Function 语句从需要的地方退出 Function 函数。

函数可以被调用，调用时直接引用函数名及对应的实参即可，即：函数名(实参 1，实参 2，……)。注意实参可以是常数、变量或表达式，要放在一对圆括号中；实参的个数必须与形参的个数相同，各实参的值在顺序及类型上必须和形参保持一致。调用 Function 定义的函数并将返回值赋给变量，只能采用以下形式：

```
变量=函数名(实参 1, 实参 2, ……)
```

7. 常用的 ASP（VBScript）内部函数

（1）函数名称与功能（见表 5-1）

表 5-1 常用的 ASP（VBScript）内部函数

序号	函数名称	功能说明
1	Cbool(expression)	把表达式转换为布尔类型
2	Cdate(date)	把一个合法的日期和时间表达式转换为 Date 子类型，并返回结果
3	Cdbl(expression)	把表达式转换为双精度（Double）子类型
4	Cint(expression)	把表达式转换为整数（Integer）子类型，值必须是介于-32768 与 32767 之间的数字；CInt 的作用是采用四舍五入的方式取整，但如果要取整的数值的小数部分恰好是 0.5，则向最接近的偶数取整
5	CLng(expression)	把表达式转换为长整形（Long）子类型，值必须是介于-2147483648 与 2147483647 之间的数字；CLng 采用四舍五入的方式取整，当数值的小数部分正好等于 0.5 时，CLng 函数总是返回最接近该数值的偶数

（续）

序号	函数名称	功能说明
6	Csng(expression)	把表达式转换为单精度（Single）子类型，如果表达式在 Single 子类型允许的范围之外，则发生错误
7	Cstr(expression)	把表达式转换为字符串（String）子类型，若表达式的类型不同，那么 CStr 输出的结果也会有所不同
8	Date()	返回当前的系统日期
9	Day(date)	返回 1～31 之间的一个整数，表示日期所在月份中的某一天
10	Int(number)、Fix(number)	返回对数字取整后的值，但 Int 为向下取整，返回一个不大于数值的最大整数；Fix 则为直接取整，是直接舍去小数部分取整；若 number 参数包含 Null 则返回 Null。
11	Hour(time)	返回 0～23 之间的一个整数，代表指定时间是一天中的第几小时。
12	InputBox(prompt[,title][,default][,xpos][,ypos][,helpfile,context])	显示一个用于信息输入的对话框，用户可在对话框的文本框中输入文本并/或点击一个按钮；如果用户点击“确认”按钮，则 InputBox 函数返回文本框中输入的文本；如果用户点击“取消”按钮，则函数返回一个空字符串("")。
13	IsArray(variable)	变量是否为数组，变量为数组返回 True，否则返回 False。
14	IsDate(expression)	表达式是否可被转换为日期，如果表达式是日期，或可被转换为日期，则返回 True，否则返回 False。
15	IsEmpty(expression)	变量是否被初始化，未被初始化返回 True，否则返回 False。
16	IsNull(expression)	表达式是否为无效数据，如果表达式是 Null，则返回 True，否则返回 False。
17	IsNumeric(expression)	表达式是否为作为数字来计算，作为数字计算返回 True，否则返回 False。
18	LCase(string)	返回字符串的小写形式。
19	Left(string, length)	返回从字符串的左边算起的共 length 个字符。
20	Len(string)	返回字符串内字符的数目。
21	Ltrim(string)、Rtrim(string)、Trim(string)	分别截去字符串前导空格、尾部空格、前导与尾部空格。
22	Mid(string, start[,length])	返回字符串中从 start 位置开始的共 length 个字符的子串。
23	Minute(time)	返回 0～59 之间的一个整数，表示分钟数。
24	Month(date)	返回 1～12 之间的一个整数，表示月份。
25	MonthName(month[,abbreviate])	返回指定的月份的名称，abbreviate 的值默认为 False。
26	MsgBox(prompt[,buttons][,title][,helpfile,context])	显示一个消息框，等待用户点击某个按钮，然后返回代表被点击按钮的值。
27	Now()	返回当前的系统日期和时间。
28	Right(string,length)	返回从字符串右边算起的共 length 个字符。
29	Rnd[(number)]	返回小于 1 但大于或等于 0 的一个随机数。
30	Round(expression[,numdecimal places])	返回按指定位数四舍五入后的数值。
31	Second(time)	返回 0～59 之间的一个整数，表示秒数。
32	Sgn(number)	返回代表数字的符号的整数，正数返回 1，负数返回-1，若数值为 0 则返回 0。
33	Space(number)	返回一个由指定数目的空格组成的字符串。
34	Time()	返回当前的系统时间。
35	UCase(string)	返回字符串的大写形式。
36	Weekday(date[,firstdayofweek])	返回 1～7 之间的一个数字，表示指定日期是一周中的第几天，默认星期日是一周当中的第一天。
37	Year(date)	返回日期所在的年份。

（2）函数格式说明

表 5-1 是常用的 ASP（VBScript）内部函数的格式与功能，格式中带有中括号 [ ] 的参数可

以根据实际需要省略，参数省略时取默认值；不管参数是否省略，实际使用函数时都不能带中括号。

8．ASP（VBScript）的运算符

1）算术运算符：^（幂次方）、*（乘）、/（除）、\（整除）、Mod（取余）、+（加）、-（减）。

2）连接运算符：&（字符串连接）、+（字符串连接）。

3）比较运算符：>（大于）、<（小于）、>=（大于或等于）、<=（小于或等于）、<>（不等于）、=（等于）。

4）逻辑运算符：Not（非）、And（与）、Or（或）、Xor（异或）、Eqv（等价）、Imp（隐含）。

5.2 通过 ASP 操作 MySQL 数据库

5.2.1 建立 MySQL ODBC 数据源

1．创建 MySQL 数据库

可在 MySQL 命令行客户端（MySQL Command Line Client）执行建库命令，建立一个数据库。例如，要创建名为 tongxunlu 的数据库（若数据库不存在），一般可使用以下命令（图 5-11）：

```
create database if not exists tongxunlu;
```

也可以先删除同名的数据库（如果存在），再创建该数据库，使用下述命令（图 5-12）：

```
drop database if exists tongxunlu;
create database tongxunlu;
```

```
MySQL Command Line Client
mysql> create database if not exists tongxunlu;
Query OK, 1 row affected, 1 warning (0.00 sec)

mysql>
```

图 5-11　建立数据库（若数据库不存在）

```
MySQL Command Line Client
mysql> drop database if exists tongxunlu;
Query OK, 0 rows affected (0.01 sec)

mysql> create database tongxunlu;
Query OK, 1 row affected (0.00 sec)

mysql>
```

图 5-12　建立数据库（先删除同名数据库）

2．设置 MySQL ODBC 数据源

数据源是指数据的来源，可以通过 ODBC 数据源管理器进行管理。要利用 ODBC 数据源管理器管理 MySQL 数据源，首先需要在“https://dev.mysql.com/downloads/connector/odbc/3.51.html”所在的网页下载和安装“mysql-connector-odbc-3.51.30-win32.msi”或“mysql-connector-odbc-3.51.30-winx64.msi”。也可以在网上搜索 MySQL 数据源驱动 ODBC 安装包（MySQL ODBC 驱动 32 位或 64 位），选择并下载一个合适的版本进行安装（注意，ODBC 驱动程序和应用程序之间的体系结构必须匹配）。这样，在 ODBC 管理器中就可以选择 MySQL ODBC 驱动程序了。这里，以安装 MySQL ODBC 3.51 为例，说明建立 MySQL ODBC 数据源的方法。

首先，在“C:\Windows\SysWOW64”目录下找到“odbcad32.exe”应用程序文件；双击此文件，可打开“ODBC 数据源管理器”，再选择“系统 DSN”选项卡，单击“添加”按钮，可弹出“创建新数据源”对话框（图 5-13）。

图 5-13 选择驱动程序

其次，选择“MySQL ODBC 3.51 Driver”，单击“完成”按钮，会弹出“Connector/ODBC”设置对话框（图 5-14）。

再次，在“Login”选项卡设置数据源名、服务器、用户名、密码、数据库，其余项可根据需要设置或采用默认值（必要时可以单击“Test”按钮，若显示“Success; Connection was made”，则表示通过测试）；然后单击“OK”按钮，返回到“ODBC 数据源管理器”的“系统 DSN”选项卡（图 5-15）。

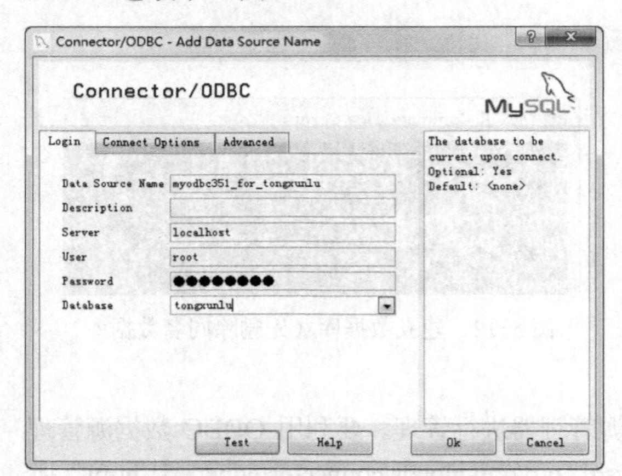

图 5-14 设置 MySQL ODBC 数据源

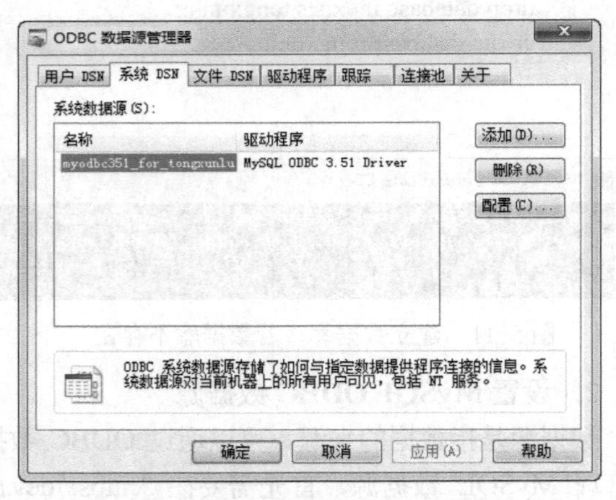

图 5-15 已设置 MySQL 数据源后的“系统 DSN”选项卡

最后，单击“确定”按钮，即可完成 MySQL ODBC 数据源的设置。

这样，当按图 5-14 进行设置时，就建立了名为“myodbc351_for_tongxunlu”的 MySQL ODBC 系统数据源，该数据源对应于 localhost 服务器上的 tongxunlu 数据库，用户名为 root，密码采用安装 AppServ 时为根用户 root 设置的密码 12345678（参见图 1-19）。

5.2.2 利用 Connection 对象操作 MySQL 数据库

1. 建立连接对象（Connection 对象）

ASP 是一种动态网页技术，内置了 Response、Request、Server、Application、Session 等常

用的对象。可以利用 Server 对象的 CreateObject 方法创建一个连接对象的实例。例如，要建立 conn 对象，可采用以下语句：

```
set conn=server.createobject("adodb.connection")
```

2．建立与 MySQL 数据库的连接

（1）利用系统 DSN 连接数据库

假设建立了名为“myodbc351_for_tongxunlu”的 ODBC 系统数据源，则可使用以下语句连接 MySQL 数据库：

```
conn.open "myodbc351_for_tongxunlu"
```

（2）利用 MySQL ODBC 连接字符串连接数据库

如果 MySQL ODBC 驱动程序为“MySQL ODBC 3.51 Driver”，MySQL 服务器名为“localhost”，MySQL 数据库名称为“tongxunlu”，用户名为“root”，登录密码为“12345678”，那么，也可以使用下述语句建立与数据库的连接：

```
conn.open "Driver={MySQL ODBC 3.51 Driver}; SERVER=localhost; " &_
            "DATABASE=tongxunlu; UID=root; PWD=12345678"
```

注意，在 ASP 中，& 是字符串连接运算符，下划线_是续行符。利用 MySQL ODBC 连接字符串连接数据库时，可直接写成如下形式：conn.open "Driver={MySQL ODBC 3.51 Driver}; SERVER=localhost; DATABASE=tongxunlu; UID=root; PWD=12345678"。

3．设置字符集

要访问 MySQL 数据库及数据表，应当采用创建数据库和数据表时使用的字符集，以便正确存取数据。例如，数据库表使用了中文字符，采用的字符集是 GB2312，则使用以下语句将字符集设置为 GB2312：

```
conn.execute("set names gb2312")
```

4．执行 MySQL 语句及数据处理

（1）select 语句的执行与数据处理

MySQL 语句按是否需要返回操作结果可分为两类，一类是 select 语句，需要返回操作结果才能正常处理数据。select 语句的执行结果是一个记录集（若干个记录的集合），通常用一个记录集对象（如 rs）来存取记录集的数据，可使用以下语句：

```
set rs=conn.execute("select 语句对应的字符串")
```

上述语句将执行 select 语句得到的记录集合保存到记录集对象 rs，之后就可以根据 rs.eof 的值是否为 true 来判断记录指针是否指向文件尾，用 rs("字段名")存取当前记录该“字段名”对应的值，用“response.write rs("字段名")”输出当前记录该字段的值，用 rs.movenext 将记录指针移到下一条记录的位置，等等，从而完成记录集的数据处理。

（2）非 select 语句的执行

另一类 MySQL 语句包括 create、insert、update、delete、drop 等语句，这类语句执行时，不必按行返回结果就能完成相应的操作处理，这里将这类语句称为非 select 语句。由于非 select 语句的执行只需完成正常操作，而不必按行返回操作结果，因此，使用下述语句直接执行即可：

```
conn.execute("非 select 语句对应的字符串")
```

5．反馈操作提示信息

执行任何操作，无论操作成功或失败，都应该将相关提示信息向用户进行反馈，也就是向用户输出提示信息，使用以下语句即可：

```
response.write "提示信息"
```

6．关闭与释放连接对象

操作执行完毕，可以关闭连接对象，并将连接对象变量从内存释放，以提高系统运行效率，使用下述语句即可：

```
conn.close
set conn=nothing
```

5.2.3 利用 RecordSet 对象操作 MySQL 数据库

1．建立连接对象，打开数据源

```
set conn=server.createobject("adodb.connection")
conn.open "Driver={MySQL ODBC 3.51 Driver}; SERVER=localhost; " &_
          "DATABASE=tongxunlu; UID=root; PWD=12345678"
```

2．设置字符集

```
conn.execute("set names gb2312")
```

3．建立记录集对象（RecordSet 对象）

```
set rs=server.createobject("adodb.recordset")
```

4．打开记录集

建立记录集对象 rs 后，即可打开记录集，语句格式是：

```
rs.open "命令串", 连接对象, 游标类型, 锁定类型, 命令类型
```

其中，游标类型的值可以是 0（仅向前）、1（键集）、2（动态）、3（静态），默认值为 0；锁定类型的值可以是 1（只读）、2（保守式）、3（开放式）、4（开放式批处理），默认值为 1；命令类型的值根据命令串的类型取不同的值，当命令串分别为 select 语句、数据表名、查询名（或存储过程名）时，命令类型的取值对应于 1、2、4，默认值取与命令串匹配的命令类型值。语句格式中，游标类型、锁定类型、命令类型均可省略，省略时取默认值。例如，以下语句写法都是正确的，作用也是一样的：

```
rs.open "select * from tongxunlu.txl01 where 姓名='李四'",conn
rs.open "select * from tongxunlu.txl01 where 姓名='李四'",conn,0,1
rs.open "select * from tongxunlu.txl01 where 姓名='李四'",conn,,1
rs.open "select * from tongxunlu.txl01 where 姓名='李四'",conn,,,1
rs.open "tongxunlu.txl01 where 姓名='李四'",conn,,,2
```

打开记录集后，记录位于文件首标记和文件尾标记之间。若记录集是空集，记录指针同时指向文件首和文件尾；若记录集至少包含一条记录，则刚打开记录集时，记录指针指向第一条记录，既不指向文件首，也不指向文件尾。可以移动记录指针，记录指针所指向的记录称为当前记录。

5．处理 RecordSet 对象的记录

打开记录集后，便可利用记录集对象 rs 的属性和方法处理数据。常用属性包括 bof（记录

指针位于第一条记录之前值为 True，否则值为 False)、eof（记录指针位于最后一条记录之后值为 True，否则值为 False)、RecordCount（返回记录集包含的记录的条数)、PageSize（设置或返回每页记录的条数)、PageCount（返回记录集所包含的页数)、AbsolutePage（设置或返回当前记录所在的页号)、AbsolutePosition（设置或返回当前记录在记录集当中的位置或序号)。若使用本地游标库提供的客户端的游标，需在建立记录集对象之后、打开记录集之前将 CursorLocation 属性值设置为 3（CursorLocation 属性用于设置游标的位置，默认值为 2，表示使用数据提供者或驱动程序提供的游标)。

常用方法包括 Open（打开记录集)、AddNew（增加一条记录)、Delete（删除一条记录)、Update（将记录集当中修改的数据更新到数据库表)、MoveNext（将记录指针移到下一条记录位置)。

要设置或引用数据表中当前记录的某个字段的值，可采用 rs.fields("字段名") 或 rs("字段名") 的形式。例如，要将当前记录“姓名”字段的值设置为“李四”，可用以下任一形式：

```
rs.fields("姓名")="李四"
rs("姓名")="李四"
```

同样，引用当前记录“姓名”字段的值，可用以下任一形式：

```
strXm=rs.fields("姓名")
strXm=rs("姓名")
```

6．关闭并释放 RecordSet 对象

```
rs.close
set rs=nothing
```

7．关闭并释放 Connection 对象

```
conn.close
set conn=nothing
```

5.2.4 利用 Command 对象操作 MySQL 数据库

1．建立连接对象，打开数据源

```
set conn=server.createobject("adodb.connection")
conn.open "Driver={MySQL ODBC 3.51 Driver}; SERVER=localhost; " &_
          "DATABASE=tongxunlu; UID=root; PWD=12345678"
```

2．设置字符集

```
conn.execute("set names gb2312")
```

3．建立命令对象（Command 对象）

```
set cmd=server.createobject("adodb.command")
```

4．设置命令对象所关联的连接对象

```
set cmd.activeconnection=conn
```

5．指定命令串与命令类型

执行命令前，需要指定待执行命令的命令串和该命令串对应的命令类型。命令串为 create、select、insert、update、delete 等完整的 MySQL 语句时，命令类型的值为 1；命令串为数据表名，或为类似“数据表名 where 条件”格式（替代“select * from 数据表名 where 条件”）时，命令类型的值为 2；命令串为存储过程名时，命令类型的值为 4。指定命令串和命令类型可使用下述语句：

```
cmd.commandtext="命令串"
cmd.commandtype=命令类型
```

6．执行命令串对应的 MySQL 语句

当 CommandText 属性指定的待执行“命令串”对应于 create、insert、update、delete 等不需要按行返回查询结果的语句时，执行“cmd.execute”语句即可完成相应操作；若需要返回操作所影响的记录的数目（假设变量 number 表示数目），则使用以下语句：

```
cmd.execute number
```

当待执行的命令串对应于 select 语句或“数据表名 where 条件”格式的语句，需要按行返回查询结果时，可将执行查询的结果存储到新的记录集对象 rs，使用以下语句：

```
set rs=cmd.execute
```

然后，按照“处理 RecordSet 对象的记录”（参见 5.2.3 节“利用 RecordSet 对象操作 MySQL 数据库”）的方式，来完成数据的处理。

7．执行情况提示

```
response.write "执行情况提示信息"
```

8．关闭与释放 Connection 对象

```
conn.close
set conn=nothing
```

5.3 ASP 操作 MySQL 数据库编程实例

5.3.1 建立数据库

建立名为“myodbc351_for_tongxunlu”的 ODBC 系统数据源，利用此 ODBC 数据源建立“tongxunlu”数据库，建立数据库文件（my_create_DB.asp）的代码如下：

```
<%
' 建立连接对象
Set conn=server.createobject("adodb.connection")
' 打开 ODBC 数据源,注意应先建立 ODBC 系统 DSN
conn.open "myodbc351_for_tongxunlu"
' 设置字符集为 gb2312
conn.execute("set names gb2312")
' 指定待建立的数据库名称
strDB="tongxunlu"
' 若数据库不存在，则执行建库操作
conn.execute("create database if not exists " & strDB)
' 上句 exists 右边至少包含一个空格
' 提示已建库
Response.write "若数据库" & strDB & "不存在，则执行建库操作"
%>
```

说明：

1）在 ASP 中，rem 或 ' 表示注释。为简洁起见，注释均可删掉。

2）& 是字符串连接运算符，例如，"a" & "b" = "ab"。

5.3.2 建立数据表

利用 MySQL ODBC 数据源在“tongxunlu”数据库中建立“txl01”数据表，建立数据表文件（my_create_table.asp）的代码如下：

```
<%
Set conn=server.createobject("adodb.connection")
' 打开 ODBC 数据源，注意应先建立 ODBC 系统 DSN
conn.open "myodbc351_for_tongxunlu"
' 设置字符集
conn.execute("set names gb2312")
' 构造建表语句
strCmd="create table tongxunlu.txl01 (编号  int not null primary key auto_increment,"
strCmd=strCmd & "姓名  varchar(20) not null, 性别  varchar(1), 职务  varchar(5), "
strCmd=strCmd & "职称  varchar(5), 联系地址  varchar(50), 邮政编码  varchar(6), "
strCmd=strCmd & "手机号  varchar(11), 办公电话  varchar(12))"
' 执行建表语句，注意数据表名不能重复
conn.execute(strCmd)
' 提示执行结果
Response.write "已创建数据表"
%>
```

说明：

上述代码中，conn.execute(strCmd)的作用是执行一个建表语句，其中，strCmd = "create table tongxunlu.txl01 (编号 int not null primary key auto_increment, 姓名 varchar(20) not null, 性别 varchar(1), 职务 varchar(5), 职称 varchar(5), 联系地址 varchar(50), 邮政编码 varchar(6), 手机号 varchar(11), 办公电话 varchar(12))"。

5.3.3 插入记录

利用 Connection 对象，使用 MySQL ODBC 连接字符串，在 tongxunlu 数据库“txl01”数据表中插入一条记录，插入记录文件（my_insert_record.asp）的代码如下：

```
<%
Set conn=server.createobject("adodb.connection")
conn.open "Driver={MySQL ODBC 3.51 Driver}; SERVER=localhost; " &_
        "DATABASE=tongxunlu; UID=root; PWD=12345678"
' 设置字符集
conn.execute("set names gb2312")
' 构造插入记录字符串
strCmd="insert into tongxunlu.txl01 (姓名, 性别, 职务, 职称, 联系地址, "
strCmd= strCmd & "邮政编码, 手机号, 办公电话)"
strCmd= strCmd & "values('李四', '男', '教师', '副教授', '郑州大学', "
strCmd= strCmd & "'450001', '15188316017', '67780001')"
' 执行插入语句，自增型字段编号的值自动填入
conn.execute(strCmd)
' 提示执行结果
```

```
    Response.write "已添加记录"
    %>
```

说明：

1）打开 ODBC 数据源时，如果没有在服务器上建立 ODBC 数据源，则可利用与之对应的 MyODBC 字符串来表示这个 ODBC 数据源，可使用“conn.open "Driver={MySQL ODBC 3.51 Driver}; SERVER=localhost; DATABASE=tongxunlu; UID=root; PWD=12345678"”语句。

2）下划线_是 ASP 的续行符。当命令行没写完时，可先输入续行符，再按〈Enter〉键换行，继续写剩余的命令行部分。如果要分行书写由 & 连接的字符串表达式，则可在 & 后输入续行符，再按〈Enter〉键转到下一行，接着书写 & 后面的部分即可。

3）conn.execute(strCmd)的作用是执行插入一条记录，其中，strCmd = "insert into tongxunlu.txl01 (姓名, 性别, 职务, 职称, 联系地址, 邮政编码, 手机号, 办公电话) values('李四', '男', '教师', '副教授', '郑州大学', '450001', '15188316017', '67780001')"。自增型字段“编号”的值由系统自动插入。

5.3.4 查询或浏览数据

利用 Connection 对象和 RecordSet 对象，使用 MySQL ODBC 连接字符串，查询 tongxunlu 数据库 txl01 数据表中姓名为“李四”的记录，查询数据文件（my_select_data.asp）的代码如下（执行结果如图 5-16 所示）：

```
    <%
    Set conn=server.createobject("adodb.connection")
    conn.open "Driver={MySQL ODBC 3.51 Driver}; SERVER=localhost; " &_
              "DATABASE=tongxunlu; UID=root; PWD=12345678"
    conn.execute("set names gb2312")
    ' 执行选择语句，创建记录集对象并打开记录集
    Set rs=conn.execute("select * from tongxunlu.txl01 where 姓名='李四'")
    ' 输出执行的结果
    Response.write "<table border='1'>"
    Response.write "<caption><font size='5' color='blue' face='隶书'>结果</font></caption>"
    Response.write "<tr><th>编号</th><th>姓名</th><th>性别</th><th>职务</th><th>职称</th><th>联系地址</th><th>邮政编码</th><th>手机号</th><th>办公电话</th></tr>"
    Do While Not rs.eof
      Response.write "<tr>"
      Response.write "<td>" & rs("编号") & "</td>"
      Response.write "<td>" & rs("姓名") & "</td>"
      Response.write "<td>" & rs("性别") & "</td>"
      Response.write "<td>" & rs("职务") & "</td>"
      Response.write "<td>" & rs("职称") & "</td>"
      Response.write "<td>" & rs("联系地址") & "</td>"
      Response.write "<td>" & rs("邮政编码") & "</td>"
      Response.write "<td>" & rs("手机号") & "</td>"
      Response.write "<td>" & rs("办公电话") & "</td>"
      Response.write "</tr>"
      rs.movenext
    Loop
    Response.write "</table>"
    %>
```

结果

编号	姓名	性别	职务	职称	联系地址	邮政编码	手机号	办公电话
1	李四	男	教师	副教授	郑州大学	450001	15188316017	67780001

图 5-16　姓名为“李四”的查询结果

说明：

1）my_select_data.asp 文件中，代码的功能是在 txl01 表中查询姓名为“李四”的记录；若将“Set rs=conn.execute("select * from tongxunlu.txl01 where 姓名='李四'")”改为“Set rs=conn.execute ("select * from tongxunlu.txl01")”，代码的功能就是显示出 txl01 表中的全部记录。执行此语句后，若记录集 rs 是空集，则记录指针指向文件首且指向文件尾，这时，rs.bof 和 rs.eof 的值均为 true，其中，rs.bof 用于测试记录指针是否位于文件首，rs.eof 用于测试记录指针是否位于文件尾；若记录集 rs 至少包含一条记录，则记录指针位于第一条记录，rs.bof 和 rs.eof 的值均为 false。

2）Do While Not rs.eof…Loop 是循环结构，表示当记录指针没指向文件尾时，执行循环体。循环体中，rs("编号")表示当前记录（指针指向的记录）的“编号”字段的值，“Response.write "<td>" & rs("编号") & "</td>"”表示在表格当前行的单元格中输出当前记录的“编号”字段的值，rs.movenext 的作用是将记录指针移到下一条记录的位置。

5.3.5　更新数据

利用 Connection 对象和 Command 对象，使用 MySQL ODBC 连接字符串，更新 tongxunlu 数据库 txl01 数据表中编号为 1 的记录的联系地址和办公电话，更新数据文件（my_update_data.asp）的代码如下：

```
<%
Set conn=server.createobject("adodb.connection")
conn.open "Driver={MySQL ODBC 3.51 Driver}; SERVER=localhost; " &_
        "DATABASE=tongxunlu; UID=root; PWD=12345678"
conn.execute("set names gb2312")
' 建立命令对象
Set cmd=server.createobject("adodb.command")
' 指定命令对象关联的连接对象
cmd.activeconnection=conn
' 构造命令串
strCmd="update txl01 set 联系地址='河南工业大学', 办公电话='67758888'"
strCmd= strCmd & " where 编号=1"
' 上面的语句在 where 与左边的引号之间至少有一个空格
' 指定命令串
cmd.commandtext=strCmd
' 指定命令串的类型，SQL 语句、表名、过程名分别取 1、2、4
cmd.commandtype=1
' 执行命令，返回执行命令所影响的记录的条数
cmd.execute number
' 提示执行结果
If number=0 Then
```

```
    Response.write "符合更新条件的记录不存在"
Else
    Response.write "共更新" & number & "条记录"
End If
%>
```

5.3.6 删除记录

1．利用 Connection 对象与 Command 对象进行删除

假设利用 Connection 对象、Command 对象，删除 txl01 表中编号为 1 的记录，删除记录文件（my_delete_record.asp）的代码如下：

```
<%
Set conn=server.createobject("adodb.connection")
' 打开 ODBC 数据源，利用 MyODBC 字符串
conn.open "Driver={MySQL ODBC 3.51 Driver}; SERVER=localhost; " &_
          "DATABASE=tongxunlu; UID=root; PWD=12345678"
' 设置字符集
conn.execute("set names gb2312")
' 建立命令对象
Set cmd=server.createobject("adodb.command")
' 指定命令对象关联的连接对象
cmd.activeconnection=conn
' 构造命令串
strCmd="delete from txl01 where  编号=1"
' 指定命令串
cmd.commandtext=strCmd
' 指定命令串的类型，SQL 语句、表名、过程名分别取 1、2、4
cmd.commandtype=1
' 执行命令，返回执行命令所影响的记录的条数
cmd.execute number
' 提示执行结果
If number<>0 Then
    Response.write "共删除" & number & "条记录"
else
    Response.write "满足待删除条件的记录不存在"
End if
%>
```

2．利用 Connection 对象和 RecordSet 对象进行删除

假设利用 Connection 对象和 RecordSet 对象，删除 txl01 表中姓名为“李四”的记录，删除记录文件（my_delete_record2.asp）的代码如下：

```
<%
Set conn=server.createobject("adodb.connection")
conn.open "Driver={MySQL ODBC 3.51 Driver}; SERVER=localhost; " &_
          "DATABASE=tongxunlu; UID=root; PWD=12345678"
conn.execute("set names gb2312")
' 建立记录集对象
Set rs=server.createobject("adodb.recordset")
' 设置游标的位置
```

```
rs.cursorlocation=3
' 上句设置使用本地游标库提供的客户端的游标，以便后面使用 rs.recordcount
' 打开记录集
rs.open "select * from txl01 where 姓名='李四'",conn,0,2,1
' 求记录集所包含的记录条数
number=rs.recordcount    ' 需先执行 rs.cursorlocation=3
If number<>0 Then
  For i=1 To number
    rs.delete
    rs.movenext
  next
  Response.write "共删除" & number & "条记录"
else
  Response.write "满足待删除条件的记录不存在"
End if
%>
```

5.3.7 删除数据表

利用 Connection 对象删除“tongxunlu”数据库中的“txl01”数据表，假设建立了名为“myodbc351_for_tongxunlu”的 ODBC 系统数据源，删除数据表文件（my_drop_table.asp）的代码如下：

```
<%
Set conn=server.createobject("adodb.connection")
' 打开 ODBC 数据源，注意应先建立 ODBC 系统 DSN
conn.open "myodbc351_for_tongxunlu"
' 设置字符集
conn.execute("set names gb2312")
' 执行删表语句，数据表存在时执行删除操作
conn.execute("drop table if exists tongxunlu.txl01")
' 提示执行结果
Response.write "若数据表存在，则执行删表操作"
%>
```

5.3.8 删除数据库

利用 Connection 对象，使用 MySQL ODBC 连接字符串，删除“tongxunlu1”数据库，删除数据库文件（my_drop_DB.asp）的代码如下：

```
<%
' 建立连接对象
Set conn=server.createobject("adodb.connection")
' 打开 ODBC 数据源，利用 MyODBC 字符串
conn.open "Driver={MySQL ODBC 3.51 Driver}; SERVER=localhost;" &_
          "DATABASE=tongxunlu; UID=root; PWD=12345678"
' 设置字符集为 gb2312
conn.execute("set names gb2312")
' 指定待删除的数据库名称
strDB="tongxunlu1"
' 如果数据库存在，则执行删库操作
```

```
conn.execute "drop database if exists " & strDB
' 上句中 exists 右边至少包含 1 个空格
' 提示若数据库存在，则执行删库操作
Response.write "若数据库" & strDB & "存在，则执行删库操作"
%>
```

思考题

1．什么是 IIS，如何安装与测试 IIS，如何设置 IIS，如何创建虚拟目录？

2．什么是 ASP，如何创建和运行 ASP 程序，编写 ASP 程序时需注意什么？

3．什么是脚本和脚本语言，ASP 中可以使用的脚本语言有哪几种，系统默认的脚本语言是什么，如何声明所使用的脚本语言？

4．ASP 中有哪些常用的语句格式，各有什么作用？

5．ASP 中有哪些常用的 VBScript 流程控制语句，基本格式是怎样的，各有什么功能？

6．过程和函数有何不同？如何在 ASP 中自定义 VBScript 过程和 VBScript 函数？如何调用 VBScript 过程和 VBScript 函数？内部函数 Date()、Time()、Day()、Now()、Cdate()、Cint()、Csng()、Cstr()、IsDate()、IsEmpty()、IsNull()、IsNumeric()、Int()、Trim()、Len()、Space()、Rnd()、UCase()、InputBox()、MsgBox()分别有什么作用？

7．如何设置 MySQL ODBC 数据源？在 ASP 中如何使用已设置好的 MySQL ODBC 数据源？

8．简述 ASP 中利用 Connection 对象操作 MySQL 数据库的基本步骤和语句。

9．简述 ASP 中利用 RecordSet 对象操作 MySQL 数据库的基本步骤和语句。

10．简述 ASP 中利用 Command 对象操作 MySQL 数据库的基本步骤和语句。

11．上机操作：请建立若干个相应的 ASP 文件，分别实现以下功能。

- 建立名为“xk”的选课数据库；
- 在 xk 数据库中建立名为“xs”的学生数据表（表结构与第 2 章思考题第 10 题表 2-2 所示的 xuesheng 表的结构相同）；
- 在 xs 表中插入一条记录；
- 将学号为 20190703003 的记录的出生日期修改为 2003/3/3；
- 显示全部学生记录；
- 查询姓“张”的学生的记录；
- 删除姓名为“张三”记录；
- 删除 xs 表；
- 删除 xk 数据库。

第6章　PHP+MySQL应用实践：读者借阅系统设计与实现

本章以读者借阅系统的设计与实现为例，详细论述基于PHP+MySQL的Web数据库应用系统的开发与管理技术。首先，阐述读者借阅系统的数据模型、功能结构和文件存储路径；其次，分析与论述各功能模块的Web编程和功能实现，主要功能模块包括用户注册、用户登录、菜单管理、读者信息管理、图书信息管理、借阅信息管理、留言管理。

本章的重点是，掌握基于PHP+MySQL的Web数据库应用系统的开发与管理技术，学会针对特定应用设计出合理的数据模型与系统功能结构，能基于PHP+MySQL编程来完成一个简单、实用的Web数据库应用系统的开发设计，实现Web数据库应用系统的用户注册、用户登录、特定数据的增删查改与统计分析、留言管理等主要功能。

6.1　读者借阅系统的数据模型与功能分析

1．读者借阅系统的数据模型

读者借阅系统是一种关系数据库应用系统，主要用于读者管理、图书管理、借阅管理及留言管理。根据1.1.3节“关系数据库”所述，读者借阅系统的E-R模型如图1-2所示，该数据库中包含以下4个关系。

1）读者（读者编号*，姓名，性别，出生日期，单位，是否学生，会员类别，电话号码，E-mail，密码）。

2）图书（图书编号*，图书名称，内容提要，作者，出版社，定价，类别，ISBN，版次，库存数，在库数，在架位置）。

3）借阅（读者编号，图书编号，借阅日期，归还日期，还书标记）。

4）留言（留言标题*，留言内容*，留言时间*，留言状态，留言人读者编号，回复人读者编号，回复内容，回复时间）。

这4个关系分别对应于4个数据库表，均属于读者借阅数据库，构成读者借阅数据库的关系模型，可利用相关的DBMS来建立相应的物理模型。假设利用MySQL数据库管理系统创建读者借阅数据库（booklending），库内包含读者表（reader）、图书表（book）、借阅表（borrow）和留言表（note），各表的结构如图2-5至图2-8所示（参见2.2.3节“MySQL客户端命令格式与应用”）。

2．读者借阅系统功能结构

读者借阅系统对不同类型的用户提供不同的功能。用户可以根据需要划分为不同的等级，不同等级的用户拥有不同的系统操作权限。这里为降低复杂性，将用户分为系统管理员和普通用户两类。

系统管理员属于超级用户，具有操作系统的最高权限，允许其对读者、图书、借阅、留言等各种信息进行管理。具体来说，读者借阅系统应向系统管理员提供以下功能模块：

- 用户管理，主要实现用户注册（包括为其他用户注册）、修改会员类别、修改密码等功能；
- 读者管理，主要包括读者信息浏览、读者信息分页显示、读者信息查询、读者信息修改、读者信息删除；
- 图书管理，主要完成图书信息查询与管理、添加图书信息、图书信息分页显示、图书信息修改、图书记录删除、图书信息分类汇总；
- 借阅管理，主要实现借书管理、还书管理、综合查询、清理已还书记录；
- 留言管理，用于查看所有留言、回复留言、删除留言。

普通用户是指注册为合法用户的一般读者，允许其对自己的个人档案、留言信息进行管理，以及对图书信息、自己的借书信息等进行查询。读者借阅系统应为普通用户提供以下功能模块：

- 注册，用于完成用户个人的注册登记，普通用户必须先注册为合法用户才能使用系统；
- 个人档案管理，包括查看自己的档案、修改自己的登录密码；
- 图书信息查询，包括查看馆藏图书、图书信息分页显示；
- 个人借书信息查询，用于查看自己的借书信息；
- 留言管理，包括发表留言、查看自己的留言与回复情况、删除自己的留言。

尽管读者借阅系统为不同类型的用户提供了不同的功能，但仍有部分职能可以共用相同的应用程序代码。例如，普通用户的“注册”功能与提供给系统管理员使用的“用户管理”模块中的“用户注册”功能、普通用户的“修改自己的登录密码”功能与提供给系统管理员使用的“修改密码”功能、普通用户的“图书信息分页显示”与系统管理员的“图书信息分页显示”等，均可以共享相同的程序代码。

3．文件存储路径及相关参数设置

系统功能的实现离不开大量的文件，文件可根据需要按类型存储于不同的目录。为便于管理，这里将读者借阅系统网页文件（*.html、*.php）存放在“E:\application\myweb\booklending\”目录下，将读者借阅数据库“booklending”建立在“D:\application\mydata\”目录下。建立读者表（reader 表）、图书表（book 表）、借阅表（borrow 表）、留言表（note 表）等相关数据库表时，会自动存储于 “D:\application\mydata\booklending\”目录下。

安装 AppServ 软件时，已自动配置了 Apache 服务器、MySQL 数据库、PHP 的相关参数，还需要在 httpd.conf 文件中修改和设置网站主目录或网页文件的存储路径（“DocumentRoot "E:/application/myweb"”和“<Directory "E:/application/myweb">”），在 my.ini 文件中修改数据库存储路径（datadir="D:\application/mydata/"）并复制原数据库目录，在 php.ini 文件中修改网站时钟参数（“date.timezone=Asia/Chongqing”或“date.timezone=PRC”），并重启 Apache 服务器、MySQL 服务器使设置生效。具体请参见 1.3.4 节“运行环境的个性化设置”。

6.2 用户注册

6.2.1 用户注册表单

1．用户注册表单（register.html 文件）

用户使用读者借阅系统，首先要注册为合法用户。假设注册成功的均为普通用户，只需提供用户的读者编号、姓名、性别、出生日期、单位、是否学生、电话号码、E-mail、密码，便可完成注册操作。设计用户注册表单（即读者信息输入界面）如图 6-1 所示，密码需要输入两次。

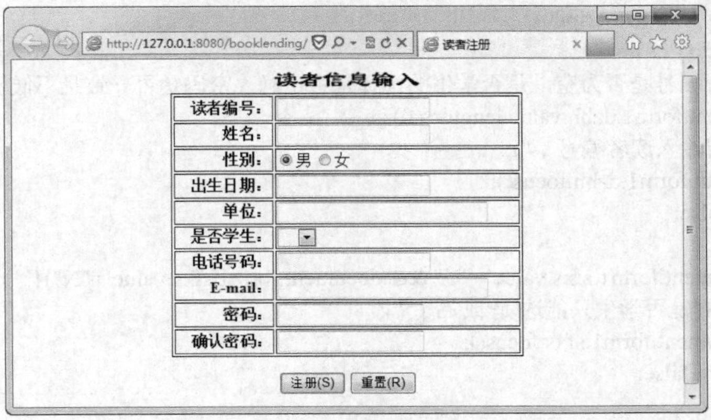

图 6-1　用户注册表单

利用 Adobe Dreamweaver CS5（简称 DW CS5）创建与编辑对应于图 6-1 的用户注册表单文件 register.html，界面如图 6-2 所示。

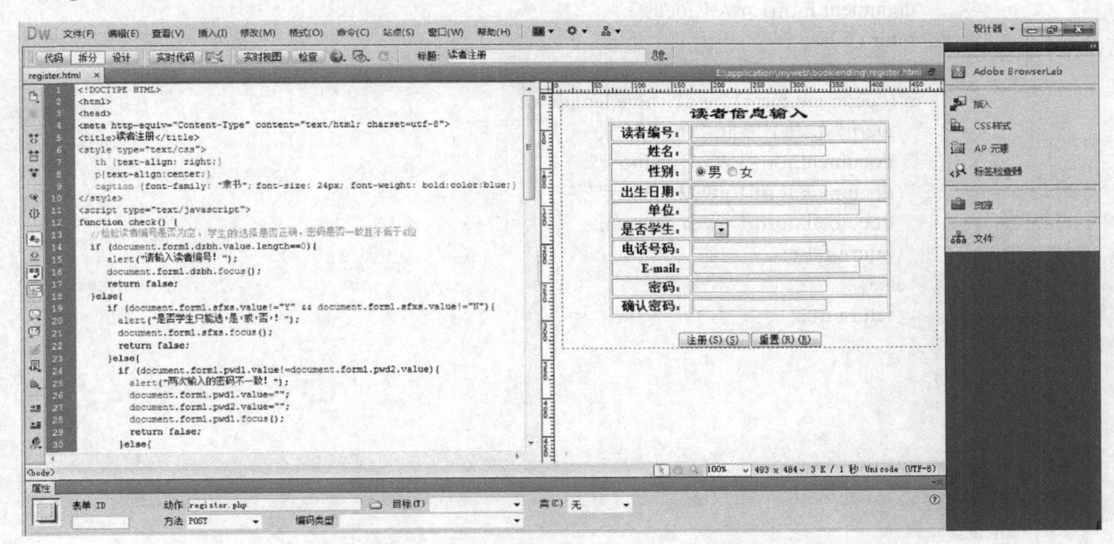

图 6-2　利用 Adobe Dreamweaver CS5 创建与编辑文件

在 DW CS5 窗口中，左侧是代码视图，右侧是设计视图，可以利用菜单、属性面板、控制面板等多种方式编辑与设计网页。设计视图基本上是“所见即所得”，但实际效果以在浏览器上看到的为准。除 DW CS5 外，还可以利用 EditPlus、UltraEdit、FrontPage、记事本等工具创建与编辑网页。利用 DW CS5 创建的用户注册表单文件 register.html 的网页代码如下。

```
<!DOCTYPE HTML>
<html>
<head>
<meta http-equiv="Content-Type" content="text/html; charset=utf-8">
<title>读者注册</title>
<style type="text/css">
    th {text-align: right;}
```

```
    p{text-align:center;}
    caption {font-family: "隶书";   font-size: 24px; font-weight: bold;color:blue;}
</style>
<script type="text/javascript">
function check() {
  //检验读者编号是否为空，是否学生的选择是否正确，密码是否一致且不低于 6 位
  if (document.form1.dzbh.value.length==0){
    alert("请输入读者编号！");
    document.form1.dzbh.focus();
    return false;
  }else{
    if (document.form1.sfxs.value!="Y" && document.form1.sfxs.value!="N"){
        alert("是否学生只能选'是'或'否'！");
        document.form1.sfxs.focus();
        return false;
    }else{
        if (document.form1.pwd1.value!=document.form1.pwd2.value){
          alert("两次输入的密码不一致！");
          document.form1.pwd1.value="";
          document.form1.pwd2.value="";
          document.form1.pwd1.focus();
          return false;
        }else{
          if (document.form1.pwd1.value.length<6){
            alert("密码不能低于 6 位！");
            document.form1.pwd1.value="";
            document.form1.pwd2.value="";
            document.form1.pwd1.focus();
            return false;
          }else{
            return true;
          }
        }
    }
  }
}
</script>
</head>
<body>
<form action="register.php" method="post" name="form1" onSubmit="return check()">
  <table width="354" border="1" align="center">
    <caption>读者信息输入</caption>
    <tr><th width="29%" scope="row"><label for="dzbh">读者编号：</label></th>
      <td width="71%"><input name="dzbh" type="text" id="dzbh" maxlength="5"></td>
    </tr>
    <tr><th scope="row">姓名：</th>
      <td><input name="xm" type="text" id="xm" maxlength="20"></td>
    </tr>
    <tr><th scope="row">性别：</th>
      <td><input name="xb" type="radio" id="xb1" value="男" checked>男
        <input type="radio" name="xb" id="xb2" value="女">女</td>
```

```
        </tr>
        <tr><th scope="row">出生日期：</th>
          <td><input type="datetime-local" name="csrq" id="csrq"></td>
        </tr>
        <tr><th scope="row">单位：</th>
          <td><input name="dw" type="text" id="dw" size="30" maxlength="30"></td>
        </tr>
        <tr><th scope="row">是否学生：</th>
          <td><select name="sfxs" id="sfxs">
            <option value="" selected></option>
            <option value="Y">是</option>
            <option value="N">否</option>
          </select></td>
        </tr>
        <tr><th scope="row">电话号码：</th>
          <td><input name="dhhm" type="text" id="dhhm" maxlength="13"></td>
        </tr>
        <tr><th scope="row">E-mail：</th>
          <td><input name="email" type="email" id="email" size="30" maxlength="30"></td>
        </tr>
        <tr>
          <th scope="row">密码：</th>
          <td><input name="pwd1" type="password" id="pwd1" maxlength="16"></td>
        </tr>
        <tr>
          <th scope="row">确认密码：</th>
          <td><input name="pwd2" type="password" id="pwd2" maxlength="16"></td>
        </tr>
      </table>
      <p><input type="submit" name="submit" value="注册(S)" accesskey="S">
        <input type="reset" name="reset" id="reset" value="重置(R)" accesskey="R">
      </p>
    </form>
  </body>
</html>
```

2．注册表单（register.html 文件）代码说明

1）样式。<style type="text/css">…</style>描述本网页文档的相关样式。其中，th、p、caption 均为标记选择器，它们所标记文本的样式分别对应于右对齐、居中对齐、“字体为隶书，字号为 24px，粗体，蓝色”。

2）脚本。<script type="text/javascript">…</script>是 JavaScript 脚本，此处用 function check(){…}描述了表单提交时进行的数据正确性检验过程，主要检验读者编号是否为空，是否学生有没有正确选择“是”或“否”，密码是否一致并且位数不低于 6 位，其中双斜杠“//”表示注释。此检验过程的大致处理逻辑是：如果读者编号的值为空、是否学生没选“是”或“否”、两次输入的密码不一致或位数低于 6 位，则进行相关提示、相关控件的值设置为空（如有必要）、相应控件获得焦点，并执行“return false;”来终止之后代码的执行，否则会执行“return true;”，并按正常情况继续之后的操作。描述对象的属性时可用类似“父对象.子对象.属性”的格式来表示，例如，document 是 JavaScript 的文档对象（此处表示本网页），本网页中有 name

属性为“form1”的表单，form1 表单中有 name 为“dzbh”的文本框，value 用于描述对象的值，length 属性描述值的长度，所以，document.form1.dzbh.value.length 就表示表单中读者编号文本框中的值的长度。同样，对象的方法可用类似“对象.方法”的格式来描述，例如，“document.form1. pwd1.focus();”表示 form1 表单中的 name 属性为“pwd1”的密码文本框获得焦点。alert("信息提示内容")用于进行信息的提示。

3）表单。<form action="register.php" method="post" name="form1" onSubmit="return check()">表示处理表单数据的文件为 register.php，以 POST 方式传递数据，此表单名称（name）为 form1，表单提交时首先执行由 onSubmit 事件指定的 check()函数或过程。check()函数或过程的代码在<script type="text/javascript">…</script>中由 function check() {…}定义。表单中<input type="text">表示文本框，<input type="password">表示密码框，<input type="radio">表示单选按钮，<input type="datetime-local">在 HTML5 中表示日期和时间文本框（在 HTML4 中等同于<input type="text">），<input type="email">在 HTML5 中表示输入电子邮箱地址的文本框（在 HTML4 中等同于<input type="text">），<select>标记表示下拉选择框（或下拉列表框），<select>中的<option>标记表示下拉列表的项；各标记的 name 属性指定控件的名称，value 属性指定控件中的值，maxlength 属性描述文本框或密码框中允许输入的最大字符数，size 属性指定文本框的长度，checked 表示单选按钮（或复选框）默认被选中，selected 表示下拉列表项默认被选中；另外，“<input type="submit" name="submit" value="注册(S)" accesskey="S">”表示“注册(S)”按钮，S 为快捷键（可用〈Alt+S〉组合键选中“注册(S)”按钮）；同理，<input type= "reset" value="重置(R)" >表示“重置(R)”按钮。

4）表格。<table>标记表格，<tr>标记表格的行，<th>或<td>标记表格的单元格，<caption>标记表格的标题。<table width="354" border="1" align="center">指定表格有固定宽度、有边框线、居中显示。<th scope="row">中的 scope 属性可以删掉。

5）标签与文本框绑定。单击“读者编号：”也可以选中其右侧的文本框。要求<label for="dzbh">中的 for 属性与<input name="dzbh" type="text" id="dzbh" maxlength="5">中的 id 属性值相同。

6）定义访问键或快捷键。〈Alt+S〉组合键相当于单击“注册（S）”按钮，〈Alt+R〉组合键相当于单击“重置（R）”按钮。要求<input>标记中 accesskey 属性的值是访问键对应的字母。

7）会员类别无须输入。单击“注册（S）”按钮时，读者信息存入 reader 表，“会员类别”字段的值自动存为“02”，表示普通用户；系统管理员可先按普通用户注册，然后利用系统管理员专用的会员类别修改模块改为超级用户（参见 6.2.3 节“系统管理员修改会员密码”）。

8）密码输入。注册时，密码需输入两次。

9）由于 reader 表中出生日期字段为 datetime 类型（参见 2.2.3 节图 2-5），可按“年-月-日时:分:秒”格式输入和存储出生日期的值；也可按“年-月-日”格式输入，但存储为“年-月-日 00:00:00”格式。

6.2.2 注册信息处理

1. 注册信息操作（register.php 文件）

在用户注册表单（页面），当输入了读者编号，选择了是否是学生，输入两次密码一致且位数不低于 6 位时，单击“注册”按钮（或按〈Alt+S〉组合键）即可将表单的数据发送至服务器上的 register.php 文件进行接收与处理。当读者编号的值在 reader 表中没有重复的值时，接收到的表单数据将作为一条记录保存至 reader 数据表，并跳转到注册表单，可继续执行注册操作；否则，表单数据不能被存储，且提示“读者编号不能重复”信息和“返回”超链接，可单击此“返回”超链接返回到注册表单，修改读者编号的值后继续执行操作。完成此功能的 register.php 文件的程序代码如下。

```
<!DOCTYPE HTML>
<html>
<head>
<meta http-equiv="Content-Type" content="text/html; charset=utf-8">
<title>注册信息</title>
</head>
<body>
<?php
//注册处理文件 register.php
//接收读者编号的值
$strDzbh=$_POST["dzbh"];
//连接 MySQL 服务器
$conn=mysql_connect("localhost","root","12345678");
//设置客户端字符集、查询返回数据字符集、客户端与服务器端连接采用的字符集
mysql_query("set names utf8");
//选择数据库
mysql_select_db("booklending",$conn);
//查询接收到的读者编号值是否存在于数据表中
$data=mysql_query("select * from reader where 读者编号='".$strDzbh."'");
if ($rec=mysql_fetch_array($data)){
    echo "读者编号不能重复<br>";
    echo "<a href='javascript:history.back()'>返回</a>";
}else{
    $cmd="insert into reader(读者编号,姓名,性别,出生日期,单位,";
    $cmd.="是否学生,会员类别,电话号码,Email,密码)";
    $cmd.="values('".$strDzbh."','".$_POST["xm"]."','".$_POST["xb"];
    $cmd.="','".$_POST["csrq"]."','".$_POST["dw"]."',";
    $cmd.=$_POST["sfxs"].",'"."02"."','".$_POST["dhhm"];
    $cmd.="','".$_POST["email"]."','".$_POST["pwd1"]."')";
    mysql_query($cmd);   //执行插入操作
    echo "注册成功,3 秒后跳转……";
    echo "<meta http-equiv='refresh' content='3;url=register.html'>";
}
?>
</body>
</html>
```

2．register.php 文件代码的说明

1）<?php 与 ?> 之间是 PHP 代码，// 表示单行注释，/* 与 */ 之间是多行注释。注释的内容包含了一些非常重要的知识点，一定要认真理解。注释语句可省略，不影响执行结果。

2）$data 是执行查询操作后的数据集，包含了 reader 表中读者编号的值与在注册表单中输入的读者编号值相同的记录。$rec=mysql_fetch_array($data)则是从$data 获取一条记录的操作，如果返回 true，则表明$rec 为非空，在注册表单中输入的读者编号值在 reader 表中已经存在，这时需要提示“读者编号不能重复”和超链接“返回”；反之，如果返回 false，则表明$rec 中没

有取得记录，注册表单的数据可作为一条记录插入到 reader 表。

3）语句“echo "<a href='javascript:history.back()'>返回</a>";”的作用是在当前页面显示“返回”超链接，单击此超链接时可返回到上一页面（即注册表单）。

4）$cmd 是插入语句字符串，本例中最后一个$cmd 的运算结果是“$cmd = "insert into reader(读者编号, 姓名, 性别, 出生日期, 单位, 是否学生, 会员类别, 电话号码, Email, 密码) values('" . $strDzbh . "','" . $_POST["xm"] . "','" . $_POST["xb"] . "','" . $_POST["csrq"] . "','" . $_POST["dw"] . "','" . $_POST["sfxs"] . "','" . "02" . "','" . $_POST["dhhm"] . "','" . $_POST["email"] . "','" . $_POST["pwd1"] . "')" ;”。其中，会员类别字段的值自动设置为“02”，表示普通用户。本系统假设“01”表示系统管理员，“02”表示普通用户；系统管理员需要先按普通用户注册，然后利用专用的修改会员类别模块将其会员类别改为“01”。

5）语句“mysql_query($cmd);”的功能是执行插入操作。操作完成后需进行提示并跳转到注册表单，实现跳转的语句是“echo "<meta http-equiv = 'refresh' content = '3; url = register.html'>";”，表示 3 秒后跳转到 register.html 文件对应的注册表单。

6）在程序中可以增加对出生日期、E-mail 值的正确性校验（参见 3.3.8 节“利用 PHP 验证 HTML 表单提交的数据”）。不进行校验时，如果出生日期格式不正确或不是一个正确的日期值，则存储时保存为“0000-00-00 00:00:00”。日期及 E-mail 的值一定要输入正确才合理（注：尽管表单中使用<input type="datetime-local">和<input type="email">来表示日期时间、E-mail 文本框，但对于 HTML4 来说，数据是不会进行校验的，而对于 HTML5 来说，如果不输入值，或如果不选择输入值，数据也不进行检验）。

7）解决 php 向数据库中插入中文乱码问题。要同时保证三点：第一是页面编码一定要是 utf-8 或者 gb2312；第二是 my.ini 中 default-character-set=utf8，且 character-set-server=utf8；第三是 mysql 中默认的字符集是 utf8 或者 gb2312。还应注意，数据表的字段的字符集也是 utf8 或者 gb2312。

6.2.3 系统管理员修改会员类别

1. 会员类别修改表单（user_type_modify.html 文件）

为保证数据库系统的完整性和安全性，用户注册操作将读者以普通用户的身份进行信息注册，许多对数据库的操作受到了应有的限制。而系统管理员是超级用户，拥有系统操作的最高权限。所以，系统管理员应能利用专用的会员类别修改模块，将其会员类别修改为“系统管理员”。设计会员类别修改表单如图 6-3 所示，“会员类别：”右侧是下拉选择框（或下拉列表框），可选择“系统管理员”（默认）或“普通用户”。相应的文件存储为 user_type_modify.html，其网页代码如下。

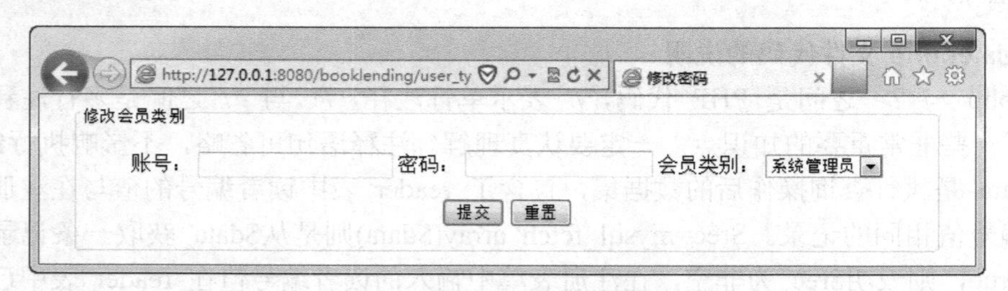

图 6-3 会员类别修改表单

```
<!DOCTYPE HTML>
<html>
<head>
<meta http-equiv="Content-Type" content="text/html; charset=utf-8">
<title>修改密码</title>
<style type="text/css">
   .div1{width: 680px; text-align: center; margin: auto;}
</style>
</head>
<body>
<div class="div1">
<form name="form1" method="post" action="user_type_modify.php">
   <fieldset>
      <legend><font size="-1">修改会员类别</font></legend>
      <p>
         <label for="account_no">账号：</label>
         <input type="text" name="account_no" id="account_no">
         <label for="pwd">密码：</label>
         <input type="password" name="pwd" id="pwd">
         <label for="user_type"> 会员类别：</label>
         <select name="user_type" id="user_type">
            <option value="01" selected>系统管理员</option>
            <option value="02">普通用户</option>
         </select>
      </p>
      <p>
         <input type="submit" name="button" id="button" value="提交">
         <input type="reset" name="button2" id="button2" value="重置">
      </p>
   </fieldset>
</form>
</div>
</body>
</html>
```

说明：

1）类选择器“.div1”描述了<div class="div1">…</div>区块的样式。width 指定 div1 区块的合理宽度，“text-align: center;”规定区块中各行的内容水平居中，“margin: auto;”使 div1 区块在浏览器屏幕上居中显示。区块宽度值一定时，若左外边距与右外边距均为“auto”，则该区块水平居中显示。“margin: auto;”表示该区块上、右、下、左外边距均为“auto”。

2）表单控件分组。<fieldset> <legend>…</legend>…</fieldset>是表单控件分组标记，<legend>用于说明表单分组区域的标题，一般是描述或提示该区域的功能。“<font size="-1">”表示字号比正常小 1 号。

3）会员类别对应的下拉选择框。<select>标记的是下拉选择框或下拉列表框，其内部<option>标记的是列表项，selected 表示该项默认被选中。“<label for="user_type"> 会员类别：</label>”表示“会员类别”标签控件，它的 for 属性与“<select name="user_type" id="user_type">”标记中的 id 属性的值相同，这表示标签与下拉选择框绑定，单击“会员类别：”也能选中下拉选择框。

2. 修改会员类别操作（user_type_modify.php 文件）

在会员类别修改表单中（图 6-3），输入账号、密码，选择会员类别，单击“提交”按钮，数据将交由 user_type_modify.php 文件进行处理，系统管理员可以将自己或其他普通用户的会员类别修改为系统管理员，或将已授权为系统管理员的用户改为普通用户。会员类别修改处理文件 user_type_modify.php 的网页程序代码如下。

```
<!DOCTYPE HTML>
<html>
<head>
<meta http-equiv="Content-Type" content="text/html; charset=utf-8">
<title>修改会员类别</title>
</head>
<body>
<?php
//MySQL 主机、用户、密码
$host="localhost";$user="root";$pwd="12345678";
$db_name="booklending"; //数据库名
$tb_name="reader"; //数据表名
$conn=mysql_connect($host,$user,$pwd); //连接 MySQL 服务器
mysql_query("set names utf8");    //设置客户端字符集
mysql_select_db($db_name,$conn);    //选择数据库
$sql="select * from reader where 读者编号='".$_POST["account_no"];
$sql.="' and 密码='".$_POST["pwd"]."'";
$data=mysql_query($sql);
$rec_count=mysql_num_rows($data);    //与账号、密码匹配的记录数
if ($rec_count==0){
    echo "账号或密码不正确，您不能修改会员类别<br>";
    echo "<a href='javascript:history.back()'>返回</a>";
}else{
    $cmd="update $tb_name set 会员类别='".$_POST["user_type"];
    $cmd.="' where 读者编号='".$_POST["account_no"];
    $cmd.="' and 密码='".$_POST["pwd"]."'";
    if (mysql_query($cmd)){
        echo "修改成功";
    }else{
        echo "修改失败";
    }
    echo "<meta http-equiv='refresh' content='3; url=user_type_modify.html'";
}
?>
</body>
</html>
```

说明：

1）$sql 是查询字符串，其最终运算结果是“$sql="select * from reader where 读者编号='" . $_POST["account_no"] . "' and 密码='" . $_POST["pwd"] . "'";”。

2）$cmd 是更新记录字符串，其最终运算结果是“$cmd="update $tb_name set 会员类别='" .$_POST["user_type"]."' where 读者编号='".$_POST["account_no"]."' and 密码='".$_POST["pwd"]."'";”。

3）出现会员类别修改操作失败情况的概率极低，执行修改操作后会提示“修改成功”（偶

尔出现意外则提示“修改失败”)，3 秒后跳转到会员类别修改表单。

4）假定读者编号为账号。如果账号或密码不正确，则提示“账号或密码不正确，您不能修改会员类别”和超链接“返回”；否则，将该用户的会员类别修改成表单上选定的会员类别。选“系统管理员”时值为“01”，选“普通用户”时值为“02”。各种情况均能返回或跳转到会员类别修改表单。

5）该模块专供系统管理员使用，系统管理员利用此模块将自己注册的普通会员类别改为“系统管理员”类别，或将别的普通用户指定为“系统管理员”类别，或将已授权的系统管理员修改为普通用户。系统管理员对系统数据的完整性和安全性负责，将普通用户升级为系统管理员的操作需要慎重考虑。

6.3 用户登录与菜单管理

6.3.1 用户登录表单

1. 用户登录表单设计（login.html 文件）

读者注册为合法用户，就可以使用读者借阅系统。使用系统必须先进行登录，登录系统需要提供账号和密码。用户登录界面，是用户注册和联系的入口，因此，可设计用户登录表单如图 6-4 所示。将用户登录表单存储为 login.html 文件，其网页代码如下。

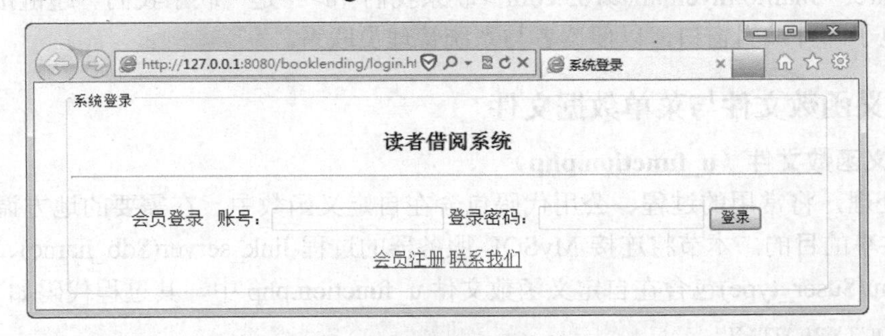

图 6-4 用户登录表单

```
<!DOCTYPE HTML>
<html>
<head>
<meta http-equiv="Content-Type" content="text/html; charset=utf-8">
<title>系统登录</title>
<style type="text/css">
.div1 {
    width: 680px; height: auto;
    text-align: center; margin: auto;
}
</style>
</head>
<body>
<div class="div1">
<form method="post" action="login_check.php">
   <fieldset>
```

```
        <legend align="left">
          <font size="-1" color="blue">系统登录</font>
        </legend>
        <h3>读者借阅系统</h3>
        <hr><br>
        会员登录  
        账号：<input type="text" name="u_id" id="u_id">
        登录密码：<input type="password" name="u_pwd" id="u_pwd">
        <input type="submit" value="登录">
        <p>
        <a href="register.html" target="_blank">会员注册</a>
        <a href="mailto:myemail@163.com">联系我们</a>
        </p>
      </fieldset>
    </form>
    </div>
    </body>
    </html>
```

2．登录表单（login.html 文件）代码说明

1）“<a href="register.html" target="_blank">会员注册</a>”是“会员注册”超链接，单击该超链接，可在新开的浏览器窗口打开用户注册表单文件 register.html，方便读者注册。

2）“<a href="mailto:myemail@163.com">联系我们</a>”是“联系我们”超链接，单击此超链接可打开电子邮件编辑窗口，以便读者与系统管理员联系。

6.3.2 自定义函数文件与菜单数据文件

1．自定义函数文件（u_function.php）

为便于处理，将常用的过程、公用代码包含在自定义函数中，在需要的地方调用即可，从而达到代码共享的目的。本节将连接 MySQL 服务器的过程 link_server($db_name)、公用菜单处理的过程 menu($user_type)包含在自定义函数文件 u_function.php 中，其过程代码如下。

```
<!DOCTYPE HTML>
<html>
<head>
<meta http-equiv="Content-Type" content="text/html; charset=utf-8">
<title>用户自定义函数</title>
</head>
<body>
<?php
function link_server($db_name){
    $conn=mysql_connect("localhost","root","12345678");
    mysql_select_db($db_name,$conn);
    mysql_query("set names utf8");
    header("Content-type:text/html;charset=utf-8");    //此行视安装环境需删掉或保留
}

function menu($user_type){
    include "menu_data.php"; //菜单数据
    if ($user_type=="01"){
```

```
            $menu_item=$menu_01;
        }else{
            if ($user_type=="02"){
                $menu_item=$menu_02;
            }else{
                echo "会员类别的值不在允许范围，请修改会员类别";
                exit;
            }
        }
        $item_count=count($menu_item); //菜单项数
        echo "<table cellspacing='10'><tr>";
        for ($i=0;$i<$item_count;$i++){
            //if (file_exists($menu_item[$i][1])){ //如果文件存在
                echo "<td><a href='".$menu_item[$i][1]."' target='_blank'>";
                echo $menu_item[$i][0]."</a></td>";
            //}
        }
        echo "</tr></table>";
    }
    ?>
    </body>
    </html>
```

说明：

1）“function link_server($db_name){}”描述连接 MySQL 服务器过程，接收实参“数据库名称”的值，可连接到指定的数据库。

2）“function menu($user_type){}”定义了不同会员类别的用户对应的菜单，大致过程是：调用菜单数据文件（该文件定义了各类用户的菜单数据），依据接收到的实参“会员类别”的值，将对应的用户菜单数据保存至变量$menu_item，然后求出菜单项数，把各菜单项以超链接的形式显示在只包含一行且无边框的表格中；其中，for 循环用于输出各菜单项，“if (file_exists($menu_item[$i][1])){}”表示菜单项对应的文件存在时，将在表格的单元格内显示该项的超链接（这样更便于管理菜单数据文件），若将该 if 结构表示的条件注释掉，则表示相应会员类别的各菜单项均以超链接形式在单元格内显示出来。各菜单项、对应的文件及其存储格式，请参见下述“菜单数据文件（menu_data.php）”。

3）“include "menu_data.php";”是调用文件语句，这里简称 include 语句。其作用在于将 include 之后指定的网页文件调入当前文件中执行，然后才从 include 语句的下一个语句继续执行。

2．菜单数据文件（menu_data.php）

菜单数据文件主要存储不同会员类别的用户菜单数据。菜单数据以二维数组存储，每个菜单项均以“array("菜单项功能描述","对应网页文件")”格式描述。假设菜单数据文件为 menu_data.php，系统管理员（会员类别为“01”）对应的菜单数据保存在变量$menu_01，普通用户（会员类别为“02”）对应的菜单数据保存在变量$menu_02，则菜单数据文件 menu_data.php 的代码格式如下所示。

```
    <!DOCTYPE HTML>
    <html><head>
    <title>菜单数据</title>
```

```
<meta http-equiv="Content-Type" content="text/html; charset=utf-8">
</head>
<body>
<?php
$menu_01=array(array("用户注册","register.html"),
      array("修改会员类别","user_type_modify.html"),
      array("修改密码","password_modify.html"),
      array("读者信息浏览","browse.php"),
      array("读者信息分页显示","paging_with_no_password.php"),
      array("读者信息查询","reader_query.html"),
      array("读者信息修改","upd_on_query.php"),
      array("读者信息删除","reader_delete.php"),
      array("图书信息管理","book_management.php"),
      array("添加图书信息","book_add.html"),
      array("图书信息分页显示","paging_book_with_link.php"),
      array("图书信息分类汇总","book_subtotals.html"),
      array("借书管理","borrow_book.html"),
      array("还书管理","return_book.html"),
      array("综合查询","comp_query.html"),
      array("清理已还书记录","return_del.html"),
      array("留言","s_note.php"));

$menu_02=array(array("我的档案","my_info.php"),
      array("修改密码","password_modify.html"),
      array("查询图书信息","book_query.php"),
      array("图书信息分页显示","paging_book_with_link.php"),
      array("借书信息","my_borrow_book.php"),
      array("留言","r_note.php"));
?>
</body>
</html>
```

说明：

1）$menu_01 和$menu_02 都是二维数组变量，分别表示系统管理员菜单和普通用户菜单。

2）假设$i 表示正常取值范围内的正整数，则$menu_01[$i][0]、$menu_02[$i][0]均为菜单项的名称（或功能描述），$menu_01[$i][1]、$menu_02[$i][1]均为菜单项对应的文件名。各文件名可事先设计好，也可以在为实现相应功能而创建文件时合理起名。

3）数组$menu_01 和$menu_02 中的菜单项可根据实际需要增减，当项数不多时，使用这种方法管理菜单方便、可行。

6.3.3 用户登录数据的校验与处理

1. 登录数据校验（login_check.php 文件）

在图 6-4 所示的用户登录表单中输入账号（这里假设账号为读者编号）和登录密码，单击登录按钮，表单数据交 login_check.php 文件处理。如果账号或密码不正确，则提示“您不能使用该系统”，并快速跳转到用户登录表单；否则，账号和密码在 reader 表中有匹配的记录时，表示用户合法，则在屏幕上端滚动显示登录人的读者编号和姓名，并依据该读者的会员类别的值（“01”或“02”）显示相应的用户菜单（图 6-5 至图 6-6）。由于相应的菜单函数已在 u_function.php 文件中进行定义，该文件（login_check.php）只需负责验证用户的合法性，并调用包含在 u_function.php 文件中的菜单函数即可。登录数据校验文件 login_check.php 的网页程序代码如下。

```
<!DOCTYPE HTML>
<html>
<head>
<meta http-equiv="Content-Type" content="text/html; charset=utf-8">
<title>检验用户合法性</title>
</head>
<body>
<?php
session_start();
$u_id=$_POST["u_id"];
$u_pwd=$_POST["u_pwd"];
include "u_function.php";
link_server("booklending");
$cmd="select * from reader where  读者编号='".$u_id."'";
$cmd.="and  密码='".$u_pwd."'";
$data=mysql_query($cmd);
if (mysql_num_rows($data)==0){
      echo "您不能使用该系统";
      echo "<meta http-equiv='refresh' content='3;url=login.html'>";
}else{
      $_SESSION["u_id"]=$_POST["u_id"];
      $_SESSION["u_pwd"]=$_POST["u_pwd"];
      $rec=mysql_fetch_array($data);
      echo "<p><marquee><font color='red'>";
      echo "登录人读者编号：$rec[读者编号] 姓名：$rec[姓名]";
      echo "</font></marquee></p>";
      menu($rec[会员类别]);
}
?>
</body>
</html>
```

2．文件 login_check.php 的代码说明

1）语句“session_start();”用于启用会话机制，用在所有输出语句之前。启用会话机制后，就可以用$_SESSION["u_id"]、$_SESSION["u_pwd"]建立会话变量，分别保存用于会话的账号（这里指登录者的读者编号）和登录密码。这些会话数据将被使用于 6.7 节所述的留言管理。

2）在用户登录表单中输入账号和登录密码，单击“登录”按钮，如果用户合法，则进入功能菜单。

3）<marquee>标记的内容默认自右向左滚动显示。这里，滚动显示的内容是登录者的读者编号和姓名。

4）menu($rec[会员类别])是调用包含在 u_function.php 文件中的 menu($user_type)函数，而 menu($user_type)函数将根据$user_type 的值显示包含在 menu_data.php 文件中的对应菜单。由于$rec[会员类别]的值是 reader 表中“会员类别”字段的值，值为“01”表示系统管理员，值为“02”表示普通用户，因此，menu($user_type)将根据会员类别的值，显示出管理员菜单或普通用户菜单。请认真分析 login.html、login_check.php、u_function.php、menu_data.php 文件之间的数据传递和依赖关系。

5）假设菜单数据文件 menu_data.php 如前所述，那么，当会员类别为“01”时，用户菜单如图 6-5 所示；当会员类别为“02”时，用户菜单如图 6-6 所示。

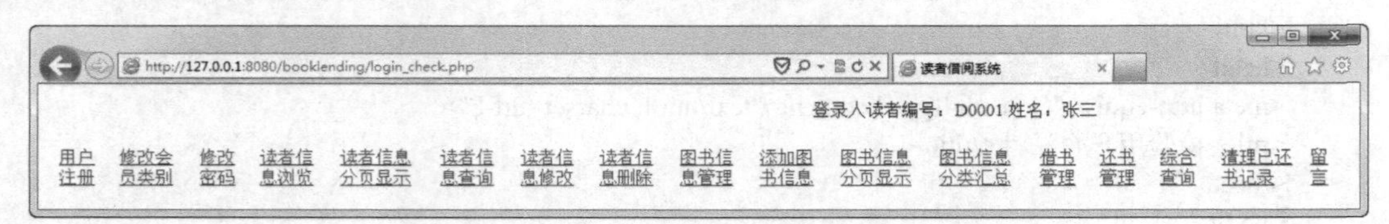

图 6-5　系统管理员登录成功后的菜单

图 6-6　普通用户登录后的菜单

6.4　读者信息管理

6.4.1　修改密码

1．修改密码表单（password_modify.html 文件）

为安全起见，用户每隔一定的时间就应对密码进行修改。修改密码时，用户应提供账号和原密码，并输入两次新密码。因此，设计用于修改密码的表单如图 6-7 所示，对应的文件存储为 password_modify.html，网页代码如下。

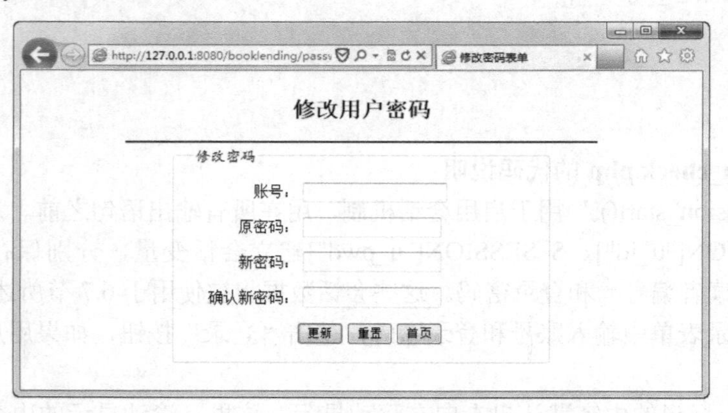

图 6-7　修改密码表单

```
<!DOCTYPE HTML>
<html>
<head>
<meta http-equiv="Content-Type" content="text/html; charset=utf-8">
<title>修改密码表单</title>
<style type="text/css">
    .div1 {width: 500px; margin:30px auto; }
```

```
    .center {text-align:center;}
    fieldset{padding-left:20px; margin:0 50px;}
    .div1 form fieldset #font1 {font-family: "楷体"; font-size: 16px; color: blue;}
    .four {text-indent: 4em;}
    .three {text-indent: 3em;}
    .two {text-indent: 2em;}
    .one {text-indent: 1em;}
</style>
<script language="javascript">
  function check(){ //校验新密码
      var objPwd1=document.getElementById("pwd1");
      var objPwd2=document.getElementById("pwd2");
      if (objPwd1.value!=objPwd2.value || objPwd1.value.length<6){
          alert("提示：新密码应一致，且位数不得低于 6 位");
          objPwd1.value="";
          objPwd2.value="";
          objPwd1.focus();
          return false;
      }
  }
</script>
</head>
<body>
<div class="div1">
<h2 class="center">修改用户密码</h2>
<hr color="red">
<form action="password_modify.php" method="post" name="form1">
<fieldset>
<legend id="font1">修改密码</legend>
<p class="four">账号：
  <input type="text" name="user_id" id="user_id"></p>
<p class="three">原密码：
  <input type="password" name="pwd" id="pwd"></p>
<p class="three">新密码：
  <input type="password" name="pwd1" id="pwd1" maxlength="16"></p>
<p class="one">确认新密码：
  <input type="password" name="pwd2" id="pwd2" maxlength="16"></p>
<p class="center">
  <input type="submit" value="更新" onClick="return check()">
  <input type="reset" value="重置">
  <input type="button" value="首页" onClick="location.href='login.html'">
</p>
</fieldset>
</form>
</div>
</body>
</html>
```

说明：

1）“.div1 {width: 500px; margin:30px auto; }”样式指定 div1 区块宽度 500px，上下外边距均为 30px，右外边距和左外边距均为自动（从而使 div1 区块水平居中）。

2）“.center {text-align:center;}”样式指定包含 class="center"的标记内的文本居中显示。

3）“fieldset{padding-left:20px; margin:0 50px;}”样式指定 fieldset 标记的区域左内边距（左填充）是 20px，上下外边距均为 0，右左外边距均为 50px。

4）“.div1 form fieldset #font1 {font-family: "楷体"; font-size: 16px; color: blue;}”样式规定了 id 选择器“#font1”的字体、字号和颜色，此处复合选择器“.div1 form fieldset #font1”可用 id 选择器“#font1”替代。

5）.four、.three、.two、.one 分别规定了相应区域的文本缩进方式。例如“.four {text-indent: 4em;}”表明该区域段首文字缩进 4em，即 4 个汉字的宽度。在 CSS 中，em 为相对长度单位，1em = 当前区域内文字的 1 个垂直高度，相当于 1 个汉字的高度或宽度，4em 就是 4 个汉字的宽度。

6）上述选择器各属性的值，均可根据计算或在浏览器看到的效果进行调整，以达到表单整体布局比较合理为准。

7）<input type="submit" value="更新" onClick="return check()">是更新按钮，单击该按钮时，先执行 onClick（单击）事件，转向 check()函数执行，若返回 false，则表单数据不被提交；只有返回 true 时，才提交给<form>标记指定的 password_modify.php 文件进行密码修改处理。

8）<script language = "javascript">…</script>：定义 JavaScript 脚本，属性“language = "javascript"”可以替换为“type = "text/javascript"”。由 function 定义了 check()函数的过程代码，用于检验新密码是否一致，且位数不低于 6 位（假设这是密码存储的基本要求）。其中，利用“var objPwd1=document.getElementById("pwd1");”声明变量 objPwd1，它表示表单中新密码对应的文本框控件，此控件使用 id="pwd1"属性标明了其专属的 ID 身份，在 JavaScript 中用 document.getElementById("pwd1")来标识该文本框对象；这样，objPwd1.value 就表示新密码文本框对象中的值，objPwd1.value.length 则表示相应值的长度（即字符位数），objPwd1.focus()表示对应的新密码框获得焦点。当两个新密码文本框中的值不相等，或值的长度小于 6 时，会出现信息提示对话框，提示内容是“提示：新密码应一致，且位数不得低于 6 位”；若单击信息提示框的“确定”按钮，则两个新密码文本框清空，第一个新密码文本框获得焦点，返回 false；只有新密码一致且位数大于或等于 6 时才（自动）返回 true，将表单数据提交到 password_modify.php 文件进行处理。

2．修改密码操作（password_modify.php 文件）

修改密码时，会先对用户的合法性进行检验，即验证账号和原密码是否与 reader 表中的某条记录匹配，不匹配时进行提示，且不允许修改密码值；匹配时用新密码值替换原密码值。假设执行此处理的文件为 password_modify.php，其网页代码如下。

```
<!DOCTYPE HTML>
<html>
<head>
<meta http-equiv="Content-Type" content="text/html; charset=utf-8">
<title>修改密码</title>
</head>
<body>
<?php
//修改密码
$db_name="booklending";   //数据库名
$tb_name="reader";   //数据表名
```

```
include "u_function.php";    //调用自定义函数文件
link_server($db_name);   //连接服务器与选择数据库
//构造查找字符串$sql
$sql="select * from $tb_name where 读者编号='";
$sql=$sql . $_POST["user_id"] . "' and 密码='" . $_POST["pwd"] . "'" ;
$data=mysql_query($sql);   //查找与账号、密码值均匹配的记录
$rec_count=mysql_num_rows($data);   //与账号、密码值匹配的记录数
if ($rec_count==0){
    echo "账号或原密码不正确，不能修改密码<br>";
    echo "<a href='javascript:history.back()'>返回</a>";
}else{
   //构造修改密码的字符串
   $cmd="update $tb_name set 密码='".$_POST["pwd1"]."' where 读者编号='";
   $cmd.=$_POST["user_id"]."' and 密码='".$_POST["pwd"]."'";
   //执行插入操作
   mysql_query($cmd) or die("修改密码失败。".mysql_error());
   echo "成功修改密码, 3 秒后跳转…….";
   echo "<meta http-equiv='refresh' content='3;url=password_modify.html'";
}
?>
</body>
</html>
```

说明：这里以读者编号作为账号，验证用户的合法性。当账号或原密码不匹配时，提示“账号或原密码不正确，不能修改密码”和超链接“返回”，单击“返回”超链接可返回继续修改操作；账号和原密码均匹配时，将相应记录的密码值修改为新值，修改后提示“成功修改密码, 3 秒后跳转……”，并按提示跳转到修改密码表单。

6.4.2 读者信息浏览与分页显示

1. 浏览读者信息（browse.php 文件）

允许系统管理员浏览或查看 reader 表中的读者信息，但不允许看到各用户设置的密码。因此，浏览操作需要显示 reader 表中除密码外其余各字段的信息，设计浏览结果页面如图 6-8 所示，相应的应用程序文件存储为 browse.php，其网页程序代码如下。

http://127.0.0.1:8080/booklending/browse.php　浏览读者表信息（不含密码...

会员信息表

读者编号	姓名	性别	出生日期	单位	是否学生	会员类别	电话号码	E-mail
D0001	张三	男	1991-01-01 00:00:00	管理工程学院	N	01	0371-67780001	zhangsan@163.com
D0002	欧阳一一	女	2001-01-01 00:00:00	管理工程学院	Y	02	13511112222	oy11@zzu.edu.cn
D0003	杨八妹	女	2003-01-01 00:00:00	信息管理学院	Y	02	13837121001	y8m@163.com
D0004	东邪	男	2002-03-04 00:00:00	管理工程学院	Y	02	13673711234	dx@163.com
D0005	何仙姑	女	2003-03-03 00:00:00	历史学院	Y	02	13837101234	hxg@qq.com
D0006	齐天大圣	男	1999-09-09 00:00:00	管理工程学院	N	02	0371-67781234	qitian@sina.com
D0008	李国红	女	2002-01-01 00:00:00	物理工程学院	Y	02	13673710001	lgh1@163.com

图 6-8　浏览 reader 表的记录

```
<!DOCTYPE HTML>
<html>
<head>
<meta http-equiv="Content-Type" content="text/html; charset=utf-8">
<title>浏览读者表信息（不含密码）</title>
```

```
</head>
<body>
<?php
include "u_function.php";          //调用自定义函数文件
link_server("booklending");         //连接服务器与选择数据库
$data=mysql_query("select * from reader");   //reader 表中的记录
echo "<table border=1 align='center'>";
echo "<caption><font size='5' face='隶书' color='blue'>
      会员信息表</font></caption>";
echo "<tr>";
echo "<th>读者编号</th><th>姓名</th><th>性别</th><th>出生日期</th>
      <th>单位</th><th>是否学生</th><th>会员类别</th>
      <th>电话号码</th><th>E-mail</th>";
echo "</tr>";
for ($i=0;$i<mysql_num_rows($data);$i++){   //输出各记录
    echo "<tr>";
    $rec=mysql_fetch_array($data);   //获取一条记录并移动记录指针
    echo "<td>$rec[读者编号]</td><td>$rec[姓名]</td>";
    echo "<td>$rec[性别]</td><td>$rec[出生日期]</td>";
    echo "<td>$rec[单位]</td><td>$rec[是否学生]</td>";
    echo "<td>$rec[会员类别]</td><td>$rec[电话号码]</td>";
    echo "<td>$rec[Email]</td>";
    echo "</tr>";
}
echo "</table>";
?>
</body>
</html>
```

说明：

1）浏览 reader 表的记录时，为安全起见，不可以看到用户的密码。

2）$data 是包含 reader 表中全部记录的数据集，mysql_num_rows($data)表示该数据集包含的记录条数，$rec=mysql_fetch_array($data)的作用是，每执行一次，即可获取该数据集（记录指针所指向）的一条记录，并将指针移至下一记录位置，$rec[读者编号] 是所获取记录的读者编号字段的值。

3）由于“读者编号”字段在 reader 表中是第一个字段，所以，$rec[读者编号]也可以用$rec[0]来表示；同理，可用$rec[1]、$rec[2]分别表示$rec[姓名]、$rec[性别]，余类推。

2．分页显示（paging_with_no_password.php 文件）

浏览或查询的记录条数较多时，可采用分页显示方式呈现结果。分页显示主要有两种方式：一是在用户页面包含“首页”“下一页”“上一页”“尾页”等按钮，单击各按钮分别显示相关页面的内容；二是在用户页面按顺序列出各页码对应的超链接，单击相关的页码超链接显示对应页码的内容。关于第二种分页显示方式，请参见 6.5.3 节“图书信息分页显示”。此处以第一种方式分页显示 reader 表记录为例，介绍一般分页显示的实现技术。

由于用户密码是保密的，所以分页显示 reader 表的记录时，密码字段的值不应被列出。设计分页显示的用户操作页面如图 6-9 所示，相应的分页显示网页文件为 paging_with_no_password.php。分页显示的基本原理是，浏览或查找到的记录的数量是个定值，指定每页显示的记录条数，就能确定页数，通过计算可确定每页的起始位置，这样，显示每页的记录就是从每页的起始位置连续输出指定数目的记录。分页显示处理大致过程是：第一次运行网页时在表格中显示第一页，同时显示“首页”“尾页”按钮，若有下一页，还会出现“下一页”按钮；若有上一页，则会出现“上一页”按钮；若单击相关按钮，则在表格中显示相应的记录内容。分页显示文件paging_with_no_password.php 的网页代码如下。

http://127.0.0.1:8080/booklending/paging_with_no_password.php 分页显示-带按钮

首页 上一页 下一页 尾页

会员信息表

读者编号	姓名	性别	出生日期	单位	是否学生	会员类别	电话号码	Email
D0006	齐天大圣	男	1999-09-09 00:00:00	管理工程学院	N	02	0371-67781234	qitian@sina.com
D0008	李国红	女	2002-01-01 00:00:00	物理工程学院	Y	02	13673710001	lgh1@163.com
D0009	苗翠花	女	2002-01-01 00:00:00	管理工程学院	Y	02	13837100111	mch@163.com
D0011	阎王爷	男	1995-05-05 00:00:00	医学院	N	02	67780002	ywy@zzu.edu.cn
D0012	小芳	女	2001-01-01 00:00:00	法学院	N	02	0371-67780012	xiaofang@126.com

图 6-9　分页显示

```
<!DOCTYPE HTML>
<html>
<head>
<meta http-equiv="Content-Type" content="text/html; charset=utf-8">
<title>分页显示-带按钮</title>
</head>
<?php
$db_name="booklending";     //数据库名
$tb_name="reader";          //数据表名
include "u_function.php";   //调用自定义函数文件
link_server($db_name);      //连接服务器与选择数据库
$data=mysql_query("select * from $tb_name");        //表中全部记录
$rec_count=mysql_num_rows($data);                   //记录数
$pagesize=5;                //每页记录数
$page_total=ceil($rec_count/$pagesize);             //总页数
if ($_POST["cur_pageno"]==""){
    $cur_pageno=1;          //第一次运行时当前页为第 1 页
}else{
    $cur_pageno=ceil($_POST["cur_pageno"]);     //非第一次运行时的当前页码
    switch ($_POST["page"]){    //单击各按钮后的当前页码
        case "首页": $cur_pageno=1; break;
        case "下一页": $cur_pageno++; break;
        case "上一页": $cur_pageno--; break;
        case "尾页": $cur_pageno=$page_total; break;
    }
}
?>
<form method="post" action="">
<p align="center">
    <input type="hidden" name="cur_pageno" value="<?echo $cur_pageno;?>">
    <input type="submit" name="page" value="首页">
    <?if ($cur_pageno>1){?>
        <input type="submit" name="page" value="上一页">
    <?}?>
    <?if ($cur_pageno<$page_total){?>
```

```
        <input type="submit" name="page" value="下一页">
    <?}?>
    <input type="submit" name="page" value="尾页">
</p>
</form>
<?
$begin=($cur_pageno-1)*$pagesize;        //当前页起始位置
//当前页记录
$data=mysql_query("select * from $tb_name limit $begin,$pagesize");
$fds_count=mysql_num_fields($data);    //字段数
echo "<table border=1 align='center'>";
echo "<caption>会员信息表</caption>";
echo "<tr>";
for ($i=0;$i<$fds_count;$i++){              //输出除密码外的各字段名
    if (mysql_field_name($data,$i)!="密码"){
        echo "<th>".mysql_field_name($data,$i)."</th>";
    }else{
        $field_no=$i; //密码字段的序号
    }
}
echo "</tr>";
for ($i=0;$i<mysql_num_rows($data);$i++){  //输出各记录
    echo "<tr>";
    $rec=mysql_fetch_array($data);          //获取一条记录并移动记录指针
    for ($j=0;$j<$fds_count;$j++){          //输出记录除密码外各字段的值
        if ($j!=$field_no){     //输出非密码字段的值
                echo "<td>".$rec[$j]."</td>";
        }
    }
    echo "</tr>";
}
echo "</table>";
?>
</body>
</html>
```

说明：

1）<?php 和 ?>之间是 PHP 脚本，<? 和 ?>之间也是 PHP 脚本。

2）"$page_total=ceil($rec_count/$pagesize);" 表示总页数，是先计算总记录数除以每页记录数的值，再利用取整函数 ceil()将不小于该值的最小整数值作为总页数，例如，ceil(5.0)=5，ceil(5.1)=6。

3）<form method="post" action="">和</form>之间描述表单，处理表单数据的文件是该文件自身。

4）<input type="hidden" name="cur_pageno" value="<?echo $cur_pageno;?>">是一个隐藏的文本框，用于保存和传递当前页码的数据，"$cur_pageno=ceil($_POST["cur_pageno"]);" 接收的就是该隐藏文本框中的当前页码的值；当第一次运行该分页显示文件时，由于程序中设置了"$cur_pageno=1;"，因此该隐藏文本框内容为 1，表示当前页码为第 1 页；当单击"首页""下一页""上一页"或"尾页"时，$cur_pageno 的值会随之变化，隐藏文本框中的值始终与当前页码的值一致。

5）“switch ($_POST["page"]){}”是多分支选择结构，从实现的功能来看，这部分的内容可以用以下代码替代：

```
if ($_POST["page"]=="首页"){$cur_pageno=1;}
if ($_POST["page"]=="下一页"){$cur_pageno++;}
if ($_POST["page"]=="上一页"){$cur_pageno--;}
if ($_POST["page"]=="尾页"){$cur_pageno=$page_total;}
```

6）“$data=mysql_query("select * from $tb_name limit $begin,$pagesize");”表示的是某一页的数据记录，“$fds_count=mysql_num_fields($data);”表示记录的字段个数，“mysql_field_name ($data,$i)”表示第（$i+1）个字段的名称，当第（$i+1）个字段名不是“密码”时输出字段名，是“密码”时将字段的位置（$i 表示的序号）保存至变量$field_no。

7）“mysql_num_rows($data)”表示记录条数，“$rec=mysql_fetch_array($data);”用于获取一条记录（并移动指针），$rec[$j]表示序号为$j 的字段的值，序号$j 不等于$field_no 的字段不是“密码”字段，所以，当$j 不等于$field_no 时输出字段的值$rec[$j]，而$j 等于$field_no 时不必输出，这样，密码字段的值就不显示了。

6.4.3 读者信息查询

1．读者信息查询表单（reader_query.html 文件）

信息查询需要指定条件。这里以下拉列表框（或下拉选择框）选择待查询项和关系运算符，在文本框输入相应的值来指定条件，单击“查询”按钮即可显示查询结果。设计读者信息查询表单如图 6-10 所示。其中，第一个下拉列表框可选择的项包括 reader 表中除密码字段外的各项（不能查询和出现用户密码），默认选择“姓名”；第二个下拉列表框可选择大于、大于或等于、等于、不等于、小于或等于、小于等关系运算符，默认选择“等于”。此表单文件存储为 reader_query.html，处理表单数据的文件存储为 reader_query.php，则 reader_query.html 文件的网页代码如下。

图 6-10 读者信息查询表单

```
<!DOCTYPE HTML>
<html>
<head>
<meta http-equiv="Content-Type" content="text/html; charset=utf-8">
<title>读者信息查询</title>
</head>
<body>
<form name="form1" method="post" action="reader_query.php">
  <h3 align="center">读者信息查询</h3>
  <hr color="red">
  <p align="center">
```

```
        <label for="item">请选择：</label>
        <select name="item" id="item" size="1">
          <option value="读者编号">读者编号</option>
          <option value="姓名" selected>姓名</option>
          <option value="性别">性别</option>
          <option value="出生日期">出生日期</option>
          <option value="单位">单位</option>
          <option value="是否学生">是否学生</option>
          <option value="会员类别">会员类别</option>
          <option value="电话号码">电话号码</option>
          <option value="Email">E-mail</option>
        </select>
        <select name="operator" id="operator">
          <option value="&gt;">大于</option>
          <option value="&gt;=">大于或等于</option>
          <option value="=" selected>等于</option>
          <option value="!=">不等于</option>
          <option value="&lt;=">小于或等于</option>
          <option value="&lt;">小于</option>
        </select>
        <label for="item_val"></label>
        <input type="text" name="item_val" id="item_val">
        <input type="submit" name="query" id="query" value="查询">
      </p>
    </form>
  </body>
</html>
```

说明：

1）代码“<label for="item">请选择：</label>”表示，单击“请选择：”标签时，可选中 id="item"的控件（这里指第一个下拉列表框）。

2）“<select name="item" id="item" size="1"> …</select>”用于定义下拉列表框，列表项由<option>标记指定。“<option value="姓名" selected>姓名</option>”表示列表项包含“姓名”，该项默认被选中。这里要求 value 属性的值是 reader 表中对应的字段名，例如“姓名”项对应“姓名”字段，这样，以 POST 方式提交表单后，用$_POST["item"]传递的值就是“姓名”字段的名称，使得之后利用 MySQL 构造查询语句大大简化。

2．读者信息查询操作（reader_query.php 文件）

在读者信息查询表单中指定条件后，单击“查询”按钮即可执行查询操作。例如，选择“姓名”“等于”，输入“李国红”，单击“查询”按钮时，表单数据提交给 reader_query.php 文件进行处理，查询结果如图 6-11 所示。实现此功能的网页文件 reader_query.php 中的代码如下。

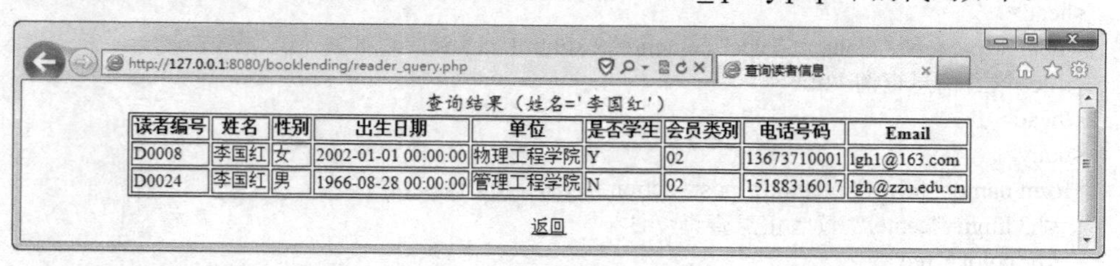

读者编号	姓名	性别	出生日期	单位	是否学生	会员类别	电话号码	Email
D0008	李国红	女	2002-01-01 00:00:00	物理工程学院	Y	02	13673710001	lgh1@163.com
D0024	李国红	男	1966-08-28 00:00:00	管理工程学院	N	02	15188316017	lgh@zzu.edu.cn

图 6-11　查询结果页面

```
<!DOCTYPE HTML>
<html>
<head>
<meta http-equiv="Content-Type" content="text/html; charset=utf-8">
<title>查询读者信息</title>
</head>
<body>
<?php
//接收值
$item=$_POST['item']; $op=$_POST['operator']; $item_val=$_POST['item_val'];
$db_name="booklending";     //数据库名
$tb_name="reader";          //数据表名
include "u_function.php";   //调用自定义函数文件
link_server($db_name);      //连接服务器与选择数据库
//构造查询字符串
$sql="select * from $tb_name where $item".$op."'".$item_val."'";
$data=mysql_query($sql);    //满足条件的记录
$rec_count=mysql_num_rows($data);     //记录数
$fds_count=mysql_num_fields($data);   //字段数
?>
<?if ($rec_count!=0){?>
    <table border="1" align="center">
    <caption><font size="+1" color="blue" face="楷体">
        查询结果（<?echo $item.$op."'".$item_val."'";?>）
    </font></caption>
    <?for ($i=0;$i<$fds_count;$i++){ ?>
        <?if (mysql_field_name($data,$i)!="密码"){?>
            <th><?echo mysql_field_name($data,$i);?></th>
        <?}else{?>
            <?$pwd_no=$i; //密码字段顺序号 ?>
        <?}?>
    <?}?>
    <?while ($rec=mysql_fetch_array($data)){ ?>
        <tr>
        <?for ($i=0;$i<$fds_count;$i++){ ?>
            <?if ($i!=$pwd_no){?>
                <td><?echo $rec[$i];       //输出非密码字段的值?></td>
            <?}?>
        <?}?>
        </tr>
    <?}?>
    </table>
<?}else{?>
    <p align="center">
    没找到满足条件<?echo $item.$op."'".$item_val."'"?>的记录
    </p>
<?}?>
<p align="center"><a href="reader_query.html">返回</a></p>
</body>
</html>
```

说明：

1）在读者信息查询表单中指定好条件，单击“查询”按钮，即可提交至 reader_query.php

文件进行处理。处理流程大致是：先接收来自表单的数据，之后在数据库中查找满足条件的记录，若找到，则以表格形式显示查到的各条记录，除密码字段不显示外，其余各字段信息均显示；若没找到，则进行类似“没找到满足条件读者编号<‘00000’的记录”的提示。不管有没有找到记录，都会显示“返回”超链接，单击此“返回”超链接可返回到读者信息查询表单。

2）“$sql = "select * from $tb_name where $item".$op."'".$item_val."'";” 表示查询语句对应的字符串。例如，在读者信息查询表单选择“姓名”“等于”，输入“李国红”，单击“查询”按钮提交给 reader_query.php 处理时，对应的查询语句就是 “$sql = "select * from reader where 姓名='李国红'";”，该查询语句的作用就是查找姓名字段的值等于“李国红”的记录。

6.4.4　读者信息修改

1．查询表单与查询操作（upd_on_query.php 文件）

修改记录，首先需要先查询到待修改的记录。这里，介绍按姓名模糊查询，再对找到的记录进行编辑与修改的方法。设计查询页面如图 6-12 所示，水平线之上的是查询表单部分，水平线之下是查询结果。主要操作过程是：首次执行网页文件，只显示查询表单部分；

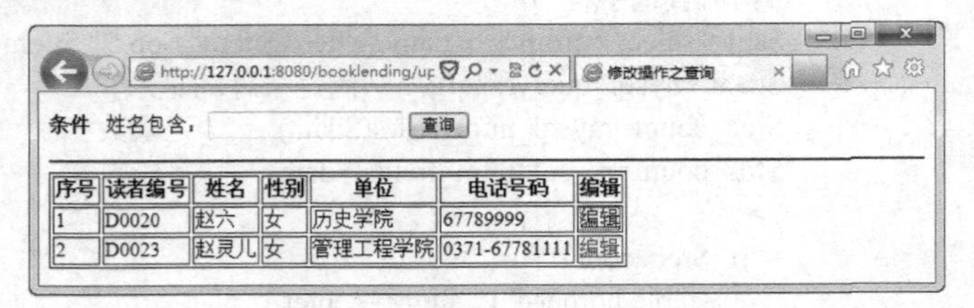

图 6-12　查询页面

输入姓名中包含的字或词（如输入“赵”字），单击“查询”按钮，出现水平线和查询结果；若没找到满足条件的记录，则提示无找到记录（如提示“无找到姓名包含‘赵’的记录”），若找到记录，则在表格中显示出找到的记录的主要信息和对应的“编辑”超链接；单击某行的“编辑”超链接，这一行的记录（当前记录）被允许修改的字段的值，就显示在信息编辑界面供修改；修改后单击“提交”（或“更新”）按钮更新数据库表；数据库表更新后将查询结果刷新，将刚修改的记录和查询结果中未修改的记录一并显示出来。这个查询与修改的功能需要由 4 个网页文件来完成，它们分别是查询文件 upd_on_query.php、编辑文件 upd_on_edit.php、更新文件 upd_on_update.php、查询结果刷新文件 upd_on_query2.php。

图 6-12 是在“姓名包含：”右面的文本框输入“赵”，单击“查询”按钮后的执行结果。该功能是由查询文件 upd_on_query.php 实现的，该文件的网页程序代码如下。

```
<!DOCTYPE HTML>
<html>
<head>
<meta http-equiv="Content-Type" content="text/html; charset=utf-8">
<title>修改操作之查询</title>
</head>
<body>
<form name="form1" method="post" action="">
  <p>
  <strong><font color="blue">条件</font></strong>
    姓名包含：<input type="text" name="r_name" id="r_name">
  <input type="submit" name="query" id="query" value="查询">
  </p>
</form>
<?php
```

```
    session_start();  //创建或启用会话
    $_SESSION["r_name"]=$_POST["r_name"];  //建立会话变量，保存读者姓名数据
    if ($_POST["query"]=="查询"){
        print "<hr color='#FF0000'>";
        $db_name="booklending";          //数据库名
        $tb_name="reader";               //数据表名
        include "u_function.php";        //调用自定义函数文件
        link_server($db_name);           //连接服务器与选择数据库
        $sql="select * from $tb_name where 姓名 like '%".$_SESSION["r_name"]."%'";
        $data=mysql_query($sql);
        $rec_count=mysql_num_rows($data);        //包含输入姓名的记录的条数
        if ($rec_count>0){
            print "<table border='1'>";
            print "<tr><th>序号</th><th>读者编号</th><th>姓名</th>";
            print "<th>性别</th><th>单位</th><th>电话号码</th><th>编辑</th>";
            print "</tr>";
            for ($i=0;$i<$rec_count;$i++){
                $rec=mysql_fetch_array($data);
                print "<tr>";
                print "<td>".($i+1)."</td>";
                print "<td>".$rec["读者编号"]."</td>";
                print "<td>".$rec["姓名"]."</td>";
                print "<td>".$rec["性别"]."</td>";
                print "<td>".$rec["单位"]."</td>";
                print "<td>".$rec["电话号码"]."</td>";
                print "<td>";
                print "<a href='upd_on_edit.php?r_no=";
                print  $rec["读者编号"]."' target='_blank'>编辑</a>";
                print "</td>";
                print "</tr>";
            }
            print "</table>";
        }else{
            print "<p>无找到<u>姓名包含'".$_POST["r_name"]."'</u>的记录</p>";
        }
    }
    ?>
    </body>
    </html>
```

说明：

1）会话管理。语句“session_start();”的作用是启动一个会话或返回已经存在的会话，这里是创建新会话，用在所有输出语句之前。语句“$_SESSION["r_name"]=$_POST["r_name"];”用于建立会话变量，保存读者姓名数据，其值等于在修改操作之查询页面输入的数据。若输入的是“赵”，则$_SESSION["r_name"]="赵"。在用于刷新查询结果的网页文件“upd_on_query2.php”中，将会使用到该会话数据。

2）模糊查询。“$sql="select * from $tb_name where 姓名 like '%" . $_SESSION["r_name"] . "%'";”是查询语句对应的字符串，其中，$_SESSION["r_name"]表示会话变量的值，这里指读者姓名数据。若$_SESSION["r_name"]="赵"，则有“$sql="select * from $tb_name where 姓名

like '%赵%'";"，表示查找数据表中姓名包含“赵”的记录。其中，百分号%是通配符，代表 0 个或若干个字符。如果模式中包含下划线_，则代表一个任意字符。

3）编辑超链接。语句“print "<a href = 'upd_on_edit.php?r_no = ";”和语句“print $rec["读者编号"] ."' target = '_blank'>编辑</a>";”可合写成“print "<a href = 'upd_on_edit.php?r_no =" . $rec["读者编号"] . "' target = '_blank'>编辑</a>";”，表示输出“编辑”超链接，print 的作用与 echo 相同。每条查到的记录都对应有一个“编辑”超链接，并通过变量 r_no，以 GET 方式将当前行记录的读者编号数据，传递给服务器上的“upd_on_edit.php”文件进行处理，以便对超链接所在行的记录进行编辑、修改操作。“target='_blank'”表明超链接到的网页显示在新开的浏览器窗口，这样，单击“编辑”超链接后，原查询界面仍然保留。

2．编辑操作（upd_on_edit.php 文件）

在图 6-12 所示的查询页面，单击查询结果中序号为 1 的记录的“编辑”超链接，在新开浏览器窗口显示用于编辑、修改数据的编辑表单，如图 6-13 所示。该表单对应于编辑文件 upd_on_edit.php，根据 reader 表的结构对数据存储的要求及页面设计原则，编写实现该功能的网页代码如下。

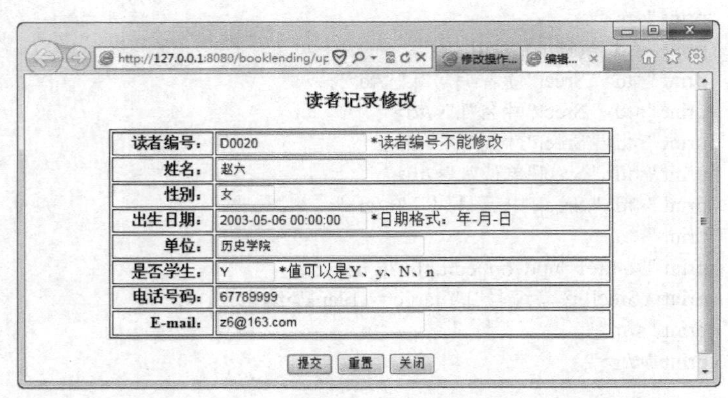

图 6-13　编辑页面（表单）

```
<!DOCTYPE HTML>
<html>
<head>
<meta http-equiv="Content-Type" content="text/html; charset=utf-8">
<title>编辑读者信息</title>
<style type="text/css">
  h3,p {text-align: center;}
  th{ text-align:right;}
</style>
<script language="javascript">
  function chk(){//验证性别和是否学生的值
      var sex=document.getElementById("r_sex");
      if (sex.value!="男" && sex.value!="女"){
          alert("性别的值只能是‘男’或‘女’！");
          sex.focus();
          return false;
      }
      var yn=document.getElementById("is_stu");
      if (yn.value.toUpperCase()!="N" && yn.value.toUpperCase()!="Y"){
```

```
            alert("是否学生的值只能是'Y'或'N'！");
            yn.focus();
            return false;
        }
    }
</script>
</head>
<body>
<?php
$db_name="booklending";    //数据库名
$tb_name="reader";         //数据表名
include "u_function.php";  //调用自定义函数文件
link_server($db_name);     //连接服务器与选择数据库
$sql="select * from $tb_name where 读者编号='".$_GET["r_no"]."'";
$data=mysql_query($sql);
$rec=mysql_fetch_array($data);  //与读者编号匹配的记录
?>
<form action="upd_on_update.php" method="post" onSubmit="return chk()">
<h3>读者记录修改</h3>
<table  border="1" align="center">
   <tr><th width="100" scope="row">读者编号：</th>
      <td width="400"><input name="r_no" type="text" id="r_no"
            readonly="readonly" value="<?echo $rec[读者编号]?>">
            <font color="red">*读者编号不能修改</font></td>
   </tr>
   <tr><th scope="row">姓名：</th>
      <td><input name="r_name" type="text" id="r_name"
            maxlength="20" value="<?echo $rec[姓名]?>"></td>
   </tr>
   <tr><th scope="row">性别：</th>
      <td><input name="r_sex" type="text" id="r_sex" size="4"
            maxlength="1" value="<?echo $rec[性别]?>"></td>
   </tr>
   <tr><th scope="row">出生日期：</th>
      <td><input type="text" name="r_date" id="r_date"
            value="<?echo $rec[出生日期]?>">
             <font color="blue">*日期格式：年-月-日</font></td>
   </tr>
   <tr><th scope="row">单位：</th>
      <td><input name="r_unit" type="text" id="r_unit" size="30"
            maxlength="30" value="<?echo $rec[单位]?>"></td>
   </tr>
   <tr><th scope="row">是否学生：</th>
      <td><input name="is_stu" type="text" id="is_stu" size="4"
            maxlength="1" value="<?echo $rec[是否学生]?>">
            <font color="blue">*值可以是 Y、y、N、n</font></td>
   </tr>
   <tr><th scope="row">电话号码：</th>
      <td><input name="r_tel" type="text" id="r_tel"
            maxlength="13" value="<?echo $rec[电话号码]?>"></td>
   </tr>
```

```
    <tr><th scope="row">E-mail：</th>
      <td><input name="r_email" type="text" id="r_email" size="30"
            maxlength="30" value="<?echo $rec[Email]?>"></td>
    </tr>
  </table>
  <p>
    <input name="save" type="submit" id="save" value="提交">
    <input type="reset" name="reset" id="reset" value="重置">
    <input type="button" value="关闭" onClick="javascript:window.close();">
  </p>
  </form>
  </body>
  </html>
```

说明：

1）正确性校验。<script language="javascript">…</script>之间是 JavaScript 脚本，用于验证"性别"和"是否学生"文本框的值是否正确，如果不正确，则进行提示，相应文本框获得焦点，返回 false；数据正确时自动返回 true。脚本代码中，yn.value.toUpperCase()表示"是否学生"文本框中如果有小写字母，则转换为对应的大写字母；toUpperCase()方法用于把字符串中的小写英文字母转换为大写。

2）文本框中的值。读者编号的值虽然显示在文本框中，但不允许修改，因此，读者编号对应的文本框是只读的（包含属性 readony="readonly"）；该文本框的值是当前记录相应字段的值，由属性（value="<?echo $rec[读者编号]?>"）实现。

3）不允许随意修改的项。会员类别和密码不能在此模块进行修改，所以信息编辑表单（界面）不显示这两项内容。

4）关闭网页功能。代码"<input type = "button" value = "关闭" onClick = "javascript:window.close();">"表示"关闭"按钮，单击该按钮可使该编辑页面关闭。

3．更新操作（upd_on_update.php 文件）

修改图 6-13 所示的编辑页面（表单）的数据后，如图 6-14 所示，单击"提交"按钮，则表单数据提交给 upd_on_update.php 文件，进行数据库表的更新操作，最终将数据表中相关字段的值替换为在编辑页面修改后的值，并将更新处理情况反馈给用户，反馈结果如图 6-15 所示，更新处理文件 upd_on_update.php 的代码如下。

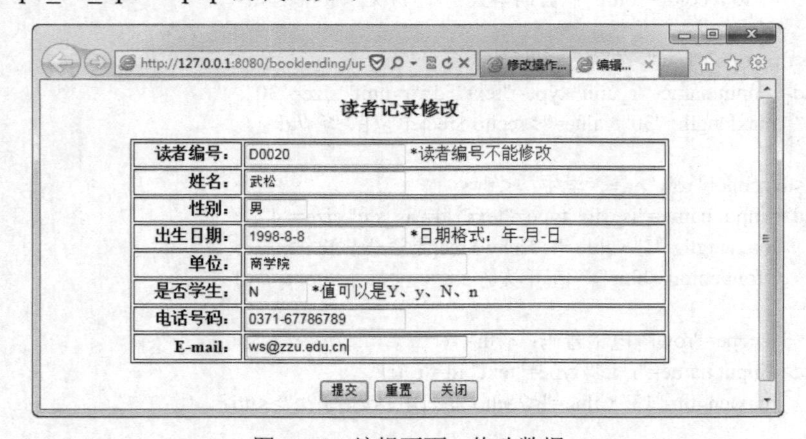

图 6-14　编辑页面：修改数据

图 6-15　修改成功提示页面

```
<!DOCTYPE HTML>
<html>
<head>
<meta http-equiv="Content-Type" content="text/html; charset=utf-8">
<title>更新</title>
</head>
<body>
<?php
session_start(); //启用会话
$_SESSION["r_no"]=$_POST["r_no"];   //建立会话变量，保存读者编号数据
$db_name="booklending";    //数据库名
$tb_name="reader";         //数据表名
include "u_function.php";    //调用自定义函数文件
link_server($db_name);       //连接服务器与选择数据库
//构造更新记录字符串
$cmd="update $tb_name set  姓名 ='" . $_POST["r_name"] . "',性别='";
$cmd.= $_POST["r_sex"] . "',出生日期='" . $_POST["r_date"] . "',单位='";
$cmd.= $_POST["r_unit"] . "',是否学生='" . strtoupper($_POST["is_stu"]);
$cmd.= "',电话号码='" . $_POST["r_tel"] . "',email='" . $_POST["r_email"];
$cmd.= "' where  读者编号='" . $_POST["r_no"] . "'";
mysql_query($cmd) or die("更新失败。<a href='javascript:history.back()'>返回</a>");
?>
修改成功<br>
<a href="javascript:history.back()">返回编辑界面</a>
<a href="upd_on_query.php">返回查询界面</a>
<a href="upd_on_query2.php">返回查询结果</a>
</body>
</html>
```

说明：

1）利用“session_start();”启用会话功能，利用“$_SESSION["r_no"]=$_POST["r_no"];”建立会话变量，保存读者编号数据。在用于刷新查询结果的网页文件“upd_on_query2.php”中，将会使用到该会话数据。

2）更新记录的 MySQL 语句。代码中最后一个$cmd 是表示更新记录的 MySQL 字符串，该字符串对应的最终表达式是“$cmd = "update $tb_name set 姓名='" . $_POST["r_name"] . "',性别='" . $_POST["r_sex"] . "',出生日期='" . $_POST["r_date"] . "',单位='" . $_POST["r_unit"] . "',是否学生='" . strtoupper($_POST["is_stu"]) . "',电话号码='" . $_POST["r_tel"] . "',email='" . $_POST["r_email"] . "' where 读者编号='" . $_POST["r_no"] . "'";”。

3）转化为大写字符。strtoupper()的作用是将括号内字符串的小写字母转化为大写。strtoupper($_POST["is_stu"])表示将否学生的值（Y、y、N 或 n）转化为大写（Y 或 N）。这样，是否学生的值只能存储为 Y 或 N 之一。

4）单击“返回编辑界面”超链接，返回上一页面，即编辑处理页面（upd_on_edit.php 文

件）；单击“返回查询界面”超链接，返回到修改操作之查询页面（upd_on_query.php 文件），但不显示水平线和查询结果部分；单击“返回查询结果”超链接，则返回到修改后的查询页面（upd_on_query2.php），该页面显示了原查询结果中刚修改过的记录和未被修改的全部记录，以便继续进行编辑与修改操作。

4．查询结果刷新操作（upd_on_query2.php 文件）

在修改成功提示页面中，单击“返回查询结果”超链接，转到查询结果刷新处理文件 upd_on_query2.php 进行处理。为便于后续操作，将刚刚修改过的记录和原查询结果中未被修改的记录一并显示出来比较合理。因此，设计图 6-16 所示的刷新查询结果操作页面，可继续对列出的记录进行编辑修改操作，同时，为便于理解，将原查询时输入的值直接显示在文本框中，文本框的值禁止手动修改，单击“返回查询界面”按钮，可返回到修改之查询页面（不含水平线和查询结果部分）。执行此功能的网页文件 upd_on_query2.php 的代码如下。

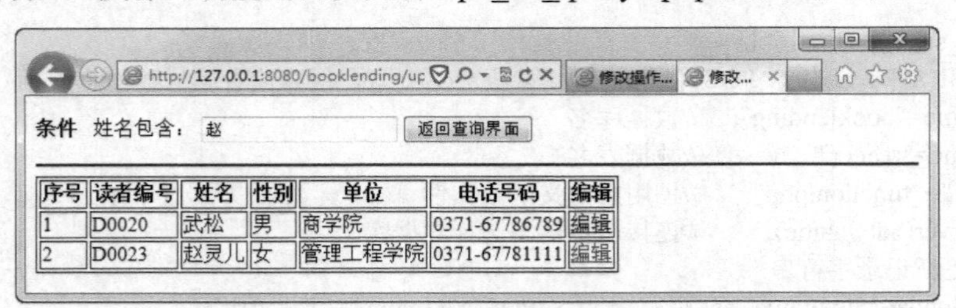

图 6-16　修改后的查询页面

```
<!DOCTYPE HTML>
<html>
<head>
<meta http-equiv="Content-Type" content="text/html; charset=utf-8">
<title>修改后的查询结果</title>
</head>
<body>
<?php session_start(); //启用会话功能 ?>
<form name="form1" method="post" action="">
<p>
   <strong><font color="blue">条件</font></strong>
     姓名包含：
   <input name="r_name" type="text"
         value="<?echo $_SESSION['r_name']?>" readonly="readonly">
   <input type="button" value="返回查询界面"
         onClick="location.href='upd_on_query.php'">
</p>
</form>
<?php
print "<hr color='#FF0000'>";
$db_name="booklending";  //数据库名
$tb_name="reader";  //数据表名
include "u_function.php";     //调用自定义函数文件
link_server($db_name);   //连接服务器与选择数据库
$sql="select * from $tb_name where 姓名 like '%".$_SESSION["r_name"];
$sql.="%' or 读者编号='".$_SESSION["r_no"]."'";
//$_SESSION["r_name"]来自 upd_on_query.php
```

```
    //$_SESSION["r_no"]来自 upd_on_update.php
    $data=mysql_query($sql);
    $rec_count=mysql_num_rows($data);    //查询到的记录的条数
    if ($rec_count>0){
        print "<table border='1'>";
        print "<tr><th>序号</th><th>读者编号</th><th>姓名</th>";
        print "<th>性别</th><th>单位</th><th>电话号码</th><th>编辑</th>";
        print "</tr>";
        for ($i=0;$i<$rec_count;$i++){
            $rec=mysql_fetch_array($data);
            print "<tr>";
            print "<td>".($i+1)."</td>";
            print "<td>".$rec["读者编号"]."</td>";
            print "<td>".$rec["姓名"]."</td>";
            print "<td>".$rec["性别"]."</td>";
            print "<td>".$rec["单位"]."</td>";
            print "<td>".$rec["电话号码"]."</td>";
            print "<td>";
            print "<a href='upd_on_edit.php?r_no=".$rec["读者编号"]."'>编辑</a>";
            print "</td>";
            print "</tr>";
        }
        print "</table>";
    }else{
        print "<p>无找到<u>姓名包含'".$_POST["r_name"]."'</u>的记录</p>";
    }
    ?>
    </body>
    </html>
```

说明：“$sql="select * from $tb_name where 姓名 like '%".$_SESSION["r_name"]."%' or 读者编号='".$_SESSION["r_no"]."'";”，其中，$_SESSION["r_name"]来自 upd_on_query.php 文件，$_SESSION["r_no"]来自 upd_on_update.php 文件，用于存储和传递会话数据，使用会话数据之前要先利用“session_start();”启用会话。

6.4.5 读者信息删除

1．读者信息删除表单及删除操作（reader_delete.php 文件）

读者注销时，要删除其注册在 reader 表中的信息，同时必须归还所有借书，并先删除借阅表（borrow 表）中相关的借书记录。一般删除读者信息的大致过程是，先在 reader 表中查询满足条件的记录，再针对满足条件的每条记录的读者编号，在 borrow 表中查找该读者的借书记录，若有借书记录（记录数不等于 0），则提示不能删除读者信息；若无借书记录，则删除，并提示执行结果。

设计读者信息删除页面如图 6-17 所示。这里假设允许按读者编号、姓名、单位来指定删除条件，可在下拉列表框（或下拉选择框）中选择，默认选中“姓名”；同理，允许在第二个下拉列表框选择=、>、< 等关系运算符，默认选中“=”；文本框中输入一个值，就构成一个简单删除条件；文本框右侧也是一个下拉列表框，用于指定逻辑运算符，允许选择空值、and、or，默认选中空值（此处指空字符串）。若选中 and 或 or，则在下面弹出类似的用于选择条件的下拉列

表框和文本框（选择空值时隐藏），如图 6-18 所示。这样，删除条件就是由两个简单条件用 and 或 or 连接的复合条件。若条件需要重置，可单击“重置”按钮。

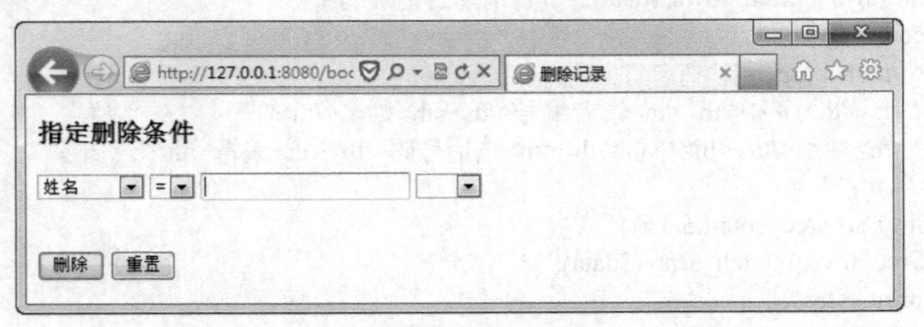

图 6-17　读者信息删除页面

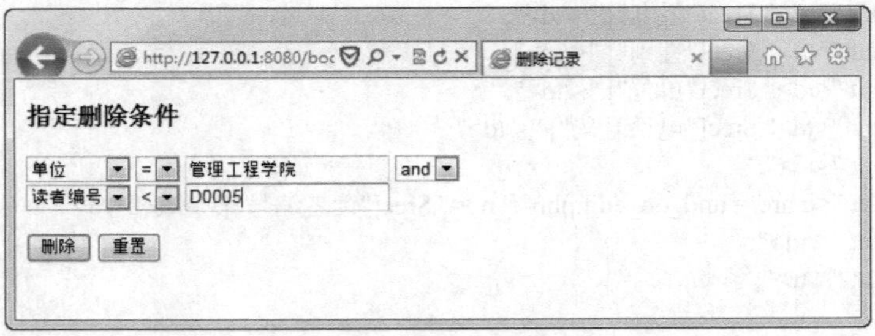

图 6-18　指定条件

指定条件后，单击“删除”按钮，执行删除操作。当没找到满足条件的记录时，提示“没有满足删除条件的记录”。当找到满足条件的记录时，若读者有借书信息，则不能删除读者信息（待归还图书，并删除读者的借书信息，才能被删除）；若借阅表（borrow 表）没有此读者的借书记录，则删除读者信息，并进行提示。假设按图 6-18 所示指定条件，单击“删除”按钮，则删除结果及提示如图 6-19 所示。实现此功能的文件存储为 reader_delete.php，其 PHP 程序代码如下。

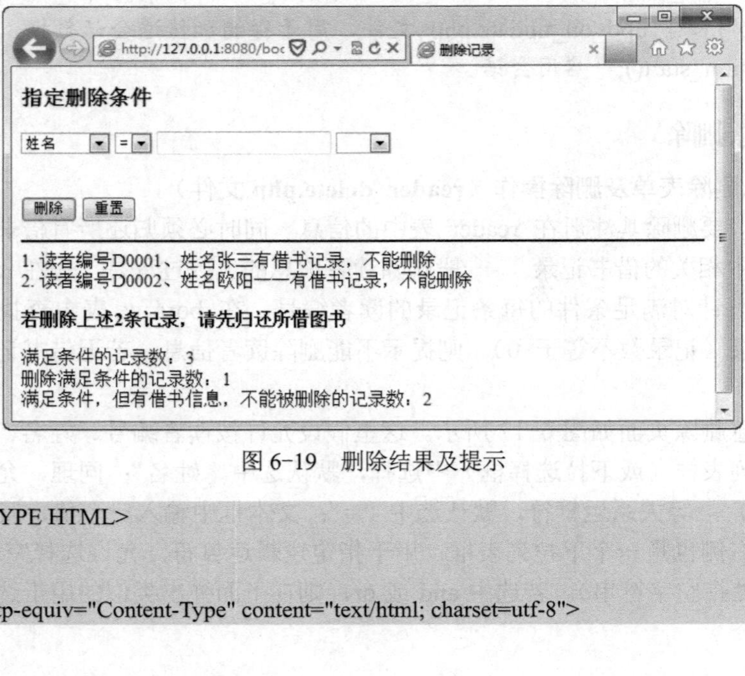

图 6-19　删除结果及提示

```
<!DOCTYPE HTML>
<html>
<head>
<meta http-equiv="Content-Type" content="text/html; charset=utf-8">
```

```
<title>删除记录</title>
<script type="text/javascript">
function disp(obj){ //显示或隐藏指定对象
  if (obj.style.visibility == 'visible'){
       obj.style.visibility = 'hidden';       //隐藏元素
  }else{
       obj.style.visibility = 'visible';       //显示元素
  }
}
function display(obj){
  if (obj.value!=""){ //指定待显示或隐藏对象
       disp(document.getElementById("item2"));
       disp(document.getElementById("opt2"));
       disp(document.getElementById("value2"));
  }
}
</script>
</head>
<body>
<h3>指定删除条件</h3>
<form name="form1" method="post" action="reader_delete.php">
  <p>
  <select name="item1" id="item1">
       <option value="读者编号">读者编号</option>
       <option value="姓名" selected>姓名</option>
       <option value="单位">单位</option>
  </select>
  <select name="opt1" id="opt1">
       <option value="=" selected>=</option>
       <option value="&gt;">&gt;</option>
       <option value="&lt;">&lt;</option>
  </select>
  <input type="text" name="value1" id="value1">
  <select name="select" id="select" onclick="display(this)">
       <option value="" selected></option>
       <option value="and">and</option>
       <option value="or">or</option>
  </select>
  <br>
  <select name="item2" id="item2" style="visibility:hidden;">
       <option value="读者编号">读者编号</option>
       <option value="姓名" selected>姓名</option>
       <option value="单位">单位</option>
  </select>
  <select name="opt2" id="opt2" style="visibility:hidden;">
       <option value="=" selected>=</option>
       <option value="&gt;">&gt;</option>
       <option value="&lt;">&lt;</option>
  </select>
  <input type="text" name="value2" id="value2" style="visibility:hidden;">
  </p>
  <p>
```

```
  <input type="submit" name="del" id="del" value="删除">
  <input type="button" name="reset" id="reset" value="重置"
          onClick="javascript:location.replace(location.href);">
  </p>
</form>
<?php
if ($_POST["del"]=="删除"){
   print "<hr color='blue'>";
   include "u_function.php";    //调用自定义函数文件
   link_server("booklending");  //连接服务器与选择数据库
   //表示删除条件
   $cond1=$_POST["item1"].$_POST["opt1"]."'".$_POST["value1"]."'";
   if ($_POST["select"]=="and"||$_POST["select"]=="or"){
      $cond2=$_POST["item2"].$_POST["opt2"]."'".$_POST["value2"]."'";
      $cond=$cond1."    ".$_POST["select"]."    ".$cond2;
   }else{
      $cond=$cond1;
   }
   $sql="select * from reader where $cond";   //查询满足条件的记录
   $data=mysql_query($sql);
   $rec_count=mysql_num_rows($data);   //满足条件记录数
   if ($rec_count!=0){
      $del=0;  //没有借书信息，删除记录数
      $no_del=0;  //有借书信息，未被删除记录数
      while ($rec=mysql_fetch_array($data)){
         $sql2="select * from borrow where  读者编号='".$rec[读者编号]."'";
         $data2=mysql_query($sql2);
         $rec_count2=mysql_num_rows($data2);
         if ($rec_count2!=0){   //若相应读者有借书记录
            $no_del++;
            print "$no_del. 读者编号".$rec[读者编号]."、姓名".$rec[姓名];
            print "有借书记录，不能删除<br>";
         }else{
            $cmd="delete from reader where  读者编号='".$rec[读者编号]."'";
            mysql_query($cmd);
            $del++;
         }
      }
      if ($no_del!=0){   //若有借书记录
         print "<p><b>若删除上述".$no_del."条记录，请先归还所借图书</b></p>";
      }
      print "<p>满足条件的记录数：$rec_count<br>";
      print "删除满足条件的记录数：$del<br>";
      print "满足条件，但有借书信息，不能被删除的记录数：$no_del";
   }else{
      print "没有满足删除条件的记录</p>";
   }
}
?>
</body>
</html>
```

2．删除操作 reader_delete.php 文件的代码说明

1）表单。由<form>标记可知，处理表单数据的文件是 reader_delete.php，就是该网页本身。<select>标记描述下拉列表框（或下拉选择框），并指定了 id 属性值；文本框也指定了其 id 属性值。这些标记中包含“style="visibility:hidden;"”的表单元素，首次运行网页文件时被隐藏，当在右侧的下拉列表框选择“and”或“or”时显示出来，以便指定第二个条件。重置按钮没有使用“<input type= "reset">”，而是用“<input type = "button" name = "reset" id = "reset" value = "重置" onClick = "javascript:location.replace(location.href);">”，实现单击“重置”时刷新页面，达到真正重置的目的，这样可以避免有时因非正常操作，可能导致第二个条件被隐藏而执行错误的删除操作。

2）对象显示与隐藏功能的实现。下拉列表框“<select name = "select" id = "select" onclick = "display(this)">”表明，单击该下拉列表框时，触发 onClick 事件，转向调用“display(this)”函数（或过程），其中“this”表示该对象本身，即该下拉列表框对象。“display(obj)”在网页头部的<script>标记中进行定义，其功能是当对象 obj 的值不为空时（这里表示在下拉列表框选择“and”或“or”），调用“disp(document.getElementById("item2"));”，决定 id = "item2"的对象（这里是指“<select name="item2" id="item2">”的下拉列表框）被显示或隐藏。“disp(obj)”也在<script>标记中进行了定义，功能是若 obj 对象是显示的，就隐藏掉，否则就显示出来。由于网页首次运行时，第二个表示删除条件的下拉列表框和文本框是隐藏的，因此，当单击“id="select"”的下拉列表框而选中“and”或“or”时，第二个表示删除条件的下拉列表框和文本框会显示，选中“空”时就会“隐藏”。需要强调，在下拉列表框选中某项，要进行两次单击操作，第一次单击打开下拉列表框，第二次单击选择列表项，这样，一次选择操作实际上触发两次 onClick 事件，显示和隐藏功能就不难理解了。

3）删除条件。这里举例说明，假如表示第一个条件，在上面的下拉列表框和文本框分别选择和输入“单位”“=”“管理工程学院”，那么，“$cond1 = $_POST["item1"] . $_POST["opt1"] . "'" . $_POST["value1"] . "'";”就表示“$cond1 = "单位 = '管理工程学院'";”，同理，变量$cond2 表示第二个删除条件。当在“id = "select"”的下拉列表框选择“and”或“or”时，最终的删除条件是“$cond = $cond1 . " " . $_POST["select"] . " " . $cond2;”（注意连续两个引号之间至少包含一个空格），它是由“and”或“or”将两个简单条件连接起来构成复合条件。当在“id = "select"”的下拉列表框选择“空”值时，第二个条件隐藏，最终删除条件“$cond=$cond1;”，就是第一个简单条件。

4）删除记录。由于有借书记录的读者的信息不能被删除，需要先在主表或称父表（reader 表）查询满足最终删除条件的记录（查询的 SQL 语句对应“$sql="select * from reader where $cond";”），若查到，则需要针对每一条查到的记录，在子表或称相关表（borrow 表）中查找该读者的借书记录（查询的 SQL 语句对应“$sql2="select * from borrow where 读者编号='".$rec[读者编号]."'";”），若有借书记录，则读者信息不能删除；若无借书记录，则删除读者信息（删除的 SQL 语句对应“$cmd="delete from reader where 读者编号='".$rec[读者编号]."'";”）。

6.5 图书信息管理

6.5.1 图书信息查询与管理

1．表单及数据处理（book_management.php 文件）

图书信息的管理主要包括添加、查询、修改、删除、分页显示记录等功能。因此，这里设计一个可用于实现各种主要功能的图书信息管理界面，如图 6-20 所示。

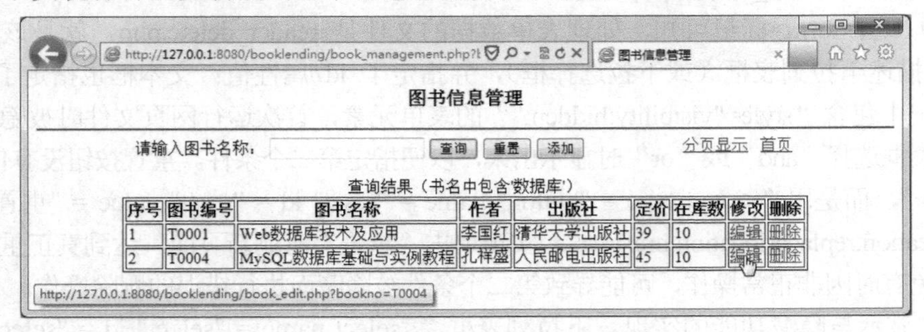

图 6-20　图书信息管理页面

通过图书信息管理界面，可以对图书信息进行查询，查到的记录可以编辑修改和删除；可转到添加记录页面执行添加记录操作，还可以可转到分页显示、首页等页面。图 6-20 表示的是输入图书名称为“数据库”，再单击“查询”的执行结果，查询到的每条记录都有相应的“编辑”和“删除”超链接，当鼠标移至第 2 条记录的“编辑”超链接上时屏幕左下角显示出此超链接的查询字符串（包括链接的网页和传递的参数）。实现此功能的网页文件为 book_management.php，其代码如下。

```
<!DOCTYPE HTML>
<html>
<head>
<meta http-equiv="Content-Type" content="text/html; charset=utf-8">
<title>图书信息管理</title>
<style type="text/css">
   h3 {text-align:center;}
   .div3 {width: 650px; margin:0 auto;}
   .div1 {width: 460px; float:left;}
   .div2 {width: 110px;float:right;}
</style>
</head>
<body>
<?php session_start(); //启用会话 ?>
<h3>图书信息管理 </h3>
<hr color="teal">
<form name="form1" method="get" action="">
<div class="div3">
<div class="div1">
   <label for="bookname">请输入图书名称：</label>
   <input type="text" name="bookname" id="bookname">
   <input type="submit" name="query" id="query" value="查询">
   <input type="reset" name="reset" id="reset" value="重置">
   <input type="button" name="add" id="add" value="添加"
            onClick="location.href='book_add.html'">
</div>
<div class="div2">
   <a href="paging_book_with_link.php" title="分页显示图书信息"
      target="_blank">分页显示</a>  
   <a href="login.html" title="首页">首页</a>
</div>
```

```
</div>
</form>
<p> </p>
<?php
//以下会话变量用于 book_delete.php
$_SESSION["bookname"]=$_GET["bookname"]; //建立会话变量，存储图书名称
$_SESSION["query"]=$_GET["query"]; //建立会话变量，存储查询按钮的值
if ($_GET["query"]=="查询"){ //执行查询的条件（单击“查询”按钮、修改或删除后刷新条件）
    $db_name="booklending";  //数据库名
    $tb_name="book";  //数据表名
    include "u_function.php";     //调用自定义函数文件
    link_server($db_name);  //连接服务器与选择数据库
    //构造查询字符串，模糊查询
    $sql="select * from $tb_name where 图书名称 like '%";
    $sql.= $_GET["bookname"]."%' order by 图书编号";
    $data=mysql_query($sql);  //满足条件的记录
    $rec_count=mysql_num_rows($data);   //记录数
    if ($rec_count!=0){
        echo "<table border=1 align='center'>";
        $caption="查询结果（书名中包含'".$_GET["bookname"]."'）";
        echo "<caption>$caption</caption>";
        echo "<tr>";
        echo "<th>序号</th><th>图书编号</th><th>图书名称</th>";
        echo "<th>作者</th><th>出版社</th><th>定价</th><th>在库数</th>";
        echo "<th>修改</th><th>删除</th>";
        echo "</tr>";
        for ($i=0;$i<$rec_count;$i++){  //输出各记录
            $rec=mysql_fetch_array($data);
            echo "<tr>";
            echo "<td>".($i+1)."</td>";
            echo "<td>$rec[图书编号]</td><td>$rec[图书名称]</td>";
            echo "<td>$rec[作者]</td><td>$rec[出版社]</td>";
            echo "<td>$rec[定价]</td><td>$rec[在库数]</td>";
            echo "<td>";
            echo "<a href='book_edit.php?bookno=".$rec["图书编号"]."'>编辑</a>";
            echo "</td>";
            echo "<td>";
            echo "<a href='book_delete.php?bookno=".$rec["图书编号"]."'>删除</a>";
            echo "</td>";
            echo "</tr>";
        }
        echo "</table>";
    }else{
        echo "<center>";
        echo "没找到图书名称包含'".$_GET["bookname"]."'的记录";
        echo "</center>";
    }
}
?>
</body>
</html>
```

2．代码与功能说明

1）启用会话功能。“session_start();”用于启用会话机制，需要放置于所有输出之前。启用会话之后，便可以存储或取回 session 变量。“$_SESSION["bookname"] = $_GET["bookname"];”用于建立会话变量，存储图书名称；同理，“$_SESSION["query"] = $_GET["query"];”用于存储查询按钮的值（即“查询”）。

2）查询条件。“if ($_GET["query"]=="查询"){}”表示满足条件时执行查询操作（即大括号中的代码）。执行此查询操作满足的条件分三种情况：一是单击“查询”按钮；二是单击“编辑”超链接执行修改操作后转至图书信息管理界面并刷新；三是单击“删除”超链接执行删除操作后转至图书信息管理界面并刷新，这三种情况均满足($_GET["query"]=="查询")的条件，后两种情况可结合 6.5.4 节“图书信息修改”和 6.5.5 节“图书记录删除”来理解。

3）查询功能。满足查询条件（单击“查询”按钮）时，会在表格中显示 book 表中包含指定图书名称的全部记录，表格居中显示。执行的查询字符串是“$sql="select * from $tb_name where 图书名称 like '%" . $_GET["bookname"] . "%' order by 图书编号";”，其中$tb_name 就是 book 表，当查询图书名称包含“数据库”的记录时，该查询字符串就相当于“$sql="select * from book where 图书名称 like '%数据库%' order by 图书编号";”。查询字符串中，百分号%是通配符，表示 0 或多个字符。按该语句查询的结果将按图书编号字段升序排序。

4）查询流程。该网页首次运行不执行查询操作，只显示除表格以外的部分（表格上面的部分显示，表格不显示），当输入图书名称，再单击“查询”按钮时（或当完成修改、删除操作后跳转到该页面进行刷新时），如果找到相关记录，会以表格居中显示查询结果；如果没找到相关记录，则提示类似“没找到图书名称包含‘数据库’的记录”的信息。<center>…</center>是居中标记。

5）转向添加图书信息。“<input type= "button" name= "add" id= "add" value= "添加" onClick = "location.href = 'book_add.html'">”表示添加按钮，单击该按钮时执行 onClick 事件，转向 book_add.html 网页，可执行添加图书信息。

6）转向修改图书信息。找到记录时，每条记录的主要信息及记录的“编辑”超链接会出现在表示查询结果的表格内，单击“编辑”超链接转到 book_edit.php 网页（该文件将以$_GET["bookno"]接收当前记录的图书编号值），可进行相应记录的编辑与修改操作。

7）转向删除图书信息。找到记录时，每条记录对应的“删除”超链接也会出现在表示查询结果的表格内，单击“删除”超链接转到 book_delete.php 网页（该文件将以$_GET["bookno"]接收当前记录的图书编号值），可进行相应记录的删除操作。

8）转向分页显示图书信息。单击图书信息管理界面的“分页显示”超链接，在新开窗口运行 paging_book_with_link.php 网页，分页显示图书信息。

9）辅助功能。包括重置功能、转向首页功能。单击“重置”按钮，可实现表单数据重置（此处是清空文本框数据）。单击“首页”超链接，可转到网站首页（这里假设首页是登录表单文件 login.html）。

6.5.2 添加图书信息

1．图书信息录入表单（book_add.html 文件）

在图书信息管理界面，单击“添加”按钮，可转到图书信息录入表单，实现添加图书信息功能。向 book 表添加图书信息，首先根据 book 表的结构和界面设计原则，设计图书信息录入表单，如图 6-21 所示。

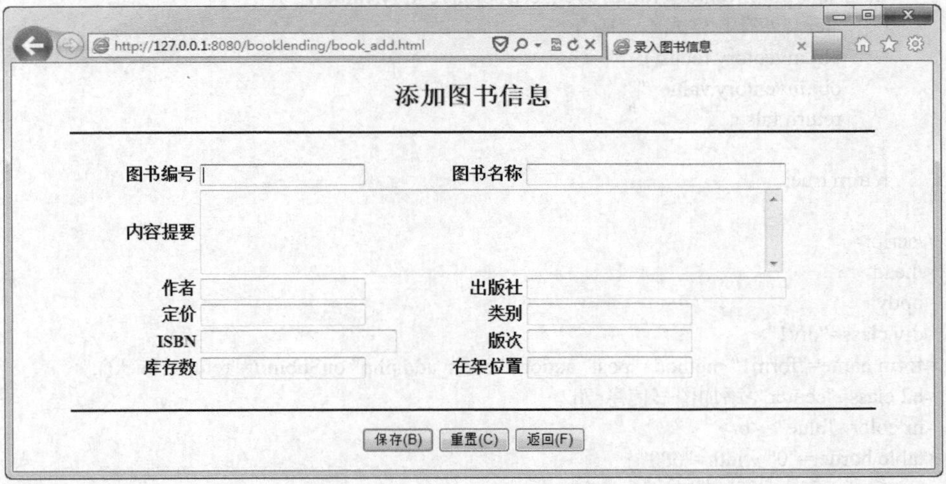

图 6-21　图书信息录入表单

其中，内容提要输入区域是一个多行文本输入框，其余输入区域均为单行文本框。假设录入 book 表中各记录时，库存数表示图书总数，图书未被借出，在库数与库存数相等，则表单上不必同时显示库存数和在库数文本框（显示二者之一即可）。将添加图书信息的网页文件存储为 book_add.html，并在文件中实现对图书编号是否为空、定价和库存数是否为数值型数据进行校验，其 HTML 代码如下。

```
<!DOCTYPE HTML>
<html>
<head>
<meta http-equiv="Content-Type" content="text/html; charset=utf-8">
<title>录入图书信息</title>
<style type="text/css">
  .div1 {width: 750px; margin: auto;}
  .center {text-align: center;}
  table{margin: 0 auto;}
  .div1 form table tr th {text-align: right;}
</style>
<script type="text/javascript">
  function check() { //检查图书编号、定价、库存数
    var obj=document.form1;
    var reg=/^\s*$/;
    if (reg.test(obj.bookno.value)){
        alert("图书编号不能为空");
        obj.bookno.value="";
        obj.bookno.focus();
        return false;
    }
    if (isNaN(obj.price.value) || reg.test(obj.price.value)){
        alert("定价格式不正确");
        obj.price.focus();
        obj.price.value="";
        return false;
```

```
        }
        if (isNaN(obj.inventory.value) || reg.test(obj.inventory.value)){
            alert("库存数格式不正确");
            obj.inventory.focus();
            obj.inventory.value="";
            return false;
        }
        return true;
    }
</script>
</head>
<body>
<div class="div1">
<form name="form1" method="post" action="book_add.php" onSubmit="return check();">
<h2 class="center">添加图书信息</h2>
<hr color="blue"><br>
<table border="0" width="680">
  <tr><th width="80">图书编号</th>
    <td><input name="bookno" type="text" maxlength="5"></td>
    <th width="80">图书名称</th>
    <td><input name="bookname" type="text" size="35" maxlength="40"></td>
  </tr>
  <tr><th>内容提要</th>
    <td colspan="3">
    <textarea name="introduction" cols="65" rows="5"></textarea></td>
  </tr>
  <tr><th>作者</th>
    <td><input name="author" type="text" maxlength="20"></td>
    <th>出版社</th>
    <td><input name="publication" type="text" size="35" maxlength="40"></td>
  </tr>
  <tr><th>定价</th>
    <td><input type="text" name="price"></td>
    <th>类别</th>
    <td><input name="booktype" type="text" maxlength="6"></td>
  </tr>
  <tr><th>ISBN</th>
    <td><input name="isbn" type="text" size="25" maxlength="35"></td>
    <th>版次</th>
    <td><input name="edition" type="text" maxlength="20"></td>
  </tr>
  <tr><th>库存数</th>
    <td><input name="inventory" type="text" maxlength="11"></td>
    <th>在架位置</th>
    <td><input name="place" type="text" maxlength="12"></td>
  </tr>
</table>
<br>
<hr color="blue">
<p class="center">
  <input type="submit" name="button" value="保存(B)" accesskey="B">
```

```
        <input type="reset" name="button2" value="重置(C)" accesskey="C">
        <input type="button" name="button3" value="返回(F)" accesskey="F"
              onClick="javascript:history.back()">
    </p>
    </form>
    </div>
    </body>
    </html>
```

说明：

1）录入图书信息时，在库数与库存数相等时，在库数的值自动取库存数的值。因此，在表单上录入库存数就等同于输入了在库数，从而不必再出现在库数输入区域。用于输入库存数的文本框“<input name="inventory" type="text" maxlength="11">”可以替换为“<input name="inventory" type="number" maxlength="11">”，这样，在支持HTML5的浏览器运行时，只允许输入整数值，浏览器不支持HTML5时也能将number文本框按text文本框对待。

2）“<form name="form1" method="post" action="book_add.php" onSubmit="return check();">”表示提交表单时，先执行onSubmit事件，转到<script>…</script>之间的“function check() {}”，检验输入的图书编号是否为空、定价和库存数是否数值型数据，这些数据不符合要求时会进行相关提示、清空相应文本框并获得焦点，然后返回 false，从而使表单数据不被提交；只有数据正确时，才以POST方式提交到服务器上的book_add.php文件进行处理。

3）为使网页代码更简洁，可以将 Dreamweaver 设计的网页中不需要的代码删除。例如，book_add.html文件将<form>标记中的id属性删掉了。

2．图书信息录入操作（book_add.php 文件）

在图 6-21 所示的图书信息录入表单，输入数据，单击“保存(B)”按钮或按〈Alt+B〉组合键，当读者编号不为空、定价和库存数均为数值型数据时，表单数据交由 book_add.php 文件进行插入数据处理，该文件的网页程序代码如下。

```
<!DOCTYPE HTML>
<html>
<head>
<meta http-equiv="Content-Type" content="text/html; charset=utf-8">
<title>录入图书信息</title>
</head>
<body>
<?php
$db_name="booklending";   //数据库名
$tb_name="book";  //数据表名
include "u_function.php";    //调用自定义函数文件
link_server($db_name);   //连接服务器与选择数据库
//查看图书编号是否重复
$data=mysql_query("select * from $tb_name where 图书编号='".$_POST["bookno"]."'");
$rec_count=mysql_num_rows($data);   //与输入图书编号值匹配的记录数
if ($rec_count!=0){
    echo "图书编号不能重复<br>";
    echo "<a href='javascript:history.back()'>返回</a>";
}else{
    //构造插入记录的字符串
```

```
    $cmd="insert into $tb_name (图书编号,图书名称,内容提要,作者,出版社,定价";
    $cmd.=",类别,isbn,版次,库存数,在库数,在架位置) values ('".$_POST["bookno"];
    $cmd.="','".$_POST["bookname"]."','".$_POST["introduction"]."','";
    $cmd.=$_POST["author"]."','".$_POST["publication"]."',".$_POST["price"].",'";
    $cmd.=$_POST["booktype"]."','".$_POST["isbn"]."','".$_POST["edition"]."',";
    $cmd.=$_POST["inventory"].",".$_POST["inventory"].",'".$_POST["place"]."')";
    //执行插入操作
    mysql_query($cmd) or die("插入记录失败。".mysql_error());
    echo "成功添加记录, 3 秒后跳转……";
    echo "<meta http-equiv='refresh' content='3;url=book_add.html'>";
}
?>
</body>
</html>
```

说明：

1）在图书信息录入表单，单击“保存(B)”按钮，若图书编号不为空、定价和库存数均为数值型数据，则将表单数据提交给 book_add.php 文件进行接收和处理。

2）如果接收到的图书编号（即录入的图书编号）已在 book 表中存在（$rec_count!=0），则提示“图书编号不能重复”和超链接“返回”，可单击该“返回”超链接返回到图书信息录入表单进行修改。

3）如果接收的图书编号值在 book 表中不存在，则表单数据作为一条记录存入 book 表，且在库数自动取库存数的值。

4）存入 book 表后，提示“成功添加记录, 3 秒后跳转……”，并按提示跳转到图书信息录入表单，可继续录入图书信息。

6.5.3　图书信息分页显示

1．分页显示页面（paging_book_with_link.php 文件）

在图书信息管理页面，单击“分页显示”超链接，可转到图书信息分页显示页面，分页显示 book 表中的图书信息。6.4.2 节阐述了利用命令按钮实现分页显示的处理过程和相关技术，此处介绍利用页码超链接完成 book 表信息的分页显示和处理。设计分页显示页面如图 6-22 和图 6-23 所示，分页显示文件名为 paging_book_with_link.php，网页程序代码如下。

http://127.0.0.1:8080/booklending/paging_book_with_link.php

分页显示-带页码超链接

请选择页码：1 2 3

图书信息表

序号	图书编号	图书名称	内容提要	作者	出版社	定价	类别	ISBN	版次	库存数	在库数	在架位置
1	T0001	Web数据库技术及应用	本书在介绍……	李国红	清华大学出版社	39	计算机	978-7-302-46903-2	2017年7月第2版	20	10	02-A-01-0001
2	T0002	管理信息系统	管理信息系统是一个由……	李国红	郑州大学出版社	39.8	管理	978-7-5645-3797-3	2017年1月第1版	10	6	02-B-01-0001

图 6-22　图书信息分页显示（首次运行）

http://127.0.0.1:8080/booklending/paging_book_with_link.php?cur_pageno=2

分页显示-带页码超链接

请选择页码：1 2 3

图书信息表

序号	图书编号	图书名称	内容提要	作者	出版社	定价	类别	ISBN	版次	库存数	在库数	在架位置
3	T0003	会计信息系统	本书依托……	徐晓鹏	清华大学出版社	39	会计	978-7-302-35784-1	2014年5月第1版	5	3	02-C-01-0101
4	T0004	MySQL数据库基础与实例教程	作为世界上最受欢迎的……	孔祥盛	人民邮电出版社	45	计算机	978-7-115-35338-2	2014年6月第1版	10	10	02-A-01-0022

图 6-23　图书信息分页显示（单击页码超链接）

```
<!DOCTYPE HTML>
<html>
<head>
<meta http-equiv="Content-Type" content="text/html; charset=utf-8">
<title>分页显示-带页码超链接</title>
</head>
<body>
<?php
$db_name="booklending";   //数据库名
$tb_name="book";          //数据表名
include "u_function.php";    //调用自定义函数文件
link_server($db_name);       //连接服务器与选择数据库
$data=mysql_query("select * from $tb_name");          //表中全部记录
$rec_count=mysql_num_rows($data);                     //记录数
$pagesize=2;                 //每页记录数
$page_total=ceil($rec_count/$pagesize);               //总页数
if ($_GET["cur_pageno"]==""){
    $cur_pageno=1;           //第一次运行时当前页为第 1 页
}else{
    $cur_pageno=ceil($_GET["cur_pageno"]);        //非第一次运行时的当前页码
}
echo "请选择页码：";
for ($i=1;$i<=$page_total;$i++){
     if ($i!=$cur_pageno){  //非当前页页码带超链接
          echo "<a href='?cur_pageno=".$i."'>".$i."</a> ";
     }else{
          echo $i." ";
     }
}
$begin=($cur_pageno-1)*$pagesize;        //当前页起始位置
//当前页记录
$data=mysql_query("select * from $tb_name limit $begin,$pagesize");
$fds_count=mysql_num_fields($data);    //字段数
echo "<table border=1>";
echo "<caption>图书信息表</caption>";
echo "<tr>";
echo "<th>序号</th>";
for ($i=0;$i<$fds_count;$i++){           //输出各字段名
     echo "<th>".mysql_field_name($data,$i)."</th>";
}
echo "</tr>";
for ($i=0;$i<mysql_num_rows($data);$i++){  //输出各记录
     echo "<tr>";
     echo "<td>".($begin+$i+1)."</td>";
     $rec=mysql_fetch_array($data);        //获取一条记录并移动记录指针
     for ($j=0;$j<$fds_count;$j++){        //输出记录各字段的值
          echo "<td>".$rec[$j]."</td>";
     }
     echo "</tr>";
}
echo "</table>";
?>
```

```
</body>
</html>
```

2．说明

1）在第一行以超链接形式连续显示各页页码，当前页码不带超链接，其余页码均带超链接；首次运行网页，在表格中显示第一页记录；单击页码超链接，该页码变为当前页，以表格形式显示该页的记录。

2）“echo "<a href='?cur_pageno=" . $i ."'>" . $i . "</a> ";”在此处可替换为“echo "<a href = 'paging_book_with_link.php?cur_pageno=" . $i ."'>" . $i . "</a> ";”，表明以 GET 方式传递页码数据，传递的变量是 cur_pageno，值为$i 表示的页码值，接收与处理数据的文件就是该分页显示文件本身。“$cur_pageno=ceil($_GET["cur_pageno"]);”就是单击页码超链接时接收该页码数据的方式，由于接收到的页码值是字符型数据，可用取整函数 ceil()将字符形式的数字转化为整数。

3）($begin+$i+1)表示记录在整个文件中的顺序号，其中$begin 表示当前页的起始位置，($i+1)表示记录在当前页中的序号。

6.5.4 图书信息修改

1．图书信息修改表单（book_edit.php）

在图书信息管理页面，单击某行记录的“编辑”超链接，可转到图书信息修改表单（对应于网页文件 book_edit.php），实现修改图书信息功能。例如，在图 6-20 所示的图书信息管理页面，单击序号为 2 的记录的“编辑”超链接，转到图书信息修改表单，如图 6-24 所示。

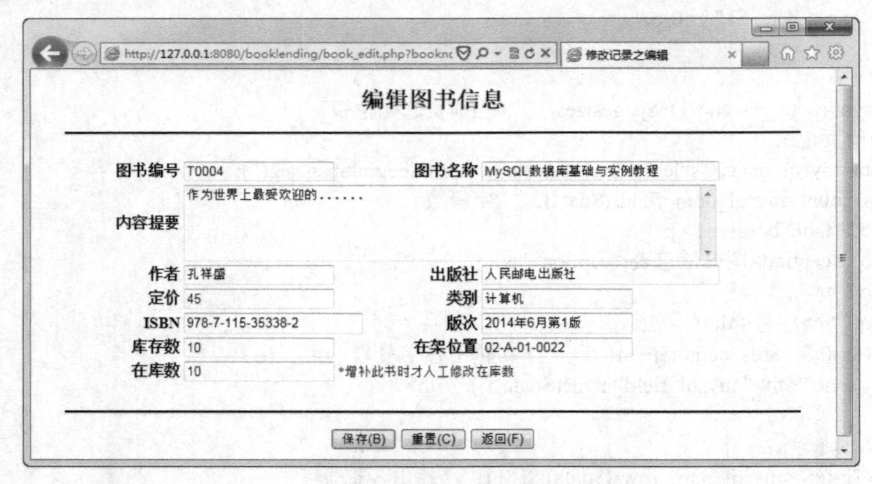

图 6-24　图书信息修改表单

在该表单中，显示了当前记录的详细信息。其中，图书编号对应的文本框是只读的（其值不允许修改），其余输入区域均为可编辑的，这些数据更改后，可单击“重置（C）”按钮重置为更改前的数据，或者单击“返回（F）”按钮返回至上一页面（此处指图书信息管理界面），或者单击“保存（B）”按钮执行更新操作。为达此目的，设计图书信息修改表单文件 book_edit.php 的网页代码如下。

```
<!DOCTYPE HTML>
<html>
```

```
<head>
<meta http-equiv="Content-Type" content="text/html; charset=utf-8">
<title>修改记录之编辑</title>
<style type="text/css">
  .div1 {width: 750px; margin: auto;}
  .center {text-align: center;}
  table{margin: 0 auto;}
  .div1 form table tr th {text-align: right;}
</style>
<script type="text/javascript">
  function check() { //检查图书编号、定价、库存数和在库数
    var obj=document.form1;
    var reg=/^\s*$/;
    if (reg.test(obj.bookno.value)){
        alert("图书编号不能为空");
        obj.bookno.value="";
        obj.bookno.focus();
        return false;
    }
    if (isNaN(obj.price.value) || reg.test(obj.price.value)){
        alert("定价格式不正确");
        obj.price.focus();
        obj.price.value="";
        return false;
    }
    if (isNaN(obj.inventory.value) || reg.test(obj.inventory.value)){
        alert("库存数格式不正确");
        obj.inventory.focus();
        obj.inventory.value="";
        return false;
    }
    if (isNaN(obj.onshelf.value) || reg.test(obj.onshelf.value)){
        alert("在库数格式不正确");
        obj.onshelf.focus();
        obj.onshelf.value="";
        return false;
    }
    return true;
  }
</script>
</head>
<body>
<?php
$book_no=$_GET["bookno"];
$db_name="booklending";   //数据库名
include "u_function.php";    //调用自定义函数文件
link_server($db_name);   //连接服务器与选择数据库
//构造查询字符串
$sql="select * from book where 图书编号='" . $book_no . "'";
$data=mysql_query($sql);
$rec=mysql_fetch_array($data);
?>
```

```
<div class="div1">
<form name="form1" method="post" action="book_update.php" onSubmit="return check();">
<h2 class="center">编辑图书信息</h2>
<hr color="blue"><br>
<table border="0" width="680">
  <tr><th width="80">图书编号</th>
    <td><input name="bookno" type="text" maxlength="5"
         value="<? echo $rec[图书编号];?>" readonly></td>
    <th width="80">图书名称</th>
    <td><input name="bookname" type="text" size="35" maxlength="40"
         value="<? echo $rec[图书名称];?>"></td>
  </tr>
  <tr><th>内容提要</th>
    <td colspan="3">
       <textarea name="introduction" cols="65" rows="5"><? echo $rec["内容提要"]; ?>
       </textarea></td>
  </tr>
  <tr><th>作者</th>
    <td><input name="author" type="text" maxlength="20"
         value="<? echo $rec[作者];?>"></td>
    <th>出版社</th>
    <td><input name="publication" type="text" size="35" maxlength="40"
         value="<? echo $rec[出版社];?>"></td>
  </tr>
  <tr><th>定价</th>
    <td><input type="text" name="price" value="<? echo $rec[定价];?>"></td>
    <th>类别</th>
    <td><input name="booktype" type="text" maxlength="6"
         value="<? echo $rec[类别];?>"></td>
  </tr>
  <tr><th>ISBN</th>
    <td><input name="isbn" type="text" size="25" maxlength="35"
         value="<?echo $rec[ISBN];?>"></td>
    <th>版次</th>
    <td><input name="edition" type="text" maxlength="20"
         value="<?echo $rec[版次];?>"></td>
  </tr>
  <tr><th>库存数</th>
    <td><input name="inventory" type="text" maxlength="11"
         value="<?echo $rec[库存数];?>"></td>
    <th>在架位置</th>
    <td><input name="place" type="text" maxlength="12"
         value="<?echo $rec[在架位置];?>"></td>
  </tr>
  <tr><th>在库数</th>
    <td colspan="3"><input name="onshelf" type="text" maxlength="11"
                    value="<?echo $rec[在库数];?>">
    <font color="red" size="-1">*增补此书时才人工修改在库数</font>
    </td>
  </tr>
</table>
<br>
```

```
    <hr color="blue">
    <p class="center">
      <input type="submit" name="button" value="保存(B)" accesskey="B">
      <input type="reset" name="button2" value="重置(C)" accesskey="C">
      <input type="button" name="button3" value="返回(F)" accesskey="F"
              onClick="javascript:history.back()">
    </p>
    </form>
    </div>
    </body>
    </html>
```

说明：文件 book_edit.php 以$_GET["bookno"]接收当前记录的图书编号值，并将 book 表中图书编号为该值的记录显示在表单的相应输入区域；例如，“<input name="bookno" type="text" maxlength="5" value="<? echo $rec[图书编号];?>" readonly>”就表示在文本框显示当前记录的图书编号的值；value 属性指定了文本框的值，而 readonly 则表示该文本框是只读的，不允许修改其中的值。

2．图书信息更新操作（book_update.php）

在图 6-24 所示的图书信息修改表单中更改相关的值（如图 6-25 所示）。若单击“保存（B）”按钮，则由图书信息更新处理文件 book_update.php，接收表单上更改后的数据并更新 book 表，然后转到刷新后图书信息管理界面，如图 6-26 所示。book_update.php 的网页的代码如下。

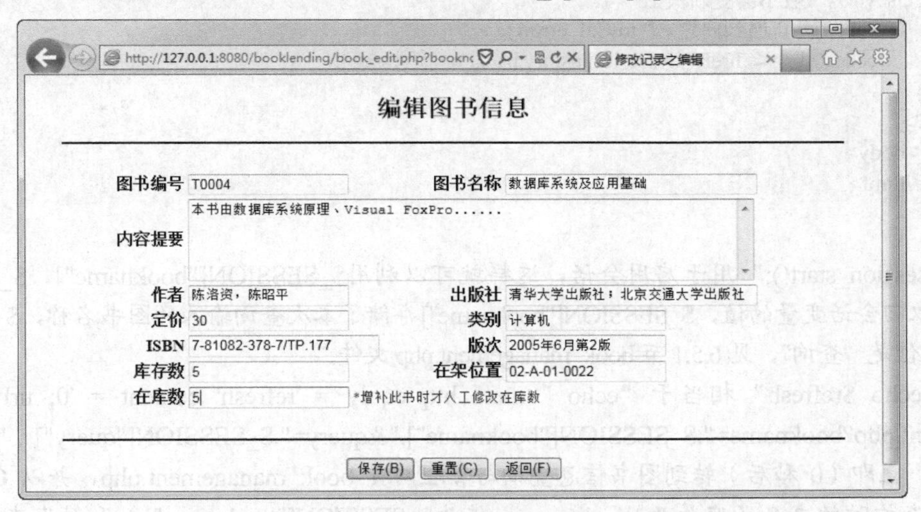

图 6-25　修改图书信息（图书编号只读，不能修改）

http://127.0.0.1:8080/booklending/book_management.php?bool　图书信息管理

图书信息管理

请输入图书名称：　查询　重置　添加　分页显示　首页

查询结果（书名中包含数据库）

序号	图书编号	图书名称	作者	出版社	定价	在库数	修改	删除
1	T0001	Web数据库技术及应用	李国红	清华大学出版社	39	10	编辑	删除
2	T0004	数据库系统及应用基础	陈洛资，陈昭平	清华大学出版社，北京交通大学出版社	30	5	编辑	删除

图 6-26　数据修改后的图书信息管理界面

```
<!DOCTYPE HTML>
<html>
<head>
<meta http-equiv="Content-Type" content="text/html; charset=utf-8">
<title>更新图书信息</title>
</head>
<body>
<?php
session_start();
$db_name="booklending";   //数据库名
include "u_function.php";    //调用自定义函数文件
link_server($db_name);   //连接服务器与选择数据库
//构造查询字符串，模糊查询
$cmd="update book set  图书名称='".$_POST["bookname"]."',内容提要='".$_POST["introduction"]."',作者='"
.$_POST["author"]."',出版社='".$_POST["publication"]."',定价=".$_POST["price"].",类别='".$_POST["booktype"]."',
ISBN='".$_POST["isbn"]."',版次='".$_POST["edition"]."',库存数=".$_POST["inventory"].",在库数=".$_POST["onshelf"].",
在架位置='".$_POST["place"]."' where  图书编号='" . $_POST["bookno"] . "'";
if (mysql_query($cmd)){
    $refresh="<meta http-equiv= 'refresh' content='0;url=book_management.php";
    $refresh.="?bookname=".$_SESSION["bookname"];
    $refresh.="&query=".$_SESSION["query"]."'>";
    echo $refresh;
}else{   //一般不会更新失败
    echo "更新遇到问题。".mysql_error();
    echo "<br><a href='javascript:history.back()'>返回</a>";
}
?>
</body>
</html>
```

说明：

1）“session_start();”用于启用会话，这样就可以利用$_SESSION["bookname"]、$_SESSION ["query"]取回会话变量的值，$_SESSION["bookname"]存储了本次查询输入的图书名称，$_SESSION ["query"]的值是“查询”，见6.5.1节book_management.php文件。

2）“echo $refresh”相当于“echo "<meta http-equiv = 'refresh' content = '0; url = book_management.php?bookname=".$_SESSION["bookname"]."&query=".$_SESSION["query"] . "'>";”。该语句表示，立即（0秒后）转到图书信息查询与管理网页book_management.php，并以GET方式向其传递查询时的书名（变量为bookname，值为$_SESSION["bookname"]）和触发查询的数据（变量为query，值为$_SESSION["query"]），以便修改记录后及时刷新图书信息管理界面，使用户看到的结果是修改记录后的查询结果。在图书信息查询与管理网页文件book_management.php中，将以$_GET["query"]和$_GET["bookname"]接收这些数据，参见6.5.1节。

6.5.5 图书记录删除

1．图书记录删除操作（book_delete.php文件）

在6.5.1节图6-20或6.5.4节图6-26所示的图书信息管理页面，单击所查记录所在行的“删除”超链接，将以GET方式，把变量bookno及其当前行记录的图书编号值，传递给图书记录删除处理文件book_delete.php进行处理。处理的逻辑是，若接收到的图书编号值在子表

（borrow 表）中有相关的借书记录，则提示不能删除；否则，在主表（book 表）中直接删除该记录。在图 6-20 或图 6-26 所示的页面中，单击序号为 2 的记录右侧的“删除”超链接（该书在 borrow 表中无借阅记录），则删除该图书记录，并返回图 6-27 所示的页面。book_delete.php 文件的网页代码如下。

```
<!DOCTYPE HTML>
<html>
<head>
<meta http-equiv="Content-Type" content="text/html; charset=utf-8">
<title>删除记录</title>
</head>
<body>
<?php
session_start();   //启用会话
$book_no=$_GET["bookno"];
$db_name="booklending";    //数据库名
include "u_function.php";     //调用自定义函数文件
link_server($db_name);        //连接服务器与选择数据库
//构造查询字符串
$sql="select * from borrow where 图书编号='" . $book_no . "'";
$data=mysql_query($sql);
if (mysql_num_rows($data)!=0){
    print "该图书有借阅记录，不能被删除<br>";
    print "<a href='JavaScript:history.back()'>返回</a>";
}else{
    $cmd="delete from book where 图书编号='" . $book_no . "'";
    mysql_query($cmd) or die ("删除失败。".mysql_error());
    $refresh="<meta http-equiv= 'refresh' content='0;url=book_management.php";
    $refresh.="?bookname=".$_SESSION["bookname"];
    $refresh.="&query=".$_SESSION["query"]."'>";
    print $refresh;
}
?>
</body>
</html>
```

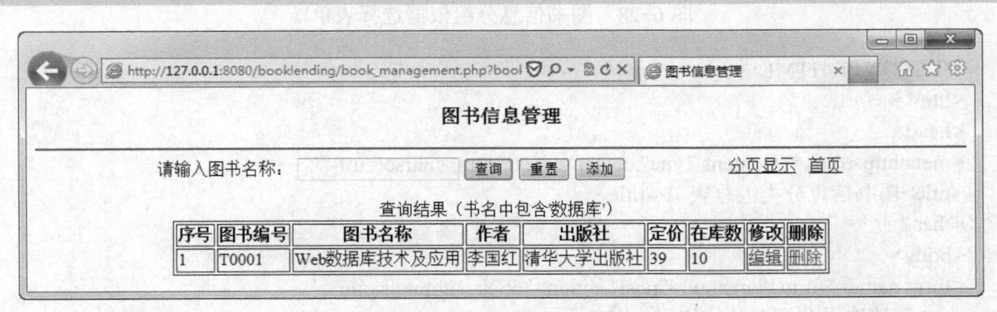

图 6-27　删除数据后的图书信息管理页面

2．book_delete.php 文件代码说明

1）“session_start();”用于启用会话，这样，就可以使用$_SESSION["bookname"]、$_SESSION["query"]读取会话变量的值，建立这些会话变量的情况见 6.5.1 节网页文件

book_management.php。不难看出，$_SESSION["bookname"]的值就是输入的图书名称，而$_SESSION["query"]的值就是“查询”。

2）删除记录主要过程是，查询 borrow 表中与待删除图书的图书编号值相同的记录，如果查到的记录的条数不为 0，则提示“该图书有借阅记录，不能被删除”和超链接“返回”；否则，就删除 book 表中的这条记录，然后转到图书信息管理界面并刷新。

3）“print $refresh”相当于“print "<meta http-equiv = 'refresh' content = '0; url = book_management.php?bookname=".$_SESSION["bookname"]."&query=".$_SESSION["query"].">";”。该语句表示，立即（0 秒后）转到图书信息查询与管理网页 book_management.php，并以 GET 方式向其传递查询时的书名（变量为 bookname，值为$_SESSION["bookname"]）和触发查询的数据（变量为 query，值为$_SESSION["query"]），以便删除记录后及时刷新图书信息管理界面，使用户看到的结果是删除记录后的查询结果。在图书信息查询与管理网页文件 book_management.php 中，将以$_GET["query"]和$_GET["bookname"]接收这些数据，参见 6.5.1 节。

6.5.6 图书信息的分类汇总、统计与计算

1．图书信息分组依据选择表单（book_subtotals.html 文件）

图书信息分类汇总、统计与计算主要包括分组统计记录个数，以及按组求各数值型数据的总和、平均值、最大值、最小值等。例如，图书信息可以按出版社、类别、图书名称等进行分组统计，设计图 6-28 所示的分组依据选择表单，文件存储为 book_subtotals.html。单击“提交”按钮后，表单数据交给 book_subtotals.php 文件进行处理。book_subtotals.html 文件的网页代码如下。

图 6-28 图书信息分组依据选择表单

```
<!DOCTYPE HTML>
<html>
<head>
<meta http-equiv="Content-Type" content="text/html; charset=utf-8">
<title>图书信息分类汇总表单</title>
</head>
<body>
<form name="form1" method="post" action="book_subtotals.php">
  <h3>请选择分类汇总的依据：</h3>
  <p>
  <input name="basis" type="radio" value="出版社" checked>出版社
  <input type="radio" name="basis" value="类别">类别
  <input type="radio" name="basis" value="图书名称">图书名称
  </p>
```

```
        <p>
          <input type="submit" name="button" id="button" value="提交">
          <input type="reset" name="button2" id="button2" value="重置">
        </p>
      </form>
      </body>
      </html>
```

说明：“<input name="basis" type="radio" value="出版社" checked>出版社”表示单选按钮，默认被选中。要求其 value 属性的值“出版社”与该项对应的字段名（“出版社”字段）一致。这样，在下述处理表单数据的 book_subtotals.php 文件中，$_POST["basis"]的值就是“出版社”，程序将按“出版社”字段进行分组汇总与统计处理。同理，另外两个单选按钮的 value 属性值应分别为“类别”“图书名称”。

2．图书信息分类汇总操作（book_subtotals.php 文件）

在图 6-28 所示的表单中，选中某项对应的单选按钮，单击“提交”按钮，就将选项提交给图书信息分类汇总处理文件 book_subtotals.php，进行分组统计与计算，并把统计结果显示出来。例如，选择“出版社”单选按钮，再单击“提交”按钮，则显示如图 6-29 所示的分组统计结果，单击“[返回]”超链接可返回到图书信息分组依据选择表单。实现此功能的网页文件 book_subtotals.php 的代码对应如下。

http://127.0.0.1:8080/booklending/book_subtotals.php 图书信息分类汇总处理

按出版社分类汇总处理结果 [返回]

出版社	图书总数	定价之和	平均定价	最高定价	最低定价	总库存数	平均库存数	最大库存数	最小库存数	总在库数	平均在库数	最大在库数	最小在库数
清华大学出版社	3	147	49	69	39	29	9.6667	20	4	16	5.3333	10	3
郑州大学出版社	2	70.79999923706055	35.39999961853027	39.8	31	20	10.0000	10	10	15	7.5000	9	6

图 6-29　图书信息分组统计结果

```
      <!DOCTYPE HTML>
      <html>
      <head>
      <meta http-equiv="Content-Type" content="text/html; charset=utf-8">
      <title>图书信息分类汇总</title>
      </head>
      <body>
      <?php
      $basis=$_POST["basis"];  //接收分类汇总依据的值
      $db_name="booklending";  //数据库名
      $tb_name="book";  //数据表名
      include "u_function.php";   //调用自定义函数文件
      link_server($db_name);  //连接服务器与选择数据库
      //构造分类汇总与统计计算的 SQL 字符串
      $sql="select $basis,count(*) as 图书总数,sum(定价) as 定价之和,avg(定价) as 平均定价,max(定价) as 
最高定价,min(定价) as 最低定价,sum(库存数) as 总库存数,avg(库存数) as 平均库存数,max(库存数) as 最大库存
数,min(库存数) as 最小库存数,sum(在库数) as 总在库数,avg(在库数) as 平均在库数,max(在库数) as 最大在库
数,min(在库数) as 最小在库数 from $tb_name group by $basis order by $basis";
      $data=mysql_query($sql);
      $fds_count=mysql_num_fields($data);
      $rec_count=mysql_num_rows($data);
      echo "<table border=1>";
```

```
        $cap="<b>按".$basis."分类汇总处理结果</b>  ";
        $cap.="<a href='javascript:history.back()'>[返回]</a>";
        echo "<caption>$cap</caption>";
        echo "<tr>";
        for ($j=0;$j<$fds_count;$j++){
            echo "<th>".mysql_field_name($data,$j)."</th>";
        }
        echo "</tr>";
        echo "<br>";
        for ($i=0;$i<$rec_count;$i++){
            $rec=mysql_fetch_array($data);
            echo "<tr>";
            for ($j=0;$j<$fds_count;$j++){
                echo "<td>".$rec[$j]."</td>";
            }
            echo "</tr>";
        }
        echo "</table>";
        ?>
        </body>
        </html>
```

说明：

1）“$sql="select $basis,count(*) as 图书总数, …from $tb_name group by $basis order by $basis";”是表示分组统计的 SQL 字符串，其中，$basis 表示分组的字段名；count(*)是统计各组的记录个数，as 后面的“图书总数”类似于该项的字段名；其余各项包括求总和、平均值、最大值、最小值，as 后面的名称都可当作字段名使用。

2）“group by $basis”表示按$basis 对应的字段分组，$basis 就是$_POST["basis"]。

3）“order by $basis”是指分组统计后的结果按$basis 对应的字段排序，一定是先分组再排序。

4）“mysql_field_name($data,$j)”表示数据集$data 第（$j+1）个字段名，例如，$sql 表示的第二个表达式的字段名可当作“图书总数”，则 mysql_field_name($data,1)的值就是“图书总数”。

5）“$rec[$j]”表示（从$data 所获取的记录）$rec 的第（$j+1）个字段的值，例如，$sql 表示的第二个表达式为 count(*)，则$rec[1]的值就是 count(*)的值；由于这里第二个表达式的字段名可当作“图书总数”，所以，$rec[1]和$rec[图书总数]、$rec["图书总数"]都可以表示所获取记录对应的 count(*)的值。

6.6 借阅信息管理

6.6.1 借书信息管理

1．借书表单（borrow_book.html 文件）

当读者借书时，需提供读者的读者编号和图书的图书编号。设计借书表单如图 6-30 所示，文件存储为 borrow_book.html，网页代码如下。

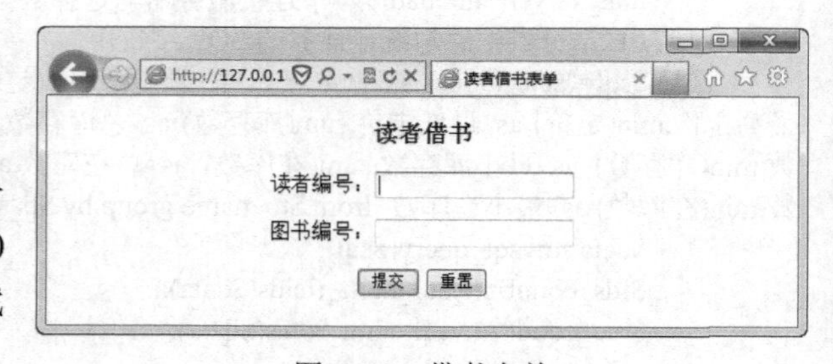

图 6-30　借书表单

```
<!DOCTYPE HTML>
<html>
<head>
<meta http-equiv="Content-Type" content="text/html; charset=utf-8">
<title>读者借书表单</title>
<style type="text/css">
  h3,p{text-align:center;}
  h3,span input{color:blue;}
</style>
<script type="text/javascript">
function chk() { //检查读者编号、图书编号是否为空
  var r_no=document.getElementById("r_no");   //读者编号
  var b_no=document.getElementById("b_no");   //图书编号
  var reg=/^\s*$/;  //表示空格的正则表达式
  if (reg.test(r_no.value)){   //如果读者编号与空格模式串匹配
      alert("读者编号不能为空");
      r_no.value="";
      r_no.focus();
      return false;
  }
  if (reg.test(b_no.value)){   //如果图书编号与空格模式串匹配
      alert("图书编号不能为空");
      b_no.value="";
      b_no.focus();
      return false;
  }
  return true;
}
</script>
</head>
<body>
<form method="post" action="borrow_book.php" onSubmit="return chk()">
  <h3>读者借书</h3>
  <p>读者编号：<input name="r_no" id="r_no" type="text" maxlength="5"></p>
  <p>图书编号：<input name="b_no" id="b_no" type="text" maxlength="5"></p>
  <p>
    <span><input type="submit" value="提交">
    <input type="reset" value="重置"></span>
  </p>
</form>
</body>
</html>
```

说明：“function chk()”用于检验读者编号和图书编号的值是否为空，若为空（由 0 个或若干个空格构成的空字符串），则提示不能为空，并清空文本框、获得焦点、返回 false。其中，“var r_no=document.getElementById("r_no");”表示读者编号文本框（其 id="r_no"），“var reg=/^\s*$/;”表示空格正则表达式，“reg.test(r_no.value)”用于测试读者编号的值是否与空格正则表达式匹配，若匹配，则读者编号的值是由 0 个或若干个空格构成的空字符串。由<form>标记可知，当表单提交时先执行 onSubmit 事件，即调用 chk()函数。

2．借书操作（borrow_book.php 文件）

单击借书表单的“提交”按钮，表单数据提交给 borrow_book.php 文件处理。假设读者编号值为 r，图书编号值为 b，借书处理大致流程如图 6-31 所示，借书处理文件 borrow_book.php 的代码如下。

```
<!DOCTYPE HTML>
<html>
<head>
<meta http-equiv="Content-Type" content="text/html; charset=utf-8">
<title>读者借书</title>
</head>
<body>
<?php
$max_days=30; //最大允许借书天数
$max_books=10; //最大允许借书册数
$return="<a href='javascript:history.back()'>返回</a>"; //返回超链接
include "u_function.php";    //调用自定义函数文件
link_server("booklending");   //连接服务器与选择数据库
//先查 reader 表中有无此读者
$sql="select 读者编号 from reader where 读者编号='".$_POST["r_no"]."'";
$data=mysql_query($sql);
if (mysql_num_rows($data)!=0){
  $sql="select * from borrow where 读者编号='".$_POST["r_no"]."' and 还书标记='0'";
  $data=mysql_query($sql);  //该读者未归还图书的借阅信息
  $expired=0;  //超期册数
  $relending=0;  //重借册数
  $borrowed=0;  //已借图书册数
  while ($rec=mysql_fetch_array($data)){
    if (time()-strtotime($rec[借阅日期])>$max_days*24*60*60){
      $expired++;
    }
    if ($rec["图书编号"]==$_POST["b_no"]){
      $relending++;
    }
    $borrowed++;
  }
  if ($expired>0 || $borrowed>=$max_books || $relending>0){
    echo "您暂不能借书，可能原因如下：<OL>";
    if ($expired>0){
      echo "<li>您有".$expired."本书已超期，归还后才能借书</li>";
    }
    if ($borrowed>=$max_books){
      echo "<li>您已借".$borrowed."本图书，已达最大允许借书册数</li>";
    }
    if ($relending>0){
      echo "<li>您已借过此书".$relending."本，归还后才能再借</li>";
    }
    echo "</OL>";
    echo $return;
  }else{  //图书未超期、未达最大册数、不是重借，可借在库数不为 0 的书
    $sql="select 在库数 from book where 图书编号='".$_POST["b_no"]."'";
```

```
        $data=mysql_query($sql);
        $rec_count=mysql_num_rows($data);
        if ($rec_count>0){ //库中有此书
            $rec=mysql_fetch_array($data);
            if ($rec[在库数]>0){
                $cmd="insert into borrow(读者编号,图书编号,借阅日期,还书标记) values('";
                $cmd.=$_POST["r_no"]."','".$_POST["b_no"]."','".date("Y-m-d H:i:s")."','0')";
                mysql_query($cmd); //登记借阅信息
                $cmd="update book set  在库数=在库数-1 where  图书编号='";
                $cmd.=$_POST["b_no"]."'";
                mysql_query($cmd); //更新在库数
                echo "借书操作完成";
                echo "<meta http-equiv='refresh' content='3;url=borrow_book.html'>";
            }else{
                echo "此书已被借出，在库数为 0";
                echo "<br>$return";
            }
        }else{
            echo "库中无图书编号为".$_POST["b_no"]."的图书";
            echo "<br>$return";
        }
    }
}else{
    echo "读者编号为".$_POST["r_no"]."的读者还未登记，请先注册";
    echo "<br><a href='register.html' target='_blank'>注册</a>";
    echo " $return";
}
?>
</body>
</html>
```

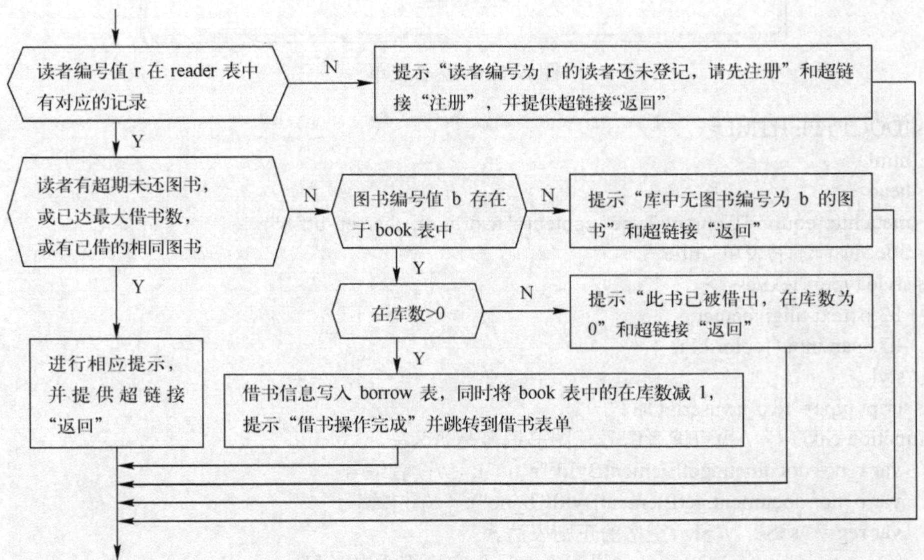

图 6-31　借书处理大致流程

说明：

1）“if (time()-strtotime($rec[借阅日期])>$max_days*24*60*60){}”的作用是判断已借未还的某本图书是否超期，如果超期，则超期册数变量加 1。其中，time()返回系统当前日期时间的时间戳（秒值），strtotime($rec[借阅日期])是将某本图书的借阅日期解析为时间戳，$max_days*24*60*60 则是计算最大允许借书天数对应的秒数。

2）“if ($expired>0 || $borrowed>=$max_books || $relending>0){}”表示如果读者有图书超期未还，或者已借图书册数达到或超过最大允许借书册数，或者有已借未还的相同图书，则以有序列表的形式提示暂不能借书的原因，并提供“返回”超链接。

3）借书时，借书信息插入 borrow 表，读者编号和图书编号是在借书表单输入的值，借阅日期是借书时的日期时间，还书标记为 0（表示未还书），还书日期待还书时更新即可。因此，向 borrow 表插入记录时，SQL 字符串对应于“$cmd="insert into borrow(读者编号,图书编号,借阅日期,还书标记) values('".$_POST["r_no"]."','".$_POST["b_no"]."','".date("Y-m-d H:i:s")."','0')";”。同时，还需要将 book 表中该图书的在库数减 1，其 SQL 字符串对应于“$cmd="update book set 在库数=在库数-1 where 图书编号='".$_POST["b_no"]."'";”。

6.6.2 还书信息管理

1．还书表单（return_book.html 文件）

设计还书表单如图 6-32 所示，还书表单文件 return_book.html 的网页代码如下。

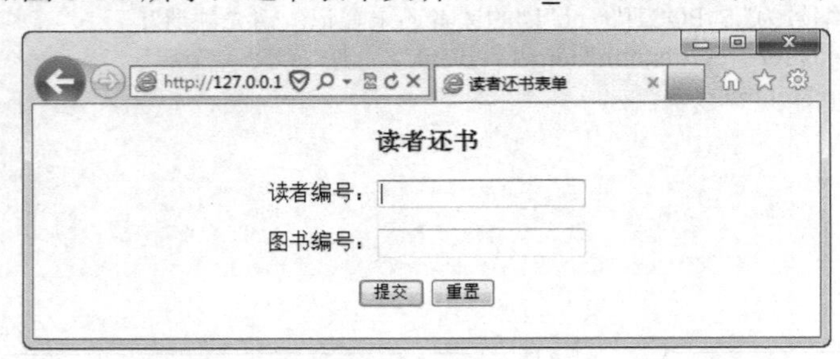

图 6-32 还书表单

```
<!DOCTYPE HTML>
<html>
<head>
<meta http-equiv="Content-Type" content="text/html; charset=utf-8">
<title>读者还书表单</title>
<style type="text/css">
  h3,p{text-align:center;}
  h3,span input{color:blue;}
</style>
<script type="text/javascript">
function chk() {   //检查读者编号、图书编号是否为空
  var r_no=document.getElementById("r_no");   //读者编号
  var b_no=document.getElementById("b_no");   //图书编号
  var reg=/^\s*$/;   //表示空格的正则表达式
  if (reg.test(r_no.value)){   //如果读者编号与空格模式串匹配
      alert("读者编号不能为空");
      r_no.value="";
```

```
            r_no.focus();
            return false;
        }
        if (reg.test(b_no.value)){    //如果图书编号与空格模式串匹配
            alert("图书编号不能为空");
            b_no.value="";
            b_no.focus();
            return false;
        }
        return true;
    }
    </script>
    </head>
    <body>
    <form method="get" action="return_book_check.php" onSubmit="return chk()">
        <h3>读者还书</h3>
        <p>读者编号：<input name="r_no" id="r_no" type="text" maxlength="5"></p>
        <p>图书编号：<input name="b_no" id="b_no" type="text" maxlength="5"></p>
        <p>
            <span><input type="submit" name="submit" value="提交">
            <input type="reset" name="reset" value="重置"></span>
        </p>
    </form>
    </body>
    </html>
```

说明：

<form>表单数据以 GET 方式传递。在还书表单（图 6-32）中输入读者编号与图书编号，单击“提交”按钮，由 return_book_check.php 文件进行处理，主要显示待还书信息列表（类似图 6-33），需逐一进行还书操作。还书后需以 GET 方式将相关数据再传递给 return_book_check.php 文件，以便刷新待还书信息列表（参见下述“还书更新操作”）。因此，还书表单的数据传递给 return_book_check.php 文件时也需要采用 GET 方式。

2．还书检验操作（return_book_check.php 文件）

首先声明一下，按照 6.6.1 节“借书信息管理”所述完成借书操作时，读者不能借阅已借未还的相同图书；但如果管理员利用第 2 章方法直接在 MySQL 命令行客户端输入 insert into 命令插入借书记录，并用 update 命令修改所借图书的在库数，就允许读者重复借阅未归还的相同图书。这样，读者在还书时，就应该按允许重复借阅相同图书，逐一进行还书处理，以便使应用程序更加适用和通用。

在还书表单（图 6-32）单击“提交”按钮，表单数据以 GET 方式交给 return_book_check.php 文件进行处理，主要检验读者编号、图书编号是否正确，以及借书信息是否存在，并进行相应的处理。当读者编号和图书编号都正确时，如果有相应的借书信息，则在表格中显示图书的主要信息及借阅日期、超期天数、超链接“还书”等（图 6-33），以便单击“还书”超链接时，转到还书更新处理，完成还书操作；反之，如果不存在相应的借书信息，则根据操作的实际情况，提示“您借图书编号为 b 的借书信息不存在”和超链接“返回”，或者提示“图书编号为 b 的图书，您已全部还完。”和超链接“返回”。还书检验处理文件 return_book_check.php 的网页程序代码如下。

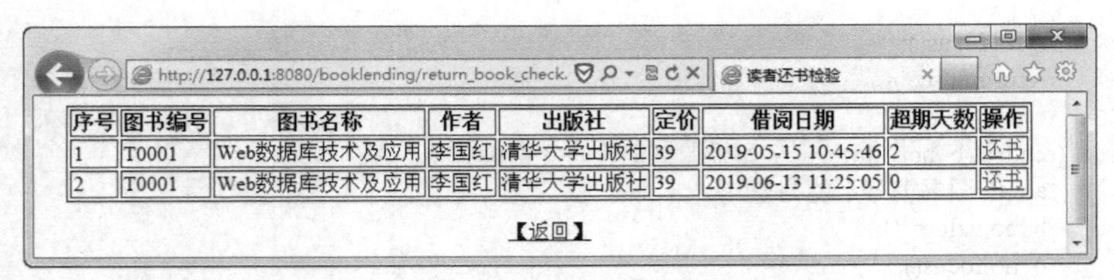

序号	图书编号	图书名称	作者	出版社	定价	借阅日期	超期天数	操作
1	T0001	Web数据库技术及应用	李国红	清华大学出版社	39	2019-05-15 10:45:46	2	还书
2	T0001	Web数据库技术及应用	李国红	清华大学出版社	39	2019-06-13 11:25:05	0	还书

图 6-33　待还书信息列表（还书前）

```
<!DOCTYPE HTML>
<html>
<head>
<meta http-equiv="Content-Type" content="text/html; charset=utf-8">
<title>读者还书检验</title>
</head>
<body>
<?php
$max_days=30; //最大允许借书天数
$r_no=$_GET["r_no"];    //接收读者编号的值
$b_no=$_GET["b_no"];    //接收图书编号的值
$return="<a href='javascript:history.back()'>【返回】</a>";
include "u_function.php";     //调用自定义函数文件
link_server("booklending");   //连接服务器与选择数据库
//先查 reader 表中有无此读者
$sql="select 读者编号 from reader where 读者编号='".$r_no."'";
$data=mysql_query($sql);
if (mysql_num_rows($data)!=0){   //读者编号正确
  $sql="select 图书编号 from book where 图书编号='".$b_no."'";
  $data=mysql_query($sql);
  if (mysql_num_rows($data)!=0){   //图书编号正确
    $sql="select * from borrow,book where borrow.图书编号=book.图书编号";
    $sql.=" and 读者编号='".$r_no."' and borrow.图书编号='";
    $sql.=$b_no."' and 还书标记='0'";
    $data=mysql_query($sql);
    $rec_count=mysql_num_rows($data);
    if ($rec_count==0){   //若无借书信息
      if ($_GET["submit"]=="提交"){
        echo "您借图书编号为".$b_no."的借书信息不存在。$return";
      }else{
        echo "图书编号为".$b_no."的图书，您已全部还完。";
        echo "<a href='return_book.html'>【返回】</a>";
      }
    }else{   //若有借书信息
      echo "<table border='1' align='center'>";
      echo "<tr><th>序号</th><th>图书编号</th><th>图书名称</th>";
      echo "<th>作者</th><th>出版社</th><th>定价</th><th>借阅日期</th>";
      echo "<th>超期天数</th><th>操作</th></tr>";
      for ($i=0;$i<$rec_count;$i++){
        $rec=mysql_fetch_array($data);
        //计算已借天数
        $days_from_borrow=(time()-strtotime($rec["借阅日期"]))/60/60/24;
        if ($days_from_borrow<=$max_days){
```

```
                $exceed_days=0;  //超期天数
            }else{
                $exceed_days=floor($days_from_borrow-$max_days);
            }
            echo "<tr>";
            echo "<td>".($i+1)."</td>";
            echo "<td>".$rec["图书编号"]."</td><td>".$rec["图书名称"]."</td>";
            echo "<td>".$rec["作者"]."</td><td>".$rec["出版社"]."</td>";
            echo "<td>".$rec["定价"]."</td><td>".$rec["借阅日期"]."</td>";
            echo "<td>".$exceed_days."</td>";
            $link="<a href='return_book_update.php?r_no=".$r_no;
            $link.="&b_no=".$b_no."&date=".$rec["借阅日期"]."'>还书</a>";
            echo "<td>".$link."</td>";
            echo "</tr>";
        }
        echo "</table>";
        echo "<p align='center'><a href='return_book.html'>【返回】</a></p>";
    }
  }else{
    echo "库中无图书编号为".$b_no."的图书";
    echo "<br>$return";
  }
}else{
  echo "读者编号为".$r_no."的读者还未登记，请先注册";
  echo "<br><a href='register.html' target='_blank'>注册</a>";
  echo " $return";
}
?>
</body>
</html>
```

说明：

1）只有读者编号和图书编号都正确时才允许还书。若读者编号 a 不存在，则提示“读者编号为 a 的读者还未登记，请先注册”及超链接“注册”和“返回”；若图书编号 b 不存在，则提示“库中无图书编号为 b 的图书”及超链接“返回”。

2）“$sql="select * from borrow,book where borrow.图书编号=book.图书编号 and 读者编号='".$r_no."' and borrow.图书编号='".$b_no."' and 还书标记='0'";”表示在 borrow 表和 book 表中查询读者未归还图书的相关借书信息。执行“$data=mysql_query($sql);”和“$rec=mysql_fetch_array($data);”后，获取图书编号字段的值仍用$rec["图书编号"]或$rec[图书编号]，而不能用$rec["borrow.图书编号"]、$rec[book.图书编号]等形式。

3）“$days_from_borrow=(time()-strtotime($rec["借阅日期"]))/60/60/24;”表示某本书的已借天数，其值等于从借书时刻到还书时刻的时间（秒数）除以每天的秒数。如果该值小于或等于最大允许借书天数，则超期天数为$exceed_days = 0；否则，超期天数为$exceed_days = floor($days_from_borrow-$max_days)，就是已借天数减去最大允许借书天数，向下取整。floor(x)函数返回一个不大于 x 的最大整数。

4）“$link="<a href='return_book_update.php?r_no=".$r_no."&b_no=".$b_no."&date=".$rec["借阅日期"]."'>还书</a>";”为还书超链接，链接到还书更新处理文件 return_book_update.php，并

以 GET 方式向其传递读者编号、图书编号、借阅日期数据，以便更新 borrow 表中相应记录的归还日期和还书标记，以及 book 表中相应记录的在库数。

5）“if ($_GET["submit"]=="提交"){}else{}”结构，主要描述无借书信息时不同情况下的提示信息。在图 6-32 所示的表单，假设图书编号值为 b，单击“提交”按钮转到本页面时，$_GET["submit"]的值为"提交"，如果没查到借书信息，则提示“您借图书编号为 b 的借书信息不存在”和超链接“返回”。而从还书更新处理文件 return_book_update.php 以 GET 方式传递数据跳转到该页面并进行刷新时，$_GET["submit"]的值为"0"，如果没查到借书信息，则提示“图书编号为 b 的图书，您已全部还完”和超链接“返回”。

3．还书更新操作（return_book_update.php 文件）

在图 6-33 所示的页面，单击某行（例如第一行）记录右侧的“还书”超链接，就会转到还书更新处理文件 return_book_update.php，进行还书操作，包括将 borrow 表中该记录的归还日期修改为系统当前日期，还书标记修改为“1”；同时将 book 表中该记录的在库数增加 1。之后应提示“还书操作完成”，并跳转到还书检验处理文件 return_book_check.php 进行页面刷新（例如图 6-33 所示的页面，还书后的页面如图 6-34 所示）。实现此功能的 return_book_update.php 文件的代码如下。

序号	图书编号	图书名称	作者	出版社	定价	借阅日期	超期天数	操作
1	T0001	Web数据库技术及应用	李国红	清华大学出版社	39	2019-06-13 11:25:05	0	还书

【返回】

图 6-34　待还书信息列表（还书后）

```
<!DOCTYPE HTML>
<html>
<head>
<meta http-equiv="Content-Type" content="text/html; charset=utf-8">
<title>还书更新</title>
</head>
<body>
<?php
include "u_function.php";    //调用自定义函数文件
link_server("booklending");  //连接服务器与选择数据库
$cmd="update borrow set 归还日期='".date("Y-m-d H:i:s").
        "',还书标记='1' where 读者编号='".$_GET["r_no"]."' and 图书编号='".
        $_GET["b_no"]."' and 借阅日期='".$_GET["date"]. "' and 还书标记='0'";
mysql_query($cmd);  //更新归还日期和还书标记
$cmd="update book set 在库数=在库数+1 where 图书编号='".$_GET["b_no"]."'";
mysql_query($cmd);  //更新在库数
echo "还书操作完成";
echo "<meta http-equiv = 'refresh' content = '3; url = return_book_check.php ? r_no=" .
    $_GET["r_no"] . "&b_no=" . $_GET["b_no"] . "&submit=0'";
?>
</body>
</html>
```

说明：“echo "<meta http-equiv = 'refresh' content = '3; url = return_book_check.php ? r_no=" . $_GET["r_no"] . "&b_no=" . $_GET["b_no"] . "&submit=0'";”的作用是 3 秒后跳转到还书检验处

理文件 return_book_check.php，并以 GET 方式传递读者编号、图书编号和 submit 的值，注意，return_book_check.php 文件是以$_GET["r_no"]、$_GET["b_no"]和$_GET["submit"]来获取这些值，所以，此处的查询字符串中，传递数据的变量一定是 r_no、b_no、submit，其中，"submit=0" 主要是使 return_book_check.php 文件中，$_GET["submit"]的值不为"提交"，以便在那里进行合理的提示。

6.6.3 综合查询

1．综合查询表单（comp_query.html 文件）

综合查询是指可以指定不同的查询条件，可以按指定的查询条件查找读者信息、图书信息或借书信息。为实现此功能，设计综合查询表单如图 6-35 所示。"选项"对应的第一个下拉列表框可选择读者编号、姓名、性别、单位、会员类别，默认选择"姓名"，第二个下拉列表框可选择图书编号、图书名称、作者、出版社、类别、在架位置，默认选择"图书名称"；"值"对应的文本框中可输入相应的值，为方便操作，单击各文本框可清空其中的内容，且"读者信息"左侧的单选按钮获得焦点（单击或利用〈Tab〉键使其获得焦点）时可清空第二个文本框，"图书信息"左侧的单选按钮获得焦点时可清空第一个文本框；选择不同的单选按钮，表示按条件查找不同类型的信息，"借阅信息"对应的单选按钮默认被选中。将此综合查询表单存储为 comp_query.html 文件，其网页代码如下。

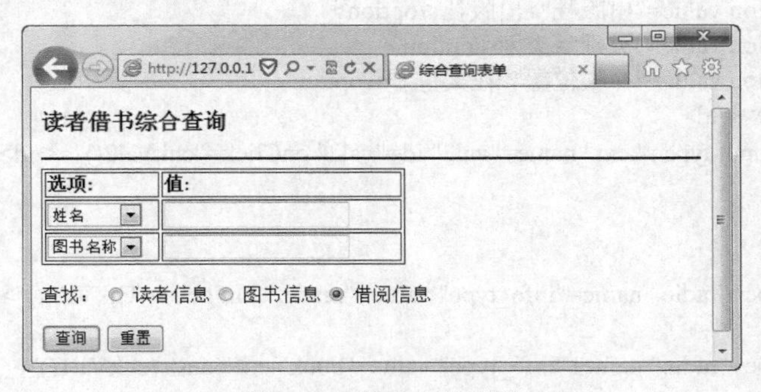

图 6-35　综合查询表单

```
<!DOCTYPE HTML>
<html>
<head>
<meta http-equiv="Content-Type" content="text/html; charset=utf-8">
<title>综合查询表单</title>
<script language="javascript">
   function chkVal1(){
       document.form1.val1.value="";
   }
   function chkVal2(){
       document.form1.val2.value="";
   }
</script>
</head>
<body>
<form name="form1" method="post" action="comp_query.php">
   <h3>读者借书综合查询
```

```
        </h3>
        <hr color="blue">
        <table width="300" border="1">
          <tr>
            <td width="90"><strong>选项:</strong></td>
            <td><strong>值:</strong></td>
          </tr>
          <tr>
            <td><select name="item1" id="item1">
              <option value="读者编号">读者编号</option>
              <option value="姓名" selected>姓名</option>
              <option value="性别">性别</option>
              <option value="单位">单位</option>
              <option value="会员类别">会员类别</option>
            </select></td>
            <td><input type="text" name="val1" id="val1" onClick="chkVal1()"></td>
          </tr>
          <tr>
            <td><select name="item2" id="item2">
              <option value="图书编号">图书编号</option>
              <option value="图书名称" selected>图书名称</option>
              <option value="作者">作者</option>
              <option value="出版社">出版社</option>
              <option value="类别">类别</option>
              <option value="在架位置">在架位置</option>
            </select></td>
            <td><input type="text" name="val2" id="val2" onClick="chkVal2()"></td>
          </tr>
        </table>
        <p>查找:
          <input type="radio" name="info_type" value="reader" onFocus="chkVal2()">
          读者信息
          <input type="radio" name="info_type" value="book" onFocus="chkVal1()">
          图书信息
          <input type="radio" name="info_type" value="rd_bk" checked>
          借阅信息
        </p>
        <p>
          <input type="submit" name="query" id="query" value="查询">
          <input type="reset" name="reset" id="reset" value="重置">
        </p>
      </form>
      </body>
      </html>
```

说明：

1）chkVal1()、chkVal2()的作用分别是使第一个、第二个文本框的内容清空。

2）“<input type="text" name="val1" id="val1" onClick="chkVal1()">”表示单击第一个文本框时调用 chkVal1()。

3）“<input type="radio" name="info_type" value="reader" onFocus="chkVal2()">”表示读者信息对应的单选按钮获得焦点时调用 chkVal2()。

2．综合查询操作（comp_query.php 文件）

在综合查询表单中，指定条件和查找的信息类型后，单击“查询”按钮，则返回查询结果。查找流程大致是：若没找到满足条件的记录，则提示“无查到相关记录”和超链接“【返回】”，若查到相关记录，则在表格中显示查询结果。例如，按图 6-36 指定姓名为“欧阳一一”、图书名称为“Web 数据库技术及应用”，则单击不同的单选按钮时，查询结果如图 6-37 至图 6-39 所示。综合查询处理文件是 comp_query.php，其网页程序代码如下。

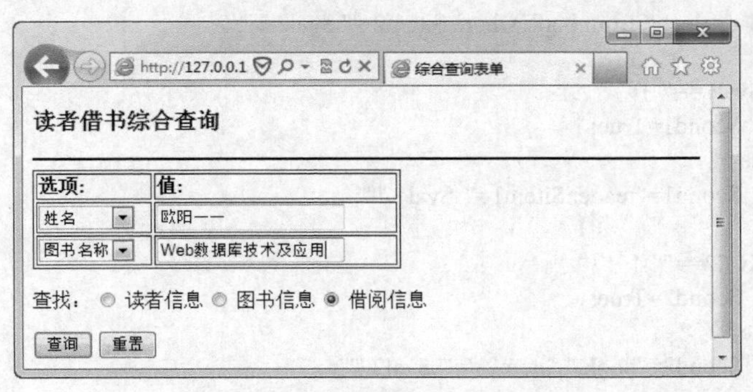

图 6-36　设置综合查询条件

http://127.0.0.1:8080/booklending/comp_query.php　综合查询处理

查询结果【返回】

读者编号	姓名	电话号码	图书编号	图书名称	作者	出版社	在库数	在架位置	借阅日期	归还日期	还书标记
D0002	欧阳一一	13511112222	T0001	Web数据库技术及应用	李国红	清华大学出版社	10	02-A-01-0001	2019-06-18 11:05:00	2019-06-28 16:30:31	1

图 6-37　查借阅信息

http://127.0.0.1:8080/booklending/comp_query.php　综合查询处理

查询结果【返回】

图书编号	图书名称	内容提要	作者	出版社	定价	类别	ISBN	版次	库存数	在库数	在架位置
T0001	Web数据库技术及应用	本书在介绍……	李国红	清华大学出版社	39	计算机	978-7-302-46903-2	2017年7月第2版	20	10	02-A-01-0001

图 6-38　查图书信息

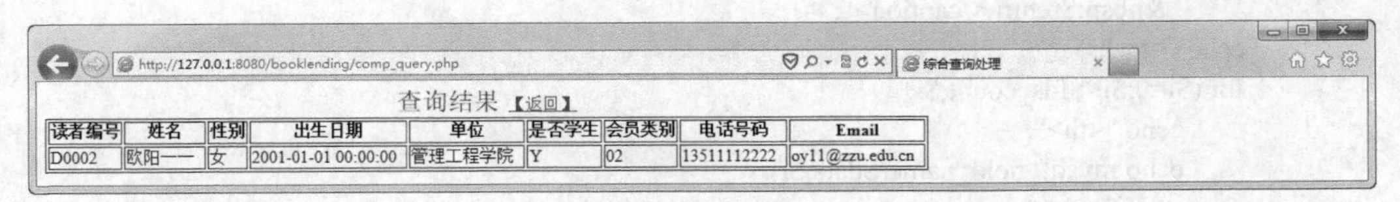
http://127.0.0.1:8080/booklending/comp_query.php　综合查询处理

查询结果【返回】

读者编号	姓名	性别	出生日期	单位	是否学生	会员类别	电话号码	Email
D0002	欧阳一一	女	2001-01-01 00:00:00	管理工程学院	Y	02	13511112222	oy11@zzu.edu.cn

图 6-39　查读者信息

```
<!DOCTYPE HTML>
<html>
<head>
<meta http-equiv="Content-Type" content="text/html; charset=utf-8">
<title>综合查询处理</title>
</head>
<body>
<?php
$item1=$_POST["item1"];$val1=$_POST["val1"];
$item2=$_POST["item2"];$val2=$_POST["val2"];
$return="<a href='javascript:history.back()'>【返回】</a>";
```

```
include "u_function.php";    //调用自定义函数文件
link_server("booklending");   //连接服务器与选择数据库
//构造不同情况下的 SELECT 语句$sql
if ($_POST["info_type"]=="reader"){
    $sql="select  读者编号,姓名,性别,出生日期,单位,是否学生,会员类别,
          电话号码,Email from reader where $item1='".$val1."'";
}else{
    if ($_POST["info_type"]=="book"){
        $sql="select * from book where $item2='".$val2."'";
    }else{
        if ($val1==""){
            $cond1=True;
        }else{
            $cond1="reader.$item1='".$val1."'";
        }
        if ($val2==""){
            $cond2=True;
        }else{
            $cond2="book.".$item2."='".$val2."'";
        }
        $cond=$cond1." and ".$cond2;
    $sql="select borrow.读者编号,姓名,电话号码,borrow.图书编号,
            图书名称,作者,出版社,在库数,在架位置,借阅日期,归还日期,还书标记
            from reader inner join borrow
            on reader.读者编号=borrow.读者编号  inner join book
            on borrow.图书编号=book.图书编号  where $cond";
    }
}
$data=mysql_query($sql);
$rec_count=mysql_num_rows($data);
if ($rec_count>0){
    $fds_count=mysql_num_fields($data);
    echo "<table border='1'>";
    echo "<caption><font size='+2' color='red'>查询结果</font>
           $return</caption>";
    echo "<tr>";
    for ($i=0;$i<$fds_count;$i++){
        echo "<th>";
        echo mysql_field_name($data,$i);
        echo "</th>";
    }
    echo "</tr>";
    while ($rec=mysql_fetch_array($data)){
        echo "<tr>";
        for ($j=0;$j<$fds_count;$j++){
            echo "<td>".$rec[$j]."  </td>";
        }
        echo "</tr>";
    }
    echo "</table>";
}else{
    echo "无查到相关记录。$return";
```

```
}
?>
</body>
</html>
```

说明：

1）实现综合查询功能，重点在于构造和表示出 SELECT 语句。“if ($_POST["info_type"] == "reader"){}”结构的作用是，判断查询的信息类型，构造不同情况下的 SELECT 语句对应的字符串$sql，需要与综合查询表单结合起来理解。

2）当选择表单的借阅信息单选按钮时，需要先构造查询条件，即“$cond=$cond1." and ".$cond2;”，其中，$cond1、$cond2 分别表示表单中指定的上下两个简单条件，用 and 连接成一个复合条件，注意 and 两端各至少有一个空格，当$cond1=True 时，有$cond=$cond2；当$cond2=True 时，有$cond=$cond1。“$cond1="reader.$item1='" . $val1 . "'";”中的 reader 是表名，不能省略，这是因为，如果在第一个下拉列表框选择“读者编号”，则$item1 的值是“读者编号”，而读者编号字段同时出现在 reader 表和 borrow 表中，表示查询条件时需要以“reader.读者编号”或“borrow.读者编号”的形式出现。同理，“$cond2="book." . $item2 . "='" . $val2 . "'";”中的 book 也不能省略。假如第一个条件是“$cond1="reader.姓名='欧阳一一'";”，第二个条件是“$cond2="book.图书名称='Web 数据库技术及应用'";”，则“$cond="reader.姓名='欧阳一一' and book.图书名称='Web 数据库技术及应用'";”。

3）在多个数据表中查询信息时，需要先对相关表进行连接操作，然后再指定查询条件，查询结果在相关字段上进行投影操作即可。

4）“while ($rec=mysql_fetch_array($data)){}”结构的作用是循环输出所查到的各条记录，每条记录占表格的一行。

6.6.4 清理已还书信息

1. 清理记录表单（return_del.html 文件）

borrow 表中已还书的借书记录（还书标记为“1”）保留一定的时间后，经审核批准后可以进行清理。也可以按还书记录管理制度，定期将还书超过一定时间的记录进行删除。为避免借书信息被误删，只有借书记录满足还书标记为“1”，且归还日期不为空时才予以删除。假设清理记录时，需要指定从还书至清理的最短天数，并允许设定附加删除条件，设计清理已还书记录表单如图 6-40 所示。其中，附加删除条件右侧的下拉列表框可选择读者编号、姓名、单位、图书编号、图书名称、类别、出版社和空值，默认为空。该清理记录表单文件名为 return_del.html，网页代码如下。

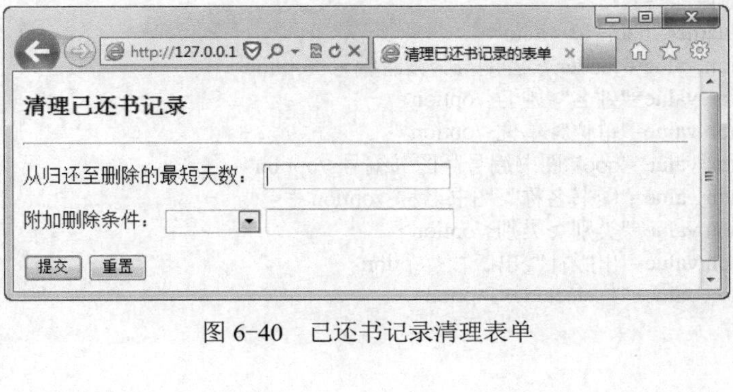

图 6-40 已还书记录清理表单

```
<!DOCTYPE HTML>
<html>
<head>
<meta http-equiv="Content-Type" content="text/html; charset=utf-8">
<title>清理已还书记录的表单</title>
<script language="javascript">
function chk(){
  var min_days=document.getElementById("min_days");
  var obj_item=document.getElementById("item");
  var obj_val=document.getElementById("val");
  var reg=/^\s*$/;
  if (isNaN(min_days.value)||reg.test(min_days.value)){
    alert("请输入正确的最短天数");
    min_days.value="";
    min_days.focus();
    return false;
  }
  if (reg.test(obj_item.value)){
    if (!reg.test(obj_val.value)){
      alert("若指定附加条件，请选择待选项；若不指定附加条件，请将待选项的值清空");
      obj_item.focus();
      return false;
    }
  }else{
    if (reg.test(obj_val.value)){
      alert("若指定附加条件，请指定待选项的值；若不指定附加条件，请将待选项选为空");
      obj_val.focus();
      return false;
    }
  }
  return true;
}
</script>
</head>
<body>
<form name="form1" method="get" action="return_del.php">
  <h3>清理已还书记录</h3>
  <hr>
  <p>从归还至删除的最短天数：
    <input type="text" name="min_days" id="min_days">
  </p>
  <p>附加删除条件：
    <select name="item" id="item">
      <option value="reader.读者编号">读者编号</option>
      <option value="姓名">姓名</option>
      <option value="单位">单位</option>
      <option value="book.图书编号">图书编号</option>
      <option value="图书名称">图书名称</option>
      <option value="类别">类别</option>
      <option value="出版社">出版社</option>
      <option value="" selected></option>
    </select>
```

```
        <input type="text" name="val" id="val"">
      </p>
      <p>
        <input type="submit" value="提交" onClick="return chk()">
        <input type="reset" value="重置">
      </p>
    </form>
    </body>
    </html>
```

说明：单击“提交”按钮时，先触发 onClick 事件，调用 chk()函数。chk()的作用在于检验输入的最短天数（在形式上）是否是数值型数据，是否设置完整附加删除条件，只有最短天数为数值，不设置或完整设置附加删除条件时，才返回 true，执行提交操作，表单数据交 return_del.php 文件处理；否则，进行必要的相关提示和设置，返回 false，表单数据不被提交。

2．清理记录清单（return_del.php 文件）

在图 6-40 所示表单，输入最短天数，设置附加条件（例如“姓名”为“杨八妹”），单击“提交”按钮，数据交由清理记录清单文件 return_del.php 处理。若没有符合条件的记录，则提示“未查到相关记录”和超链接“【返回】”；若有符合条件的记录，则出现图 6-41 所示的待清理已还书记录清单，单击各记录右侧的“删除”超链接，则本条记录被删除；单击“全部清理”超链接，则将显示的待清理记录全部删除。return_del.php 文件的程序代码如下。

http://127.0.0.1:8080/booklending/return_del.php?min_days=　清理已还书记录的清单

待清理还书记录 全部清理

读者编号	姓名	图书编号	图书名称	借阅日期	归还日期	还书标记	清理
D0003	杨八妹	T0001	Web数据库技术及应用	2019-06-05 14:30:46	2019-06-14 08:49:11	1	删除
D0003	杨八妹	T0002	管理信息系统	2019-06-10 11:05:00	2019-06-17 15:21:11	1	删除

返回

图 6-41　待清理已还书记录清单

```
<!DOCTYPE HTML>
<html>
<head>
<meta http-equiv="Content-Type" content="text/html; charset=utf-8">
<title>清理已还书记录的清单</title>
</head>
<body>
<?php
$min_days=$_GET["min_days"];   //从归还至删除的最短天数
$db_name="booklending";   //数据库名
include "u_function.php";    //调用自定义函数文件
link_server($db_name);   //连接服务器与选择数据库
if ($_GET[item]!="" && $_GET[val]!=""){
  $cond="$_GET[item]='".$_GET[val]."'";
}
if ($_GET[item]=="" && $_GET[val]==""){
  $cond=true;
}
$sql="select reader.读者编号,姓名,book.图书编号,图书名称,借阅日期,归还日期,
```

```
        还书标记  from reader,borrow,book where reader.读者编号=borrow.读者编号
        and borrow.图书编号=book.图书编号  and  还书标记='1'
        and  归还日期  is not null and  归还日期!='' and $cond";
    $data=mysql_query($sql);
    $num=0;
    while ($rec=mysql_fetch_array($data)){
      if ((time()-strtotime($rec[归还日期]))/60/60/24>$min_days){
        $num++;
        break;
      }
    }
    if ($num>0){ //若存在允许清理的已还书记录
      $fds_count=mysql_num_fields($data);
      echo "<table border='1' align='center'>";
      echo "<caption><font size='+2' color='red'>待清理还书记录</font>
            <a href='return_del_pro2.php?min_days=".$min_days.
               "&item=".$_GET[item]."&val=".$_GET[val]."'>全部清理</a></caption>";
      echo "<tr>";
      for ($i=0;$i<$fds_count;$i++){
        echo "<th>";
        echo mysql_field_name($data,$i);
        echo "</th>";
      }
      echo "<th>清理</th>";
      echo "</tr>";
      mysql_data_seek($data,0);   //记录指针移至第一条记录位置
      while ($rec=mysql_fetch_array($data)){
        if ((time()-strtotime($rec[归还日期]))/60/60/24>$min_days){
          echo "<tr>";
          for ($j=0;$j<$fds_count;$j++){
              echo "<td>".$rec[$j]."  </td>";
          }
          echo "<td><a href='return_del_pro1.php?min_days=".$min_days.
                    "&r_no=".$rec[读者编号]."&b_no=".$rec[图书编号].
                    "&br_date=".$rec[借阅日期]."&rt_date=".$rec[归还日期].
                    "&mark=1&item=".$_GET[item]."&val=".$_GET[val]."'>删除</a></td>";
          echo "</tr>";
        }
      }
      echo "</table>";
      echo "<p align='center'><a href='return_del.html'>返回</a></p>";
    }else{
      echo "未查到相关记录。<a href='return_del.html'>返回</a> ";
    }
    ?>
    </body>
    </html>
```

说明：

1）附加删除条件用$cond 表示，$sql 表示在 reader、borrow 和 book 三个表中查询满足附加删除条件的相关信息（注意删除操作仅在 borrow 表中进行）；为安全起见，查询时要求还书标

记为“1”（已还书），归还日期的值不为 null 且不为空字符串，还应满足$cond 表示的条件（见$sql）。

2）第一个“while ($rec=mysql_fetch_array($data)){}”结构用来确定查询结果中，有没有从归还日期到现在的天数大于最短天数的记录，一旦找到，便即刻退出该循环结构。strtotime()函数将某个日期数据转换为时间戳，(time()-strtotime($rec[归还日期]))/60/60/24 计算出从归还日期到现在的天数。

3）“echo "<caption><font size='+2' color='red'>待清理还书记录</font> <a href = 'return_del_pro2.php?min_days=".$min_days."&item=".$_GET[item]."&val=".$_GET[val]."'>全部清理</a></caption>";”表示将“待清理还书记录”和超链接“全部清理”作为表格的标题；单击“全部清理”超链接，可转向 return_del_pro2.php 进行处理，并以 GET 方式传递（从还书到删除的）最短天数、（表示附加删除条件的）下拉列表框和文本框的值，以便在 return_del_pro2.php 文件中为执行批量删除操作提供条件。

4）由于在第一个“while (){}”结构中查询从归还日期到现在的天数大于最短天数的记录，隐含地移动了记录指针，所以在第二个“while(){}”显示待删除记录清单之前，需要用“mysql_data_seek($data,0);”将记录指针移到第一条记录位置，以便从第一条待删除的记录开始显示清单。

5）“echo "<td><a href='return_del_pro1.php?min_days=".$min_days."&r_no=".$rec[读者编号]."&b_no=". $rec[图书编号]. "&br_date=".$rec[借阅日期]."&rt_date=".$rec[归还日期]. "&mark=1&item=". $_GET[item]."&val=".$_GET[val]."'>删除</a></td>";”表示在表格的单元格输出超链接“删除”，以 GET 方式将读者编号、图书编号、借阅日期、归还日期、还书标记的值传递给 return_del_pro1.php 文件，以便在 borrow 表中将该记录删除，同时将（从还书到删除的）最短天数、（表示附加删除条件的）下拉列表框和文本框的值传递给 return_del_pro1.php 文件，以便删除记录后再返回本页面（return_del.php 文件）时能传递和接收这些数据。

3．清理一条记录（return_del_pro1.php 文件）

在待清理已还书记录清单（图 6-41）中，单击某记录（例如第一行记录）右侧的“删除”超链接，转向 return_del_pro1.php 文件进行处理，即可从 borrow 表中删除本行记录对应的已还书记录，并提示“成功删除一条记录”和超链接“返回”，单击该“返回”超链接可转至待清理记录清单页面（图 6-42）。清理一条已还书记录的文件 return_del_pro1.php 的代码如下。

图 6-42　待清理已还书记录清单（删除一条记录后）

```
<!DOCTYPE HTML>
<html>
<head>
<meta http-equiv="Content-Type" content="text/html; charset=utf-8">
<title>逐条清理记录</title>
</head>
```

```
<body>
<?php
//处理来自 return_del.php 的数据，对应于各条记录的“删除”超链接
//数据包括$_GET["min_days"]、$_GET[r_no]、$_GET[b_no]、$_GET[br_date]、
//$_GET[rt_date]、$_GET[mark]、$_GET[item]、$_GET[val]
$min_days=$_GET["min_days"];
$db_name="booklending";  //数据库名
include "u_function.php";   //调用自定义函数文件
link_server($db_name);  //连接服务器与选择数据库
$cmd="delete from borrow where 读者编号='".$_GET[r_no].
    "' and 图书编号='".$_GET[b_no]."' and 借阅日期='".$_GET[br_date].
    "' and 归还日期 is not null and 归还日期!='' and 归还日期='".$_GET[rt_date].
    "' and 还书标记='".$_GET[mark]."'";
mysql_query($cmd) or die("删除遇到问题。".mysql_error());
echo "成功删除一条记录<br>";
echo "<a href='return_del.php?min_days=".$min_days.
    "&item=".$_GET[item]."&val=".$_GET[val]."'>返回</a>";
?>
</body>
</html>
```

说明：

1）$cmd 表示删除语句（对应的字符串），用于在 borrow 表中删除满足条件的记录。删除条件是 borrow 表中各字段值，与接收到的待删除记录各字段的值相等，且要求归还日期不为 null，也不为空字符串（这也是查询待删除已还书记录清单时的要求）。

2）“echo "<a href='return_del.php?min_days=".$min_days."&item=".$_GET[item]."&val=".$_GET[val]. "'>返回</a>";”是输出超链接“返回”，用于转到清理记录清单对应的文件 return_del.php 进行处理，并传递该文件需要接收和处理的数据。

4．批量清理记录（return_del_pro2.php 文件）

批量清理记录，是在待清理已还书记录清单（图 6-41 或图 6-42）中，单击“全部清理”超链接，一次性全部清理所列出的待删除记录。批量清理已还书记录由 return_del_pro2.php 文件进行处理，接收的数据来自清理已还书记录清单（return_del.php 文件）的超链接“全部清理”，与清理记录表单（图 6-40）提供的数据一致。批量清理已还书记录对应的文件 return_del_pro2.php 的代码如下。

```
<!DOCTYPE HTML>
<html>
<head>
<meta http-equiv="Content-Type" content="text/html; charset=utf-8">
<title>批量清理记录的处理</title>
</head>
<body>
<?php
//处理来自 return_del.php 的数据，对应于“全部清理”超链接
//数据包括$_GET["min_days"]、$_GET[item]、$_GET[val]
$min_days=$_GET["min_days"];
$db_name="booklending";  //数据库名
include "u_function.php";   //调用自定义函数文件
link_server($db_name);  //连接服务器与选择数据库
```

```
if ($_GET[item]!="" && $_GET[val]!=""){
   $cond="$_GET[item]='".$_GET[val]."'";
}
if ($_GET[item]=="" && $_GET[val]==""){
   $cond=true;
}
$sql="select reader.读者编号,姓名,book.图书编号,图书名称,借阅日期,归还日期,
      还书标记 from reader,borrow,book where reader.读者编号=borrow.读者编号
      and borrow.图书编号=book.图书编号 and 还书标记='1'
      and 归还日期 is not null and 归还日期!='' and $cond";
$data=mysql_query($sql);
while ($rec=mysql_fetch_array($data)){
   if ((time()-strtotime($rec[归还日期]))/60/60/24>$min_days){
      $cmd="delete from borrow where 读者编号='".$rec[读者编号].
            "' and 图书编号='".$rec[图书编号]."' and 借阅日期='".$rec[借阅日期].
            "' and 归还日期 is not null and 归还日期!='' and 归还日期='".
            $rec[归还日期]."' and 还书标记='".$rec[还书标记]."'";
      mysql_query($cmd) or die("清理遇到问题。".mysql_error());
   }
}
echo "<p>清理完毕。<a href='return_del.html'>【返回】</a></p>";
?>
</body>
</html>
```

说明："while(){}"结构用于将满足附加删除条件的记录，自还书至删除的时间大于（指定的）最短天数的记录进行逐条清理。$cmd 表示删除语句（字符串），用于在 borrow 表中删除记录，删除条件与满足附加删除条件，且还书后超过（指定的）最短天数的记录相对应，且满足归还日期不为 null，也不为空字符串。

6.7 留言管理

6.7.1 用户发布、浏览与删除留言

1．普通读者留言管理页面（r_note.php 文件）

普通读者可以向管理员留言，可以浏览和删除自己的留言信息。普通用户（假设在 reader 表中会员类别为 02）登录读者借阅系统后，菜单如图 6-6 所示。单击“留言”超链接，在新开浏览器窗口显示留言管理页面，如图 6-43 所示。页面最上面滚动显示当天的日期，在“读者留言”区显示读者的姓名、单位等相关信息，然后在表格中显示以往留言，并提供“浏览”和“删除”超链接供执行相关操作（若以往未发表留言，则以醒目的颜色提示“您以往未发表留言”）；之后是留言输入区域（即留言表单），可以输入本次留言的标题、选择留言状态（选中复选框表示“保密”，不选择复选框表示“公开”）、输入留言内容，最后单击“提交留言”按钮完成留言操作，可看到表格中增加了一行刚提交的留言。提交留言时，留言标题和留言内容不应为空，因此可以在表单数据提交时先对这两项数据进行检验，数据正确时才真正提交。根据 login.html、login_check.php、u_function.php、menu_data.php 文件可知，单击“留言”超链接将链接到 r_note.php 文件对应的读者留言管理页面。r_note.php 文件的网页代码如下。

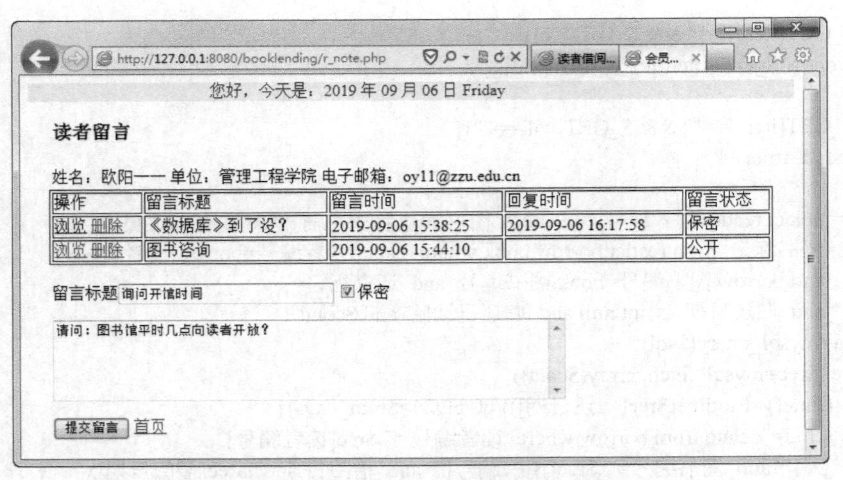

图 6-43 普通读者留言管理页面

```
<!DOCTYPE HTML>
<?
session_start();
if (!isset($_SESSION["u_id"])){
    die ("账号提取错误！ <a href='#'>返回主页</a>");
}
?>
<html>
<head>
<meta http-equiv="Content-Type" content="text/html; charset=utf-8">
<title>会员留言</title>
<script type="text/javascript">
function check_note(){
    if (form1.note_title.value==""){
        alert("请写留言标题!");
        document.form1.note_title.focus();
        return false;
    }
    if (form1.note_detail.value==""){
        alert("请写留言内容!");
        document.form1.note_detail.focus();
        return false;
    }
    return true;
}
</script>
</head>
<body>
<?
$page_top_note="您好，今天是：".date("Y 年 m 月 d 日 l");
echo "<marquee style='color:red;background:yellow;' direction='right'>
      $page_top_note</marquee>";
echo "<table width='710' align='center'><tr><td>
      <h3>读者留言</h3></td></tr></table>";
include "u_function.php";
```

```
link_server("booklending");
$cmd="select * from reader where 读者编号='".$_SESSION["u_id"]."'";
$data=mysql_query($cmd);
$rec=mysql_fetch_array($data);
echo "<table width='710' align='center'><tr>
        <td>姓名：$rec[姓名]   单位：$rec[单位]  电子邮箱：$rec[Email]</td>
        </tr></table>";
//以往留言
$cmd="select * from note where 留言人读者编号='".$_SESSION["u_id"].
        "' order by 留言时间";
$data=mysql_query($cmd) or die("MySQL 语句不正确。".mysql_error());
$rec_count=mysql_num_rows($data);
if ($rec_count!=0){
?>
    <table border="1" width="710" align="center">
    <tr><td>操作</td><td>留言标题</td><td>留言时间</td>
        <td>回复时间</td><td>留言状态</td></tr>
    <? //以往留言
    while ($rec=mysql_fetch_array($data)){
        echo "<tr>";
        echo "<td>";
        echo "<a href='r_note_operator.php?operator=1&title=".$rec["留言标题"].
            "&u_id=".$_SESSION["u_id"]."&u_time=".$rec["留言时间"].
            "'>浏览</a> ";
        echo "<a href='r_note_operator.php?operator=2&title=".$rec["留言标题"].
            "&u_id=".$_SESSION["u_id"]."&u_time=".$rec["留言时间"]."'>删除</a>";
        echo "</td>";
        echo "<td>".$rec[留言标题]."</td>";
        echo "<td>".$rec[留言时间]."</td>";
        if ($rec[回复时间]>"0000-00-00 00:00:00"){
            echo "<td>".$rec[回复时间]." </td>";
        }else{
            echo "<td> </td>";
        }
        echo "<td>".$rec[留言状态]."</td>";
        echo "</tr>";
    }
    ?>
    </table>
 <?
 }else{
    echo "<table align='center' width='710'><tr>
          <td><font color='red'>您以往未发表留言</font></td></tr></table>";
 }
    ?>
 <form method="post" action="<?echo $_SELF_PHP?>" name="form1" onSubmit="return check_note()">
    <table width="710" align="center">
    <tr><td>
    <p>
    留言标题<input type="text" size="30" name="note_title" maxlength="30">
    <input type="checkbox" name="note_state" checked="checked">保密
```

```
        </p>
        <p><textarea name="note_detail" rows="5" cols="60"></textarea></p>
        <p>
        <input type="submit" name="operator" value="提交留言">
        <a href="#">首页</a>
        </p>
        </td></tr>
        </table>
    </form>
    <?
    if ($_POST[operator]=="提交留言"){
        if (!empty($_POST["note_state"])){
            $note_state="保密";
        }else{
            $note_state="公开";
        }
        $cmd="insert into note(留言人读者编号,留言标题,留言内容,留言时间,留言状态)
            values('".$_SESSION["u_id"]."','".$_POST["note_title"]."','".
            $_POST["note_detail"]."','".date("Y-m-d H:i:s")."','".$note_state."')";
        mysql_query($cmd) or die("无法增加留言。".mysql_error());
        echo '<meta http-equiv="refresh" content="0;url=r_note.php">';
    }
    ?>
    </body>
    </html>
```

说明：

1）"session_start();" 用于启用会话管理，"$_SESSION["u_id"]" 用于取回账号的值（这里表示 reader 表中读者编号字段的值），参见 login_check.php 文件。普通用户登录系统后，单击图 6-6 所示"留言"超链接转至普通读者留言管理界面。"if (!isset($_SESSION["u_id"])) {}" 结构用于判断此会话变量是否未被设置，此处表示若未被设置则终止程序执行。

2）<marguee>标记的内容以滚动方式显示，其 style 属性描述文字颜色和背景颜色，direction 属性指定滚动方向。

3）代码中有若干处使用类似"echo "<table width='710' align='center'><tr><td><h3>读者留言</h3></td></tr> </table>";"的形式，使表格的宽度统一为一个确定的值（710），同时使表格居中，这样就可以使留言界面的内容整体上在屏幕中间（水平居中），各行内容看上去也都是左侧对齐。

4）"<form method="post" action="<?echo $_SELF_PHP?>" name="form1" onSubmit= "return check_note()">" 表示表单提交时先调用 check_note()函数，当留言标题和留言内容均不为空时，表单数据交该文件本身处理。

5）当单击"提交留言"按钮，且留言标题、留言内容均不为空时，就会将表单提供的数据插入 note 表（即留言数据表），并刷新本页面。"if ($_POST[operator]=="提交留言"){}" 结构就用于完成留言数据的插入和页面的刷新。其中，$cmd 是插入语句，留言时间是执行插入操作时的系统时间。这里插入和刷新操作的条件不能省略，否则会循环插入本条留言和不断刷新本页面。

6）浏览或删除留言职能均由 r_note_operator.php 文件完成，需传递的数据包括操作类型（浏览为"1"、删除为"2"）、留言标题、留言人读者编号（即登录账号）、留言时间，这些参数值在 note 表中对应于特定的记录，从而可以根据操作类型的值执行相应的操作。

2．查看与删除留言（r_note_operator.php 文件）

在普通读者留言管理页面（图 6-43），单击读者留言区某一行的“浏览”超链接，可将其详细留言信息及回复情况以只读方式显示出来供查看（如图 6-44）；单击“删除”超链接可将该行对应的留言信息删除掉。查看与删除留言功能由文件 r_note_operator.php 完成，$_GET ["operator"]的值为“1”时执行浏览操作，为“2”时执行删除操作，其完整的 PHP 代码如下。

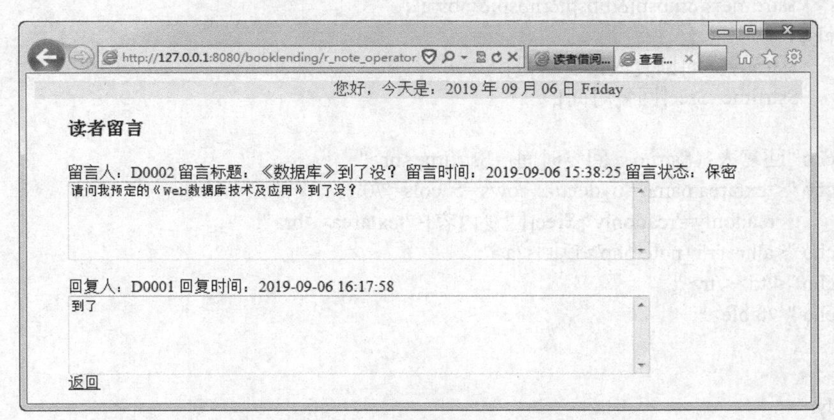

图 6-44　查看留言信息及回复

```
<!DOCTYPE HTML>
<html>
<head>
<meta http-equiv="Content-Type" content="text/html; charset=utf-8">
<title>查看与删除留言</title>
</head>
<body>
<?php
include "u_function.php";
link_server("booklending");
$operator=$_GET["operator"];
if ($operator=="2"){    //删除
    $cmd="delete from note where 留言人读者编号='".$_GET["u_id"].
         "' and 留言标题='".$_GET["title"]."' and 留言时间='".$_GET["u_time"]."'";
    mysql_query($cmd) or die("删除失败。".mysql_error());
    echo "<meta http-equiv='refresh' content='0;url=r_note.php'>";
}
if ($operator=="1"){    //浏览
    $page_top_note="您好，今天是：".date("Y 年 m 月 d 日 l");
    echo "<marquee style='color:red;background:yellow;'>
         $page_top_note</marquee>";
    echo "<table width='710' align='center'><tr>
         <td><h3>读者留言</h3></td></tr></table>";
    $cmd="select * from note where 留言人读者编号='".$_GET["u_id"].
         "' and 留言标题='".$_GET["title"]."' and 留言时间='".
         $_GET["u_time"]."'";
    $data=mysql_query($cmd);
    $rec=mysql_fetch_array($data);
    echo "<table align='center' width='710'>";
    echo "<tr><td>";
```

```
    echo "留言人：$rec[留言人读者编号]  留言标题：$_GET[title]
        留言时间：$_GET[u_time]    留言状态：$rec[留言状态]<br>";
    echo "<textarea name='u_detail' rows='5' cols='70'
            readonly='readonly'>$rec[留言内容]</textarea><br><br>";
    if (strlen($rec[回复人读者编号])==0){
        $strno="    ";
        $strtime="    ";
    }else{
        $strno=$rec[回复人读者编号];
        $strtime=$rec[回复时间];
    }
    echo "回复人：$strno    回复时间：$strtime<br>";
    echo "<textarea name='u_detail2' rows='5' cols='70'
            readonly='readonly'>$rec[回复内容]</textarea><br>";
    echo "<a href='r_note.php'>返回</a>";
    echo "</td></tr>";
    echo "</table>";
}
?>
</body>
</html>
```

说明：浏览时，留言内容和回复内容只需在多行文本框以只读方式显示，其他字段信息也只是显示在相关位置处，不允许修改。如果还未回复留言，则回复人、回复时间、回复内容均显示为空。浏览操作完成后，可单击“返回”超链接转到 r_note.php 文件。

6.7.2 管理员浏览、回复与删除留言

1．留言管理页面（s_note.php 文件）

系统管理员（会员类别为“01”）登录系统后，菜单如图 6-5 所示。单击“留言”超链接，在新开的窗口打开留言管理页面，如图 6-45 所示。其中，“管理留言”区域显示了管理员的信息和全部留言信息，允许管理员回复留言、浏览已回复的留言、删除留言。根据 login.html、login_check.php、u_function.php、menu_data.php 文件可知，单击“留言”超链接，最终链接到 s_note.php 文件对应的留言管理页面。s_note.php 文件的网页代码如下。

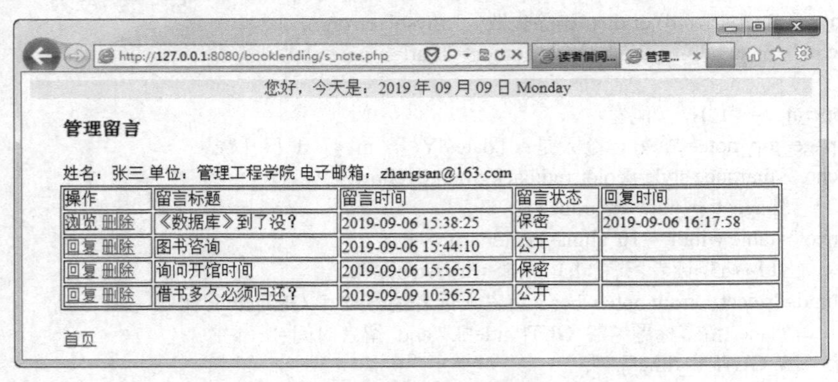

图 6-45　系统管理员留言管理页面

```
<!DOCTYPE HTML>
<?php
```

```
session_start();
if (!isset($_SESSION["u_id"])){
    die ("账号提取错误！ <a href='#'>返回主页</a>");
}
?>
<html>
<head>
<meta http-equiv="Content-Type" content="text/html; charset=utf-8">
<title>管理留言</title>
</head>
<body>
<?
$page_top_note="您好，今天是：".date("Y 年 m 月 d 日 l");
echo "<marquee style='color:red;background:yellow;' direction='right'>
        $page_top_note</marquee>";
echo "<table width='710' align='center'><tr><td>
        <h3>管理留言</h3></td></tr></table>";
include "u_function.php";
link_server("booklending");
$cmd="select * from reader where 读者编号='".$_SESSION["u_id"]."'";
$data=mysql_query($cmd) or die("操作失败！");
$rec=mysql_fetch_array($data);
echo "<table width='710' align='center'><tr>
      <td>姓名：$rec[姓名]  单位：$rec[单位] 电子邮箱：$rec[Email]</td>
      </tr></table>";
//以往留言
$cmd="select * from note order by 留言时间";
$data=mysql_query($cmd) or die("MySQL 语句不正确。".mysql_error());
$rec_count=mysql_num_rows($data);
if ($rec_count!=0){
?>
    <table border="1" width="710" align="center">
    <tr><td>操作</td><td>留言标题</td><td>留言时间</td>
        <td>留言状态</td><td>回复时间</td></tr>
    <? //以往留言
    while ($rec=mysql_fetch_array($data)){
        echo "<tr>";
        echo "<td>";
        if ($rec[回复时间]>"0000-00-00 00:00:00"){
            echo "<a href='s_note_operator.php?operator=1&title=".
                $rec["留言标题"]."&u_id=".$rec["留言人读者编号"].
                "&u_time=".$rec["留言时间"]."'>浏览</a> ";
        }else{
            echo "<a href='s_note_operator.php?operator=0&title=".
                $rec["留言标题"]."&u_id=".$rec["留言人读者编号"].
                "&u_time=".$rec["留言时间"]."'>回复</a> ";
        }
        echo "<a href='s_note_operator.php?operator=2&title=".
            $rec["留言标题"]."&u_id=".$rec["留言人读者编号"].
            "&u_time=".$rec["留言时间"]."'>删除</a>";
        echo "</td>";
        echo "<td>".$rec[留言标题]."</td>";
```

```
            echo "<td>".$rec[留言时间]."</td>";
            echo "<td>".$rec[留言状态]."</td>";
            if ($rec[回复时间]>"0000-00-00 00:00:00"){
                echo "<td>".$rec[回复时间]." </td>";
            }else{
                echo "<td> </td>";
            }
            echo "</tr>";
        }
        ?>
        </table>
    <?
    }else{
        echo "<table align='center' width='710'><tr>
             <td><font color='red'>不存在以往留言</font></td></tr></table>";
    }
    ?>
    <br>
    <table width='710' align='center'><tr>
    <td><a href="#">首页</a></td></tr></table>
    </body>
    </html>
```

说明：

1）对已回复的留言，对应有超链接“浏览”“删除”，对未回复的留言，对应有超链接“回复”“删除”，分别用于执行相应的操作。

2）“if ($rec[回复时间]>"0000-00-00 00:00:00"){}”结构表示如果已回复留言，则显示“浏览”超链接；否则显示“回复”超链接。这些超链接均链接到 s_note_operator.php 文件，并以 GET 方式传递操作类型、留言标题、留言人读者编号（即登录账号）、留言时间等数据。

2．浏览、回复与删除留言（s_note_operator.php 文件）

在系统管理员留言管理页面（图 6-45），单击“浏览”超链接，可查看留言及回复情况（图 6-46）；单击“回复”超链接，可回复留言（图 6-47），要求提交回复时回复内容不能为空；单击“删除”超链接，直接删除所在行的留言记录。实现该功能的 s_note_operator.php 文件的网页代码如下。

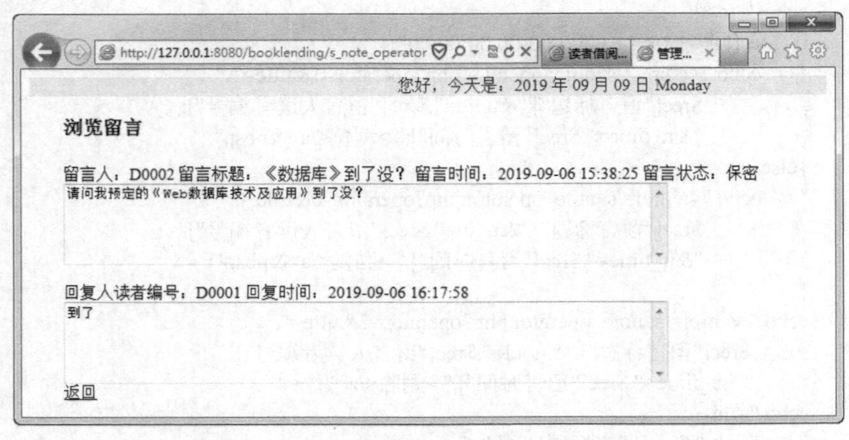

图 6-46　浏览留言及回复

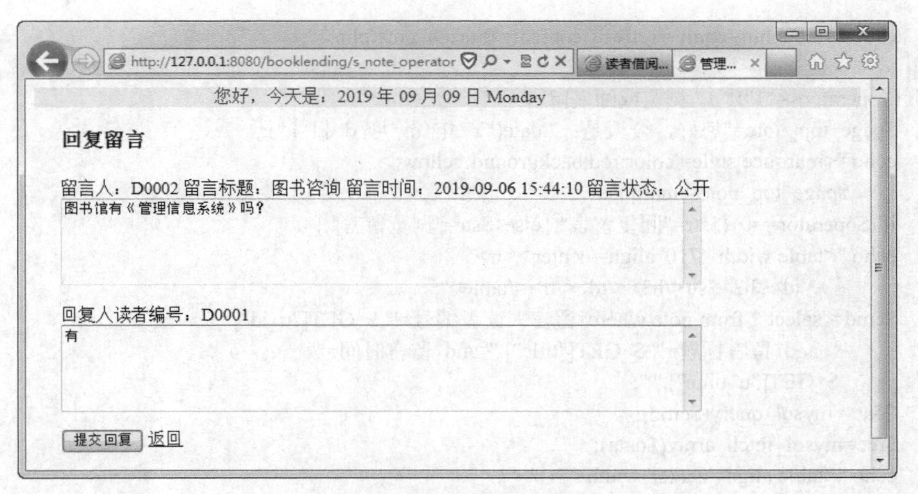

图 6-47　回复留言

```
<!DOCTYPE HTML>
<?php
session_start();
if (!isset($_SESSION["u_id"])){
    die ("账号提取错误！ <a href='#'>返回主页</a>");
}
?>
<html>
<head>
<meta http-equiv="Content-Type" content="text/html; charset=utf-8">
<title>管理留言</title>
<script language="javascript">
  function chk(){
      var reg=/^\s*$/;
      var u_detail=document.getElementById("u_detail");
      if (reg.test(u_detail.value)){
          alert("回复内容不能为空");
          u_detail.value="";
          u_detail.focus();
          return false;
      }
  }
</script>
</head>
<body>
<?php
include "u_function.php";
link_server("booklending");
$operator=$_GET["operator"];
if ($operator=="2"){   //删除留言
  $cmd="delete from note where 留言人读者编号='".$_GET["u_id"].
        "' and 留言标题='".$_GET["title"]."' and 留言时间='".
        $_GET["u_time"]."'";
  mysql_query($cmd) or die("删除失败。".mysql_error());
```

```
    echo "<meta http-equiv='refresh' content='0;url=s_note.php'>";
  }
  if ($operator<="1"){   //浏览或回复留言
    $page_top_note="您好，今天是：".date("Y 年 m 月 d 日 l");
    echo "<marquee style='color:red;background:yellow;'>
         $page_top_note</marquee>";
    if ($operator==0){$str="回复留言";}else{$str="浏览留言";}
    echo "<table width='710' align='center'><tr>
            <td><h3>$str</h3></td></tr></table>";
    $cmd="select * from note where 留言人读者编号='".$_GET["u_id"].
          "' and 留言标题='".$_GET["title"]."' and 留言时间='".
          $_GET["u_time"]."'";
    $data=mysql_query($cmd);
    $rec=mysql_fetch_array($data);
    echo "<table align='center' width='710'>";
    echo "<tr><td>";
    echo "留言人：$rec[留言人读者编号] 留言标题：$_GET[title]
          留言时间：$_GET[u_time]   留言状态：$rec[留言状态]<br>";
    echo "<textarea name='u_detail1' rows='5' cols='70'
          readonly='readonly'>$rec[留言内容]</textarea><br><br>";
    if ($operator=="0"){ //回复
  ?>
      <form method="post" action="s_note_operator_update.php"
      onSubmit="return chk()">
        回复人读者编号：<?echo $_SESSION["u_id"];?>
        <input name="r_no" type="hidden" value="<?echo $rec[留言人读者编号];?>">
        <input name="r_title" type="hidden" value="<?echo $rec[留言标题];?>">
        <input name="r_time" type="hidden" value="<?echo $rec[留言时间];?>">
        <textarea name='u_detail' rows='5' cols='70' id="u_detail"></textarea><br>
        <p>
        <input name="submit" type="submit" value="提交回复">
        <a href="s_note.php">返回</a>
        </p>
      </form>
  <?
    }else{   //浏览
      echo "回复人读者编号：$rec[回复人读者编号]   回复时间：$rec[回复时间]<br>";
      echo "<textarea name='u_detail' rows='5' cols='70'
              readonly='readonly'>$rec[回复内容]</textarea><br>";
      echo "<a href='s_note.php'>返回</a>";
    }
    echo "</td></tr>";
    echo "</table>";
  }
  ?>
  </body>
  </html>
```

说明：

1）当$_GET["operator"]的值为“0”时，执行回复留言操作。“<form method="post" action=

"s_note_operator_update.php" onSubmit="return chk()">"表示回复留言的表单，注意除回复内容可编辑外，其余数据都是不可编辑的。

2）表单中<input>标记 type 属性值为"hidden"的控件表示隐藏文本框，分别用于传递留言人读者编号、留言标题、留言时间的值，在回复留言时用于确定待更新的记录。

3．更新回复留言（s_note_operator_update.php 文件）

更新回复留言就是将回复内容、回复时间和回复人的信息，写入待回复的留言记录的相关字段。在回复留言页面（图 6-47），输入回复内容，单击"提交回复"按钮，回复内容、留言人读者编号、留言标题、留言时间等各项数据将交由 s_note_operator_update.php 文件处理，以有关回复的内容更新待回复的记录，其中，回复人读者编号取本次登录系统时输入的账号（读者编号），回复时间取更新记录时的系统时间。实现此功能的 s_note_operator_update.php 文件的代码如下。

```
<!DOCTYPE HTML>
<?php
session_start();
if (!isset($_SESSION["u_id"])){
    die ("账号提取错误！ <a href='#'>返回主页</a>");
}
?>
<html>
<head>
<meta http-equiv="Content-Type" content="text/html; charset=utf-8">
<title>回复留言</title>
</head>
<body>
<?
include "u_function.php";
link_server("booklending");
$cmd="update note set 回复人读者编号='".$_SESSION["u_id"]."',回复内容='".
    $_POST[u_detail]."',回复时间='".date("Y-m-d H:i:s").
    "' where 留言人读者编号='".$_POST[r_no]."' and 留言标题='".
    $_POST[r_title]."' and 留言时间='".$_POST[r_time]."'";
mysql_query($cmd) or die("系统出错，回复失败。<a href='#'>返回主页</a>");
?>
<meta http-equiv="refresh" content="0;url=s_note.php">
</body>
</html>
```

说明：$cmd 表示更新记录字符串，用于更新 note 表中待回复记录的回复人读者编号、回复内容、回复时间字段的值。其中，where 子句表示的条件对应于待回复的记录，$_SESSION["u_id"]对应于回复人读者编号（即该管理员登录系统时的账号），date("Y-m-d H:i:s")对应于回复时间。

思考题

1．参照 1.1.3 节"关系数据库"的阐述，结合实际，分析学生选课系统的概念结构和逻辑结构，设计学生选课系统的 E-R 模型和关系模型。

2．PHP 文件可以调用包含在自定义函数文件中的自定义函数（或过程），自定义函数一般描述了一些常用的过程或公用代码。例如 PHP 访问 MySQL 数据库时，经常执行连接服务器、连接数据库、选择字符集等操作，这些操作的代码可以自定义为一个表示连接数据库的函数，包含在一个自定义函数文件中，在需要的时候进行调用即可。请以自定义连接数据库函数为例，说明在自定义函数文件（u_function.php）中自定义函数、在某个 PHP 文件中调用自定义函数文件中的函数的方法，并写出连接数据库函数的代码。

3．上机操作：假设学生选课数据库（xsxk）中包含学生表（xuesheng）、课程表（kecheng）、选课表（xuanke）、留言表（liuyan）、管理员表（guanliyuan），各表的结构如表 2-2 至表 2-6 所示（见第 2 章思考题第 10 题）。请利用 PHP 设计学生选课数据库系统，实现下述功能。

（1）学生信息管理

①设计学生信息注册表单，实现学生信息录入功能，注意学号不能重复；②实现学生信息的浏览功能，以表格居中显示浏览结果；③合理设计页面，实现学生信息的分页显示功能；④设计学生信息查询表单，实现能按学号、姓名、性别、院系、班号进行查询功能；⑤设计用于修改学生信息的查询界面，实现能按学号、姓名、性别、院系、班号包含某个字符串（值）进行查询与修改功能；⑥设计学生信息删除页面，实现能按学号、姓名、性别、院系、班号进行查询与删除功能，假设删除学生信息时，该学生的选课信息一同被删除。

（2）课程信息管理

①设计课程信息登记表单，实现课程信息录入功能，注意课程号不能重复；②合理设计页面，实现课程信息的浏览功能；③合理设计页面，实现课程信息的分页显示功能；④设计课程信息查询表单，实现按课程号、课程名、学分、学期进行查询的功能；⑤设计用于修改课程信息的查询页面，实现能按课程号、课程名包含某个字符串（值）进行查询与修改功能；⑥设计课程信息注销页面，实现能按课程号、课程名进行查询与删除功能，注意有学生选修的课程不能被注销。

（3）选课信息管理

①设计学生选课表单，实现学生选课功能，注意只能是已注册的学生选择已登记过的课程；②设计一个学生成绩录入表单（界面），实现按学号和课程号录入学生成绩的功能；③设计学生成绩录入表单（界面），实现按班级录入某门课程成绩的功能（提示：需提供院系、班号、课程号，在 xuesheng 表、xuanke 表、kecheng 表中查找指定院系、班号的学生选修了指定课程号的相关信息，按行以学号升序显示出指定班级每个学生的学号、姓名、对应的成绩输入文本框，单击“提交”按钮完成班级成绩录入功能）；④设计表单，实现查询指定院系、指定班级的成绩不及格的学生和课程信息（学号、姓名、课程号、课程名、成绩等）的功能；⑤设计用于修改指定学生某门课程成绩的表单，实现成绩修改功能；⑥设计表单，实现统计某个指定院系、指定班级的每个学生各门课程平均成绩的功能。

（4）留言管理

①设计普通学生留言管理页面，实现查看本人留言及回复情况、删除本人留言、查看公开留言（即留言状态为“公开”的留言）及回复情况的功能；②设计管理员留言管理页面，实现查看、回复、删除所有学生留言的功能。

（5）管理员信息管理

①设计一个管理员注册表单，实现管理员账号和密码信息的录入功能，注意账号不能重复；②设计一个管理员密码修改表单，实现管理员密码的修改功能。

（6）菜单设计与系统登录

①请按照 3.1.3 节“HTML 应用菜单设计”所述方法，分别设计适用于管理员和普通学生使用的信息管理菜单，使得单击某个菜单项时，可转向执行相应的功能；②设计一个系统登录表单，使得管理员和学生（以姓名作为账号、学号作为密码）都能够登录到各自的信息管理菜单，完成权限内的各种操作。

第7章　ASP+MySQL应用实践：通讯录系统设计与实现

本章以通讯录系统的设计与实现为例，详细论述基于ASP+MySQL的Web数据库应用系统的开发与管理技术。首先，阐述通讯录系统所涉及的数据库与数据表、文件存储路径、数据存储规则和系统功能结构；其次，分析和论述通讯录系统各功能模块的Web编程与功能实现，以ASP+MySQL实现增加、浏览、分页显示、查询、修改与删除联系人信息的功能，以及通讯录信息管理导航、修改用户密码和用户类别、系统登录等必备的功能。

本章的重点是，掌握基于ASP+MySQL的Web数据库应用系统的开发与管理技术，学会针对特定应用设计出合理的数据模型与系统功能结构，能基于ASP+MySQL完成一个简单、实用的Web数据库应用系统的开发设计。

7.1　通讯录系统概述

1．通讯录数据库与数据表

通讯录系统相对比较简单，主要实现通讯录成员的信息管理和用户密码的管理，相关的数据和信息存储在通讯录数据库的通讯录数据表和密码表中。

按照2.2.3小节“MySQL客户端命令格式与应用”或5.3节“ASP操作MySQL数据库编程实例”所述方法建立通讯录数据库（tongxunlu），在数据库中建立通讯录数据表（txl），假设表中包括编号、姓名、性别、职务、职称、联系地址、邮政编码、手机号、办公电话等字段，txl表的结构如图2-9所示。在MySQL命令行客户端建立此表的命令如下：

```
create table tongxunlu.txl (编号 int not null primary key auto_increment, 姓名 varchar(20) not null, 性别 varchar(1), 职务 varchar(5), 职称 varchar(5), 联系地址 varchar(50), 邮政编码 varchar(6), 手机号 varchar(11), 办公电话 varchar(12));
```

用户使用系统时需要进行登录，登录时需要输入账号与密码，并选择用户类别；当账号和密码正确时，可按用户类别的不同，登录到不同的操作界面。假设账号和密码等信息保存在密码表（mima）中，可以通过MySQL命令行客户端建立该mima表（如图7-1所示），命令为：

```
create table tongxunlu.mima(编号 int not null primary key,账号 varchar(16),密码 varchar(16),用户类别 varchar(2));
```

```
mysql> create table tongxunlu.mima(编号 int not null primary key,
    -> 账号 varchar(16),密码 varchar(16),用户类别 varchar(2));
Query OK, 0 rows affected (0.38 sec)

mysql>
```

图7-1　在MySQL命令行客户端建立mima表

在向txl表添加联系人信息时，应同时按编号值相等，向mima表增加相应的编号、账号、密码和用户类别等信息。

数据库保存在 MySQL 的 my.ini 文件中，由 datadir 设置的物理路径（例如 datadir="D:\application/mydata/"）下。

2．网页与应用程序的存储路径

按 5.1.1 小节建立别名为 mytxl 的虚拟目录（参见图 5-7）。在别名为 mytxl 的虚拟目录对应的物理路径（E:\application\myweb\asp_tongxunlu）下建立 system 文件夹，应用程序与网页文件存储在该 system 文件夹下。这样，在对虚拟目录 mytxl 启用目录浏览权限的情况下，在浏览器的 URL 地址栏输入“http://127.0.0.1/mytxl/system/”或“http://localhost/mytxl/system/”即可访问该 system 目录。

3．通讯录表（txl）和密码表（mima）的数据存储规则

通讯录表（txl）中存储数据时遵循以下规则：编号为主键自增型字段，不允许重复，一个编号值代表一个用户；姓名不能为空，必须取有效值。

密码表（mima）中存储数据时遵循以下规则：编号为主键字段，其值取自通讯录表，不允许重复；一个账号对应于一个用户，也不能重复；普通用户的用户类别存储为“01”，管理员的用户类别存储为“99”。

4．通讯录系统功能结构

通讯录系统是一个用于管理联系人信息的应用软件系统。管理员可以在通讯录系统中添加、浏览（含分页显示）、查询、修改、删除联系人信息，修改用户密码和用户类别；普通用户可以在系统中增加、浏览（含分页显示）、查询联系人信息，但只能修改本人信息和密码。用户使用通讯录系统时需要先进行登录，登录用的账号和密码需事先注册（或登记）在系统中，注册功能在系统登录模块中提供注册入口。通讯录系统的功能结构如图 7-2 所示。

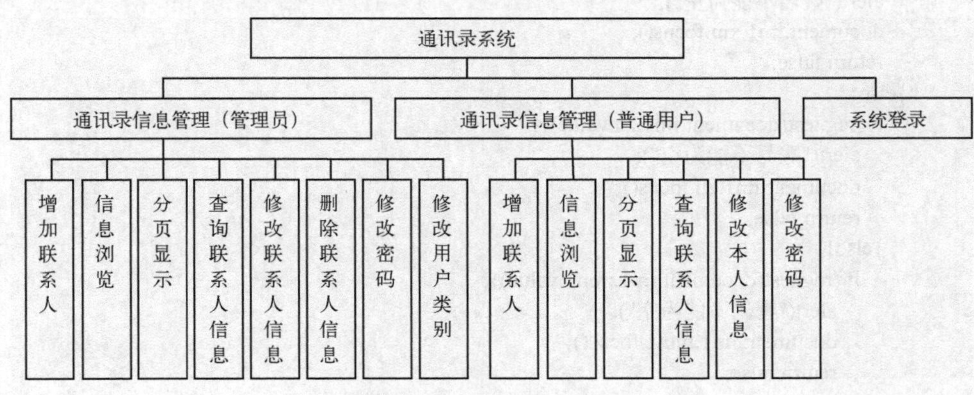

图 7-2　通讯录系统功能结构

7.2　增加联系人信息

1．增加联系人表单（txl_zengja.html 文件）

增加联系人信息是将联系人信息添加到 tongxunlu 数据库的 txl 数据表，并将账号与密码等相关信息添加到 mima 表，因此，设计用户操作表单如图 7-3 所示，表单文件保存为 txl_zengjia.html。操作时，用户类别可在下拉列表框中选择（假设下拉列表框含“普通用户”和“管理员”两项），其余项需要从键盘输入，要求姓名、账号和密码均不能为空。提交表单时需要先检查输入的姓名、账号和密码是否为空，并检查两次输入的密码是否一致，如数据不符合要求，则应进行相关提示；符合要求时，表单上的数据交给服务器上的 txl_zengjia.asp 文件进行接收和处理。表单文件 txl_zengja.html 中的网页代码如下。

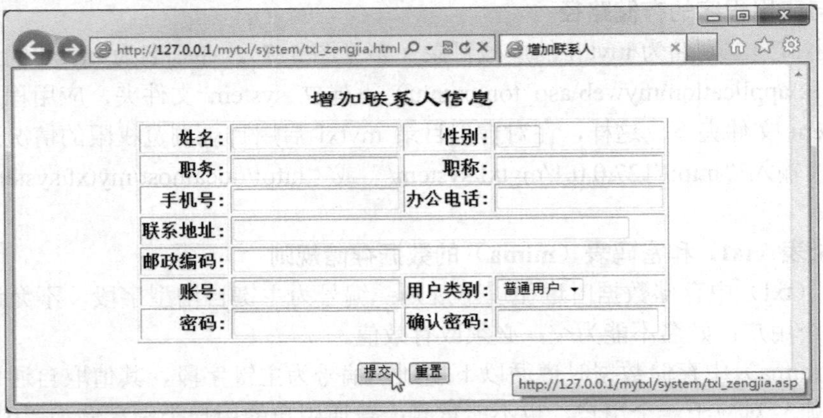

图 7-3　增加联系人表单

```
<html>
<head>
<title>增加联系人</title>
<script type="text/javascript">
  function chk(){
    var reg=/^\s*$/;
    if (reg.test(document.fm1.xm.value)){
      alert("姓名不能为空");
      document.fm1.xm.focus();
      return false;
    }else{
      if (reg.test(document.fm1.zh.value)){
        alert("账号不能为空");
        document.fm1.zh.focus();
        return false;
      }else{
        if (reg.test(document.fm1.mm1.value)){
          alert("密码不能为空");
          document.fm1.mm1.focus();
          return false;
        }else{
          if (document.fm1.mm1.value!=document.fm1.mm2.value){
            alert("密码不一致");
            document.fm1.mm1.value="";
            document.fm1.mm2.value="";
            document.fm1.mm1.focus();
            return false;
          }else{
            return true;
          }
        }
      }
    }
```

```
}
</script>
</head>
<body>
<form action="txl_zengjia.asp" method="post" name="fm1"
onsubmit="return chk()">
<table border=1 align="center">
<caption><font size="5" face="隶书">增加联系人信息</font></caption>
<tr><th align="right">姓名:</th>
    <td><input type="text" name="xm" maxlength=20></td>
    <th align="right">性别:</th>
    <td><input type="text" name="xb" maxlength=1 size=4></td></tr>
<tr><th align="right">职务:</th>
    <td><input type="text" name="zw" maxlength=5></td>
    <th align="right">职称:</th>
    <td><input type="text" name="zc" maxlength=5></td></tr>
<tr><th align="right">手机号:</th>
    <td><input type="text" name="sjh" maxlength=11></td>
    <th>办公电话:</th>
    <td><input type="text" name="bgdh" maxlength=12></td></tr>
<tr><th align="right">联系地址:</th>
    <td colspan=3>
    <input type="text" name="lxdz" maxlength=50 size=50></td></tr>
<tr><th align="right">邮政编码:</th>
    <td colspan=3>
    <input type="text" name="yzbm" maxlength=6></td></tr>
<tr><th align="right">账号:</th>
    <td><input type="text" name="zh" maxlength=16></td>
    <th>用户类别:</th>
    <td>
    <select name="yhlb">
        <option value="01" selected>普通用户</option>
        <option value="99">管理员</option>
    </select>
    </td></tr>
<tr><th align="right">密码:</th>
    <td><input type="password" name="mm1" maxlength=16></td>
    <th align="right">确认密码:</th>
    <td><input type="password" name="mm2" maxlength=16></td></tr>
</table>
<p align="center">
<input type="submit" value="提交">
<input type="reset" value="重置">
</p>
</form>
</body>
</html>
```

说明：

1）<form>定义的表单，表明表单数据以 POST 方式提交给 txl_zengjia.asp 文件处理，表单提交时先执行 onsubmit 事件，调用<script>标记中定义的 chk()函数。

2）<script>标记中定义了函数 chk()，用于检查是否输入了有效的姓名、账号、密码，如果某项为 0 至若干个空格构成的空字符串，则相应分别提示“姓名不能为空”“账号不能为空”“密码不能为空”；若两个密码值不相同，则提示“密码不一致”。这几种情况都会使相应控件（文本框或密码框）获得焦点，并执行“return false;”语句，从而等待用户将相应数据更正。这些数据都符合要求时，才会提交表单数据。

3）表单的各要素被布局在一个表格内，用于输入联系地址、邮政编码的文本框，各占用了水平方向的连续 3 个单元格，所以，这两个文本框所占用的单元格使用 <td colspan=3>…</td> 进行标记。

4）假设存储用户类别的值时，“01”表示普通用户，“99”表示管理员，因此，在表示用户类别的下拉列表框中，选项“普通用户”对应于<option value="01" selected>，“管理员”对应于<option value="99">。

2．增加数据操作（txl_zengjia.asp 文件）

txl_zengjia.asp 文件用于将来自表单的数据添加到 txl 数据表和 mima 表中。关键数据在提交时已先进行了验证，接收到的数据都被认为是合理的。但是，mima 表中的账号值是不能重复的，因为一个账号代码一个用户，具有唯一性，因此，添加数据前应先检查账号是否已被占用，账号不重复的情况下才向数据表添加记录。由于 txl 表中的“编号”字段是自增型字段，所以插入记录时不必指定“编号”字段的值（由系统根据情况自动取上一条记录的编号值加 1；若是新增第一条记录，则编号值自动取 1）。将数据插入 txl 表后，新增加的记录成为表中最后一条记录，因此取出最后一条记录的编号字段的值，就是系统为新增的记录设定的编号值。将该编号值作为 mima 表中新增记录的编号值，与来自表单的账号、密码、用户类别的数据一起，作为一条记录添加到 mima 表即可。完成添加数据后，需要将程序流程重定向到表单。增加数据处理文件 txl_zengjia.asp 的代码如下。

```
<%
Set conn=server.createobject("adodb.connection")
strODBC="Driver={MySQL ODBC 3.51 Driver}; SERVER=localhost;"
strODBC=strODBC & "DATABASE=tongxunlu; UID=root; PWD=12345678"
conn.open strODBC     '打开 ODBC 数据源
conn.execute("set names gb2312")
Set rs=conn.execute("select * from mima where 账号='"& request("zh") &"'")
If Not rs.eof Then
   Response.write "此账号已被占用，请换一个账号<br>"
   Response.write "<a href='javascript:history.back()'>返回</a>"
Else
   ' 数据添加到通讯录
   cmd="insert into txl(姓名,性别,职务,职称,联系地址,邮政编码,手机号,办公电话)"
   cmd=cmd & "values('" & request("xm") & "','" & request("xb") & "','"
   cmd=cmd & request("zw") & "','" & request("zc") & "','"
   cmd=cmd & request("lxdz") & "','" & request("yzbm") &"','"
   cmd=cmd & request("sjh") & "','" & request("bgdh") & "')"
   conn.execute(cmd)
   ' 取出新增记录的编号
   Set rs1=server.createobject("adodb.recordset")
   rs1.open "select * from txl",conn,1
   rs1.movelast
   bianhao=rs1("编号")
```

```
    ' 数据添加到密码表
    cmd="insert into mima(编号,账号,密码,用户类别) values("
    cmd=cmd & bianhao & ",'" & request("zh") & "','"
    cmd=cmd & request("mm1") & "','" & request("yhlb") & "')"
    conn.execute(cmd)
    rs1.close
    Set rs1=nothing
    Response.redirect "txl_zengjia.html"
  End If
  rs.close
  Set rs=Nothing
  conn.close
  Set conn=Nothing
  %>
```

说明：

1）在密码表中，账号的值不能重复（一个用户对应一个账号）。向数据表中增加记录前，需要先检查账号是否已被他人占用，即检查密码表中是否有与接收的账号值匹配的记录，若有，则提示“此账号已被占用，请换一个账号”和超链接“返回”；若无，则将表单的数据作为一个联系人的信息添加到通讯录表（txl）和密码表（mima）中。

2）“Set rs=conn.execute("select * from mima where 账号='"& request("zh") &"'")”的作用是查找密码表中有无重复的账号值，刚打开此记录集时，如果记录指针不指向文件尾（表明指向第一条记录），就说明此账号是重复的（被占用了），就不能增加记录；否则，若刚打开记录集时记录指针指向文件尾，就说明没找到匹配的记录，账号值就不重复，接收到的数据就可以作为记录增加到 txl 数据表和 mima 表。

3）“rs1.open "select * from txl",conn,1”用于打开记录集，该语句中的 1 是指游标类型，此处不能为 0，可以是 1、2 或 3。这样做，主要是为了取出最后一条记录的编号值，不得不利用“rs1.movelast”将记录指针移到最后一条记录处，而如果游标类型的值为 0 就会出错。

4）rs1.close、Set rs1=Nothing、rs.close、Set rs=Nothing、conn.close、Set conn=Nothing 用于关闭和释放记录集对象、连接对象，以提高系统运行效率，这些语句可以省略。

5）添加记录完成后，利用“Response.redirect "txl_zengjia.html"”将网页重定向到增加联系人表单（图 7-3），以便继续增加联系人信息。

7.3 通讯录信息浏览与分页显示

1．通讯录信息浏览（txl_liulan.asp 文件）

通讯录信息的浏览功能，可通过编写相应的文件 txl_liulan.asp 实现，代码如下（执行结果如图 7-4 所示）。

```
<html>
<head><title>浏览记录</title></head>
<body>
<%
Set conn=server.createobject("adodb.connection")
strODBC="Driver={MySQL ODBC 3.51 Driver}; SERVER=localhost;"
strODBC=strODBC & "DATABASE=tongxunlu; UID=root; PWD=12345678"
```

```
            conn.open strODBC      '打开 ODBC 数据源
            conn.execute("set names gb2312")
            Set rs=server.createobject("adodb.recordset")
            rs.open "select * from tongxunlu.txl",conn
            If rs.eof Then
              Response.write "通讯录是空的"
            Else
              ' 输出执行的结果
              Response.write "<table border='1'>"
              cap="<font size='5' color='blue' face='隶书'>通讯录</font>"
              Response.write "<caption>" & cap & "</caption>"
              Response.write "<tr>"
              For i=0 To rs.fields.count-1
                Response.write "<th>" & rs.fields(i).name & "</th>"
              Next
              Response.write "</tr>"
              Do While Not rs.eof
                Response.write "<tr>"
                For i=0 To rs.fields.count-1
                  If rs(i)="" Then
                    Response.write "<td> </td>"
                  Else
                    Response.write "<td>" & rs(i) & "</td>"
                  End If
                Next
                Response.write "</tr>"
                rs.movenext
              Loop
              Response.write "</table>"
            End If
            rs.close              ' 关闭记录集对象
            Set rs=Nothing        ' 释放记录集对象
            conn.close            ' 关闭连接对象
            Set conn=Nothing      ' 释放连接对象
            %>
            </body>
            </html>
```

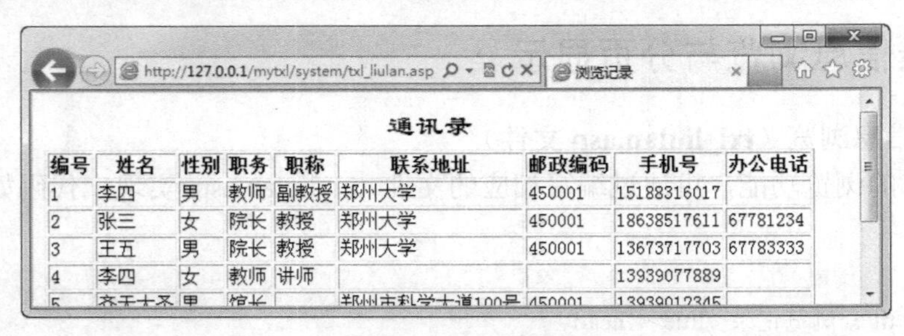

编号	姓名	性别	职务	职称	联系地址	邮政编码	手机号	办公电话
1	李四	男	教师	副教授	郑州大学	450001	15188316017	
2	张三	女	院长	教授	郑州大学	450001	18638517611	67781234
3	王五	男	院长	教授	郑州大学	450001	13673717703	67783333
4	李四	女	教师	讲师			13939077889	

图 7-4　浏览通讯录信息

说明：

1）上述代码的基本功能是，如果通讯录中无记录，则提示“通讯录是空的”；否则，在表格中输出通讯录中的全部记录。

2）rs.fields.count 用于返回记录集对象 rs 中记录的字段个数，rs.fields(i).name 或 rs(i).name 返回第（i+1）个字段的字段名，rs.fields(i) 或 rs(i) 返回当前记录第（i+1）个字段的值。

3）第一个 For…Next 循环用于在表格第一行的各单元格，依次输出各字段名。

4）第二个 For…Next 循环（嵌套于 Do While 循环中），用于在表格某一行的各单元格，输出当前记录相应字段的值，如果字段的值为空，则以一个空格填充相应的单元格（这样才能使无数据的单元格也能显示出边框线）；这个 For 循环结构的循环体是一个 If…Else…End If 语句，用于判断字段的值是否为空，若为空则在单元格输出一个空格，若不为空则在单元格输出字段的值。

2．通讯录信息分页显示（txl_fenye.asp 文件）

如果数据表中（查到）的记录比较多，可采用分页显示方式列出表中（查到）的记录。要分页显示通讯录的全部记录，设计分页显示界面如图 7-5 所示，对应的网页文件为 txl_fenye.asp，代码如下。

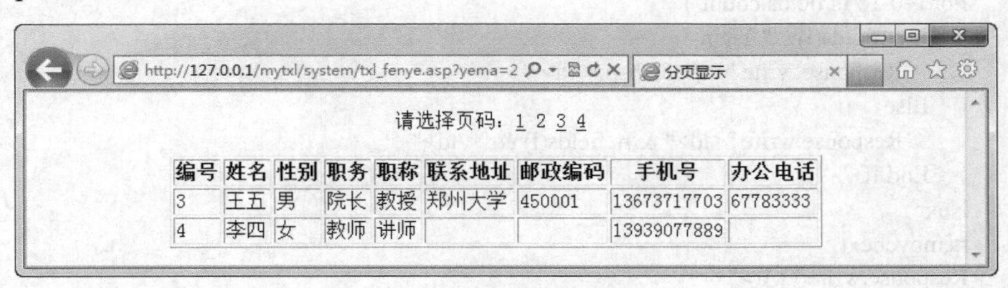

图 7-5　通讯录分页显示

```
<html>
<head><title>分页显示</title></head>
<body>
<%
Set conn=server.createobject("adodb.connection")
strODBC="Driver={MySQL ODBC 3.51 Driver}; SERVER=localhost;"
strODBC=strODBC & "DATABASE=tongxunlu; UID=root; PWD=12345678"
conn.open strODBC
conn.execute("set names gb2312")
Set rs=server.createobject("adodb.recordset")
rs.cursorlocation=3   ' 使用本地游标库提供的客户端的游标
rs.open "select * from txl order by  编号",conn
If rs.eof Then
   Response.write "通讯录是空的"
Else
   rs.pagesize=2
   pageTotal=rs.pagecount
   If request("yema")="" Then
      curPage=1
   Else
      curPage=CInt(request("yema"))
   End if
   Response.write "<p align='center'>请选择页码："
   For i=1 To pageTotal
     If i=curPage then
        Response.write i & " "
```

```
            Else
               Response.write "<a href='?yema=" & i & "'>" & i & "</a> "
            End if
        Next
        Response.write "</p>"
        rs.absolutepage=curPage
        Response.write "<table border='1' align='center'>"
        Response.write "<tr>"
        For i=0 To rs.fields.count-1
           Response.write "<th>" & rs(i).name & "</th>"
        Next
        Response.write "</tr>"
        j=1
        Do While not rs.eof And j<=rs.pagesize
           Response.write "<tr>"
           For i=0 To rs.fields.count-1
              If rs.fields(i)="" Then
                 Response.write "<td> </td>"
              Else
                 Response.write "<td>" & rs.fields(i) & "</td>"
              End If
           Next
           rs.movenext
           Response.write "</tr>"
           j=j+1
        loop
        Response.write "</table>"
     End If
     %>
     </body>
     </html>
```

说明：

1）上述代码的基本功能是，如果通讯录中无记录，则提示“通讯录是空的”；否则，按图 7-5 显示含有超链接的页码（当前页的页码不带超链接）和当前页的记录，第一次执行时第 1 页记录作为当前页，之后单击哪个页码超链接，就把哪个页码作为当前页，并将当前页的记录显示出来。

2）“Response.write "<a href='?yema=" & i & "'>" & i & "</a> "” 用于输出第 *i* 页的页码超链接，单击此页码超链接，就会以 GET 方式传递 yema 的数据（即 *i* 的值）给本文件处理，request("yema")用于接收这个 yema 的值，curPage=CInt(request("yema"))用于将接收的页码值转化为整数，保存至当前页变量 curPage 中；第一次执行此网页时，request("yema")=""，curPage=1。

3）rs 是记录集对象，“rs.cursorlocation=3”表示使用本地游标库提供的客户端的游标，本语句不能省略。分页显示需要用到记录集对象 rs 的 PageSize、PageCount、AbsolutePage 等属性，“rs.pagesize=2”表示将每页记录数设置为两条，这样设置后，即可用 rs.pagecount 返回记录集的总页数，“rs.absolutepage=curPage”表示将记录指针指向当前页的第一条记录处，以便从该位置输出当前页的记录。

4）Do While not rs.eof And j<=rs.pagesize…Loop 循环用于输出当前页的记录，变量 j 用于控

制循环次数，进入循环之前已设置“j=1”，每次循环完成前 j 的值增加 1（即：j=j+1），当记录指针没有指向文件尾，且循环次数没有超出每页记录条数时，执行循环体，一次循环输出一条记录，循环执行完毕即可输出当前页的全部记录。

7.4 查询联系人信息

为实现联系人信息的查询功能，将用户操作界面设计成图 7-6 所示的表单。其中，第一个下拉列表框可选择的项包括姓名、性别、职务、职称、联系地址、邮政编码、手机号、办公电话，第二个下拉列表框可选择等于、不等于、大于、大于或等于、小于或等于、小于，文本框可输入值，构成一个条件。例如，选择“姓名”“等于”，输入“王五”，则构成查询条件“姓名="王五"”，这时，若单击“查询”按钮，则查询结果如图 7-7 所示。如果在图 7-6 所示查询页面指定条件，查不到数据，则结果如图 7-8 所示。实现此功能的网页文件为 txl_chaxun.asp，该文件的网页代码如下。

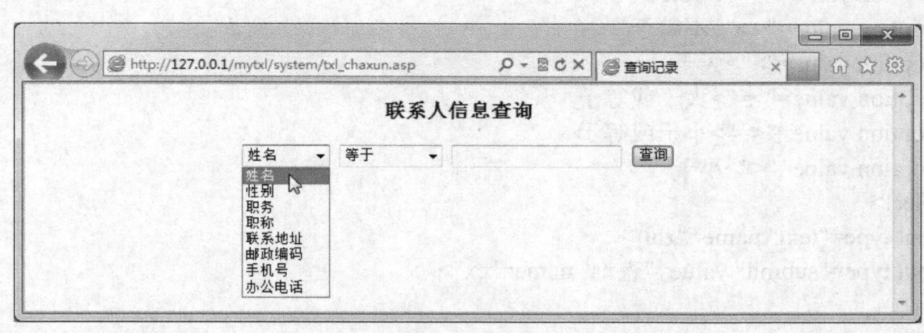

图 7-6　查询页面

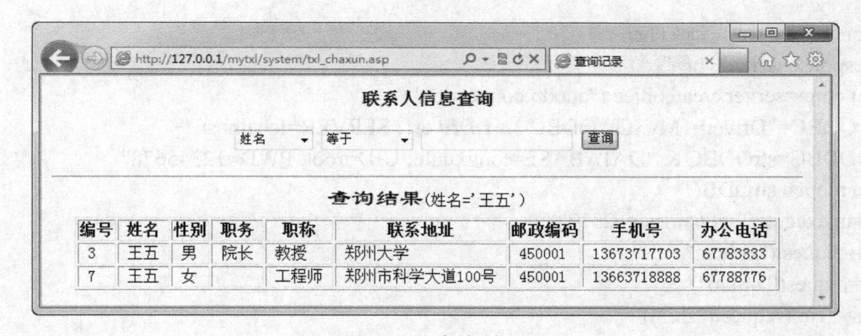

编号	姓名	性别	职务	职称	联系地址	邮政编码	手机号	办公电话
3	王五	男	院长	教授	郑州大学	450001	13673717703	67783333
7	王五	女		工程师	郑州市科学大道100号	450001	13663718888	67788776

图 7-7　查询结果

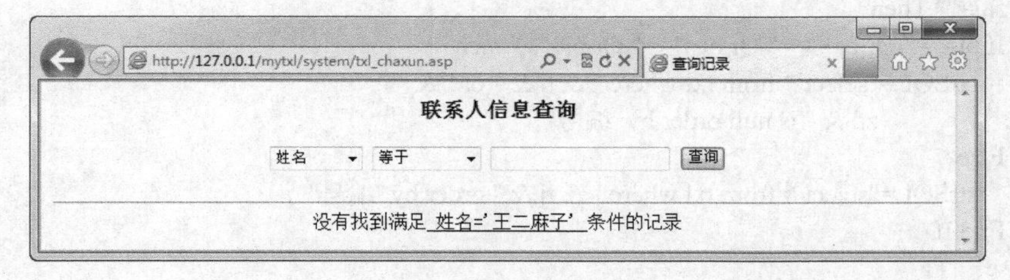

图 7-8　无查到记录

```
<html>
<head>
<title>查询记录</title>
```

```
</head>
<body>
<form method="post" action="">
  <h3 align="center">联系人信息查询</h3>
  <p align="center">
  <select name="ziduan">
    <option value="姓名" selected>姓名
    <option value="性别">性别
    <option value="职务">职务
    <option value="职称">职称
    <option value="联系地址">联系地址
    <option value="邮政编码">邮政编码
    <option value="手机号">手机号
    <option value="办公电话">办公电话
  </select>
  <select name="bijiao">
    <option value="=" selected>等于
    <option value="<>">不等于
    <option value=">">大于
    <option value=">=">大于或等于
    <option value="<=">小于或等于
    <option value="<">小于
  </select>
  <input type="text" name="zhi">
  <input type="submit" value="查询" name="cx">
  </p>
</form>
<%
If request("cx")="查询" Then
  Response.write "<hr>"
  Set conn=server.createobject("adodb.connection")
  strODBC="Driver={MySQL ODBC 3.51 Driver}; SERVER=localhost;"
  strODBC=strODBC & "DATABASE=tongxunlu; UID=root; PWD=12345678"
  conn.open strODBC
  conn.execute("set names gb2312")
  zd=request("ziduan")
  bj=request("bijiao")
  zhi=Trim(request("zhi"))
  tj=zd & bj & "'" & zhi & "'"
  If zhi="" Then
    If bj="=" Or bj=">=" Or bj="<=" Or bj=">" then
      strSQL="select * from txl where " & tj & " or " &_
             zd & " is null order by  编号"
    Else
      strSQL="select * from txl where " & tj & " order by  编号"
    End If
  Else
    strSQL="select * from txl where " & tj & " order by  编号"
  End If
  Set rs=conn.execute(strSQL)
  If rs.eof Then
```

```
            Response.write "<center>没有找到满足<u> " & tj &_
                              " </u>条件的记录</center>"
        Else
            Response.write "<table border='1' align='center'>"
            cap="<font size='5' color='blue' face='隶书'>查询结果</font>"
            Response.write "<caption>" & cap & "(" & tj & ")" & "</caption>"
            Response.write "<tr><th>编号</th><th>姓名</th><th>性别</th>"
            Response.write "<th>职务</th><th>职称</th><th>联系地址</th>"
            Response.write "<th>邮政编码</th><th>手机号</th><th>办公电话</th></tr>"
            Do While Not rs.eof
                Response.write "<tr>"
                Response.write "<td> " & rs("编号") & " </td>"
                Response.write "<td> " & rs("姓名") & " </td>"
                Response.write "<td> " & rs("性别") & " </td>"
                Response.write "<td> " & rs("职务") & " </td>"
                Response.write "<td> " & rs("职称") & " </td>"
                Response.write "<td> " & rs("联系地址") & " </td>"
                Response.write "<td> " & rs("邮政编码") & " </td>"
                Response.write "<td> " & rs("手机号") & " </td>"
                Response.write "<td> " & rs("办公电话") & " </td>"
                Response.write "</tr>"
                rs.movenext
            Loop
            Response.write "</table>"
        End If
    End If
    %>
    </body>
    </html>
```

说明：

1）<form method="post" action="">…</form>表明，接收和处理此表单数据的文件是该 ASP 文件本身。

2）<select name="ziduan">…</select>表示的是第一个下拉列表框，列表框的值等于所选中列表项对应的字段名值。例如，选择列表项“姓名”时，该下拉列表框的值对应于字段名“姓名”，因此，列表项“姓名”由“<option value="姓名" selected>”标记，其中 selected 表示该项默认被选中。

3）“If request("cx")="查询" Then…End If” 是选择结构，表示单击“查询”按钮时执行其中的程序代码，这样，第一次执行此网页时，由于还没有单击“查询”按钮，所以只显示表单部分（图 7-6）；只有单击“查询”按钮才会出现查询结果（图 7-7、图 7-8）。

4）“zhi=Trim(request("zhi"))” 用于接收文本框的数据（去掉前后空格），“tj=zd & bj & "'" & zhi & "'"” 表示按表单上选择和输入的数据构成的条件。如果文本框的值（去掉前后空格）为空字符串，那么，当条件为某项的值等于、大于或等于、小于或等于、大于空字符串时，执行的 select 语句是 “strSQL="select * from txl where " & tj & " or " & zd & " is null order by 编号"”，这样，字段的值不管是空字符串，还是 NULL（未被赋值），都可以查询出来；其他情况对应的条件，都不需要把字段值为 NULL（未被赋值）的记录查出来，执行的 select 语句是 “strSQL= "select * from txl where " & tj & " order by 编号"”。注意，以上 strSQL 所表示的 select 语句，在书写时，where 的右边、or 的左边和右边、is 的左边、order 的左边，与双引号之间必须至少有一个空格。

5）“Response.write "<td> " & rs("编号") & " </td>"” 表示，在单元格内输出“编号”字段的值，字段值的两端各加一个空格。这样做，主要是为了避免字段的值为空值（空字符串、NULL）时不能完整地显示单元格的边框线。其余相同。

7.5 修改联系人信息

1．查询表单（txl_xiugai_chaxun.html 文件）

修改信息一般包括查询信息、编辑记录、更新数据等步骤。其中，查询信息需要通过查询表单找到待查询的记录（查询结果）。设计查询页面如图 7-9 所示，按待查询项包含某些字符（值）作为查询条件，单击“查询”按钮时进行查询操作。待查询项在下拉列表框中选择，可供选择的项包括姓名、性别、职务、职称、联系地址、邮政编码、手机号、办公电话，默认选择“姓名”。待选项包含的字符在文本框中输入。如果在下拉列表框选择“姓名”，在文本框中输入“李四”（不含引号），单击“查询”按钮就表示要查询姓名包含“李四”的记录。将实现此功能的查询表单对应的文件存储为 txl_xiugai_chaxun.html，处理表单数据的文件存储为 txl_xiugai_chaxun.asp。查询表单文件 txl_xiugai_chaxun.html 的网页代码如下。

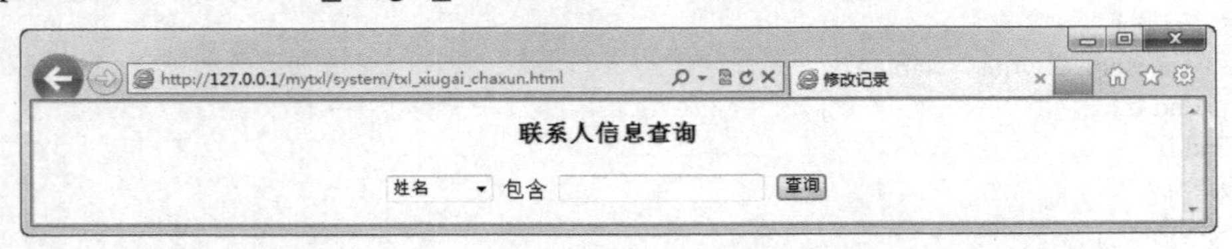

图 7-9　查询页面

```
<html>
<head><title>修改记录</title></head>
<body>
<form method="post" action="txl_xiugai_chaxun.asp">
  <h3 align="center">联系人信息查询</h3>
  <p align="center">
  <select name="ziduan">
    <option value="姓名" selected>姓名
    <option value="性别">性别
    <option value="职务">职务
    <option value="职称">职称
    <option value="联系地址">联系地址
    <option value="邮政编码">邮政编码
    <option value="手机号">手机号
    <option value="办公电话">办公电话
  </select>
  包含
  <input type="text" name="zhi">
  <input type="submit" value="查询" name="cx">
  </p>
</form>
</body>
```

```
</html>
```

2．查询操作（txl_xiugai_chaxun.asp 文件）

在图 7-9 所示的查询页面指定条件，单击“查询”按钮时，表单数据交给 txl_xiugai_chaxun.asp 文件进行查询处理，查询结果如图 7-10 所示，即查到的记录显示在一个表格内，每行表示一条记录，最右侧的单元格显示这条记录的“编辑”超链接，用于导航到可以编辑修改此记录的表单（对应于文件 txl_xiugai_bianji.asp），表格下面的“返回查询界面”超链接用于转到图 7-9 所示的查询页面（对应于文件 txl_xiugai_chaxun.html）。实现此功能的查询处理文件 txl_xiugai_chaxun.asp 的代码如下。

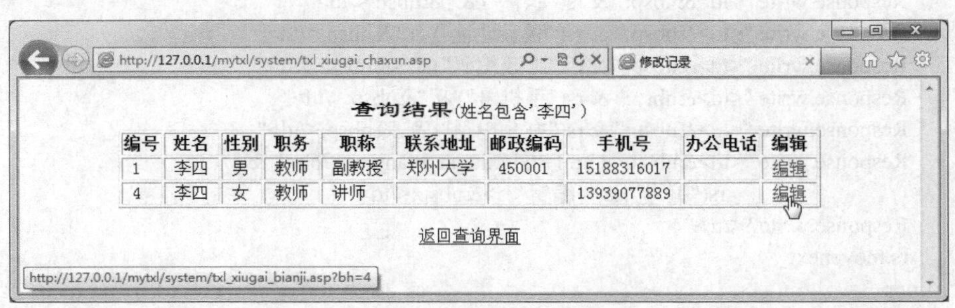

图 7-10　查询结果

```
<html>
<head><title>修改记录</title></head>
<body>
<%
Set conn=server.createobject("adodb.connection")
strODBC="Driver={MySQL ODBC 3.51 Driver}; SERVER=localhost;"
strODBC=strODBC & "DATABASE=tongxunlu; UID=root; PWD=12345678"
conn.open strODBC
conn.execute("set names gb2312")
zd=request("ziduan")
zhi=Trim(request("zhi"))
SESSION("zd")=zd        REM  利用会话变量存储字段名
SESSION("zhi")=zhi      REM  存储与待查询项进行比较的值
tj=zd & " like '%" & zhi & "%'"
If zhi="" Then
   strSQL="select * from txl where " & tj
   strSQL=strSQL & " or " & zd &" is null order by  编号"
Else
   strSQL="select * from txl where " & tj & " order by  编号"
End If
Set rs=conn.execute(strSQL)
If rs.eof Then
   Response.write "<center>没有找到满足<u> " & zd &_
                  "包含'" & zhi & "' </u>条件的记录</center>"
Else
   Response.write "<table border='1' align='center'>"
   cap="<font size='5' color='blue' face='隶书'>查询结果</font>"
   Response.write "<caption>" & cap & "(" & zd & "包含'" & zhi & "')"
   Response.write "</caption>"
```

```
        Response.write "<tr><th>编号</th><th>姓名</th><th>性别</th>"
        Response.write "<th>职务</th><th>职称</th><th>联系地址</th>"
        Response.write "<th>邮政编码</th><th>手机号</th><th>办公电话</th>"
        Response.write "<th>编辑</th></tr>"
        Do While Not rs.eof
          Response.write "<tr>"
          Response.write "<td> " & rs("编号") & " </td>"
          Response.write "<td> " & rs("姓名") & " </td>"
          Response.write "<td> " & rs("性别") & " </td>"
          Response.write "<td> " & rs("职务") & " </td>"
          Response.write "<td> " & rs("职称") & " </td>"
          Response.write "<td> " & rs("联系地址") & " </td>"
          Response.write "<td> " & rs("邮政编码") & " </td>"
          Response.write "<td> " & rs("手机号") & " </td>"
          Response.write "<td> " & rs("办公电话") & " </td>"
          Response.write "<td> <a href='txl_xiugai_bianji.asp?bh=" &_
                      rs("编号")&"'>编辑</a> </td>"
          Response.write "</tr>"
          rs.movenext
        Loop
        Response.write "</table>"
    End If
    %>
    <p align="center">
    <a href="txl_xiugai_chaxun.html">返回查询界面</a>
    </p>
    </body>
    </html>
```

说明：

1）“zd=request("ziduan")” 用于接收待查询项（在图 7-9 所示查询页面下拉列表框中选择的项）对应的字段名，“SESSION("zd")=zd” 则是利用会话变量存储这个字段名（字符串）；同理，“SESSION("zhi")=zhi” 是利用会话变量存储与待查询项进行比较的值。例如，字段名为“姓名”，姓名包含“李四”是查询条件，要保存会话中使用的“姓名”“李四”这两个值，就可以使用“SESSION("zd")="姓名"”“SESSION("zhi")="李四"”。会话变量 SESSION("zd")和 SESSION("zhi") 将使用于数据更新文件（txl_xiugai_gengxin.asp）中，用于获取此处的字段名和（待比较的）值。

2）REM 与单引号 ' 的作用一样，在 ASP 中表示注释。

3）“Response.write "<td> <a href='txl_xiugai_bianji.asp?bh=" & rs("编号")&"'>编辑</a> </td>"” 用于在表格的单元格中显示“编辑”超链接，链接到记录编辑表单文件（txl_xiugai_bianji.asp），并以 GET 方式用 bh 传递当前记录编号字段的值。当鼠标指针移至“编辑”超链接上时，在浏览器窗口左下角可以看到超链接的 URL 地址（图 7-10）

3．记录编辑（txl_xiugai_bianji.asp 文件）

在图 7-10 所示的查询结果页面，单击某一行记录右侧的“编辑”超链接，即可转到该行记录的编辑页面（txl_xiugai_bianji.asp 文件），如图 7-11 所示。该编辑页面对应于一个表单，在文本框内显示出了记录各字段的值；其中，编号的值不能修改，因此，需要将编号对应的文本框设置成只读的；除编号之外的其余文本框内的值均可进行编辑和修改，而且姓名的值不能为空

（假设数据存储有此要求）；单击“更新”按钮将提交给数据更新处理文件（txl_xiugai_gengxin.asp）进行更新处理，单击“返回查询结果”按钮可以返回到上个页面（即查询结果页面，图 7-10），单击“返回查询界面”按钮可以返回到查询页面（图 7-9）。用于实现此功能的记录编辑表单文件 txl_xiugai_bianji.asp 的代码如下。

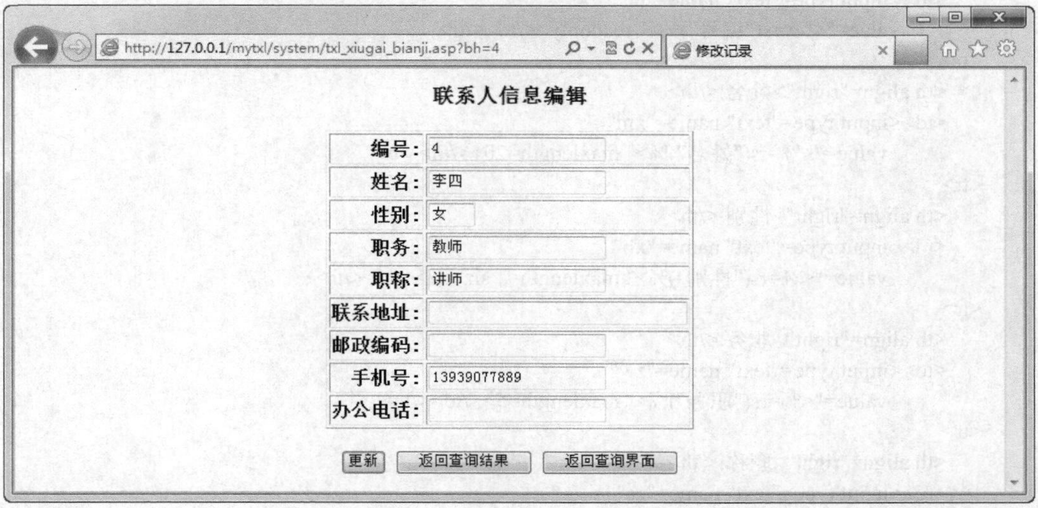

图 7-11　记录的编辑页面

```
<html>
<head>
<title>修改记录</title>
<script type="text/javascript">
  function chk(){
    var reg=/^\s*$/;
    if (reg.test(document.fm1.xm.value)){
      alert("姓名不能为空");
      document.fm1.xm.value="";
      document.fm1.xm.focus();
      return false;
    }else{
      return true;
    }
  }
</script>
</head>
<body>
<%
Set conn=server.createobject("adodb.connection")
strODBC="Driver={MySQL ODBC 3.51 Driver}; SERVER=localhost;"
strODBC=strODBC & "DATABASE=tongxunlu; UID=root; PWD=12345678"
conn.open strODBC
conn.execute("set names gb2312")
strSQL="select * from txl where  编号=" & request("bh")
Set rs=conn.execute(strSQL)
%>
```

```
<form method="post" action="txl_xiugai_gengxin.asp"
        name="fm1" onsubmit="return chk()">
<h3 align="center">联系人信息编辑</h3>
<table border="1" align="center">
<tr><th align="right">编号:</th>
    <td><input type="text" name="bh"
        value="<%=rs("编号")%>" readonly></td></tr>
<tr>
    <th align="right">姓名:</th>
    <td><input type="text" name="xm"
          value="<%=rs("姓名")%>" maxlength=20></td></tr>
<tr>
    <th align="right">性别:</th>
    <td><input type="text" name="xb"
          value="<%=rs("性别")%>" maxlength=1 size=4></td></tr>
<tr>
    <th align="right">职务:</th>
    <td><input type="text" name="zw"
          value="<%=rs("职务")%>" maxlength=5></td></tr>
<tr>
    <th align="right">职称:</th>
    <td><input type="text" name="zc"
          value="<%=rs("职称")%>" maxlength=5></td></tr>
<tr>
    <th align="right">联系地址:</th>
    <td><input type="text" name="lxdz"
          value="<%=rs("联系地址")%>" maxlength=50 size=30></td></tr>
<tr>
    <th align="right">邮政编码:</th>
    <td><input type="text" name="yzbm"
          value="<%=rs("邮政编码")%>" maxlength=6></td></tr>
<tr>
    <th align="right">手机号:</th>
    <td><input type="text" name="sjh"
          value="<%=rs("手机号")%>" maxlength=11></td></tr>
<tr>
    <th align="right">办公电话:</th>
    <td><input type="text" name="bgdh"
          value="<%=rs("办公电话")%>" maxlength=12></td></tr>
</table>
<p align="center">
<input type="submit" value="更新">
<input type="button" value="返回查询结果"
        onclick="location.href='javascript:history.back()'">
<input type="button" value="返回查询界面"
        onclick="location.href='txl_xiugai_chaxun.html'">
</p>
</form>
</body>
</html>
```

说明：

1）由<form>表单可知，单击“更新”按钮进行提交时，先执行 onsubmit 事件，调用<script>标记中由 function 定义的 chk()函数。chk()函数用于判断表单中输入的姓名是否为 0 个或若干空格构成的空字符串，若为空字符串，则提示“姓名不能为空”，并使姓名文本框获得焦点，然后执行“return false;”，等待输入有效的姓名值；输入的姓名有效时才提交给数据更新处理文件 txl_xiugai_gengxin.asp 进行处理。

2）“<input type="text" name="bh" value="<%=rs("编号")%>" readonly>”是显示编号值的文本框，value="<%=rs("编号")%>" 表示文本框中显示当前记录的编号字段的值，readonly 将文本框设置成只读的，从而不允许修改此文本框中的值。

3）“<input type= "button" value= "返回查询结果" onclick = "location.href = 'javascript:history.back()'">”表示“返回查询结果”按钮，单击此按钮时执行 onclick 事件，跳转到上一个网页页面；同理，“<input type="button" value="返回查询界面" onclick = "location.href = 'txl_xiugai_chaxun.html'">”表示“返回查询界面”按钮，单击时跳转到 txl_xiugai_chaxun.html 对应的网页（查询界面，图 7-9）。

4．数据更新（txl_xiugai_gengxin.asp 文件）

在图 7-11 所示的记录编辑页面，修改相关数据，如图 7-12 所示。单击“更新”按钮，当姓名的值不为空字符串时，提交给数据更新文件 txl_xiugai_gengxin.asp 进行处理。完成数据更新后，显示“更新成功”提示的页面（图 7-13），可单击“返回查询结果”超链接返回数据更新后的查询结果页面（图 7-14），或者单击“返回查询界面”超链接返回到查询页面（图 7-9）。数据更新处理文件 txl_xiugai_gengxin.asp 的网页代码如下。

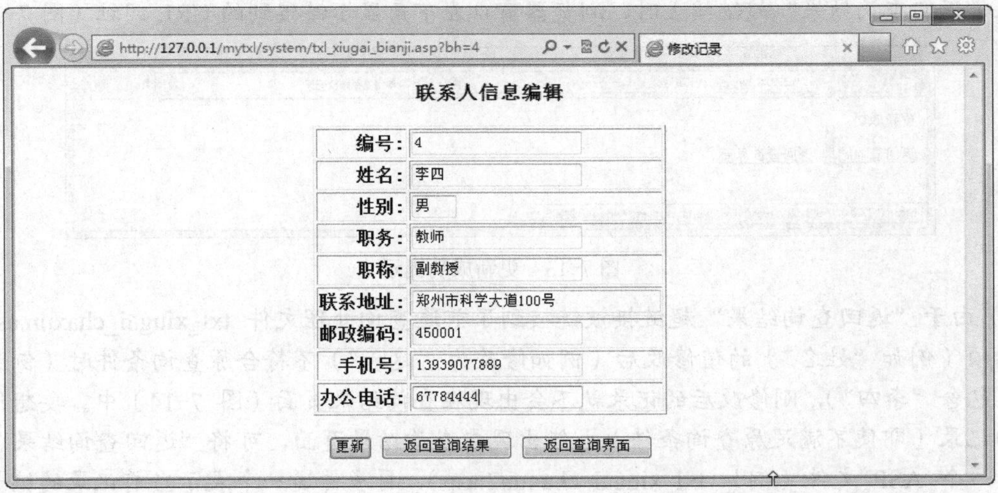

图 7-12　编辑信息

```
<html>
<head><title>修改记录</title></head>
<body>
<%
Set conn=server.createobject("adodb.connection")
strODBC="Driver={MySQL ODBC 3.51 Driver}; SERVER=localhost;"
strODBC=strODBC & "DATABASE=tongxunlu; UID=root; PWD=12345678"
```

```
conn.open strODBC
conn.execute("set names gb2312")
cmd="update txl set 姓名='" & request("xm") & "',性别='" & request("xb")
cmd=cmd & "',职务='" & request("zw") & "',职称='" & request("zc")
cmd=cmd & "',联系地址='" & request("lxdz") & "',邮政编码='"
cmd=cmd & request("yzbm") & "',手机号='" & request("sjh")
cmd=cmd & "',办公电话='" & request("bgdh")
cmd=cmd & "' where 编号=" & request("bh")
conn.execute(cmd)
Response.write "<p>更新成功</p>"
Response.write "<a href='txl_xiugai_chaxun.asp?ziduan=" & SESSION("zd") &_
            "&zhi=" & SESSION("zhi") & "'>返回查询结果</a>"
Response.write " <a href='txl_xiugai_chaxun.html'>返回查询界面</a>"
REM 以上 SESSION("zd")、SESSION("zhi")
REM 是在 txl_xiugai_chaxun.asp 文件中存储的会话信息
REM 分别表示待查询项对应的字段名、与待查询项进行比较的值
%>
</body>
</html>
```

说明：

1）“Response.write "<a href='txl_xiugai_chaxun.asp?ziduan=" & SESSION("zd") & "&zhi=" & SESSION("zhi") & "'>返回查询结果</a>"”的作用是输出“返回查询结果”超链接，其中，SESSION("zd") 和 SESSION("zhi") 是在查询处理文件 txl_xiugai_chaxun.asp 中设置的会话变量，用于返回待查询项对应的字段名（例如“姓名”）和待比较的值（例如“李四”）。当鼠标指针移至“返回查询结果”超链接上时，浏览器窗口左下角显示链接到的 URL 网址（图 7-13）。

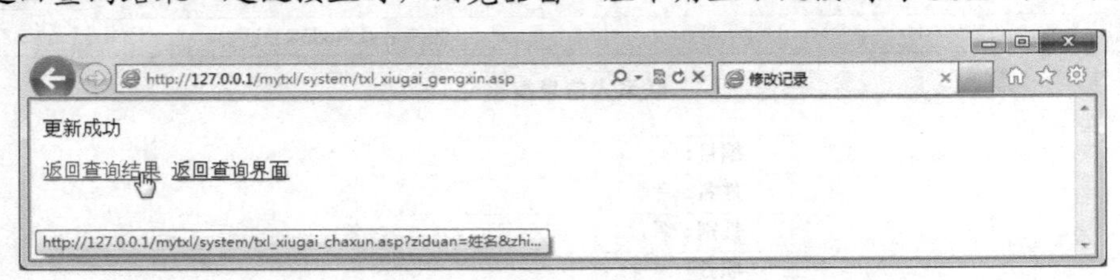

图 7-13　更新成功提示

2）由于“返回查询结果”超链接被链接到了前述查询处理文件 txl_xiugai_chaxun.asp，当待查询项（例如“姓名”）的值修改后（例如修改为“赵六”）不符合原查询条件时（例如不符合姓名包含“李四”），刚修改后的记录就不会出现在查询结果页面（图 7-14）中。要想使刚修改过的记录（即使不满足原查询条件）也能出现在查询结果页面，可将“返回查询结果”超链接到另一个 ASP 文件（例如 txl_xiugai_chaxun2.asp），再多传递一个表示当前记录的编号，将 1）所述的 Response.write 语句变为：“Response.write "<a href = 'txl_xiugai_chaxun2.asp?ziduan=" & SESSION("zd") & "&zhi=" & SESSION("zhi") & "&bh=" & request("bh") & "'>返回查询结果</a>"”。可参照 txl_xiugai_chaxun.asp 文件编写 txl_xiugai_chaxun2.asp 文件的相关代码，关键是需要将 tj 原先对应的查询条件再附加一个由 or 连接的条件（编号等于刚修改过的记录的编号值），即：“tj=zd & " like '%" & zhi & "%' or 编号=" & request("bh")”。注意，编号字段是整型（int）字段，值的两端不加引号。

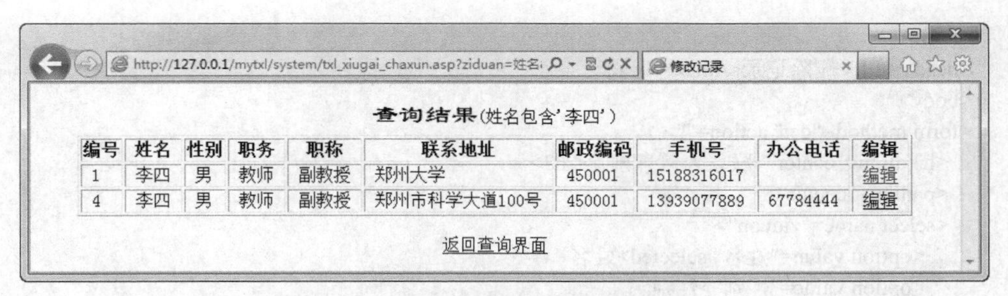

图 7-14　查询结果页面（数据更新后）

7.6　删除联系人信息

1. 删除之查询记录（txl_shanchu.asp 文件）

删除联系人信息包括删除通讯录数据表（txl）中的相关记录，以及密码表（mima）中对应的用户账号信息，在 mima 表中所删除记录的编号应等于在 txl 表中所删除记录的编号。删除操作的大致步骤是，先按条件查询记录，之后在查到的信息中将需要删除的记录逐一删除。设计查询页面如图 7-15 所示，以待查询项包含字符串（值）构成查询条件，待查询项从下拉列表框中选择（例如选择“姓名”），可选项包括姓名、性别、职务、职称、联系地址、邮政编码、手机号、办公电话，字符串（值）在文本框中输入（例如输入“李四”，不输入引号），单击“查询”按钮即可按查询条件（例如姓名包含“李四”）显示查询结果，如图 7-16 所示。查询结果的每一行表示一条查到的记录，其右侧带一个“删除”超链接，只有单击“删除”超链接，才能将所在行对应的联系人信息及其账号信息真正地从数据表中删除。删除之查询记录的文件为 txl_shanchu.asp，代码如下。

图 7-15　删除记录的查询页面

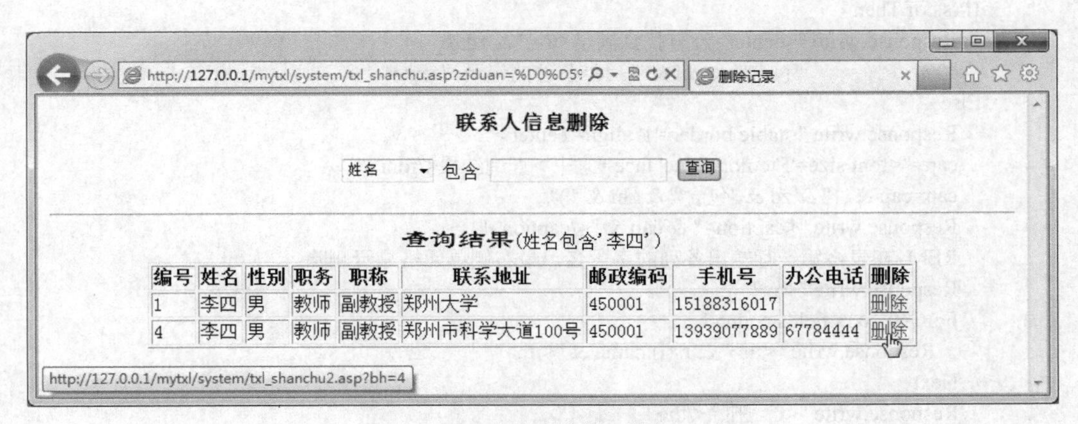

图 7-16　查询出的待删除记录

```
<html>
<head><title>删除记录</title></head>
<body>
<form method="get" action="">
  <h3 align="center">联系人信息删除</h3>
  <p align="center">
  <select name="ziduan">
    <option value="姓名" selected>姓名
    <option value="性别">性别
    <option value="职务">职务
    <option value="职称">职称
    <option value="联系地址">联系地址
    <option value="邮政编码">邮政编码
    <option value="手机号">手机号
    <option value="办公电话">办公电话
  </select>
  包含
  <input type="text" name="zhi">
  <input type="submit" value="查询" name="cx">
  </p>
</form>
<%
If request("cx")="查询" Or request("x")="1" Then
  Response.write "<hr>"
  Set conn=server.createobject("adodb.connection")
  strODBC="Driver={MySQL ODBC 3.51 Driver}; SERVER=localhost;"
  strODBC=strODBC & "DATABASE=tongxunlu; UID=root; PWD=12345678"
  conn.open strODBC
  conn.execute("set names gb2312")
  zd=request("ziduan")  '接收字段名
  zhi=Trim(request("zhi"))  '接收包含的值
  session("zd")=zd      '存储会话用的字段名
  session("zhi")=zhi    '存储会话用的字段所包含的值
  tj=zd & " like '%" & zhi & "%'"
  strSQL="select * from txl where " & tj & " order by 编号"
  Set rs=conn.execute(strSQL)
  If rs.eof Then
    Response.write "<center>没有找到满足<u> " & zd &_
              "包含'" & zhi & "' </u>条件的记录</center>"
  Else
    Response.write "<table border='1' align='center'>"
    cap="<font size='5' color='blue' face='隶书'>查询结果</font>"
    cap=cap & "(" & zd & "包含'" & zhi & "')"
    Response.write "<caption>" & cap & "</caption>"
    REM 在表格第一行输出各列的字段名，最右侧单元格显示删除
    Response.write "<tr>"
    For i=0 To rs.fields.count-1
      Response.write "<th>" & rs(i).name & "</th>"
    Next
    Response.write "<th>删除</th>"
    Response.write "</tr>"
```

```
        Do While Not rs.eof
            REM 输出表格一行，字段值为空时，在单元格中显示空格;
            REM 字段值不为空时，在单元格中显示字段的值;
            REM 最右侧单元格显示删除超链接
            Response.write "<tr>"
            For i=0 To rs.fields.count-1
               If rs(i)="" Then
                  Response.write "<td> </td>"
               Else
                  Response.write "<td>" & rs(i) & "</td>"
               End If
            Next
            Response.write "<td><a href='txl_shanchu2.asp?bh=" &_
                          rs("编号") &"'>删除</a></td>"
            Response.write "</tr>"
            rs.movenext
        Loop
        Response.write "</table>"
    End If
End If
%>
</body>
</html
```

说明：

1）<form>表单以 GET 方式传递数据，并由本文件接收与处理。首次执行此文件只显示如图 7-15 所示的表单，单击“查询”按钮时显示查询结果（图 7-16）；另外，单击查询结果某行的“删除”超链接，将转到执行删除处理的网页，删除记录后，还要转到本网页（txl_shanchu.asp），需要刷新此查询结果（将删掉的记录从查询结果中去掉，如图 7-17 所示）。因此，需要从下述删除处理页面（txl_shanchu2.asp 文件）转到本页面（txl_shanchu.asp 文件）时传递一个参数（假设 x=1），本页面接收到此数据时刷新查询结果。因此，采用“If request("cx")="查询" Or request("x")="1" Then…End If”结构，表示当单击“查询”按钮，或执行完删除处理后刷新本页面时，执行显示查询结果的代码。

2）“zd=request("ziduan")”“zhi=Trim(request("zhi"))”分别用于接收字段名、应包含的字符串（值）；“session("zd")=zd”“session("zhi")=zhi”分别用于存储会话用的字段名、字符串（值），在删除处理文件（txl_shanchu2.asp）中会使用到这些会话变量。

3）当查到符合条件的联系人信息时，以表格显示查询到的结果；当数据表中没有符合条件的联系人信息时，显示类似“没有找到满足 姓名包含'草包'条件的记录”的提示。

4）“Response.write "<td><a href='txl_shanchu2.asp?bh=" & rs("编号") &"'>删除</a></td>"”表示在表格的单元格中输出“删除”超链接，链接到删除处理文件 txl_shanchu2.asp，并以 GET 方式，用变量 bh 传递当前记录的编号值。

2．删除操作（txl_shanchu2.asp 文件）

在如图 7-16 所示的查询结果页面，单击某一个“删除”超链接，所在行的记录就被删除，并立即刷新为如图 7-17 所示的查询与删除页面。执行此功能的文件为 txl_shanchu2.asp，主要完成从通讯录数据表 txl 中删除联系人信息，从 mima 表中删除相应联系人的账号信息，以及刷新（删除之）查询结果页面（txl_shanchu.asp）的操作。txl_shanchu2.asp 的网页程序代码如下。

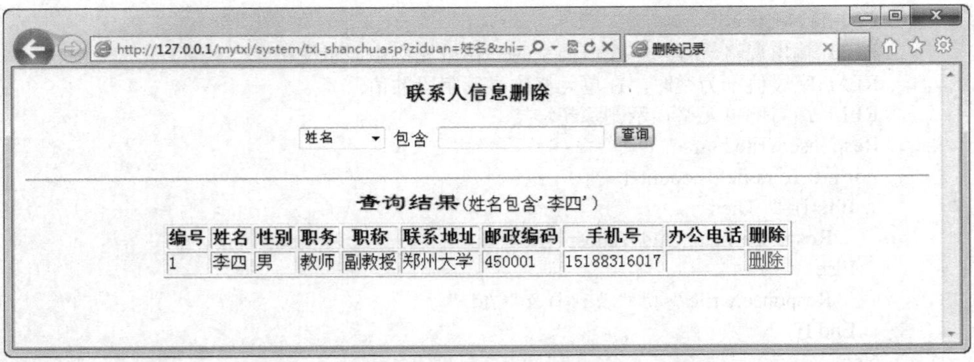

http://127.0.0.1/mytxl/system/txl_shanchu.asp?ziduan=姓名&zhi=

删除记录

联系人信息删除

姓名 包含 查询

查询结果(姓名包含'李四')

编号	姓名	性别	职务	职称	联系地址	邮政编码	手机号	办公电话	删除
1	李四	男	教师	副教授	郑州大学	450001	15188316017		删除

图 7-17　删除一条记录后的查询与删除页面

```
<html>
<head><title>删除记录</title></head>
<body>
<%
Set conn=server.createobject("adodb.connection")
strODBC="Driver={MySQL ODBC 3.51 Driver}; SERVER=localhost;"
strODBC=strODBC & "DATABASE=tongxunlu; UID=root; PWD=12345678"
conn.open strODBC
conn.execute("set names gb2312")
cmd="delete from txl where 编号=" & request("bh")
conn.execute(cmd)     ' 在通讯录表中删除指定的联系人信息
cmd="delete from mima where 编号=" & request("bh")
conn.execute(cmd)     ' 删除密码表中对应的用户账号信息
response.write "<meta http-equiv='refresh' content='1;url=txl_shanchu.asp?ziduan=" &_
          session("zd") & "&zhi=" & session("zhi") & "&x=1'>"
%>
</body>
</html>
```

说明：

1）session("zd")、session("zhi") 用于返回会话用的字段名、所包含的字符串（值）。这两个会话数据是在（删除之）查询记录文件 txl_shanchu.asp 中设置好的。

2）“response.write "<meta http-equiv = 'refresh' content = '1;url=txl_shanchu.asp?ziduan=" & session("zd") & "&zhi=" & session("zhi") & "&x=1'>"” 的作用是 1 秒后跳转到 txl_shanchu.asp 文件，并以 GET 方式，用变量 ziduan、zhi 传递字段名、所包含字符串（值），并用变量 *x* 传递“1”这个值。这里，问号 ? 之后的查询字符串中包含“x=1”，主要目的是为了在 txl_shanchu.asp 文件中，当条件 request("x")="1" 成立时，能够执行显示（刷新）查询结果的那段代码。

7.7　通讯录系统管理界面

1．注册 Content Linking（内容链接）组件

通讯录系统管理页面包括两种，分别供管理员和普通用户使用，由于系统相对简单，可根据需要设计出不同风格的页面。这里主要介绍利用 ASP 的 Content Linking（内容链接）组件设计超链接形式的目录列表页面，实现对通讯录信息的组织和管理功能。

Content Linking 组件用于创建管理 URL 列表的内容链接（NextLink）对象，通过该对象可以自动生成和更新目录列表及先前和后续的 Web 页的导航链接。

Content Linking 组件可以轻松地创建和管理网页或网址之间的超文本链接，用于制作导航条。Content Linking 组件的运行需要 NEXTLINK.dll 来完成，所以，如果遇到计算机提示缺少 NEXTLINK.dll 文件，就需要下载 NEXTLINK.dll 文件来解决（可通过百度搜索完成）。在命令提示符窗口，利用命令“regsvr32 nextlink.dll”完成注册。如果 NEXTLINK.dll 文件存储在“E:\application\”目录下（没存储在默认目录），则使用命令“regsvr32 e:\application\nextlink.dll”，如图 7-18 所示。

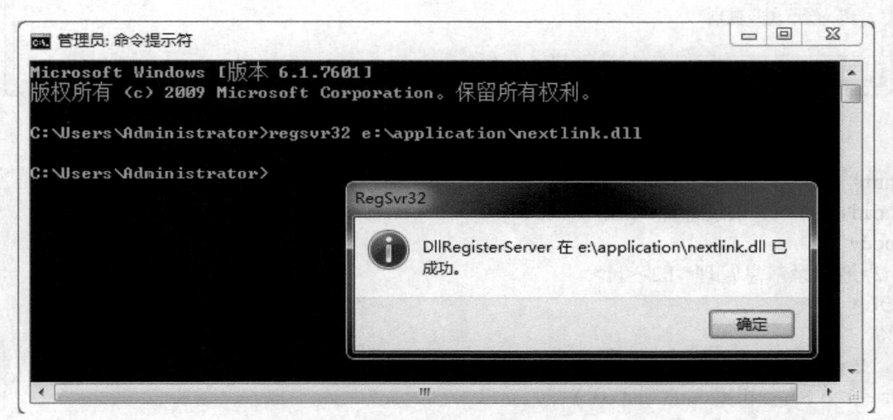

图 7-18　注册 NEXTLINK.dll

2．利用 Content Linking 组件设计通讯录信息管理页面

首先，创建一个供管理员进行全面信息管理的内容链接列表文件 list.txt，如图 7-19 所示。该文件是一个纯文本文件，第一列 URL 是与页面相关的超链接地址（虚拟地址或相对地址），第二列是在网页界面上显示的超链接描述，第一列与第二列之间必须用〈Tab〉键隔开。

图 7-19　创建内容链接列表文件 list.txt（用于管理员用户）

其次，建立通讯录管理网页文件 txl_guanli1.asp。在该文件中，建立内容链接对象，并利用 Content Linking 组件的方法读取内容链接列表文件，以获得处理链接的所有页面的信息。运行后的通讯录信息管理目录（导航）页面如图 7-20 所示，通讯录管理网页文件 txl_guanli1.asp 的代码如下。

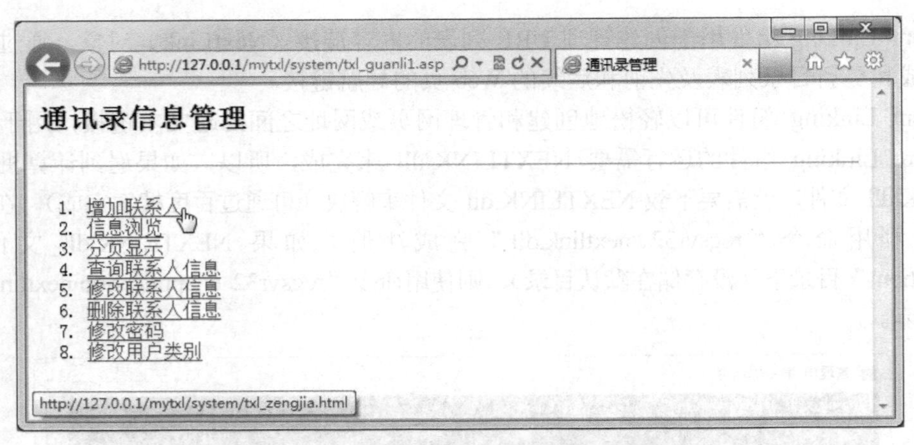

图 7-20　通讯录信息管理导航（管理员）

```
<html>
<head><title>通讯录管理</title></head>
<body>
<h2>通讯录信息管理</h2><hr>
<OL>
<%
set NL=server.createobject("MSWC.nextlink")
for i=1 to NL.getlistcount("list.txt")
   response.write "<Li>"
   response.write "<a href='"+NL.getnthurl("list.txt",i)+"' target='_New'>"
   response.write NL.getnthDescription("list.txt",i) & "</a>"
   response.write "</Li>"
next
%>
</OL>
</body>
</html>
```

说明：

1）<OL>与</OL>是 HTML 的编号列表（Ordered List）标记对，<Li>是列表项（List Item）标记。

2）set NL=server.createobject("MSWC.nextlink")是利用 Server 对象的 CreateObject 方法建立内容链接对象 NL。

3）for…next 语句用于在浏览器端依次显示内容链接列表文件 list.txt 中的超链接描述和相应的超链接。NL.getlistcount("list.txt")用于返回 list.txt 文件中所包含的链接的文件数目，NL.getnthurl("list.txt",i) 用于返回 list.txt 文件中（第一列对应的）第 i 个网页的文件的 URL 地址，NL.getnthDescription("list.txt",i)则用于返回 list.txt 文件中（第二列对应的）第 i 个网页的描述，target="_New"的作用是将链接目标的内容打开在新的浏览器窗口中（注意网页代码中 target 和其前面的单引号之间至少包含一个空格）。

3. 通过自定义 Sub 过程实现通讯录信息管理

首先，建立一个自定义过程文件（txl_proc.asp），利用 Sub…End Sub 自定义需要的过程，就可以在其他网页文件中调用此过程，从而实现过程代码的共享。例如，要自定义一个通讯录信息管理过程，实现对不同的内容链接列表文件（类似于“list.txt”文件）制作不同的导航条，就可以使用“Sub guanli(list)…End Sub”定义这个过程，其中，guanli 为过程名称，list 为形式参数（表示内容链接列表文件）。自定义过程文件 txl_proc.asp 的代码如下。

```
<html>
<head><title></title></head>
<body>
<%
Sub guanli(list)
  Response.write "<OL>"
  set NL=server.createobject("MSWC.nextlink")
  for i=1 to NL.getlistcount(list)
    response.write "<Li>"
    response.write "<a href='"+NL.getnthurl(list,i)+"' target='_New'>"
    response.write NL.getnthDescription(list,i) & "</a>"
    response.write "</Li>"
  Next
  Response.write "</OL>"
End Sub
%>
</body>
</html>
```

其次，在其他 ASP 文件中，先使用“<!--#include file="txl_proc.asp"-->”语句将自定义过程文件引用进来，然后利用类似“<% Call guanli("list.txt") %>”的命令调用过程即可，其中 "list.txt" 表示实际参数，是已经建好的内容链接列表文件。例如，txl_guanli1.asp 文件的代码如下（将该文件中原来的代码删掉，替换为以下代码），运行结果如图 7-20 所示。

```
<html>
<head><title>通讯录管理</title></head>
<body>
<!--#include file="txl_proc.asp"-->
<%
Call guanli("list.txt")
%>
</body>
</html>
```

再次，重新建立一个适用于普通用户的内容链接列表文件 list2.txt（参见图 7-21），并建立相应的通讯录信息管理导航文件 txl_guanli2.asp（代码如下），运行结果如图 7-22 所示。

```
<html>
<head><title>通讯录管理</title></head>
<body>
<!--#include file="txl_proc.asp"-->
<%
Call guanli("list2.txt")
%>
</body>
</html>
```

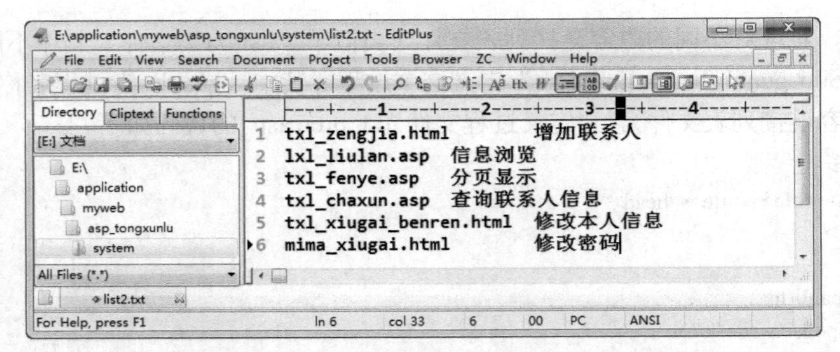

图 7-21　创建内容链接列表文件 list2.txt（用于普通用户）

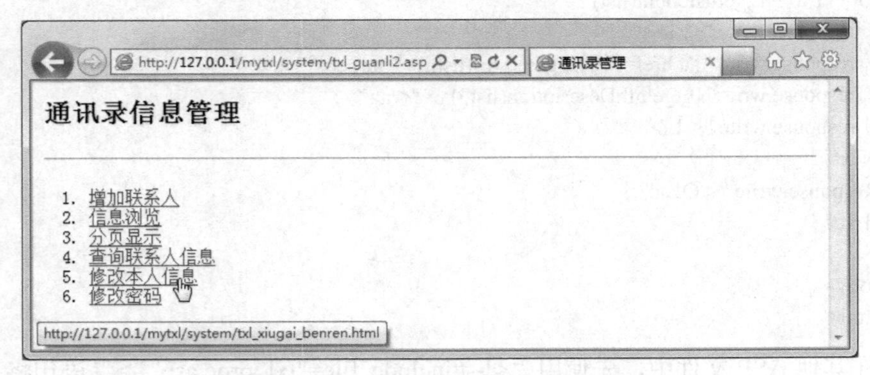

图 7-22　通讯录信息管理导航（普通用户）

7.8　修改用户密码

1．用于修改密码的表单（mima_xiugai.html 文件）

增加联系人信息时，已将用户的编号、账号、密码、用户类型等信息添加至密码表（mima），但由于某些原因，密码不得不进行修改。因此，密码修改也是信息系统的一项重要功能。设计一个用于修改密码的表单如图 7-23 所示，要求新密码不能为空，且两次输入的新密码必须相等，才能提交到服务器进行处理。用于修改密码的表单对应于 mima_xiugai.html 文件，使用 mima_xiugai.asp 文件来接收与处理此表单的数据。此表单文件 mima_xiugai.html 对应的网页代码如下。

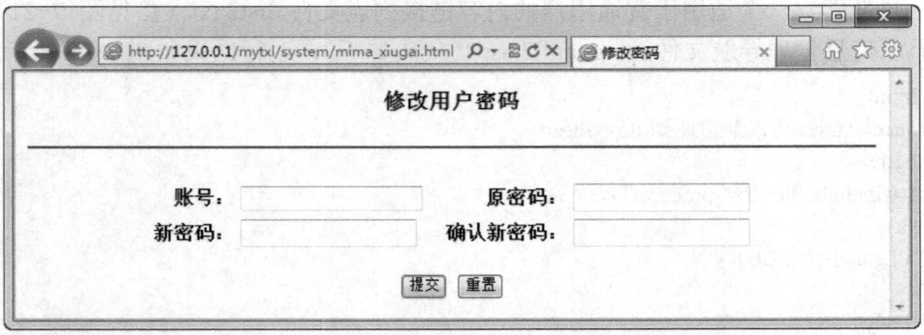

http://127.0.0.1/mytxl/system/mima_xiugai.html　修改密码

修改用户密码

账号：　原密码：

新密码：　确认新密码：

提交　重置

图 7-23　用于修改密码的表单

```
<html>
<head><title>修改密码</title>
<script type="text/javascript">
  function chk(){
    var obj=document.fm1;
    if (obj.xmm1.value.length==0){
      alert("新密码不能为空");
      obj.xmm1.focus();
      return false;
    }else{
      if (obj.xmm1.value!=obj.xmm2.value){
        alert("新密码不一致");
        obj.xmm1.value="";
        obj.xmm2.value="";
        obj.xmm1.focus();
        return false;
      }else{
        return true;
      }
    }
  }
</script>
<style type="text/css">
  h3,form{text-align:center;}
  th{text-align:right;}
  span{margin-left:15px;}
</style>
</head>
<body>
<h3>修改用户密码</h3>
<hr color="green">
<form method="post" action="mima_xiugai.asp" name="fm1" onsubmit="return chk()">
<table>
  <tr>
    <th>账号：</th>
    <td><input type="text" name="zh"></td>
    <th><span>原密码：</span></th>
    <td><input type="password" name="ymm" maxlength="16"></td>
  </tr>
  <tr>
    <th>新密码：</th>
    <td><input type="password" name="xmm1" maxlength="16"></td>
    <th><span>确认新密码：</span></th>
    <td><input type="password" name="xmm2" maxlength="16"></td>
  </tr>
</table>
<p>
  <input type="submit" value="提交">
  <input type="reset" value="重置">
```

```
</p>
</form>
</body>
</html>
```

说明：

1）<body>标记的主体部分由<h3>标记的三级标题、水平线、<form>标记的表单组成；表单的账号和密码部分用<table>标记为一个两行四列的表格，按钮部分用<p>标记为一个段落。网页的布局由“<style type="text/css">…</style>”定义的样式表设定，其中，h3、form 的样式表示<h3>和<form>标记的内容水平居中对齐；th 的样式表示由<th>标记的单元格的文本居右对齐；span 的样式表示<span>标记的区块左外边距为 15px（即“原密码”“确认新密码”与所在单元格左边框的距离为 15px），这个左外边距的值调整至最佳布局即可。

2）单击“提交”按钮时，先执行由<form>表单的 onsubmit 事件指定的 chk()函数。chk()函数在“<script type="text/javascript">…</script>”之间由 function 进行定义，当新密码为空、或两个新密码不相等时，分别提醒“新密码不能为空”“新密码不一致”，并使新密码框获得焦点，执行“return false;”，等待更正新密码的值；当新密码的值符合要求时，才执行“return true;”，并将表单数据真正提交到 mima_xiugai.asp 文件进行处理。

2．修改密码（mima_xiugai.asp 文件）

表单数据提交给 mima_xiugai.asp 文件后，首先判断账号和原密码的值在密码表（mima）中是否有匹配的记录，若无，则提示“账号或原密码不正确，不能修改密码”，3 秒钟后跳转到修改密码表单（图 7-23）；若有，则在 mima 表中用新密码替换原密码，然后重定向到修改密码表单（图 7-23），以便继续操作。修改密码文件 mima_xiugai.asp 的网页程序代码如下。

```
<%
Set conn=server.createobject("adodb.connection")
strODBC="Driver={MySQL ODBC 3.51 Driver}; SERVER=localhost;"
strODBC=strODBC & "DATABASE=tongxunlu; UID=root; PWD=12345678"
conn.open strODBC
conn.execute("set names gb2312")
strSQL="select * from mima where 账号='" & request.form("zh")
strSQL=strSQL & "' and 密码='" & request.form("ymm") & "'"
Set rs=conn.execute(strSQL)
If rs.eof Then
  Response.write "账号或原密码不正确，不能修改密码"
  response.write "<meta http-equiv='refresh' content='3;url=mima_xiugai.html'>"
Else
  cmd="update mima Set 密码='" & request.form("xmm1")
  cmd=cmd & "' where 账号='" & request.form("zh")
  cmd=cmd & "' and 密码='" & request.form("ymm") & "'"
  conn.execute(cmd)
  Response.redirect "mima_xiugai.html"
End If
%>
</body>
</html>
```

7.9 修改用户类别

1．修改用户类别之查询表单（leibie_xiugai.html 文件）

修改用户类别是管理员执行的一项操作，主要用于为普通用户授予管理员身份（权限），或者撤销用户的管理员资格（变为普通用户）。修改用户类别，只需修改密码表（mima）中对应的用户类别值即可。这里假设用户类别值为“99”表示管理员，用户类别值为“01”表示普通用户。

修改用户类别首先要查询用户信息，用户信息在通讯录数据表（txl）中，需要将 txl 表与 mima 表以编号值相等进行连接，然后进行查询和一一对应修改。设计用于修改用户类别的查询表单如图 7-24 所示。选择单选按钮“全部”，表示查询的用户类别包括管理员和普通用户，文本框为空表示查询的姓名包括全部联系人姓名，输入“王五”表示查询姓名为“王五”的联系人信息，以此类推。此查询表单文件名为 leibie_xiugai.html，单击“提交”按钮时交由文件 leibei_daixiugai.asp 处理。文件 leibie_xiugai.html 的网页代码如下。

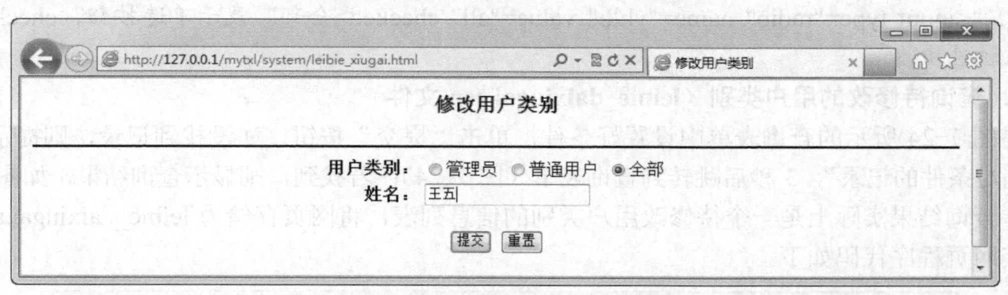

图 7-24　修改用户类别之查询表单

```
<html>
<head>
<title>修改用户类别</title>
<style type="text/css">
  div{text-align:center;}
  th{text-align:right;}
</style>
</head>
<body>
<div>
<form method="get" action="leibie_daixiugai.asp">
  <h3>修改用户类别</h3>
  <hr color="blue">
  <table>
    <tr>
      <th>用户类别：</th>
      <td><input type="radio" name="yhlb" value="99">管理员
          <input type="radio" name="yhlb" value="01">普通用户
          <input type="radio" name="yhlb" value="all" checked>全部</td>
    </tr>
    <tr>
      <th>姓名：</th><td><input type="text" name="xm"></td>
    </tr>
```

```
        </table>
        <p>
        <input type="submit" value="提交">
        <input type="reset" value="重置">
        </p>
    </form>
    <div>
    </body>
    </html>
```

说明：

1）<style>标记的样式表示，<div>标记的内容水平居中，<th>标记的文本在表格的单元格内居右显示。

2）"<form method="get" action="leibie_daixiugai.asp">"表示，表单以 GET 方式把数据传递给 leibie_daixiugai.asp 文件，在 leibie_daixiugai.asp 文件中用 request.querystring("yhlb")接收 name 为"yhlb"（用户类别）的表单元素的数据。

3）"<input type="radio" name="yhlb" value="all" checked>全部"表示单选按钮，checked 表示默认被选中。

2．查询待修改的用户类别（leibie_daixiugai.asp 文件）

在图 7-24 所示的查询表单中设置好条件，单击"提交"按钮，如没找到记录，则提示"没查到满足条件的记录"，3 秒后跳转到查询表单（图 7-24）；若找到，则显示查询结果，如图 7-25 所示。查询结果实际上是一个待修改用户类别的信息列表，将网页存储为 leibie_daixiugai.asp 文件，其网页程序代码如下。

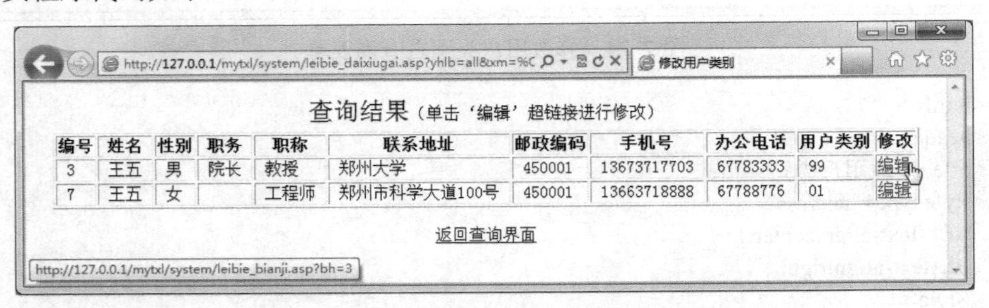

图 7-25　用户类别待修改列表

```
<html>
<head><title>修改用户类别</title></head>
<body>
<div style="text-align:center;">
<%
strYhlb=request.querystring("yhlb")          ' 用户类别
strXm=Trim(request.querystring("xm"))   ' 姓名
session("yhlb")=strYhlb     ' 会话变量
session("xm")=strXm          ' 会话变量
If strYhlb="all" Then
   tj01="true"
Else
   tj01="用户类别='" & strYhlb & "'"
End If
```

```
If strXm="" Then
   tj02="true"
Else
   tj02="姓名='" & strXm & "'"
End If
tj=tj01 & " and " & tj02
REM 上句 and 两端各有一个空格
If request.querystring("x")="1" Then
   REM 下句 or 左边与引号之间至少有一个空格
   tj="(" & tj & ")" & " or (txl.编号=mima.编号 and mima.编号='"
   tj=tj & request.querystring("bh") & "')"
End If
Set conn=server.createobject("adodb.connection")
strODBC="Driver={MySQL ODBC 3.51 Driver}; SERVER=localhost;"
strODBC=strODBC & "DATABASE=tongxunlu; UID=root; PWD=12345678"
conn.open strODBC
conn.execute("set names gb2312")
Set rs=server.createobject("adodb.recordset")
sql="select txl.*,mima.用户类别 from txl,mima"
sql=sql & " where txl.编号=mima.编号 and " & tj
REM 上句 where 左边、and 右边与引号之间均需有一个空格
rs.open sql,conn
If rs.eof Then
   Response.write "<p>没查到满足条件的记录</p>"
   Response.write "<meta http-equiv='refresh' content='3;url=leibie_xiugai.html'>"
Else
   Response.write "<table border='1'>"
   cap="<font size='5'>查询结果</font>（单击‘编辑’超链接进行修改）"
   Response.write "<caption>" & cap & "</caption>"
   Response.write "<tr>"
   For i=0 To rs.fields.count-1
      Response.write "<th>" & rs(i).name & "</th>"
   Next
   Response.write "<th>修改</th>"
   Response.write "</tr>"
   Do While Not rs.eof
      Response.write "<tr>"
      For i=0 To rs.fields.count-1
         Response.write "<td> " & rs(i) & " </td>"
      Next
      Response.write "<td><a href='leibie_bianji.asp?bh=" & rs("编号") &_
                    "'>编辑</a></td>"
      Response.write "</tr>"
      rs.movenext
   Loop
   Response.write "</table>"
   Response.write "<p><a href='leibie_xiugai.html'>返回查询界面</a></p>"
End If
%>
</div>
</body>
</html>
```

说明：

1）<div style="text-align:center;"> 使用行内式样式表对 <div> 标记的样式进行了设置，规定 <div> 标记的内容水平居中。

2）会话变量 session("yhlb")存储用户类别，session("xm")存储姓名，将在之后的用户类别更新处理文件（leibie_gengxin.asp）中使用。

3）tj01 表示选择不同用户类别对应的条件，tj02 表示输入不同姓名对应的条件，tj 表示组合条件（在 txl 表、mima 表中查询用户类别信息时应满足的条件）。为使修改用户类别后的用户信息仍然能出现在查询（结果）列表中，可以在下述用户类别更新处理文件（leibie_gengxin.asp）更新用户类别后跳转到本页面时，传递数据 x（值为“1”），在本页面用 request.querystring("x") 接收 x 的值，如果满足“request.querystring("x")="1"”，则组合条件变为“tj="(" & tj & ")" & " or (txl.编号=mima.编号 and mima.编号='" & request.querystring("bh") & "')"”。注意，or 左边与引号之间至少有一个空格，bh 是从 leibie_gengxin.asp 文件传递来的刚修改用户类别的记录的编号，从该文件传递来的数据还包括用户类别、姓名。按 tj 对应的条件在 txl 表和 mima 表中查询用户类别信息时，刚修改了用户类别的记录也一定能出现在查询结果（列表）中。

4）“Response.write "<td><a href='leibie_bianji.asp?bh=" & rs("编号") & "'>编辑</a></td>"” 的作用是在表格的单元格内显示“编辑”超链接，链接到 leibie_bianji.asp 文件（编辑处理文件），并以 GET 方式用 bh 传递所在行记录的编号数据，以便对该记录进行编辑处理。

3．修改用户类别（leibie_bianji.asp 文件）

在图 7-25 所示的查询结果列表，单击“编辑”超链接，所在行的相关数据出现在用户类别修改页面，如图 7-26 所示。其中，编号、姓名、用户类别原值所对应的文本框是只读的，数据不能进行修改；用户类别新值可根据需要通过单选按钮进行选择。单击“返回查询结果”可跳转到查询结果列表页面（图 7-25），单击“更新”按钮则提交到类别更新文件（leibie_gengxin.asp）进行处理。已知 mima 表中用户类别的值为“99”表示管理员，值为“01”表示普通用户。实现此功能的用户类别修改文件为 leibie_bianji.asp，网页程序代码如下。

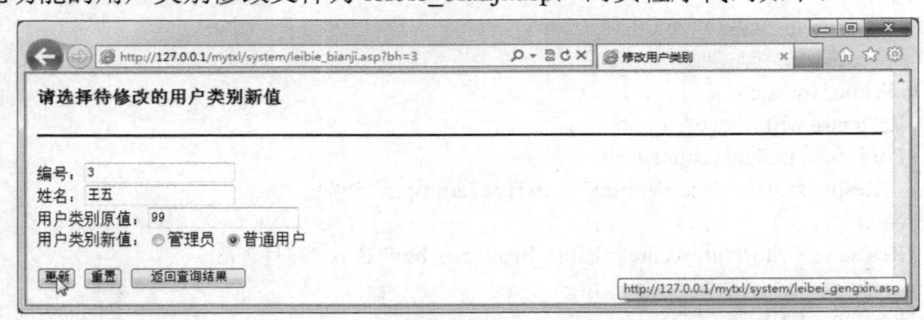

图 7-26　用户类别修改页面

```
<html>
<head><title>修改用户类别</title></head>
<body>
<%
Set conn=server.createobject("adodb.connection")
strODBC="Driver={MySQL ODBC 3.51 Driver}; SERVER=localhost;"
strODBC=strODBC & "DATABASE=tongxunlu; UID=root; PWD=12345678"
conn.open strODBC
```

```
conn.execute("set names gb2312")
Set rs=server.createobject("adodb.recordset")
sql="select txl.*, mima.用户类别  from txl,mima where txl.编号=mima.编号"
sql=sql & " and mima.编号='" & request.querystring("bh") & "'"
REM  上句 and 左边与引号之间至少有一个空格
rs.open sql,conn
%>
<h3>请选择待修改的用户类别新值</h3>
<hr color="blue">
<form method="post" action="leibei_gengxin.asp">
编号：<input type="text" name="bh" value="<%=rs("编号")%>" readonly><br>
姓名：<input type="text" name="xm" value="<%=rs("姓名")%>" readonly><br>
用户类别原值：<input type="text" name="yhlb"
                value="<%=rs("用户类别")%>" readonly><br>
用户类别新值：<input type="radio" name="yhlb2" value="99">管理员
<input type="radio" name="yhlb2" value="01" checked>普通用户
<p>
<input type="submit" value="更新">
<input type="reset" value="重置">
<input type="button" value="返回查询结果"
        onclick="location.href='javascript:history.back()'">
</p>
</form>
</body>
</html>
```

4．修改用户类别之更新处理（leibie_gengxin.asp 文件）

在用户类别修改页面（图 7-26），选择用户类别新值，单击“更新”按钮，则提交数据给用户类别更新文件（leibie_gengxin.asp）进行处理，直接将 mima 表中待修改记录的用户类别修改为新值，返回修改完成提示页面，如图 7-27 所示。可单击“返回查询界面”超链接，转到修改用户类别之查询表单（leibie_xiugai.html）；单击“返回查询结果”超链接，则转到刷新后的查询结果列表页面（leibie_daixiugai.asp），如图 7-28 所示。用户类别更新文件 leibie_gengxin.asp 的代码如下。

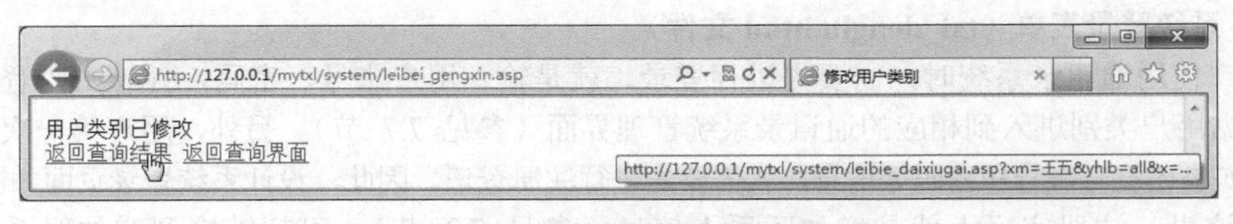

图 7-27　用户类别修改完成提示

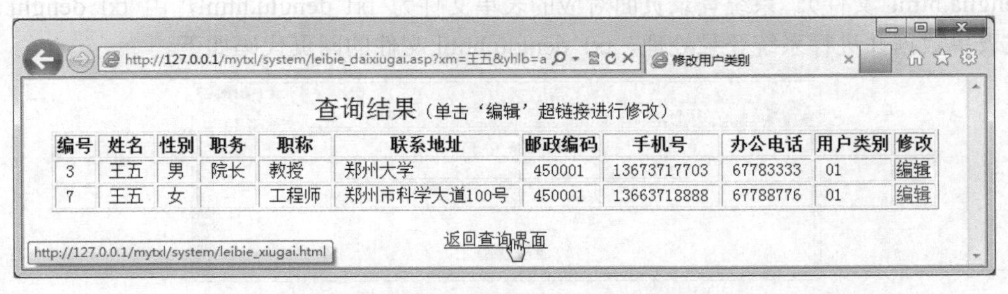

编号	姓名	性别	职务	职称	联系地址	邮政编码	手机号	办公电话	用户类别	修改
3	王五	男	院长	教授	郑州大学	450001	13673717703	67783333	01	编辑
7	王五	女		工程师	郑州市科学大道100号	450001	13663718888	67788776	01	编辑

图 7-28　查询结果列表（含刚修改用户类别的记录）

```
<html>
<head><title>修改用户类别</title></head>
<body>
<%
Set conn=server.createobject("adodb.connection")
strODBC="Driver={MySQL ODBC 3.51 Driver}; SERVER=localhost;"
strODBC=strODBC & "DATABASE=tongxunlu; UID=root; PWD=12345678"
conn.open strODBC
conn.execute("set names gb2312")
cmd="update mima set 用户类别='" & request.form("yhlb2")
cmd=cmd & "' where 编号='" & request.form("bh") & "'"
conn.execute(cmd)
Response.write "用户类别已修改<br>"
Response.write "<a href='leibie_daixiugai.asp?xm="& session("xm") &_
        "&yhlb=" & session("yhlb") & "&x=1&bh=" &_
        request.form("bh") & "'>返回查询结果</a>"
Response.write " <a href='leibie_xiugai.html'>返回查询界面</a>"
%>
</body>
</html>
```

说明：

1）session("xm")、session("yhlb") 是会话信息，分别用于返回姓名和用户类别的值，此会话变量已在用户类别待修改列表对应的查询处理文件 leibie_daixiugai.asp 中进行了设置。

2）"Response.write "<a href='leibie_daixiugai.asp?xm="& session("xm") & "&yhlb=" & session("yhlb") & "&x=1&bh=" & request.form("bh") & "'>返回查询结果</a>"" 表示"返回查询结果"超链接，链接到 leibie_daixiugai.asp 文件（用户类别待修改列表对应的查询处理文件），传递的参数包括 xm、yhlb、x、bh，分别表示姓名、用户类别、查询结果是否含已修改记录、编号，这些参数传递给 leibie_daixiugai.asp 文件，用于构造合理的查询条件 tj。

7.10 系统登录

1．系统登录表单（txl_denglu.html 文件）

用户使用通讯录系统时，需要先进行登录，就是输入用户账号、密码，并单击"登录"按钮，根据用户类别进入到相应的通讯录系统管理界面（参见 7.7 节）。另外，用户第一次使用系统时，如果还没有账号和密码等信息，就需要先进行注册登记。因此，设计系统登录页面如图 7-29 所示。这里，注册实际上就是增加联系人信息（参见 7.2 节），可超链接到增加联系人表单（txl_zengjia.html 文件）。系统登录页面对应的表单文件为 txl_denglu.html，由 txl_denglu.asp 文件接收表单数据并进行系统登录处理。txl_denglu.html 文件的网页代码如下。

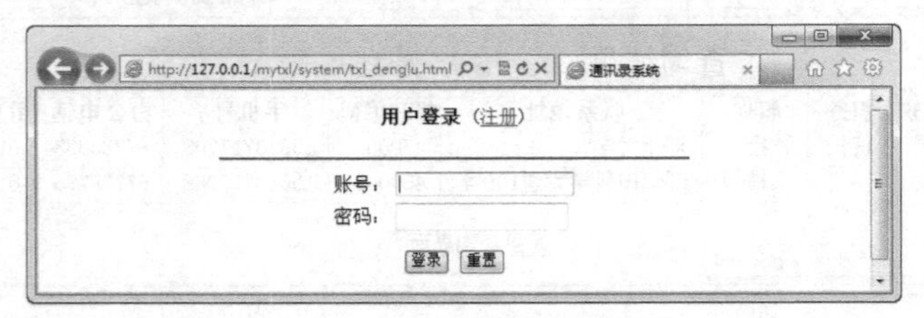

图 7-29　系统登录页面

```
<html>
<head><title>通讯录系统</title></head>
<body>
<div style="text-align:center;">
<form action="txl_denglu.asp" method="POST">
<p><strong>用户登录</strong>
   (<a href="txl_zengjia.html" target="_blank">注册</a>)
</p>
<hr width="400" color="green">
<table>
  <tr><td align="right">账号：</td>
      <td><input type="text" name="zh"></td></tr>
  <tr><td align="right">密码：</td>
      <td><input type="password" name="mm"></td></tr>
</table>
<table cellpadding="10">
  <tr><td>
        <input type="submit" value="登录">
        <input type="reset" value="重置"></td>
  </tr>
</table>
</form>
</div>
</body>
</html>
```

2．系统登录操作（txl_denglu.asp 文件）

系统登录操作就是对照接收到的账号和密码值在 mima 表中查找有无匹配的记录，如果没有，就提示不能使用系统（如图 7-30 所示）；如果有匹配的记录，就说明是合法的系统用户，可根据不同的用户类别重定向到相应的系统管理页面，例如用户类别为管理员（存储为“99”），则重定向到适用于管理员的通讯录信息管理导航页面（txl_guanli1.asp）；用户类别为普通用户（用户类别存储为“01”），则重定向到适用于普通用户的通讯录信息管理导航页面（txl_guanli2.asp）；另外，还应考虑 mima 表中非正常存储了不符合要求的用户类别（非“99”和“01”）的情况，并做出必要的处理。系统登录处理文件为 txl_denglu.asp，网页程序代码如下。

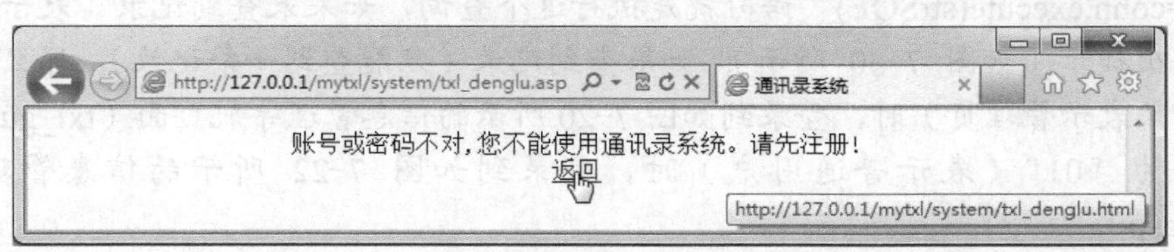

图 7-30　提示不能使用系统

```
<html>
<head><title>通讯录系统</title></head>
<body>
<div style="text-align:center;">
<%
Set conn=server.createobject("adodb.connection")
strODBC="Driver={MySQL ODBC 3.51 Driver}; SERVER=localhost;"
strODBC=strODBC & "DATABASE=tongxunlu; UID=root; PWD=12345678"
```

```
conn.open strODBC
conn.execute("set names gb2312")
strSQL="select * from mima where 账号='" & request.Form("zh")
strSQL=strSQL & "' and 密码='" & request.Form("mm") & "'"
REM 上句 and 左边与单引号之间至少有一个空格
Set rs=conn.execute(strSQL)
If rs.eof Then
  response.write "账号或密码不对，您不能使用通讯录系统。"
  response.write "请先注册!<br>"
  response.write "<a href='txl_denglu.html'>返回</a>"
Else
  If rs("用户类别")="99" then
    response.redirect("txl_guanli1.asp")
  Else
    If rs("用户类别")="01" then
      Response.redirect("txl_guanli2.asp")
    Else
      Response.write "系统中您的用户类别不正确，请联系管理员<br>"
      REM 这种情况一般不会出现，除非采用其他方式非正常操作数据库
      response.write "<a href='txl_denglu.html'>返回</a>"
    End If
  End If
End If
%>
</div>
</body>
</html>
```

说明：

1）根据密码表（mima）中数据的存储规则（参见 7.1 节“通讯录系统概述”），用户类别为“99”表示管理员，为“01”表示普通用户。

2）“strSQL="select * from mima where 账号='" & request.Form("zh") & "' and 密码='" & request.Form("mm") & "'"”对应的查询语句（and 左边与单引号之间至少包含一个空格），表示在 mima 表中查询账号、密码的值与在系统登录页面（图 7-29）输入的账号、密码值一致的记录。“Set rs=conn.execute(strSQL)”语句就是执行这个查询，如果未查到记录（表示账号或密码不对），则给出提示（如图 7-30 所示）；如果查到记录（只能查到一条记录），那么，当用户类别值为“99”（表示管理员）时，登录到如图 7-20 所示的信息管理导航页面（txl_guanli1.asp），用户类别值为“01”（表示普通用户）时，登录到如图 7-22 所示的信息管理导航页面（txl_guanli2.asp）。

3）在执行登录查询时，假如查到的记录的用户类别是“99”和“01”之外的其他值（非正常操作数据库可能导致的一种罕见情况），则提示“系统中您的用户类别不正确，请联系管理员”和超链接“返回”，单击此“返回”超链接时，转到系统登录页面（图 7-29）。

思考题

1．参照 1.1.3 节“关系数据库”的阐述，结合实际，分析通讯录系统的概念结构和逻辑结

构，设计通讯录系统的E-R模型和关系模型。

2．分析通讯录系统的系统功能，设计分别适用于管理员和普通成员使用的通讯录信息管理页面。

3．上机操作（一）：根据7.1节所述的通讯录数据库（tongxunlu）和通讯录数据表（txl）、密码表（mima），结合7.7节图7-21所示的内容链接列表文件list2.txt和图7-22所示的通讯录信息管理导航页面，设计用于修改本人信息的表单（txl_xiugai_benren.html 文件），实现修改本人基本信息功能。提示：依据本人账号、密码在 mima 表中查找本人对应的编号，再根据本人的编号在txl表中找到自己的信息，显示在表单的文本框中进行编辑修改（参照7.5节图7-11），单击“更新”按钮完成本人基本信息的修改。

4．上机操作（二）：已知学生选课数据库（xsxk）中包含学生表（xuesheng）、管理员表（guanliyuan），表的结构如表2-2和表2-6所示（参见第2章思考题第10题）。请使用ASP完成下述操作。

1）设计学生信息添加表单，实现学生信息添加功能，注意学号不能重复。

2）实现学生信息浏览功能。

3）实现学生信息分页显示功能。

4）设计学生信息查询表单，实现能按学号、姓名、性别、院系、班号进行查询功能。

5）设计用于修改学生信息的查询页面，实现能按学号、姓名、性别、院系、班号包含某个字符串（值）进行查询与修改功能。

6）设计学生信息删除页面，实现能按学号、姓名、性别、院系、班号进行查询与删除功能。

7）设计一个管理员注册表单，实现管理员账号和密码的登记功能，注意账号不能重复。

8）设计一个管理员密码修改表单，实现管理员密码的修改功能。

9）利用 Content Linking 组件，分别设计适用于管理员和学生使用的学生信息管理导航页面，使得单击导航界面的超链接时，可转向执行相应的功能。

10）设计一个系统登录表单，使得管理员和学生（以姓名作为账号、学号作为密码）都能够登录到各自的学生信息管理导航页面，完成权限内的各种操作。

参 考 文 献

[1] 李国红，秦鸿霞. Web 数据库技术及应用[M]. 2 版. 北京：清华大学出版社，2017.

[2] 孔祥盛. MySQL 数据库基础与实例教程[M]. 北京：人民邮电出版社，2017.

[3] 李刚. 网络数据库技术 PHP+MySQL[M]. 2 版. 北京：北京大学出版社，2012.

[4] 李国红. 管理信息系统[M]. 郑州：郑州大学出版社，2017.

[5] 萨师煊，王珊. 数据库系统概论[M]. 北京：高等教育出版社，1983.

[6] 陈洛资，陈昭平. 数据库系统及应用基础[M]. 2 版. 北京：清华大学出版社，北京交通大学出版社，2005.

[7] 刘继山. 网页设计技术实用教程：从技术到前沿（HTML5+CSS3+JavaScript）[M]. 北京：清华大学出版社，2017.

[8] 陈建伟，等. ASP 动态网站开发教程[M]. 2 版. 北京：清华大学出版社，2005.

[9] PHP 教程[EB/OL]. https://www.w3school.com.cn/php/index.asp.

[10] ASP 教程[EB/OL]. https://www.w3school.com.cn/asp/index.asp.

[11] 李国红. 利用 PHP+MySQL 实现通用信息系统的建库建表功能[J]. 电脑编程技巧与维护，2017（18）：6-8，17.

[12] 李国红. 利用 PHP+MySQL 实现通用的信息系统分页显示功能[J]. 电脑编程技巧与维护，2016（21）：59-60.

[13] 李国红. 浅析信息系统网上登录设计——兼论读者借阅系统登录功能的设计与实现[J]. 科技情报开发与经济，2013，23（5）：116-118.

[14] 李国红. Web 信息系统用户资料更新功能的设计与实现[J]. 电脑编程技巧与维护，2012（24）：83-85.

[15] 李国红. 基于 Web 的读者借阅系统中信息综合查询功能的设计与实现[J]. 电脑知识与技术，2012，8（7）：1478-1482.

[16] 李国红. 数据输入模块的设计与实现——兼论读者数据表中的数据输入[J]. 电脑知识与技术，2007（3）：606-609.

[17] 李国红. 数据查询模块的设计与实现——兼论读者数据表中的数据查询[J]. 电脑知识与技术，2007（2）：307-309.

[18] 秦鸿霞. 信息系统用户网上注册功能的设计与实现[J]. 中国科技信息，2013（10）：108-109.

[19] 秦鸿霞. 图书信息分类汇总功能的设计与实现[J]. 科技情报开发与经济，2012，22（18）：33-35.